现代信息网

第2版

◎姚军 毛昕蓉 主编
◎赵小强 郭芳华 副主编

人 民 邮 电 出 版 社
北 京

图书在版编目（CIP）数据

现代信息网 / 姚军，毛昕蓉主编. -- 2版. -- 北京：人民邮电出版社，2016.12
普通高等学校电类规划教材. 电子信息与通信工程
ISBN 978-7-115-43041-0

Ⅰ. ①现… Ⅱ. ①姚… ②毛… Ⅲ. ①信息网络－高等学校－教材 Ⅳ. ①TP393

中国版本图书馆CIP数据核字(2016)第160961号

内 容 提 要

本书对目前常见的各种通信网络的系统组成、结构原理、工作特点以及工程应用和今后的发展进行了较全面的阐述。全书以通信网承载的业务为主线，分别介绍了电话通信网、数字移动通信网、数字有线电视网、数据通信网、计算机网络与 Internet、物联网、信息传输网、宽带 IP 网以及用户接入网等各种通信网络，最后阐述了软交换及下一代网络的基本内容及发展趋势。

全书内容充实、编排系统合理，基本涵盖了目前主要的通信网络，在注重基本概念和基本原理介绍的基础上，对各种通信网的应用进行了较多的描述。

本书可作为普通高校通信工程、电子信息等专业本科学生的教材或教学参考书，也可作为电信工程技术人员和管理人员的培训教材，并可供从事通信、计算机网络工作的工程技术人员阅读参考。

◆ 主　　编　姚　军　毛昕蓉
副 主 编　赵小强　郭芳华
责任编辑　张孟玮
执行编辑　李　召
责任印制　沈　蓉　彭志环

◆ 人民邮电出版社出版发行　　北京市丰台区成寿寺路 11 号
邮编　100164　　电子邮件　315@ptpress.com.cn
网址　http://www.ptpress.com.cn
北京捷迅佳彩印刷有限公司印刷

◆ 开本：787×1092　1/16
印张：19.5　　　　2016 年 12 月第 2 版
字数：476 千字　　2025 年 1 月北京第 9 次印刷

定价：54.00 元

读者服务热线：(010)81055256　印装质量热线：(010)81055316
反盗版热线：(010)81055315

前　言

人类社会进入 21 世纪，信息网络已经成为人们进行信息沟通的基础平台。信息网络正在进入一个高速发展的阶段，信息融合，技术融合，统一的网络平台，以及基于软交换的下一代网络是整个信息网络的发展方向。

本书以通信业务的划分为基础，在介绍不同的通信业务特点的基础上，重点阐述了各种不同通信网络的工作原理及应用，并对信息网络的发展进行了展望。

全书共分 11 章。第 1 章通信网络概论：简单介绍通信网的组成、结构与分类，通信网中的信息处理技术，以及通信网的发展趋势。第 2 章电话通信网：介绍电话通信网的功能及组成，电话网中的信令系统，重点介绍 No.7 信令系统，最后介绍电话通信网开展的业务。第 3 章数字移动通信网：介绍移动通信网的基础知识及 GSM 移动通信网、CDMA 移动通信网，第三、四代移动通信系统的特点及相关技术，并对未来移动通信网的发展进行了展望。第 4 章数字有线电视网：主要介绍有线电视网的组成及其性能指标以及宽带有线电视综合业务数字网的结构、特点以及实施方案。第 5 章数据通信网：主要介绍数据通信网的基本概念、使用的数据交换技术以及常用的几种常用的数据通信网络。第 6 章计算机网络与 Internet：主要介绍计算机网的基本概念及特点，局域网、广域网相关技术，在此基础上对网络互连的概念及技术进行了较详细的描述，最后简单介绍几种网络新技术。第 7 章物联网技术：在介绍物联网基本概念的基础上，对无线传感器网络、云计算、物联网安全等内容进行了阐述。第 8 章信息传输网：主要介绍骨干传输网络中的光纤网络技术，包括 SDH、ONT 光传送网和 WDM，以及微波与卫星通信网。第 9 章宽带 IP 网：主要介绍宽带数据交换技术以及宽带 IP 网络的传输技术。第 10 章用户接入网：主要介绍各种用户接入网的相关知识，包括铜线接入网、光纤接入网以及无线接入网等。第 11 章软交换及下一代网络：在介绍软交换的概念及功能的基础上，对下一代网络的概念、发展趋势以及面临的问题进行较详细的描述。

本书第 1 章、第 2 章、第 4 章、第 5 章、第 6 章和第 9 章由姚军编写，第 8 章、第 10 章（除 10.4.3）由毛昕蓉编写，第 3 章由郭芳华编写，第 7 章及 10.4.3 由赵小强编写，第 11 章由梁宏编写，全书由姚军进行统稿。在本书的编写过程中，得到了 2014 年陕西教育厅服务地方专项计划项目——水质远程分析科学决策智能化环保系统的研制（项目编号：14JF022）的大力支持，在此表示感谢。

由于通信网络技术涉及的知识面广，通信技术发展速度快，加之编者的水平有限，书中难免存在疏漏和不妥之处，敬请读者批评、指正。

编　者

2016 年 12 月

目 录

第 1 章 通信网络概论

信息的传递与交换已经成为人类生活的重要组成部分。通信就是将带有信息的信号通过某种方式由发送者向接收者的传递或相互之间的交换。进入 21 世纪以来，以通信技术和计算机技术为基础的网络技术使人类社会发生了巨大的变化。通信已经成为现代社会的三大基础结构（能源、交通、通信）之一。如果将我们这个社会比作人的身体，通信就是我们这个社会机体的神经系统。

什么是通信网呢？为了完成多用户中任意两个用户之间信源与信宿间的通信过程，需要建立一个网络，这个多用户通信系统互连的通信体系称之为通信网。各种通信网承载的业务虽然有不同的形式，但所必备的功能都有以下几点。

（1）信息传输。这是通信网必备的基本功能，通信网中传输的信息种类是各种各样的。

（2）寻址和路由。在通信网中，信息的传输一般情况下不是由信源直接传输到信宿，而是由中间节点转发完成的。转发的路径有多种选择，就需要通信网必备选择最佳路径的功能。

（3）差错控制。任何一种通信网向用户提供的业务都有一定的误码率的要求。在实际通信过程中，传输的信号不可避免地受到各种干扰，同时网络设备在使用过程中也会出现各种故障或异常。干扰或设备的非正常工作都会使误码率超过允许的范围，导致服务质量不能满足要求。采用差错控制就可以将误码率控制在通信网允许的范围内，因此这项功能也是通信网不可缺少的。

（4）网络管理。通信网的正常运行，离不开对网络的管理。网络管理负责网络的运营管理、维护管理以及资源管理，使通信网能够在各种情况下都能提供良好的服务质量，或为查找和排除故障提供帮助。电信管理网（TMN）标准系列和基于 TCP/IP 的简单网络管理协议（SNMP）都是关于网络管理最重要的两大标准。

1.1 通信网的组成与分类

1.1.1 通信网的组成

最简单的通信网就是点对点通信系统。点对点通信模型可抽象为以下几个部分构成，即：信源、信宿、信道、调制发射系统和解调接收系统，如图 1-1 所示。

图1-1　点到点通信模型

（1）信源：即信息源，是发出信息的基本设施。根据发出的信息的不同，信源可以是电话机、传真机、计算机等。

（2）信宿：即受信者，是信息传输的终点设施。信宿负责将信息转换为相应的消息，可与信源一致，也可不一致。

（3）信道：即信息的传输介质。通常的情况下，信道的划分标准有以下两种方式。

按传输介质的不同可分为无线信道和有线信道。使电磁信号能够在自由空间传输的信道称为无线信道。例如，我们常说的长波、短波、超短波、微波等。把电磁信号约束在某种有形传输介质上传输的信道称为有线信道，例如，经常使用的各种双绞线、电缆和光缆等。

按传输信号形式的不同可分为模拟信道和数字信道。模拟信道上传送的是模拟信号，主要有音频信号的实线传输和采用频分复用技术的多路传输等方式。数字信道上传输的是数字信号。

（4）调制发射系统：该系统的任务是将信源产生的基带信号调制成适合在给定信道中传输的信号，然后通过发射系统将信号发射出去。该系统输出的信号在信道传输中具有较强抗干扰能力并且能够实现多路复用。

（5）解调接收系统：该系统基本任务正好与调制发射系统相反，它是将信道传输中带有噪声和干扰的信号解调成基带信号交给信宿。

点对点通信是通信网的基础形式，实际的通信网应解决任意两个用户间的通信问题。采用点对点方式为任意两个用户提供一条专用的信道是不现实的，因为这样需要提供的链路数将与用户数的平方成正比，在用户数较多时将造成线路的巨大浪费，链路的利用率也是比较低的，整个通信网的性价比将是不能接受的。

在实际的通信网中解决任意两个用户间的通信是通过采用交换技术，引入交换机，设置交换节点来完成的。

交换技术是在通信网中设置交换节点，使用交换机，用户之间不再直接连接，而是与交换机相连。在用户需要通信时，由交换机为他们提供物理或逻辑连接。

综上所述，通信网在硬件上由以下三部分组成。

（1）终端设备：终端设备是用户与通信网之间的接口设备，它包括图1-1所示的信源、信宿与调制发射系统、解调接收系统的一部分。它必须具有以下功能：

① 能将发送信号和接收信号进行适当的调制与解调，以适应信道和用户的需要；

② 与信道相互匹配的接口；

③ 能产生和识别网络信令的信号，以便与网络相互联系、应答。

（2）传输设备及链路：传输设备及链路是信息的传输通道，是连接网络节点的媒介。它一般包括图1-1所示的信道、调制发射系统和解调接收系统的一部分。传输链路是指信号传输的媒介，传输设备是指链路两端相应的变换设备。

（3）交换设备：交换设备是构成通信网的核心要素，它的基本功能是完成接入交换节点链路的汇集、转接接续和分配，实现一个呼叫终端（用户）和它所要求的另一个或多个用户终端之间的路由选择的连接。各种不同的交换设备完成不同的业务交换，例如电路交换、分组交换等。

交换设备的交换方式可以分为两大类：电路交换方式和存储-转发交换方式。

电路交换方式是指两个终端在相互通信之前，需预先建立起一条实际的物理链路，在通信中自始至终使用该条链路进行信息传输，并且不允许其他终端同时共享该链路；通信结束后再拆除这条物理链路。电路交换方式又分为空分交换方式和时分交换方式。

存储—转发交换方式是以包为单位传输信息的，在用户的信息包到达交换机时，先将信息包存储在交换机的存储器中（内存或外存），当所需要的输出电路有空闲时，再将该信息包发向接收交换机或用户终端。存储—转发交换方式主要包括报文交换方式、分组交换方式和帧中继方式等。

为了使整个通信网协调、正常地工作，除了硬件设备外，通信网还应该包括各种软件：即信令方案、各种通信协议、网络拓扑结构、路由方案、编号方案、资费制度以及质量标准等。

1.1.2 通信网的分类

通信网从不同的角度出发，可以有各种不同的分类。常见的有以下几种。

1. 按功能划分

按照通信网的功能可划分为：

（1）业务网——用户信息网，是通信网的主体，是向用户提供各种通信业务的网络，例如，电话、电报、数据、图像等；

（2）信令网——实现网络节点间（包括交换局、网络管理中心等）信令的传输和转接的网络；

（3）同步网——实现数字设备之间的时钟信号同步的网络；

（4）管理网——管理网是为提高全网质量和充分利用网络设备而设置，以达到在任何情况下，最大限度地使用网络中一切可以利用的设备，使尽可能多的通信得以实现。

后三种网络又统一称为支撑网，业务网与支撑网之间的关系如图 1-2 所示。

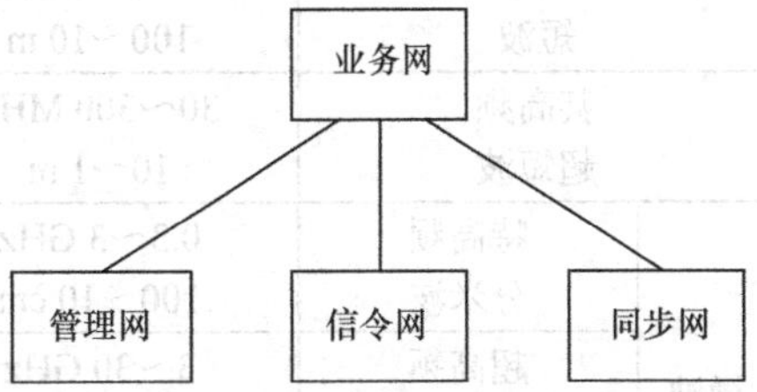

图 1–2 业务网与支撑网之间的关系示意图

2. 按业务类型划分

通信网按业务类型可划分为：

（1）话音网——传输话音业务的网络，交换方式一般采用电路交换方式；

（2）数据网——传输数据业务的网络，交换方式一般采用存储—转发交换方式；

（3）广播电视网——传输广播电视业务的网络，通常采用点对点方式传播。

3. 按服务范围划分

按服务范围划分，通信网可分为本地网、长途网和国际网，或者分为广域网、城域网和局域网。

4. 按所传输的信号形式分

按所传输的信号形式分，通信网可划分为：

（1）数字网——网中传输和交换的是数字信号；

（2）模拟网——网中传输和交换的是模拟信号。

5. 按传输介质划分

按所采用的传输介质分，通信网可分为：

（1）有线通信网——使用双绞线、同轴电缆和光纤等传输信号的通信网；

（2）无线通信网——使用无线电波线等在空间传输信号的通信网，根据电磁波波长的不同又可以分为中、长波通信网、短波通信网、微波通信网、卫星通信网等，如表 1-1 所示。

表 1-1 电磁波频段的划分及适用的传输介质

频段及波段名称		频率、波长范围	传输介质	主要用途
极低频 极长波		30～3 000 Hz 10^4～100 km	有线线对 极长波无线电	对潜艇通信、矿井通信
甚低频 超长波		3～30 kHz 100～10 km	有线线对 超长波无线电	对潜艇通信、远程无线电通信、远程导航
低频 长波		30～300 kHz 10～1 km	有线线对 长波无线电	中远距离通信、地下通信、矿井无线电导航
中频 中波		300～3 000 kHz 1 000～100 m	同轴电缆 中波无线电	调幅广播、导航、业余无线电
高频 短波		3～30 MHz 100～10 m	同轴电缆 短波无线电	调幅广播、移动通信、军事通信、远距离短波通信
甚高频 超短波		30～300 MHz 10～1 m	同轴电缆 超短波无线电	调幅广播、电视、移动通信、电离层散射通信
微波	特高频 分米波	0.3～3 GHz 100～10 cm	波导 分米波无线电	微波中继、移动通信、空间遥测雷达、电视
微波	超高频 厘米波	3～30 GHz 10～1 cm	波导 厘米波无线电	雷达、微波中继、卫星与空间通信
微波	极高频 毫米波	30～300 GHz 10～1 mm	波导 毫米波无线电	雷达、微波中继、射电天文
紫外线、可见光、红外线		10^5～10^7 GHz 3～0.03 μm	光纤 激光传播	光通信

6. 按运营方式划分

按运营方式划分，通信网可划分为：

（1）公用通信网——由国家电信部门组建的网络，网络内的传输和转接装置可供任何部门使用；

（2）专用通信网——某个部门为本系统的特殊业务工作的需要而建造的网络，这种网络不向本系统以外的用户提供服务，即不允许其他部门和单位使用。

1.2 通信网中的信息处理技术

在通信网中，通信的业务具有多样化的特点，需要传输的信息也有多种多样的表现形式，这些都需要通过信息处理技术来实现，进而提高通信网的有效性和可靠性。现代通信网的一个重要特点是越来越依赖于信号与信息处理技术。

1.2.1 信息处理技术

1. 信源编码

为了减少信源输出符号序列中的剩余度、提高符号的平均信息量，需对信源输出的符号序列施行变换。这些变换的目的是在保证一定通信质量和工程实现复杂度可接受的前提下，尽可能降低传送码率，以提高通信的有效率。

信源编码的基本目的是降低传送码率，提高码字序列中码元的平均信息量，那么，一切旨在减少剩余度而对信源输出符号序列所施行的变换或处理，都可以在这种意义下归入信源编码的范畴，例如过滤、预测、域变换和数据压缩等。当然，这些都是广义的信源编码。

一般来说，减少信源输出符号序列中的剩余度、提高符号平均信息量的基本途径有两个：①使序列中的各个符号尽可能地互相独立；②使序列中各个符号的出现概率尽可能地相等。前者称为解除相关性，后者称为概率均匀化。

信源编码通常按信号性质或按信号处理域的不同来分类。按信号性质分类，有语言信号编码、图像信号编码等。按信号处理域分类，有波形编码（或时域编码）和参量编码（或变换域编码）。常见的脉码调制（PCM）和增量调制（△M）等属于波形编码，各种类型的声码器属于参量编码。

在电话信号编码中，可采用基音预测技术进一步压缩比特率；在图像编码中利用相邻帧的相关性进行预测，称为帧间预测技术。这些都是较为有效的预测方法。在高质量信号（如广播节目、录音信号）的传输、录音和转录中，为获得高保真度已采用高比特率编码信号。这比用其他方法简便有效。

信源编码技术随着数字化技术的推广应用已普遍用于通信、测量、计算机应用和自动化系统中。各种比特率的单片集成电路和混合集成电路已得到广泛采用。

2. 信道编码

数字信号在传输中往往由于各种原因，使得在传送的数据流中产生误码。通过信道编码，对数据流进行相应的处理，使系统具有一定的纠错能力和抗干扰能力，可极大地避免码流传送中误码的发生。

提高数据传输效率，降低误码率是信道编码的任务。信道编码的本质是增加通信的可靠性。但信道编码会使有用的信息数据传输减少，信道编码的过程是在源数据码流中加插一些码元，从而达到在接收端进行判错和纠错的目的，这就是我们常常说的开销。在带宽固定的信道中，总的传送码率也是固定的，由于信道编码增加了数据量，其结果只能是以降低传送有用信息码率为代价了。将有用比特数除以总比特数就等于编码效率了，不同的编码方式，其编码效率有所不同。

传统的分组码、卷积码等均已相当成熟并得到广泛应用。克劳德·伯劳 Claude Berrou 等提出的 Turbo 码，因其性能在满足一定的条件下可逼近仙农的理论极限而受到广泛的重视，已公认为是信道编码的重大突破。

Turbo 码的特点是短数据序列分别直接或经交织器输入相应的分量卷积（或分组）编码器，其输出经适当删除和复用后形成并行级联的系统卷积（或分组）码。在接收端通过多级迭代译码，利用每一级译码的输出信息中反映该级硬判决可靠性的估值作为下一级译码的边信息，因此具有相当于长码的纠错性能。Turbo 码已被采纳为欧洲数字广播和 3G cdma2000 辅助业务信道的纠错码标准。Turbo 码与调制、ARQ、多用检测、分集接收等技术的结合，以及 Turbo 码的工程实现，是当前信道编码发展的热点。

Turbo 码的缺点是译码复杂度较高，因而近年来正在开展低密度奇偶校验码（LDPCC）的研究，其性能与 Turbo 码相当，但复杂度较低。在信道编码理论方面还将继续开展对代数几何码、阵列编码以及软判决理论和应用的研究。

1.2.2 差错控制技术

差错控制是指当信道的差错率达到一定程度的时候，必须采取用以减少差错的措施及方法。通信过程中的差错大致可分为两类：一类是由热噪声引起的随机性错误；另一类是由冲突噪声引起的突发性错误。突发性错误影响局部，而随机性错误影响全局。

通常应付传输差错采取办法如下。

（1）肯定应答。接收器对收到的帧校验无误后送回肯定应答信号 ACK，发送器收到肯定应答信号后可继续发送后续帧。

（2）否定应答重发。接收器收到一个帧后经校验发现错误，则送回一个否定应答信号 NAK。发送器必须重新发送出错帧。

（3）超时重发。发送器发送一个帧时就开始计时。在一定时间间隔内没有收到关于该帧的应答信号，则认为该帧丢失并重新发送。

结合上述方法差错控制可分为三种方式：差错重发（自动请求重发 ARQ）、前向纠错（FEC）以及使用 FEC 和 ARQ 的混合纠错方式。

（1）差错重发。差错重发又称为自动请求重发（ARQ），它是指发送端信源送出信息序列，一方面经编码器编码由发送机送入信道，另一方面把它存入存储器以备重传。接收端经译码器对接收到的数据进行译码，判断是否有错。如无错，则给出无错信号，经反馈信道送至发送端，同时通知信宿接收译码后的信息序列。如有错，则给出有错信号，经反馈控制器通知信宿拒收信息，并通过反馈信道送至发送端；发送端的信号检测器检测后，控制信源暂时停发新信息，并打开存储器将传输中出错的信息重发一遍；接收端收到重发信息序列后，若判定无错则通知信宿接收此数据，并经反馈信道通知发送端，可以发下一信道序列。发送一信息序列会重复上述过程，直到接收端内译码判定无错为止，如图 1-3 所示。差错重发的

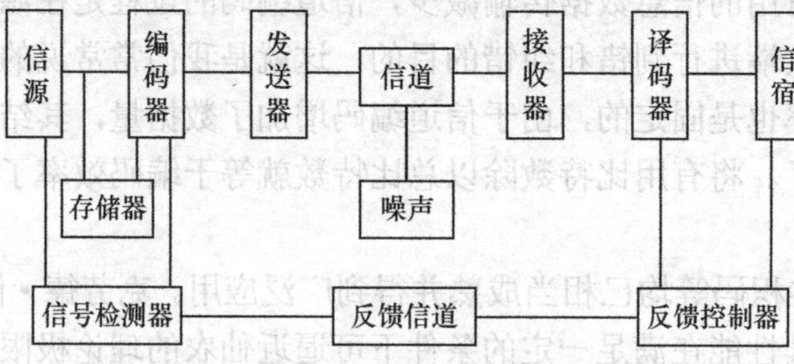

图 1-3　差错重发示意图

特点是需要反馈信道，译码设备简单，在突发错误和信道干扰较严重时有效；但实时性差，这种方式主要应用在计算机数据通信中。

（2）前向纠错。前向纠错（FEC）又称为自动纠错，它是指在检测端检测到所接收的信息出现误码的情况下，可按一定的算法自动确定发生误码的位置，并自动予以纠正，如图 1-4 所示。其特点是单向传输，实时性好，但译码设备复杂而且所送纠错码必须与信道干扰情况紧密对应。如果为了纠正较多的错误，需要附加更多的冗余码，导致传输效率的降低。

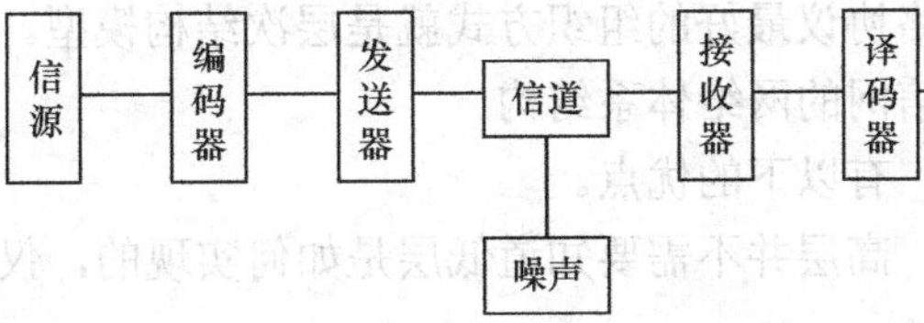

图 1-4　前向纠错示意图

（3）混合纠错，混合纠错 HEC 方式，是 FEC 和 ARQ 方式的结合。在此种方式中，当接收端检测到所接收的信息存在差错时，只对其中少量的错误自动进行纠正，而超过纠正能力的差错仍通过反向信道发回信息，要求重发此信息。这种方式具有自动纠错和检错重发的优点，可达到较低的误码率，因此近年来得到广泛应用，但它需要双向信道以及较复杂的译码设备和控制系统。

差错控制技术中的编码又可分为检错码和纠错码。

检错码只能检查出传输中出现的差错，发送端只有重传数据才能纠正差错；而纠错码不仅能检查出差错也能自动纠正差错，避免了重传。

检错码有：奇偶校验码、循环码。

纠错码有：线性分组码、循环码、BCH 码、卷积码、比特交织奇偶效验（BIP）码以及 Turbo 码等。

编码的检错和纠错能力由汉明距离（码的最小距离 d_{min}）决定。通常存在下列几种情况：

（1）若要求检测 e 个错码，则 d_{min} 应满足 $d_{min} \geqslant e+1$；

（2）若要求能够纠正 t 个错码，则 d_{min} 应满足 $d_{min} \geqslant t+1$；

（3）若要求能够纠正 t 个错码，同时检测 e 个错码，则 d_{min} 应满足 $d_{min} \geqslant e+t+1$。

1.3 通信网的体系与拓扑结构

通信网是一个庞大的复杂的通信实体，运用一般的概念化的方法对通信网进行整体分析将是非常困难的。因此，对于通信网的分析，一般采用分解合成的方法，并利用分层等概念来表示通信网的理想结构。

通信网的网络体系结构由硬件和软件组成。硬件部分即拓扑结构；而软件部分是有关通信网的规约、协议以及网络管理结构等，也就是我们通常说的通信网的体系结构。

1.3.1 通信网的体系结构

通信网络是由多个互连的网络节点组成的，节点之间要不断地交换数据和控制信息。要使节点间能够准确无误地传递信息，各个节点都必须遵守一些事先约定好的规约。这些规约精确地规定了所交换信息的格式和时序。为网络信息交换而制定的规则、约定与标准被称为网络协议。一个通信网的网络协议主要由以下3个要素组成：

（1）语法，即用户数据与控制信息的结构和格式；

（2）语义，即需要发出何种控制信息，以及完成的动作与做出的响应；

（3）时序，即对事件实现顺序的详细说明。

网络协议对于通信网络是不可缺少的，一个功能完备的通信网络需要制定一整套复杂的协议集，对于复杂的通信网络协议最好的组织方式就是层次结构模型。通信网层次结构模型和各层协议的集合定义为通信网的网络体系结构。

通信网中采用层次结构，有以下的优点。

（1）各层之间相互独立。高层并不需要知道低层是如何实现的，仅需要知道该层通过层间的接口所提供的服务。

（2）各层都可以采用最合适的技术来实现，各层实现技术的改变不影响其他层。

（3）灵活性好。当任何一层发生变化时，只要接口保持不变，则在该层以上或以下各层均不受影响。另外，当某层提供的服务不再需要时，甚至可将这层取消。

（4）易于实现和维护。因为整个系统已被分解为若干个易于处理的部分，这种结构使得一个庞大而又复杂系统的实现和维护变得容易控制。

（5）有利于促进标准化。因为每一层的功能和所提供的服务都已有了精确的说明。

整个协议划分为多少层由协议的制定者来确定。确定层次的数量时应考虑以下因素。

（1）对协议分的层次应当足够多，从而使得为每一层确定的详细协议不致过分复杂。

（2）层次的数量又不能太多，以防止对层次的描述和综合变得十分困难。

（3）选择合适的界面使得相关的功能集中在同一层内而截然不同的功能分配给不同的层次。希望分层结构中各层之间的互相作用较少，使得某一层次的改变对接口所造成的影响较小。

世界上第一个网络体系结构是IBM公司于1974年提出的，命名为“系统网络体系结构SNA”。在此之后，又产生了各种不同的网络体系结构。它们共同的特点是均采用分层技术，但层次的划分、功能的分配与采用的技术术语并不相同。

1. OSI/RM参考模型

国际标准化组织（International Organization for Standardization，ISO）发布的最著名的标准是ISO/IEC 7498，又称为X.200建议，即“开放系统互连参考模型”（Open Systems Interconnection Reference Model，OSI/RM）。在这一框架下进一步详细规定了每一层的功能，实现开放系统环境中的互连性（interconnection）、互操作性（interoperation）和应用的可移植性（portability）。

开放系统中的“开放”是指只要遵循OSI/RM标准，一个系统就可以和位于世界上任何地方的、也遵循这同一标准的其他任何系统进行通信。

OSI/RM定义了开放系统的层次结构、层次之间的相互关系及各层所包括的可能的服务。它是作为一个框架来协调和组织各层协议的制定，也是对网络内部结构最精炼的概括与描述。

OSI/RM的服务定义详细地说明了各层所提供的服务。某一层的服务就是该层及其以下各层的一种能力，它通过接口提供给更高一层。各层所提供的服务与这些服务是怎样实现的无关。同时，各种服务定义还定义了层与层之间的接口和各层所使用的原语，但不涉及接口是怎样实现的。

OSI/RM 标准中的各种协议精确地定义了应当发送什么样的控制信息，以及应当用什么样的过程来解释这个控制信息。

OSI/RM 并没有提供一个可以实现的方法。OSI/RM 只是描述了一些概念，用来协调进程间通信标准的制定。在 OSI/RM 的范围内，只有在各种协议可以被实现，而且各种产品和 OSI 的协议相一致时才能互连。这也就是说，OSI/RM 参考模型并不是一个标准，而只是一个在制定标准时使用的概念性的框架。

OSI/RM 将整个通信过程分为 7 层。划分层次原则是：

（1）网络中各节点都有相同的层次；

（2）不同节点的同等层具有相同的功能；

（3）同一节点内相邻层之间通过接口过渡；

（4）每一层使用下一层提供的服务，并向上层提供服务；

（5）不同节点的同等层按照协议实现同等层之间的通信。

根据上述原则，OSI/RM 的 7 层分别是：物理层（Physical Layer）、数据链路层（Data Link Layer）、网络层（Network Layer）、传输层（Transport Layer）、会话层（Session Layer）、表示层（Presentation Layer）和应用层（Application Layer），其中下三层与网络连接及网络中继有关，若网络节点是中继节点，则节点只完成 1～3 层的功能。图 1-5 所示各层相对独立，或者说下层对上层屏蔽了所有的细节，从而使得分配到各层的任务能够独立实现。这样当其中一层提供的实现细节变化时，不会影响其他层。

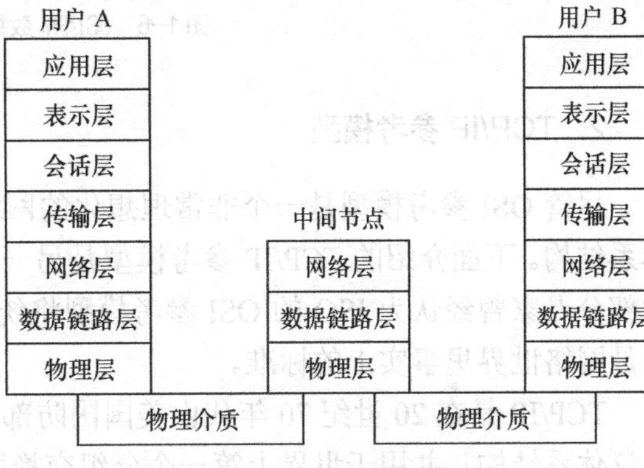

图 1-5 OSI/RM 结构示意图

应用 OSI/RM 传输信息时，在发送端从高到低依次将数据传递给各层进行处理。传输的数据由数据单元信息分组加报头（控制信息）构成，称为协议数据单元（Protocol Data Unit，PDU）。不同的协议层都有自己的协议数据单元。报头可使接收端借助报头来同步和检错。OSI 参考模型结构中除物理层外，其余 6 层都加有控制信息（应用层可为空），数据链路层还可能加一个帧尾。每一层从上层接收到一个数据单元，作为本层数据单元的数据部分，再加上本层的附加控制信息后，传给下一层。通信双方的同层利用其报头进行收发。邻层间相互不干扰。

在接收端，数据以相反的方向，从低层依次交给高层，直至应用层。在处理中以此去除发送端对应层添加的报文头。OSI/RM 传输过程中数据单元变化如图 1-6 所示。

在使用 OSI/RM 时，数据是垂直传输的，即在发送端，数据从发送进程依次向下传递，直到物理层；在接收端数据从物理层依次向上传递直到发送进程。但是在编程的时候却好像数据是在作水平传输。其中需要注意的一个细节是：由高层传来的协议数据单元，也许还会切割成几个下层的协议数据单元，而不一定像图 1-6 中所示意的那样从上往下逐渐增大。

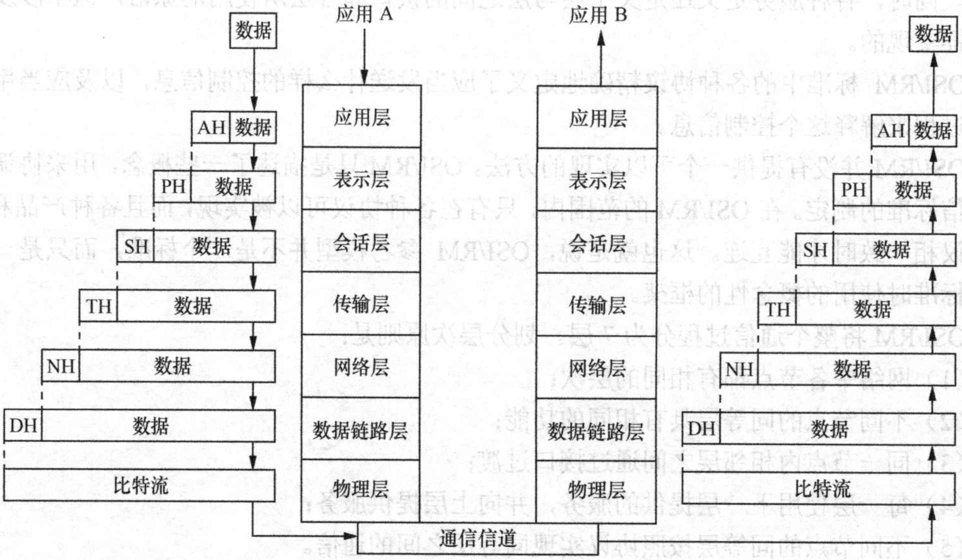

图 1-6　OSI/RM 数据单元变化示意图

2. TCP/IP 参考模型

尽管 OSI 参考模型是一个非常理想化的网络体系结构，但并不是最成功和最流行的网络体系结构。下面介绍的 TCP/IP 参考模型是另一种非常重要的通信网体系结构。虽然学术界的大部分专家曾经认为 ISO 的 OSI 参考模型将统一整个网络世界，但事实上 TCP/IP 参考模型才是网络世界里事实上的标准。

TCP/IP 是在 20 世纪 70 年代由美国国防部资助，由美国加州大学等研究机构开发的一个协议体系结构，并用于世界上第一个分组交换网——ARPANET。TCP/IP 是指一个协议族，其中 TCP 和 IP 是这个协议族中最有代表性、最能体现该体系核心思想的协议，因此人们用 TCP/IP 来称呼整个协议族和它们代表的网络体系结构。

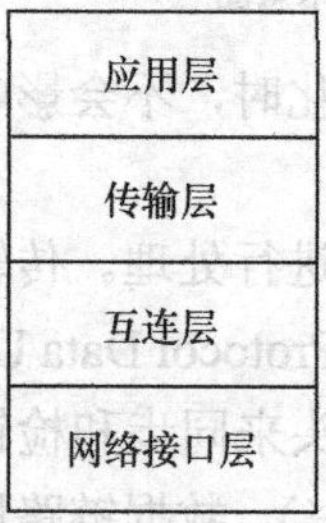

图 1-7　基于 TCP/IP 的体系结构示意图

TCP/IP 参考模型没有官方的文件来统一制定，在如何用分层模型来描述 TCP/IP 的问题上争论很多，但共同的观点是 TCP/IP 的层次数应该比 OSI 参考模型的 7 层要少。一般来说 TCP/IP 参考模型的层次划分可分为 4 层，即网络接口层、互连层、传输层和应用层。TCP/IP 的分层模型如图 1-7 所示。

（1）网络接口层。网络接口层是 TCP/IP 的最底层，它与 OSI 模型的物理层、数据链路层以及网络的一部分相对应，负责从物理介质上接收数据帧，然后交给互连层，或者接收互连层的数据包并通过物理介质发送出去。该层中所使用的协议为各通信网本身固有的协议，如：以太网的 802.3、分组交换网的 X.25 等。

（2）互连层。TCP/IP 族的设计者从开始设计，就从实际出发，将协议的重点放在异种网络的互连上。TCP/IP 参考模型的互连层就是负责相邻网络间的互连与通信，IP 是该层的核心。其地位相当于 OSI 参考模型中网络层的无连接服务，对上层提供不可靠的数据包传输服务，数据包的可靠性依赖上层协议自身来保证。该层有以下 3 个主要功能。

① 处理来自传输层的分组发送请求。将分组装入 IP 数据报，填充报头，选择发送路径，然后将数据报发送到相应的网络输出线。

② 处理接收的数据报。检查目的地址，如需要转发，则选择发送路径转发出去；如目的地址为本节点 IP 地址，则去除报头，将分组交给传输层处理。

③ 处理互连的路径、流控和拥塞问题。

(3)传输层。传输层的主要功能是负责应用进程之间的端到端通信。从这一点上讲，TCP/IP 参考模型的传输层与 OSI 参考模型的传输层的功能是相似的。在该层 TCP/IP 参考模型定义了两种协议。一种是传输控制协议（TransmissionControlProtoc01，TCP），提供端到端之间的可靠传输，数据传送单位是报文段；另一种是用户数据报协议（User Datagram Protoco1，UDP），在端与端之间提供不可靠服务，但传输效率在一些情况下比 TCP 高，数据传送单位被称为数据报（Datagram）。

TCP 是一种可靠的面向连接的协议，它允许将一台主机的字节流（Byte Stream）无差错地传送到目的主机，主要完成端到端的连接建立、拆除、报文的排序、报文确认、端到端的流量控制、报文错误处理等工作。TCP 要求接收端必须发送接收确认（Acknowledge），如果发送端在一定时间内没有收到确认就需要重新发送报文。

UDP 是一种不可靠的无连接协议，即发送端只需向接收端直接发送数据报，而不需要再进行其他的处理，因此简化了发送端和接收端的工作。相关的报文的排序、报文确认、端到端的流量控制、报文错误处理等工作交给应用层的应用程序来处理。当下层可以提供可靠的网络服务时，在应用层进行这些处理的机会非常小，甚至完全没有。因为使用 UDP 时，两端的处理工作很小，所以在下层服务质量好时，UDP 有比 TCP 更高的效率。使用 UDP 的另一个动机是某些应用对个别的数据丢失不敏感，而对数据的延时比较敏感。

除了在端与端之间传送数据外，传输层还要解决不同程序的识别问题，因为在一台计算机中，常常是多个应用程序可以同时访问网络。传输层要能够区别出一台机器中的多个应用程序。这在 TCP/IP 体系结构里通过所谓的端口（Port）来进行区分。

（4）应用层。应用层是 TCP/IP 参考模型的最高层，向用户提供各种应用服务。应用层协议提供的服务有：远程登录（Telnet），用户可以使用异地主机；文件传输（FTP），用户可以在不同主机之间传输文件；电子邮件（E-mail），在用户之间传送电子邮件；Web 服务器，发布和访问具有超文本格式 HTTP 的各种信息；简单网络管理协议（SNMP），对网络进行管理。

基于 TCP/IP 的数据传输过程中的数据变化如图 1-8 所示。

3. OSI 和 TCP/IP 参考模型的比较

OSI/RM 和 TCP/IP 是目前通信网中最流行的两种参考模型，它们都采用层次化结构，在传输层中两者定义了相似的功能。但两者在层次划分、使用协议上有着很大的不同，如图 1-9 所示。由图中可以看出，OSI 参考模型是 7 层结构，TCP/IP 是 4 层结构。其中 TCP/IP 的应用层对应 OSI 的应用层、表示层和会话层，TCP/IP 的传输层对应 OSI 的传输层，TCP/IP 的互连层对应 OSI 的网络层，TCP/IP 的网络接口层对应 OSI 的物理层、数据链路层和网络层的一部分。

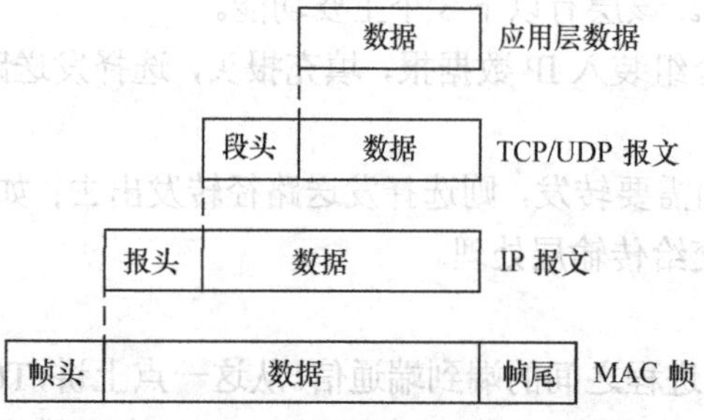

图 1-8　基于 TCP/IP 的数据传输变化示意图

OSI 参考模型		TCP/IP 参考模型	
7	应用层	4	应用层
6	表示层		
5	会话层		
4	传输层	3	传输层
3	网络层	2	互连层
2	数据链路层	1	网络接口层
1	物理层		

图 1-9　OSI 和 TCP/IP 参考模型比较

TCP/IP 与 OSL 参考模型之间的不同，主要表现在以下几个方面。

（1）TCP/IP 参考模型的层次明显比 OSI 参考模型少，其层次之间的关系没有 OSI 那样严格，应用层和网络接口层的层次划分比较模糊。

（2）OSI 参考模型对“服务”与“协议”的定义结合起来，使得参考模型变得格外复杂，将它实现起来是困难的，同时只有相邻的两层才能直接通信，并且下层对上层完全屏蔽了所有实现的细节。但是严格遵循这个原则将使相应的软件运行效率低下。而 TCP/IP 可以允许像物理网络的最大帧长（Maximum Transmission Unit，MTU）等信息向上层广播。这样做可以减少一些不必要的开销，提高了数据传输的效率。

（3）OSI 参考模型对服务、协议和接口的定义是很清晰的，而 TCP/IP 对这些概念区分并不清楚。一个好的软件工程应该将功能与实现方法区分开来，TCP/IP 恰恰没有很好地做到这一点，这使得 TCP/IP 参考模型对于使用新的技术的指导意义不够。

（4）OSI 参考模型在设计时只考虑到用一种统一标准的公用数据网将各种不同的系统互连在一起，而忽略了异构网的存在。而 TCP/IP 参考模型在设计时就充分考虑了对异构网的互连与互操作的问题，将异构网的互连作为协议设计的重点，做到兼容并蓄。

（5）TCP/IP 向用户同时提供可靠服务和不可靠服务，而 OSI 参考模型在开始时只考虑到向用户提供可靠服务。可以说 TCP/IP 参考模型比 OSI 参考模型有更大的灵活性。

（6）TCP/IP 参考模型的网络管理功能优于 OSI 参考模型。

1.3.2　通信网的基本拓扑结构

通信网的网络结构是指终端、节点或两者间的分布与连接形式。不同的通信网会有不同的网络结构形式，但其网络的基本拓扑结构是一样的。各种不同的通信网都是基本拓扑结构的组合。

目前，通信网的基本拓扑结构有网形、星形、复合形、总线形、环形和树形等。

1. 网形网

网形网是指网内任意两个节点间均有直连链路的网络，如图 1-10（a）所示。由图可见，当通信网有 n 个节点，网形网则需要的传输链路数为 $C_n^2 = n(n-1)/2$，链路数与节点数的平方成正比，当节点数增加时，传输链路将迅速增加。

网形网的优点是：网络链路的冗余度高，路由选择的自由度大，网络的可靠性和稳定性较好。

网形网的缺点是：由于链路数太多造成传输链路的利用率低，经济性较差，特别是随着节点的增加，问题表现得更突出。

在实际使用中，网形网一般用于通信业务量大的骨干网或者对可靠性要求高的需重点保障的节点或系统。

图 1-10（b）所示为网孔形网，是网形网的一种变形，也叫不完全网形网。其大部分节点相互之间有直连链路，一小部分节点可能与其他节点之间没有直连链路，需通过其他节点进行转接。哪些节点之间不需直达线路，要视具体情况而定（一般是这些节点之间业务量相对少一些）。网孔形网与网形网（完全网形网）相比，可适当节省线路，即线路利用率有所提高，经济性有所改善，但稳定性会稍有降低。

2．星形网

星形网是一种以中央节点为中心，把若干外围节点（或终端）连接起来的辐射形网络结构，因此又称为辐射网，如图 1-11 所示。中央节点是整个网络的核心，由它控制全网的工作，该节点的交换能力和可靠性直接影响整个网络的性能。它通过单独线路分别与外围节点（或终端）相连，如图 1-11 所示。一个星形网络有 n 个节点，需要的链路数为 $n-1$ 条，各用户间的通信都必须通过中央节点的转接才能完成。

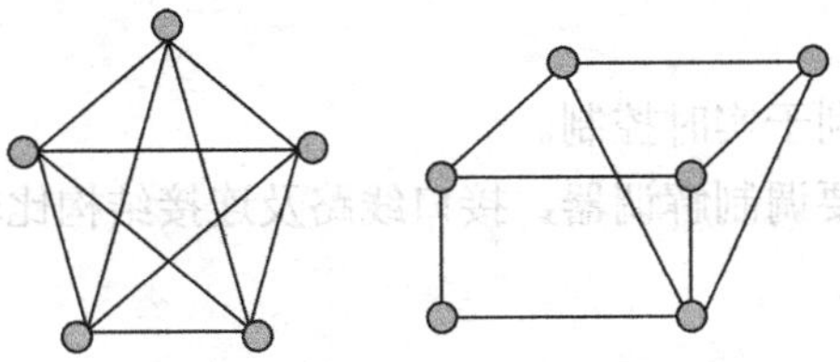

（a）　（b）

图 1-10　网形网与网孔网结构示意图

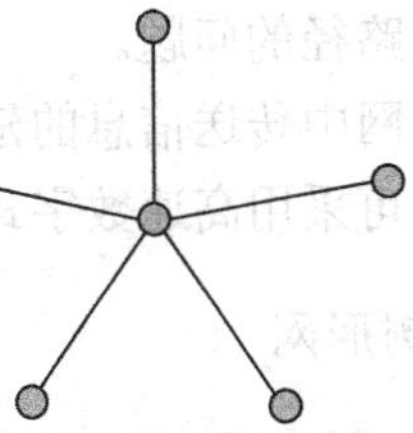

图 1-11　星形网结构示意图

星形网的优点：传输链路少，拓扑结构简单，链路利用率高。

星形网的缺点：存在单点故障，中央节点要求高，稳定性和可靠性不如网形网。

3．复合形网

复合形网是由网形网与星形网复合而成的，如图 1-12 所示。这种网络中，信息量较大的区域采用网形网结构，然后以网形网的各个节点作为星形网的中央节点进行整个网络的延伸与覆盖。这种网络结构具有网形网与星形网的优点，比较经济合理，而且有一定的可靠性。这种网络设计要考虑使转接交换设备和传输链路总费用之和最小的原则。实际通信网中复合形网络结构较常见。

4．总线形网

总线形网是将所有节点都连接在一个公共的传输信道——总线上，其实质是一种通道共享的结构，如图 1-13 所示。总线形结构网在计算机局域网中获得广泛的应用。

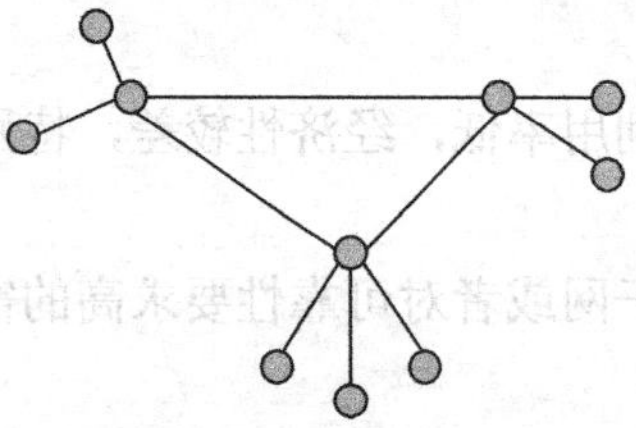

图1–12　复合形网结构示意图

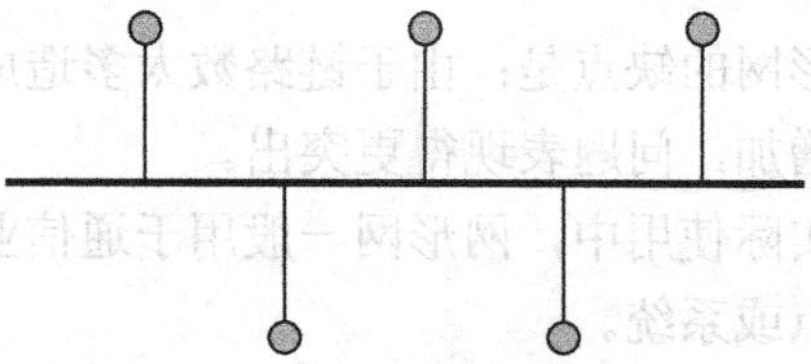

图1–13　总线形网结构示意图

总线形网的优点：良好的扩充能力，增减节点方便，可以使用多种存取控制方式，不需要中央控制器，有利于分布式控制。

总线形网的缺点：网络稳定性较差，网络覆盖范围受到限制。

5. 环形网

各节点连接成闭合的环路的通信网称为环形网，如图1-14所示。在环形网中，任何两个节点之间都要通过闭合环路互相通信，单条环路往往只支持单一方向的通信，所以任何两个节点通信信息都要围绕环路循环一周才能实现互相通信。这种网有以下主要特点。

（1）在环路中，每个节点的地位和作用是相同的，每个节点都可以获得并行使用控制权，很容易实现分布式控制。

（2）不需要进行路径选择，控制比较简单。因为在环型网中，路径只有一条，不存在为信息规定路径的问题。

（3）网中传送信息的延迟时间固定，有利于实时控制。

（4）可采用高速数字式传输信息，不需要调制解调器，接口线路及连接结构比较简单。

6. 树形网

树形网可以看成是星形网的拓扑扩展，如图1-15所示。这种网络结构主要用于用户接入网或用户线路网中，此外在主从同步方式的时钟分配网中也采用这种网络结构。

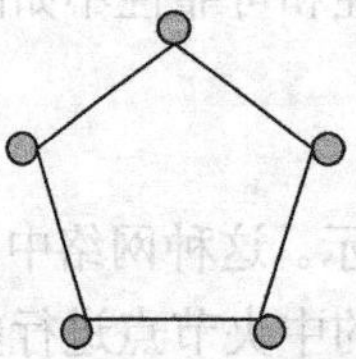

图1–14　环形网结构示意图

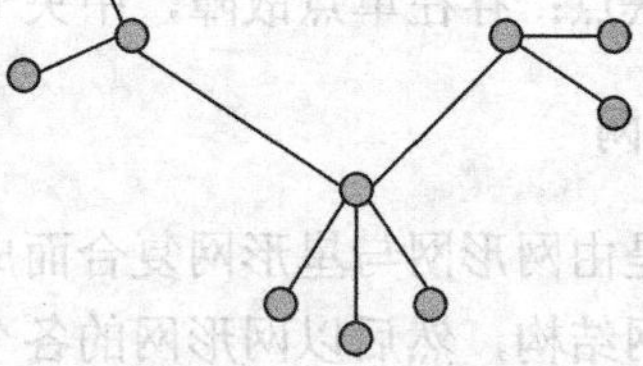

图1–15　树形网结构示意图

1.4　通信网的发展趋势

21世纪，人类社会进入到信息社会，人们的生活越来越离不开通信网络的支持。通信网络的建设已经成为社会发展的基础建设，建设的方向不仅包括容量与规模上的扩大，同时还包括功能的不断扩充，新业务的不断发展等。

随着通信网技术的发展以及人们的需求增长，通信网正在向着信息融合、技术融合的方向发展，具体体现在统一的网络平台，智能的终端处理，宽带的网络接入，灵活的业务使用等方面发展，目标是实现基于软交换技术的下一代（NGN）网络。

1.4.1 信息的融合

目前，传输的信息主要有4种类型，每种类型对网络容量的要求、对网络时延的可接受程度—特别是对时延偏差、对网络中潜在拥塞的可忍受度以及对网络损耗的要求等方面都是有差异的。

（1）语音——语音通信多年以来一直处于强势，用户线一直在部署。由于其具有带宽需求低，网络容量不大，实时性强等特点，因此，仍有巨大的市场需要。

（2）数据——数据通信指的是在两台机器之间交换数字化信息。数据通信量的增长要比语音通信量的增长快得多，在过去的10年，其增长的平均速度是每年30%～40%。数据通信能够支持多种通信业务，根据不同业务的需求，所需的带宽也有很大的变化，小到几十bit/s，大到几百 Mbit/s。不同的数据业务对时延的要求也不一样。基于文本的信息交换对时延的忍受能力一般就比较好，但是，对于那些包括了更多实时因素的信息类型，例如视频中的信息，就需要很好地控制等待时间。

（3）图像——图像通信能够带给人们更直观的信息感受，提供的信息容量也更大，当然要求也就越高。例如，医疗诊断中的很多图像就需要有很高的分辨率。图像通信可以容忍一定的时延，这是因为它不包括物体运动这样的人为因素，而运动是会受到网络中的任何失真影响的。

（4）视频——在网络带宽不断扩展，节点设备性能不断提升的情况下，视频业务已经变得越来越流行了，它要求很大的带宽，并且对时延极度敏感。视频通信业务正在成为网络中占用带宽最大的业务。

上述4种信息类型在早期的通信网络中采用不同的信号处理方式，应用不同的通信网络来进行传输。随着通信技术的发展，数字化技术全面应用于通信网络，所有的信息都可以利用数字技术来进行。在数字时代，所有的信息数据都可以用“1”和“0”来表示的。

1.4.2 技术的融合

1. 数字技术

在传统的通信业务中，电话业务、有线电视主要采用模拟技术进行传输。在今后的网络技术的发展中，由于数字通信具有容量大、质量好、可靠性高、保密性强等特点，因此数字技术将是整个通信网络发展的基础。数字技术将在通信网中全面得到应用，包括数字传输、数字交换以及数字终端等。

2. IP技术

传统的电话交换采用电路交换技术，数据通信业务采用分组交换技术，有线电视网的视频业务主要采用单向传输的方式，这些技术都有其自身的特点。伴随着网络技术的发展，IP技术以其业务适应能力强，扩展方便等优势逐渐成为通信网络发展的方向。IP技术的发展，还提供了三网都能接收的统一的网络通信协议——TCP/IP，它为通信发展在业务层面上的融合奠定了基础。TCP/IP 的普遍采用使得各种以 IP 为基础的业务都能在不同的网上互通。

3. 光纤技术

20 世纪 80 年代出现的光纤通信技术具有带宽宽，稳定性好，可靠性高，保密性能强等优点，已成为通信网传输技术的首选。伴随着光纤技术的发展，其低廉的价格优势也逐渐显现出来，目前在局域网中得到了广泛的应用。它的使用将为今后通信网中各种综合业务信息的传输提供必要的带宽，保证传输质量，同时也将使通信网的传输成本大幅下降。

4. 宽带接入技术

不同的通信网络由于传输的信息特性不同，因此建立通信网的思路也是不一样的。电话网、计算机网以及有线电视网形成了不同的网络形态，其中的差异主要体现在接入技术的不同。而与用户直接相关的恰恰是终端如何接入网络。因此接入技术是通信发展的一个重要方向。信息的融合要求技术上应能够提供统一的接入技术，这种统一的接入技术应满足各种业务的需要，因此它一定是一种宽带的接入技术。

1.4.3 基于软交换的下一代网络

下一代网络（Next Generation Network，NGN）是一个定义极其宽松的术语，一般泛指采用了比目前的网络更为先进技术或能够提供更先进业务的网络。“下一代”提法最早出现在美国政府 1997 年 10 月提出的下一代 Internet（Next Generation Internet，NGI）行动计划中。其目的是研究下一代先进的组网技术、建立试验网络、开发革命性应用。然而，到了 20 世纪 90 年代末，电信市场在世界范围内开放竞争，Internet 的广泛使用使数据业务急剧增长，用户对多媒体业务产生了强烈需求，对移动性的需求也与日俱增，电信业面临着强烈的市场冲击与技术冲击。在这种形势下，出现了 NGN 的提法，并成为目前最为热门的一个话题。

国际电信联盟电信标准化部门（ITU-T）归纳的 NGN 的主要特征包括：

（1）基于分组传输；

（2）控制功能与承载能力、呼叫与会晤、应用与服务分离；

（3）业务提供与网络分离，并提供开放接口；

（4）支持广泛的业务，包括实时/流/非实时和多媒体业务；

（5）具有端到端透明传递的宽带能力；

（6）与现有传统网络互通；

（7）具有通用移动性，即允许用户作为单个人始终如一地使用和管理其业务，而不管采用什么接入技术；

（8）提供用户自由选择业务提供商的功能。

通过 ITU-T 归纳的 NGN 的主要特征可以看出 NGN 网络涉及的内容十分广泛，涉及通信网的各个层面，几乎包含了所有的新一代网络技术。软交换技术是实现上述的功能的基础。

软交换概念的提出是基于这样一种思想：将传统的交换设备部件化，分为呼叫控制与媒体处理，二者之间采用标准协议（MGCP、H248）且主要使用纯软件进行处理。利用软交换技术，业务/呼叫分离、传输/接入分离，整个网络实现开放分布式网络结构，业务独立于网络。这时，人们通过开放的协议和接口，可以灵活、快速地定义业务特征，而不必关心承载业务的网络形式和终端类型。

软交换具有的特点可以归纳为：业务控制与呼叫控制分离；呼叫控制与承载连接分离；提供开放的接口，便于第三方提供业务；具有用户语音、数据、移动业务和多媒体业务的综合呼叫控制系统，用户可以通过各种接入设备连接到通信网中等。

通过软交换的这些特点可以看出软交换技术是 NGN 体系结构中的关键技术，其核心就是硬件设备的软件化，通过软交换的方式实现 NGN 要求的控制功能与承载能力、呼叫与会晤、应用与服务分离，使 NGN 能够更方便地为用户提供服务。

练习题

一、填空题

1．通信网由________部分组成，分别是______________________________。

2．差错控制技术包含________种方式，分别是______________________________。

二、多项选择题

1．通信网按照业务可分为（　　）。

A．电话网　　B．广播电视网　　C．数据通信网　　D．传真网

E．信令网　　F．电报网

2．TCP/IP 模型包含的层次有（　　）。

A．物理层　　B．网络接口层　　C．数据链路层　　D．互连层

E．网络层　　F．传输网　　G．应用层　　H．会话层

三、名称解释

1．软交换

2．NGN

四、简答题

1．简述 OSI/RM 参考模型与 TCP/IP 参考模型的区别与联系。

2．简述网形网与星形网的优缺点。

五、综述题

通信网未来的发展趋势及相关技术。

第 2 章 电话通信网

电话是人们日常工作、学习中进行信息交流的重要通信工具之一。它的广泛使用对社会的进步和人类的发展起到了非常重要的作用。电话通信网作为世界上最早的通信网络，同时也是遍布世界的规模最大的通信网之一，研究机构和商业厂家都对其投入极大的人力、物力和财力，进行网络理论的研究和网络设备研发，使得电话通信网的发展速度不断加快，业务不断扩展，功能不断增强，设备不断更新，其中的许多研究成果和经验直接或间接地影响到其他网络的发展与更新。

2.1 电话通信网概述

1876 年伴随着电话通信技术产生，电话通信网也应运而生。电话通信网最初传输的信号是模拟信号，伴随着通信技术的发展，特别是数字通信技术的应用，电话通信网进入了数字时代。在此过程中，电话通信网的性能和业务质量得到了很大的提升，承载的业务从单一的话音业务到综合业务应用。在用户接入方面，xDSL 技术的应用，实现了在普通的两对双绞铜线间的数字连接，为用户提供了各种宽带的业务，使电话通信网有了更大的应用空间。中继线路上采用时分复用技术提高了线路的利用率，特别是光纤技术的应用使电话通信网主干网络的容量成倍地增加。交换节点中的交换矩阵单元随着计算机硬件和软件能力的提高，处理能力越来越强，极大地提高了交换节点的承载能力。

2.1.1 电话通信网的功能要求

通信网络的规模、业务和投资越来越庞大，为了保证网络高可靠低成本的运行，电信管理网络（TMN）是电信网必不可少的支撑网络，TMN 完成配置管理、性能管理、故障/维护管理、资费管理和安全管理 5 项基本功能。

随着通信网的发展，电话通信网的结构也逐渐向级数减少的方向演变。

电话通信网应满足的要求如下：

（1）保证每个用户能够呼叫网内的任一用户；

（2）根据用户需求建立/保持和释放呼叫；

（3）提供透明的全双工信号传输；

（4）保证一定的服务质量（满意的话音连接质量，有限的拥塞率）；

（5）能不断适应通信技术和通信业务的发展；

（6）在电话通信的基础上适当满足开放各种非话业务的需求。

在电话通信网中，为了能提供保证用户迅速接续和通话清晰的电话业务，除了必须配备的设备和完善的技术之外，还要有可靠的支撑网——No.7 号信令的支持。判定电话业务的良好程度可由下述三方面来衡量。

1．接续质量

接续质量反映电信网是否容易接通和是否好用的程度，通常用接续损失（呼损）和接续时延来度量。对整个电信网络而言与接续损失具有同一含义的量叫做阻塞率。所以，有时也以阻塞率来衡量接续质量。在电话通信网中主要通过摘机忙呼损、接续过程呼损、拨号音时延、接续时延、被叫用户忙造成的呼损、被叫用户不应答所造成的呼损及其他几种接续时延等项指标衡量接续质量。

2．传输质量

传输质量反映信息传输的准确程度，不同的电信业务有不同的传输质量标准。对电话通信的传输质量主要从以下三个方面来衡量：响度（反映通话的音量），清晰度（反映通话的清晰、可懂度），逼真度（反映收听到的语音的音色和特性的不失真程度）。

除上述三项由人来进行主观评定的指标外，对电话电路还规定了一些电气特性，如传输损耗、传输频率特性、串音、杂音等多项传输链路指标。

3．可靠性

可靠性是由系统、设备、部件等的功能在时间方面的稳定性程度来表示的。可靠性指标主要有下面几种。

（1）失效率：表示在设备或系统工作一定时间后，单位时间内发生故障的概率，以 $\lambda(t)$ 来表示。失效率通常取 10^{-5}/h 为单位，对于高可靠性的系统或设备通常采用 10^{-9}/h 为单位，这称为一个非特（Fit）。

（2）平均故障间隔时间（MTBF），当失效率 $\lambda(t)\equiv\lambda$（常数），即失效率与 t 无关时，有

$$MTBF=\frac{1}{\lambda} \tag{2-1}$$

（3）平均修复时间（MTTR），表示发生故障时进行修复的平均处理时间。

（4）可用度（或有效度）A

$$A=\frac{\text{有效工作时间}}{\text{有效工作时间}+\text{平均修复时间}}=\frac{MTBF}{MTBF+MTTR} \tag{2-2}$$

当失效率 $\lambda(t)\equiv\lambda$（常数），即失效率与 t 无关时，有

$$A=\frac{\mu}{\lambda+\mu} \tag{2-3}$$

其中 $\mu = \dfrac{1}{MTTR}$ 为修复率，

不可用度
$$U = 1 - A = \frac{\lambda}{\lambda + \mu} \tag{2-4}$$

以上指标的制定要考虑到用户的满意程度、社会的需求以及可能造成的影响，同时还应考虑到技术上、经济上的可实现性等。

进入21世纪后，人类社会进入信息时代，随着IP技术的飞速发展，传统的电话业务受到前所未有的严峻挑战，各运营商纷纷开始组建各自的VOIP网络，IP电话成为家喻户晓的业务，极大地分流了长途电话。在以IP为代表的数据业务的增长速度大大超过语音业务的前提下，VOIP 网络如何发展已经成为各运营商，特别是传统运营商进行技术转型、建设可持续发展网络的关注焦点。

电话网的终端设备也将从传统的电话机发展为能够实现多种业务的智能终端，实现电话网的综合业务的接入。

2.1.2 电话通信网的组成

电话网采用电话交换方式，主要由三部分组成：发送和接收电话信号的“用户环路”设备、进行电路交换的节点设备、连接交换设备之间的中继链路。

1．用户环路

“用户环路”包括用户住宅设备（CPE）、连接到市话交换机的用户线、市话接入线的终端部分（即分布交叉连接的配线架）和用于控制接入线上业务流的逻辑电路。其中的CPE包括用户话机以及用户小交换机（PBX）。市话交换机向用户话机的供电方式一般采取电压供电方式，受到电压压降的影响，99%的用户话机到市话交换机的用户线的长度在无中继的情况下应控制在5公里以内。

2．节点设备

电话通信网中的节点有三种类型：交换节点、传输节点和业务节点。

（1）交换节点：交换节点将不同地点的传输设备连接起来并在网络上分配流量，能根据拨号为信号建立电路连接。为了促进此种交换方式的发展，ITU制定了全球编号方案的规范，作为电话通信网呼叫的路由指令。交换节点包括本地端局（直接连接用户）、汇接局（在一个城市里市话交换机之间的话务进行路由）、长途局（将长途呼叫路由到其他城市或接收来自于其他城市的呼叫）、国际局（路由国际呼叫）。图2-1所示绘出了各种电话交换局的位置。

① 本地端局：本地端局是电信公司用户线的终节点以及对连接线路的交换设备进行定位的地点，代表市话网络。它为每一根用户线分配一个号码，通常是7位或8位。前3（或4）位代表交换机用于识别为某部电话服务的市话交换设备。后4位识别线路号码，此线路是把交换机和用户连接到一起的电路；传统市话局可以区分一个或多个交换机，每个交换机容量为10000线，号码从0000～9999。在闹市区的电信楼内，可以有几个市话交换设备，每个局负责处理5个或更多的交换机。

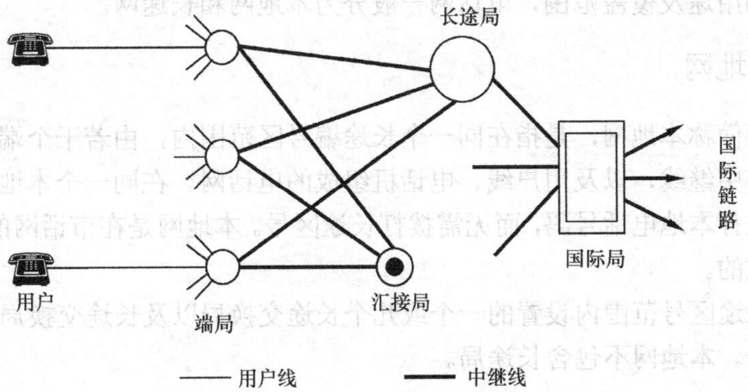

图 2-1 电话网交换节点类型

② 汇接局：汇接局是一个交换机，用作大城市市话局间的流量交换点。设置在市话局分布比较密集的地方。对所有的端局进行直连很不经济，可以建立汇接局用汇接中继把本地端局连接起来，汇接局能完成端局间的所有呼叫，但并不直接和用户相连。

③ 长途局：长途局是信道和长途电路终结的电话交换中心，即进行国内长途连接的地方。一个城市通常只有一个长途局，在大城市里也可能有几个。

④ 国际局：国际局主要进行国际呼叫业务，国际局设备可能会有协议转换，ITU 术语中称作“中心转接”（CT）。CT1 交换机转接洲际流量，CT2 交换机转接区域性国家间的容量，CT3 交换机转接国内电话通信网和国际电路之间的流量。

（2）传输节点：传输节点是传输基础设施的一部分，提供通信路径在网络接点间传送用户流量和网络控制信息。传输节点包括传输介质和放大器、中继器、复用器、数字交叉连接和数字环路载波等传输设备。

（3）业务节点：业务节点是提供增值业务及信令处理的节点。与业务节点有重要关系的是 ITU 标准规范 7 号信令（SS7）。

3. 中继链路

中继链路是交换设备间进行信息传递的传输通道。包括中继接口和中继线两部分，中继接口与中继线的使用是相互匹配的。数字中继线使用数字中继接口，模拟中继线使用模拟中继接口。电话通信网发展到现在，模拟中继线已经非常少了，目前绝大部分中继线路均为数字中继线路，因此中继接口绝大部分为数字中继接口。

2.2 电话通信网的结构

电话网结构在很多国家采用等级结构，即将全国的交换局划分成若干个等级。采用复合形的网络结构。等级级数的选择主要考虑以下两个方面因素：

（1）整个网络的服务质量，例如接通率、接续时延、传输质量、可靠性等；

（2）整个网络的经济性，即全网的费用问题。

此外级数的选择还应考虑国家的地域大小，各地区的地理状况，政治、经济条件，以及地区间的联系程度等因素。

根据网络的用途及覆盖范围，电话网一般分为本地网和长途网。

2.2.1 本地网

本地电话网简称本地网，是指在同一个长途编号区范围内，由若干个端局、汇接局、局间中继线、长市中继线，以及用户线、电话机组成的电话网。在同一个本地网内，用户相互之间呼叫只需拨打本地电话号码，而无需拨打长途区号。本地网是在市话网的基础上将郊话、农话纳入而形成的。

在同一个长途区号范围内设置的一个或几个长途交换局以及长途交换局之间的长途电路属于长途网部分。本地网不包含长途局。

1．本地网的类型

随着电信业务的迅速普及，本地网有扩大的趋势。扩大本地网的特点是城市周围的郊县与城市划在同一长途编号区内，其话务量集中流向中心城市。扩大本地网的类型有以下两种。

（1）特大和大城市本地网：以特大城市及大城市为中心，由中心城市与所辖的郊县（市）共同组成的本地网，简称特大和大城市本地网。省会、直辖市及一些经济发达的城市如深圳组建的本地网就是这种类型。

（2）中等城市本地网：以中等城市为中心，中心城市与该城市的郊区或所辖的郊县（市）共同组成的本地网，简称中等城市本地网。地（市）级城市组建的本地网就是这种类型。

上述两种本地网的结构如图 2-2 所示。

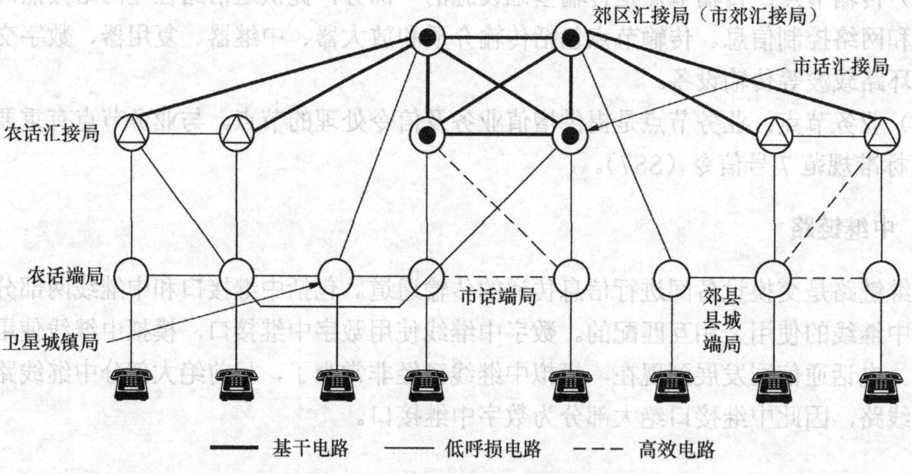

图 2-2 大中城市本地网结构示意图

2．本地网交换局的分类及其职能

本地网的交换局可以分为端局和汇接局两大类。

端局根据服务范围的不同分为：市话端局、县城端局、卫星城镇端局以及农话端局等。职能是通过用户线与用户相连，负责疏通本局用户的来话和去话话务。

汇接局可分为：市话汇接局、市郊汇接局、郊区汇接局和农话汇接局。职能是与所辖的端局相连，以疏通这些端局间的话务；汇接局还与其他汇接局相连，疏通不同汇接区间端局的话务；根据需要还可与长途交换局相连，疏通本汇接区的长途转话话务。

本地网中，有时在用户相对集中的地方，可设置一个隶属于端局的支局（一般的模块局就是支局），经用户线与用户相连，但其中继线只有一个方向到所隶属的端局，用来疏通本支局用户的来话和去话话务。

3．本地网的网络结构

本地网通常采用两级基本结构，汇接局为高一级，端局为低一级。在两级结构中又包括分区汇接和全覆盖两种。

（1）分区汇接：分区汇接的网络结构是把本地网分成若干个汇接区，在每个汇接区内选择话务密度较大的一个局或两个局作为汇接局，根据汇接局数目的不同，分区汇接有两种方式：分区单汇接和分区双汇接。

① 分区单汇接。这种方式是比较传统的分区汇接方式。它的基本结构是每一个汇接区设一个汇接局，汇接局之间以网形网连接，汇接局与端局之间根据话务量大小可以采用不同的连接方式。在城市地区，话务量比较大，应尽量做到一次汇接，即来话汇接或去话汇接。此时，每个端局与其所隶属的汇接局及其他各区的汇接局（来话汇接）均相连，或汇接局与本区及其他各区的汇接局（去话汇接）相连。在农村地区，由于话务量比较小，采用来去话汇接，端局与所隶属的汇接局相连。

采用分区单汇接的本地网结构如图 2-3 所示。每个汇接区设一个汇接局，汇接局间结构简单，但是网路可靠性差。当汇接局 A 出现故障时，a_1，a_2，b_1' 和 b_2' 四条电路都将中断，即 A 汇接区内所有端局的来话都将中断。若是采用来去话汇接，则整个汇接区的来话和去话都将中断。

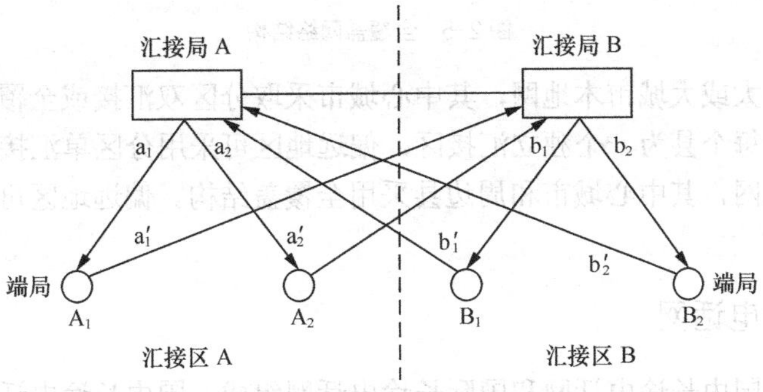

图 2-3 分区单汇接的本地网结构

② 分区双汇接。在每个汇接区内设两个汇接局，两个汇接局地位平等，均匀分担话务负荷，汇接局之间网状相连；汇接局与端局的连接方式与分区单汇接结构相同，只是每个端局到汇接局的话务量一分为二，由两个汇接局承担。

采用分区双汇接的本地网结构如图 2-4 所示。分区双汇接结构比分区单汇接结构可靠性提高很多，例如，当 A 汇接局发生故障时，a_1，a_2，b_1 和 b_2 四条电路被中断，但汇接局仍能完成该汇接区 50%的话务量。分区双汇接的网络结构比较适用于网络规模大、局所数目多的本地网。

（2）全覆盖：全覆盖的网络结构是在本地网内设立若干个汇接局，汇接局间地位平等，均匀分担话务负荷。汇接局间以网状网相连。各端局与各汇接局均相连。两端局间用户通话最多经一次转接。

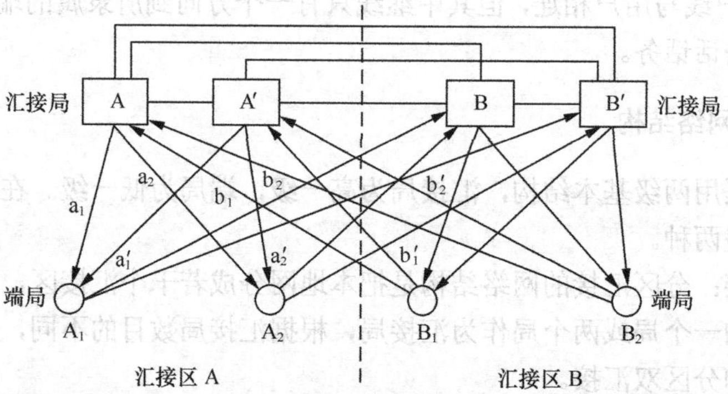

图 2-4　分区双汇接的本地网结构

全覆盖网络结构如图 2-5 所示。全覆盖的网络结构几乎适用于各种规模和类型的本地网。汇接局的数目可根据网络规模确定。全覆盖的网络结构可靠性高，但线路费用也提高很多，所以应综合考虑这两个因素确定网络结构。

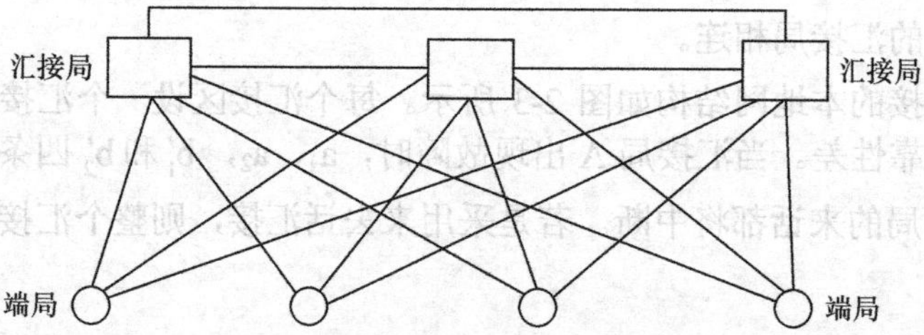

图 2-5　全覆盖网络结构

一般来说，特大或大城市本地网，其中心城市采取分区双汇接或全覆盖结构，周围的县采取全覆盖结构，每个县为一个独立汇接区，偏远地区可采用分区单汇接结构。

中等城市本地网，其中心城市和周边县采用全覆盖结构。偏远地区可采用分区单（双）汇接结构。

2.2.2　长途电话网

长途电话网由国内长途电话网和国际长途电话网组成。国内长途电话网是在全国各城市间为用户提供长途通话的电话网，网中各城市都设一个或多个长途电话局，各长途局间由各级长途电路连接起来，提供跨地区和省区的电话业务；国际长途电话网是指将世界各国的电话网相互连接起来进行国际通话的电话网。为此，每个国家都需设一个或几个国际电话局进行国际去话和来话的连接。一个国际长途通话实际上是由发话国的国内网部分、发话国的国际局、国际电路和受话国的国际局以及受话国的国内网等几部分组成的。

1. 国内长途电话网

我国的国内长途电话网采用分级结构，随着电话网的发展，结构也在发生变化，具体的内容将在下面章节作专门的介绍。长途电话网的一项重要作用是进行主被叫长途路由的选择，保证电话接续的迅速、可靠。下面将重点介绍长途网路由选择以及长途电话网传输质量指标等内容。

（1）路由选择。路由是网路中任意两个交换中心之间建立一个呼叫连接或传递信息的途径。它可以由一个电路群组成，也可以由多个电路群经交换局串接而成。

针对长途网中的路由选择规则如下：

- 网中任一长途交换中心呼叫另一长途交换中心的所选路由局最多为 3 个；
- 同一汇接区内的话务应在该汇接区内疏通；
- 发话区的路由选择方向为自上而下，受话区的路由选择方向为自下而上；
- 按照“自远而近”的原则设置选路顺序，即首选直达路由，次选迂回路由，最后选最终路由。

这种选择顺序的目的是为了充分利用直达路由，尽量减少转接次数和尽量减少占用长途电路。

图 2-6 所示为按上述规则进行的路由选择示意图。图 2-6（b）所示为本大区内来话时的路由选择顺序，按照自上而下的原则，选择的顺序为 L1、L2、L3。图 2-6（a）所示为两个大区之间的路由选择顺序示意图，假设交换中心 A 与交换中心 B 之间有直达路由 L1。A 局用户要呼叫 B 局用户时，应先选择直达路由 L1，若 L1 全忙，则按照上述规则顺序选择 L2、L3、L4、L5、L6、L7（所选路由同时应满足路由局最多为 3 个）。

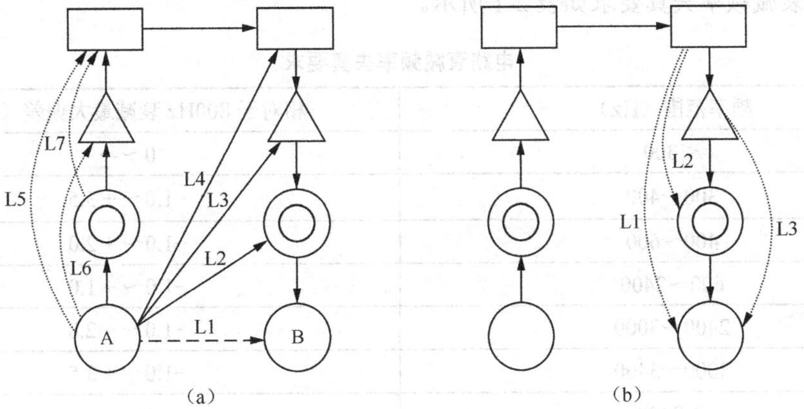

图 2-6 长途路由选择顺序示意图

（2）长途电话网传输质量指标。用户在打电话时希望电话网能够有一定的质量保证。电话接通以后，用户希望不困难地听清楚对方说些什么，同时让对方听清楚自己所讲的话。这项要求应该由电话传输系统，包括电话机、传输线路、传输电路来保证。有人说清晰度是电话传输质量的最基本要求。实际情况是清晰度和用户“能清晰地听懂对方讲话”不一定完全对应。用户要求“不困难地”听清楚对方讲话，这里有诸多因素造成通话困难。对于长途电话网主要从以下几个方面来衡量长途电话网的传输质量。

① 全程参考当量。用户对某一电话传输系统的总体性能或某项性能的满意程度是通过对用户进行调查得到的，为减少重复测试时间，我们希望建立某种参数和用户满意程度的关系。被测人通过单纯收听对被测系统的传输性能进行评定，这叫做主观评定试验。为方便起见，通常在响度测试中采用比较法，即在标准系统中插入可变衰耗器，被测人反复调整这个衰耗

器的数值，使其响度和被测系统一样。这样就出现了“响度参考当量”。目前国际上采用的标准参考系统叫做 NOSFER 系统。它放在日内瓦 CCITT 实验室作为国际参考当量基准系统。我国在 1977 年研制了电话参考当量标准系统，其主要特性和 NOSFER 系统相似，因此又叫 NOSFER 副系统。在该系统中规定国内任何两个用户之间进行长途通话时，全程参考当量不得大于 33.0 dB。

② 杂音。衡量长途通话连接的杂音大小是以受话终端局为基准点来测量或计算总杂音的。规定总杂音功率不大于 3 500 pW_P。这里的总杂音包括长途电路杂音，交换机杂音和电力线感应杂音。

③ 串音。串音分为可懂串音和不可懂串音。不可懂串音作为杂音处理。可懂串音破坏了通信的保密性。因此提出了串音防卫度和串音衰减的指标要求。它包括：

- 四线电路间在 1 100 Hz 的近端串音防卫度或远端串音防卫度应不小于 65 dB；
- 市内，长市中继线间近端串音衰减应不小于 70 dB；
- 用户线间串音衰减（800 Hz 时）应不小于 70 dB；
- 交换机串音衰减（100 Hz 时）应不小于 72 dB。

④ 衰减频率特性。传输系统中有电感和电容，因此信号频带内各频率的衰减不完全一样，出现了频率失真。所谓频率特性是指在话音频带（300 Hz～3 400 Hz）内，800 Hz 的衰减值与其他各频率上的衰减值所表示的特性，用它表示电路的衰减失真最为恰当。我国电话网中规定的电路衰减频率失真要求如表 2-1 所示。

表 2-1　电路衰减频率失真要求

频率范围（Hz）	相对于 800Hz 衰减最大偏差（dB）
＜300	0～∞
300～400	−1.0～＋3.5
400～600	−1.0～＋2.0
600～2400	−1.0～＋1.0
2400～3000	−1.0～＋2.0
3000～3400	−1.0～＋3.5
＞3400	0～∞

2. 国际长途电话网

国际长途电话通信通过国际长途电话局来完成。每个国家都设有国际长途电话局，国际局之间形成国际长途电话网。国际长途电话通信距离较长，为了满足话音通信的时效性，原则上国际局间设置低呼损直达电路群。

1964 年原国际电报电话咨询委员会（CCITT，现为 ITU-T）提出等级制国际自动局的规划，国际局分一、二、三级国际交换中心，分别以 CT1、CT2 和 CT3 表示，采用三级辐射式网络结构，其基干电路所构成的国际电话网结构如图 2-7 所示。但在实际应用中根据业务需要往往在国际交换中心之间设置低呼损直达电路群和高效直达电路群，如图 2-7 所示。

（1）一级国际中心局：全世界范围内按地理区域的划分；总共设立 7 个一级国际中心局（CT1），分管各自区域内国家的话务，7 个 CT1 局之间全互连。

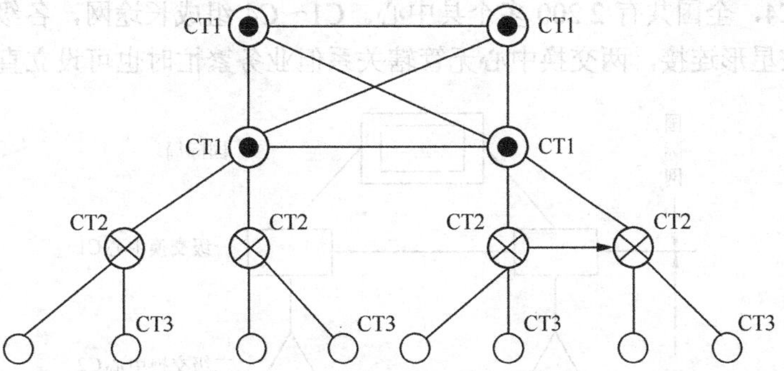

图 2-7 国际长途电话网结构示意图

（2）二级国际中心局：二级国际中心局（CT2）是为在每个 CT1 所辖区域内的一些较大国家设置的中间转接局，即将这些较大国家的国际业务或其周边国家国际业务经 CT2 汇接后送到就近的 CT1 局。CT2 和 CT1 之间仅连接国际电路。

（3）三级国际中心局：三级国际中心局（CT3）是设置在每个国家内，连接其国内长话网的网际网关。任何国家均可有一个或多个 CT3 局，国内长话网经由 CT3 进入国际长话网进行国际间通话。

国际长话网中各级长途交换机的路由选择顺序为先直达，后迂回，最后选骨干路由。任意 CT3 局之间最多通过 5 段国际电路。若在呼叫建立期间，通话双方所在的 CT1 局之间由于业务忙或其他原因未能接通，则允许经过另外一个 CT1 局转接，因此这种情况下经过 6 段国际电路。为了保证国际长话的质量，使系统可靠工作，原 CCITT 规定通话期间最多只能通过 6 段国际电路，即不允许经过两个 CT1 中间局进行转接。

2.2.3 我国电话网的结构及演化

在 1973 年电话网建设初期，根据当时长途话务流量的特点，即流向与行政管理的从属关系几乎相一致，呈纵向的流向，原邮电部明确规定我国电话网由长途网和本地网两部分组成。网络按等级分为五级，由一、二、三、四级长途交换中心（用 C1、C2、C3 和 C4 表示）及本地交换中心（设置汇接局和端局两个等级的交换中心，分别用 Tm 和 C5 表示）组成。五级电话网络结构示意图如图 2-8 所示。我国电话网结构的演化主要是长途网结构的变化。初期的长途网设置一、二、三、四级长途交换中心，随着通信技术的飞速发展，长途网络仍旧采用四级已经不能满足电话通信业务的发展，目前我国的长途电话网正在向二级制过渡。下面就两种体制作一个全面的介绍。

1. 四级长途电话网

我国长途电话网长期采用四级汇接的等级结构，全国分为 8 个大区，每个大区分别设立一级交换中心 C1。C1 的设立地点为北京、沈阳、上海、南京、广州、武汉、西安和成都。

每个 C1 间均有直达电路相连，即 C1 间采用网型连接。在北京、上海、设立两个国际出入口局用以和国际网连接，并且根据业务需要在广州、南宁设置两个边境局，疏通与港澳地区间的话务量。每个大区包括几个省（区），每省（区）设立一个二级交换中心 C2，全国共有 22 个二级交换中心；各地区设立三级交换中心 C3，全国有 350 多个地区中心；各县设立四级交换中心 C4，全国共有 2 200 多个县中心。C1～C4 组成长途网，各级有管辖关系的交换中心间一般按星形连接，两交换中心无管辖关系但业务繁忙时也可设立直达电路。

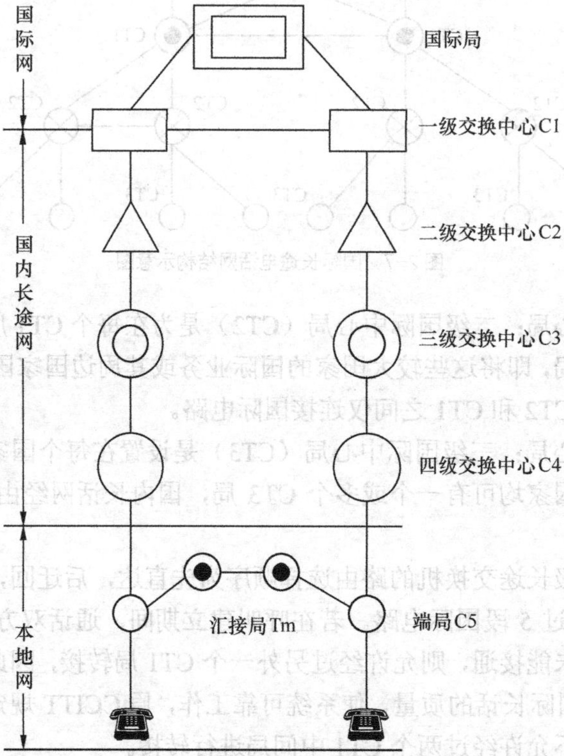

图 2-8　我国五级电话网结构示意图

C1、C2、C3 分别疏通其交换中心服务区域内的长途来话、去话以及转话话务。C4 疏通该交换中心服务区域内的长途终端话务。实际应用中较高等级的交换中心具有较低等级交换中心的功能。

五级等级结构的电话网在网络发展的初级阶段是可行的，这种结构在电话网由人工向自动、模拟向数字的过渡中起了较好的作用，然而在通信事业高速发展的今天，由于经济的发展，非纵向话务流量日趋增多，新技术新业务层出不穷，多级网络结构存在的问题日益明显，就全网的服务质量而言存在如下问题。

（1）转接段数多。如两个跨地市的县用户之间的呼叫，需经 C4、C3、C2 等多级长途交换中心转接，接续时延长，传输损耗大，接通率低。

（2）可靠性差。多级长途网，一旦某节点或某段电路出现故障，将会造成局部阻塞。

此外，从全网的网络管理、维护运行来看，网络结构划分越小，交换等级数量就越多，使网管工作过于复杂，同时，不利于新业务网（如移动电话网、无线寻呼网）的开放，更难适应数字同步网、7 号信令网等支撑网的建设。

2．二级长途电话网

目前，我国的长途网正由四级向二级过渡，由于 C1、C2 间直达电路的增多，C1 的转接功能随之减弱，并且全国 C3 扩大本地网形成，C4 失去原有作用，趋于消失。目前的过渡策略是：

（1）一、二级长途交换中心合并为DC1，构成长途二级网的高平面网（省际平面）；

（2）C4消失，C3被称为DC2（或将C3、C4合并为DC2），构成长途二级网的低平面网（省内平面）。

在这种结构中，国内长途交换中心分为两个等级，省级（直辖市）交换中心以DC1表示，地（市）交换中心以DC2表示。DC1之间以网形网相互连接，DC1与本省各地市的DC2以星形方式连接；本省各地市的DC2之间以网形或网孔形相连，同时辅以一定数量的直达电路与非本省的交换中心相连。二级长途电话网的等级结构如图2-9所示。

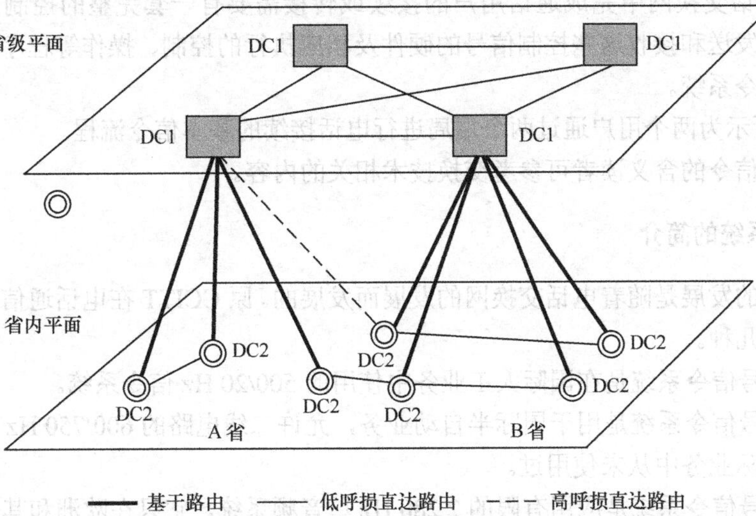

图2-9 我国二级长途电话网结构示意图

（1）省级交换中心：省级交换中心（DC1）综合了原四级网中的C1和C2的交换职能，设在省会（直辖市）城市，汇接全省（含终端）长途话务。在DC1平面上，DC1局通过基干路由全互连。DC1局主要职能包括：

① 所在省的省际长话业务以及所在本地网的长话终端业务；

② 作为其他省DC1局间的迂回路由，疏通少量非本汇接区的长途转话业务。

省会城市一般设两个DC1局（含DC2功能）。

（2）本地网交换中心：本地网交换中心（DC2）综合了原四级中的C3和C4交换职能，设在地（市）本地网的中心城市，汇接本地网长途终端话务。在DC2平面上，省内各DC2局间可以是全互连，也可以不是。各DC2局通过基干路由与省城的DC1局相连，同时根据话务量的需求可建设跨省的直达路由。DC2局主要职能包括：

① 所在本地网的长话终端业务；

② 作为省内DC2局之间的迂回路由，疏通少量长途转话业务。

随着光纤传输网的不断扩容，减少网络层次、优化网络结构的工作需继续深入。目前有两种提法：第一，取消DC2局、建立全省范围的DC1大本地电话网的方案；第二，取消DC1局，全国的DC2本地网全互连的方案。两个方案的目标都是要将全国电话网改造成长途一级，本地网一级的二级网。

2.3 信令系统

电话通信网的稳定、可靠运行均离不开信令系统的支持与控制。信令系统是整个电话通信网络的重要组成部分，是电话通信网的神经系统。由信令系统来控制电话通信网络中用户间、交换机间和用户与交换机间的通信，以及整个电话通信网的正常运行与维护。

2.3.1 概述

在自动电话交换网中完成通话用户的接续或转接需要有一套完整的控制信号和操作程序，用以产生发送和接收这些控制信号的硬件及相应执行的控制、操作等程序的集合体就称为电话网的信令系统。

图2-10所示为两个用户通过两个端局进行电话接续的基本信令流程。

对于各种信令的含义读者可参考交换技术相关的内容。

1. 信令系统的简介

信令系统的发展是随着电话交换网的发展而发展的。原CCITT在电话通信网中建议的信令系统有如下几种。

CCITT 1号信令系统是在国际人工业务中使用的500/20 Hz信令系统。

CCITT 2号信令系统是用于国际半自动业务，允许二线电路的600/750 Hz音频系统。但这个系统在国际业务中从未使用过。

CCITT 3号信令系统是应用有限的2 280 Hz单音频系统，它只在欧洲和其他几个地方得到有限的使用。新的国际电路都不使用此系统。

CCITT 4号信令系统是双音频（2 040 Hz + 2 400 Hz）组合脉冲方式。它是带内信令，是以端到端方式传送的模拟信令。这个系统没有分开的记发器信令。它原本打算用于卫星电路，但由于地址信息传送较慢，因此在卫星电路上也未能使用。

CCITT 5号信令系统是CCITT于1964年建议的一种模拟式信令系统，它具有分开的线路信令和记发器信令。线路信令是双音频（2 400 Hz + 2 600 Hz）带内，组合频率和单一频率的连续信令，并且是逐段转发的。记发器信令是6中取2多频信令，也是逐段转发的，并且只有前向信令没有后向信令。这个系统适合于3 000 Hz和4 000 Hz话路带宽的海底电缆、陆上电缆、微波和卫星电路。

CCITT 5_{bis}系统是作为5号信令系统的变型而建议的。为减少拨号后的等待时间，此系统完全按交替方式工作。但由于5号信令系统已为大多数国际电路所采用，具有令人满意的用户国际直拨业务，就没有理由用5_{bis}系统代替现有的5号系统。因此5_{bis}系统没有得到应用。

以上的信令系统均为随路信令系统，其特点是信令链路与话音链路相同。

CCITT 6号信令系统是一种模拟型公共信道信令系统，后来为了适合数字网的需要，补充了一些数字形式，但仍不能全部适合ISDN的要求。尤其在CCITT 7号信令系统出现以后，人们乐意采用后者，使得6号信令系统进一步发展遇到了困难。

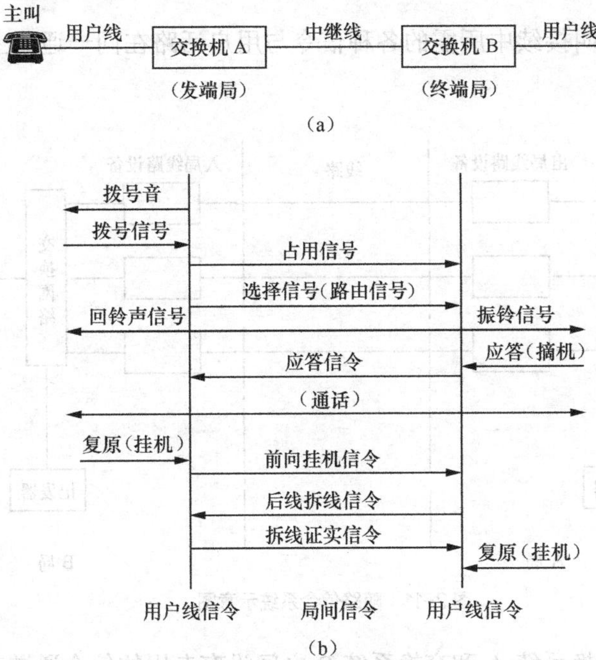

图 2-10 电话接续基本信令流程

CCITT 7 号信令系统是适合通信网最新发展的系统。它具备一系列优点，有广阔的发展前途。我们将在本章后面专门介绍 7 号信令系统。

6、7 号信令系统是公共信道信令系统，其特点是信令的传输采用专用通道，与话音通道相互独立。

除此之外，还有两种信令系统得到很好的使用。

CCITT R_1 信令系统实质上是美国的贝尔系统的 R_1 记发器信令和 SF 线路信令的结合。它是模拟系统，但可以用于模拟和数字两种通信网。

CCITT R_2 信令系统为欧洲采用的 CEPT 的 R_2 记发器信令和带外新路信令的结合。线路信令包括模拟和数字两种。记发器信令分为前向信令和后向信令两种，均为 6 中取 2 频率。R_2 系统应用范围很广，我国的中国一号信令中的记发器信令就是从 R_2 记发器信令继承过来的，只不过后向信令采用了 4 中取 2 频率而已。

另外，欧洲一些国家还采用了自己的信令系统。

2. 信令的分类

（1）用户信令和局间信令：按照信令工作的区域不同，信令可分为用户信令和局间信令。

用户信令是通信终端与交换节点之间传递的信令，它们在用户线上传送。用户信令主要包括用户状态信令及用户拨号所产生的数字信号以及各种信号音。

局间信令是通信网中各个交换节点之间传送的信令。它在局间中继线上传送，主要有与呼叫相关的监视信令、路由信令和与呼叫无关的管理信令，用来控制通信网中各种通信接续的建立和释放，以及传递与通信网管理和维护相关的信息。

（2）随路信令和公共信道信令：按照信令传输通路与用户话路的关系，信令可分为随路信令和公共信道信令。

随路信令是指在呼叫接续中所需的各种信令与用户话路在同一通路上传输的信令，如图2-11所示。

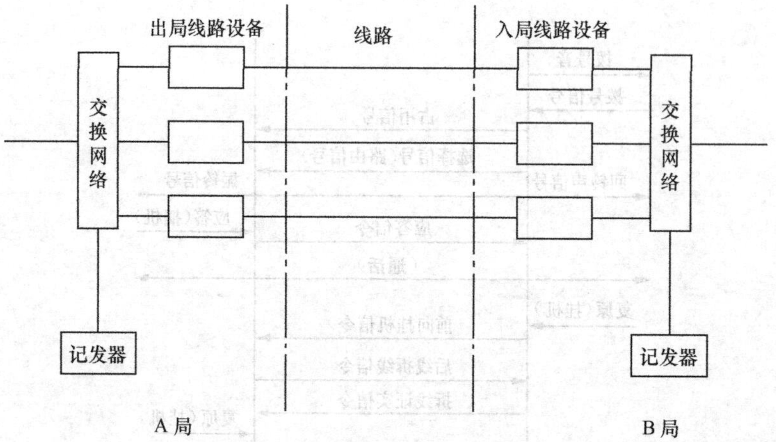

图2-11 随路信令系统示意图

由图2-11可见，交换系统A和交换系统B之间没有专用的信令通道来传送两点之间的信令，信令是在所对应的用户话路上传送的。在通信接续建立时，用户信息通路是空闲的，没有信息要传送，因而可用于传送与接续相关的信令。

公共信道信令是利用一条专用的信令通道为多条话路传输信令的方式，信令通道与话音通道是分离的，如图2-12所示。

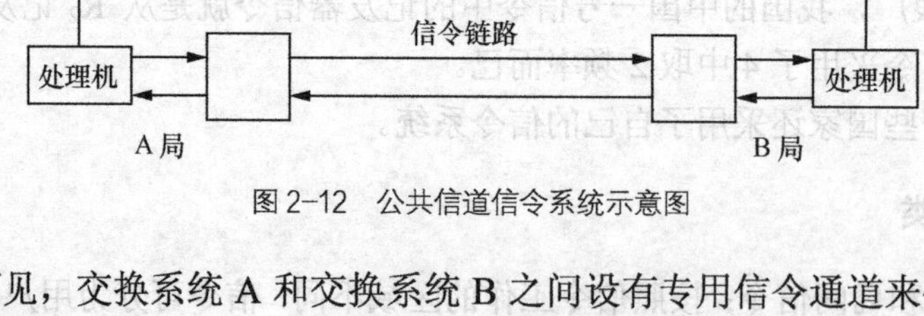

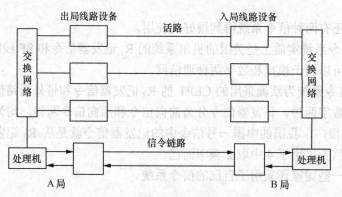

图2-12 公共信道信令系统示意图

由图2-12可见，交换系统A和交换系统B之间设有专用信令通道来传送信令，而两点间的话音是在交换局间的话音通道上传输的。在通信连接建立和拆除时，A、B交换局通过信令通道传输连接建立和拆除的控制信令，在通话过程中，交换系统在预先选好的空闲话路上进行话音信息的传递。

（3）模拟信令和数字信令：按照信令传输的形式可分为模拟信令和数字信令。

模拟信令是指按照模拟方式传送的信令，它适用于模拟通路。数字信令是指按数字方式进行编码的信令，它适合在数字化通路上传送。

（4）线路信令和记发器信令：当局间信令采用随路信令方式时，从功能上可划分为线路信令和记发器信令。

在线路设备间传送的信令叫做线路信令；在记发器间发送和接收的信令叫做记发器信令，如图 2-11 所示。

（5）前向信令和后向信令：按照信令发送的方向可分为前向信令和后向信令。

前向信令是由发端局记发器或出中继电路发出，由终端局记发器或入中继电路接收的信令。后向信令则是相反方向传送的信令。

（6）逐段转发和端到端转发方式：信令的传送方式可分为逐段转发和端到端转发。

逐段转发方式是“逐段识别，校正后转发”的简称。一般线路信号采用逐段转发方式。而记发器信号在劣质电路上的传送也采用这种方式。

在端到端方式下转接局只将信号路由进行接通以后透明传输。终端局收到的是由发端局直接发来的信号。记发器信号在优质电路上传送采用端到端方式。

在实际使用中，通常将两种方式结合使用。如中国 1 号信令中的记发器信令可根据线路质量，在劣质链路中使用逐段转发的方式，在优质链路上使用端到端转发的方式。No.7 信令通常使用逐段转发的方式，但也提供端到端信令。

（7）非互控、半互控及全互控方式：根据信令发送的控制过程可分为非互控、半互控及全互控三种方式。

2.3.2 No.7 信令系统

1. 概述

原 CCITT 于 1980 年提出了通用性很强的 No.7 信令系统，此后，No.7 信令系统经过多次扩展修改，已形成一个完整的信令体系。No.7 信令系统以网络消息方式在信点之间传送信令，它和国际标准化组织 ISO 的开放系统互连模型（OSI 模型）有对应的关系。

美国 1985 年开始使用 No.7 信令，并利用 No.7 信令开发了智能网业务；建立了 No.7 信令网管中心。日本 NTT 1982 年开始在电话网中引入 No.7 信令系统。此外还有不少国家也都使用了 No.7 信令，建成了 No.7 信令网。

我国在 20 世纪 80 年代中期开始了 No.7 信令系统的研究、实施和应用。1985 年北京、广州、天津等大城市首先在同一制式的交换机间采用了 No.7 信令。1987 年北京对三种不同制式的交换机 E-10B、S1240、AXE10 的 No.7 信令系统进行了联试，并在此基础上开通了 No.7 信令系统。1993 年开始组建公用 No.7 信令网。目前，三级 No.7 信令网已初步建成，包括全国长途信令网和各地的本地二级信令网。No.7 信令正广泛应用于电话网（PSTN）、ISDN 网、智能网（IN）、GSM 网中。

作为公共信道信令，No.7 信令系统具有以下许多优点。

（1）信令传送速度高，呼叫接续时间短，对远距离长途呼叫它可以使拨号后时延缩短到 1s 以内。这不仅提高了服务质量，还提高了传输设备和交换设备的使用效率。

（2）信号容量大，一条 64kbit/s 的链路在理论上可处理几万话路，还有利于传送各种控制信令，如网管信令、集中维护信令、集中计费信令等，并有可能发展更多的补充业务。

（3）统一了信令系统，随路信令通常是针对某一网路的专用信令，而公共信道信令是一个通用的信令系统，有利于在 ISDN 中应用。

（4）信令系统与话音通路的分离，使得信令系统灵活，易于扩充。

（5）话路干扰小，话路质量高。

（6）可使话路服务智能化，即使传统的电话业务具备 CLASS 特性。

CLASS 代表一组特殊电话服务特性，包括自动回叫、自动重叫、用户追踪、主叫名传递、呼叫选择接受等 13 种功能。这些功能或服务特性是用户电话机无法单独提供的。

另外，针对上述的优点也对共路信令提出了如下一些特殊的要求。

（1）由于信令链路利用率高，一条链路可传送多达几千条中继话路的信令信息，因此信令链路必须具有极高的可靠性。原 CCITT 规定，No.7 信令数据链路传送出错但未检测出的概率为 10^{-10}～10^{-8}，长时间误码率应不大于 10^{-6}。

（2）信令系统应具有完备的信令网管理功能和安全性措施，在链路发生故障的异常情况下，仍能保证正常的信令传送。

（3）由于信令网和通信网完全分离，信令畅通并不意味着话路畅通，因此共路信令系统应具有话路导通检验功能。

2．应用

No.7 信令作为目前最适合数字通信网中使用的公共信道信令技术，其应用主要有以下几个方面。

（1）话路信令。No.7 信令的一个最基本应用是替代老的 1 号信令～6 号信令，用作现代数字程控交换机的局间信令，控制局间呼叫的接续。

（2）800 号服务。所谓 800 号电话是公司企业向客户提供一种特殊的电话号码，该号码的地区码为 800（虚拟地区码），客户使用这个电话和公司企业通话时的费用由公司支付，打电话的客户免费。800 号电话号是一个虚拟的逻辑电话号，一个公司可能拥有许多的实际电话号码，但 800 号电话只有一个，客户可能在任何地方拨这个号码要求与该公司某个职能部门通话，这就存在一个将 800 号电话转变成实际电话号的过程。这个过程的实现依赖于 No.7 信令系统。

（3）他方付费电话。他方付费电话有三种形式：第一种形式是信用卡电话，它不同于我国目前流行的磁卡电话；第二种形式是被叫付费电话；第三种形式是第三方付费电话。在公共信道信令网建立之前，他方付费电话依赖电话局操作员才能实现，有了公共信道信令网，他方付费电话基本自动化，方便而高效。

（4）蜂窝移动通信系统。蜂窝移动通信系统需要在公共信道信令网中增加至少三种节点：MSC、HLR（Home Location Register）和 VLR（Visitor Location Register）。蜂窝移动通信系统将一个通信区域分成许多个 CELL，每个 CELL 内设立一个 MSC，负责 CELL 内无线用户的通信。MSC 是一个使用 No.7 信令的无线交换机，它包括 No.7 信令中的 MTP、SCCP、TCAP 和 MAP。在蜂窝移动通信系统中，每个无线用户必须在数据库 HLR 和 VLR 中登记。

（5）其他应用。No.7 信令有着广阔的应用前景。除了上述 4 种应用之外，它可以用作 ATM 网络和 B-ISDN 网络的内部信令，智能网的实现等。此外，由于数据通信网络规模的扩大，技术复杂度的增强，网络的操作维护、管理、测试和故障诊断的矛盾日益突出，解决这个问题的最好方法是利用 No.7 信令的 OMAP 在共路信令网中建立网络管理维护中心。由于信令网是一个速度快，可靠性好的分组交换网，网络管理中心的操作员可以对通信网进行远程的实时的测试、诊断、监视、控制和管理，并且不干扰正常的数据通信。

2.3.3 No.7 信令网

No.7 信令是公共信道信令，它区别于早期的随路信令的一个重要特征是有一个独立于信息网的信令网。在 No.7 信令网中除了传送电话的呼叫控制等电话信令外，还可以传送其他如网络管理和维护等方面的信息，因此 No.7 信令网实际上是一个业务支撑网。它可以支持电话通信网（PSTN）、电路交换的数据网（CSPDN）、窄带综合业务数字网（N-ISDN）、宽带综合业务数字网（B-ISDN）和智能网（IN）等各种信令信息的传送，从而实现呼叫的建立和释放、业务的控制、网路的运行和管理以及各种补充业务的开放等功能。

No.7 信令网传送的信令单元就是一个个数据分组，各节点对信令的处理过程就是存储转发的过程，各路信令信息对信令信道的使用采用时分复用的方式，因而可以说 No.7 信令网其本质是一个传送信令信息的专用分组交换数据网。

1. No.7 信令网的组成

No.7 的信令网由信令点、信令转接点和信令链路组成，如图 2-13 所示。

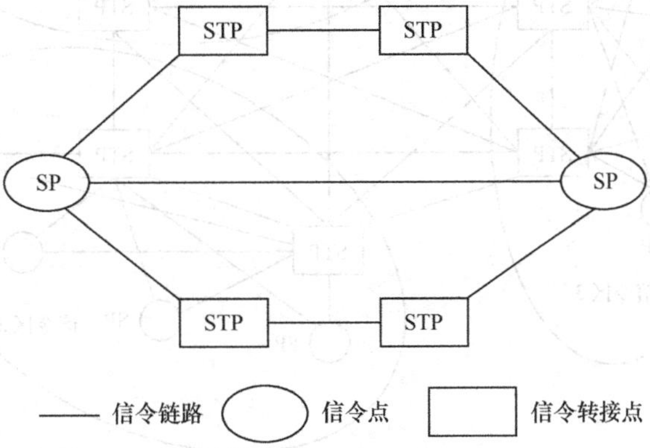

图 2-13 No.7 信令网组成示意图

（1）信令点：信令点（SP）是信令消息的起源点和目的点，它是信息网中具有 No.7 信令功能的业务节点，是信令消息的源点和目的地点。它可以是各类交换局也可以是各种特服中心（如网管中心、操作维护中心、网络数据库、业务交换点、业务控制点等）。

（2）信令转接点：信令转接点（STP）是将一条信令链路收到的信令消息转发到另一条信令链路的信令转接中心，它具有信令转接功能。STP 可分为：独立的信令转接点和综合的信令转接点。

① 独立的信令转接点：独立的信令转接点是只完成信令转接功能的 STP，即专用的信令转接点。独立的信令转接点只具有 No.7 信令系统中的 MTP 功能。

② 综合的信令转接点：综合的信令转接点既完成信令转接的功能，同时又是信令消息的起源点和目的点。综合的信令转接点具有 No.7 信令系统中的 MTP 和 UP 部分的功能。

（3）信令链路：信令链路是No.7信令网中连接信令点和信令转接点的数字链路，其速率为64 kbit/s，它由No.7信令的第一和第二功能级组成，即具有No.7信令系统中的MTP1和MTP2部分的功能。

2. No.7信令网的结构

No.7信令网的结构取决于信令网节点之间选择的连接方式。连接方式分为STP与SP之间的连接方式和STP之间的连接方式。

（1）STP与SP间的连接方式：根据STP与SP间的相互关系，STP与SP间的连接方式可分为以下两种方式。

① 分区固定连接方式：分区固定连接方式示意图如图2-14所示。为保证信令的可靠转接，在这种方式中每个SP需成对地连接到本信令区的两个STP。采用该方式连接时，信令网的路由设计及管理较方便。

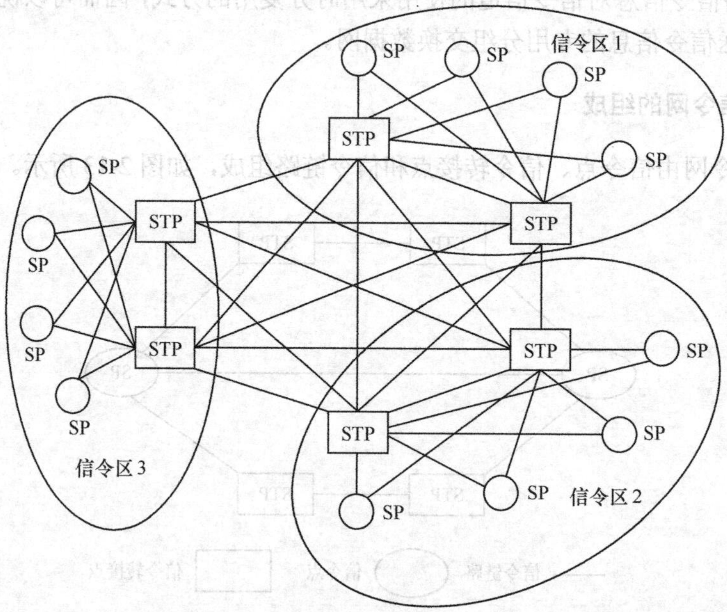

图2-14　STP与SP分区固定连接方式示意图

② 随机连接方式：随机连接方式示意图如图2-15所示。这种方式是按信令业务负荷的大小采用自由连接的方式，即本信令区的SP根据信令业务负荷的大小可以连接其他信令区的STP；为保证信令连接的可靠性每个SP需接至两个STP（可以是相同信令区，也可以是不同信令区）。随机连接的信令网中SP间的连接比固定连接时灵活，但信令路由比固定连接复杂，所以信令网的路由设计及管理较复杂。

（2）STP间的连接方式可分为以下两种方式。

① 网状连接方式：网状连接方式的主要特点是各STP间都设置直达信令链路，在正常情况下，STP间的信令连接可不经过STP的转接。但为了信令网的可靠，还需设置迂回路由，如图2-16（a）所示。

② A，B平面连接方式：A，B平面连接方式的主要特点是A平面或B平面内部的各个

STP 间采用网状相连，平面之间则采用成对的 STP 相连。在正常情况下，同一平面内的 STP 间信令连接不经过其他 STP 转接。在故障情况下同一平面内的 STP 间信令连接需经由不同平面的 STP 连接时，这种方式除正常路由外，也需设置迂回路由，但转接次数要比网状连接时多，如图 2-16（b）所示。

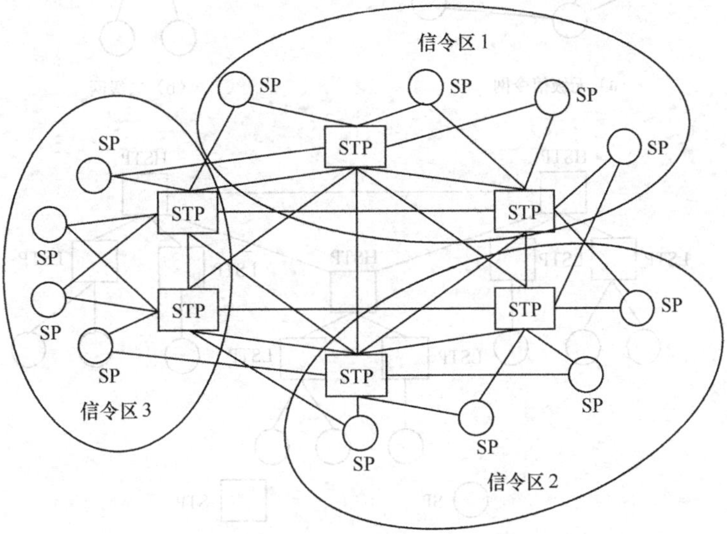

图 2-15　STP 与 SP 随机连接方式示意图

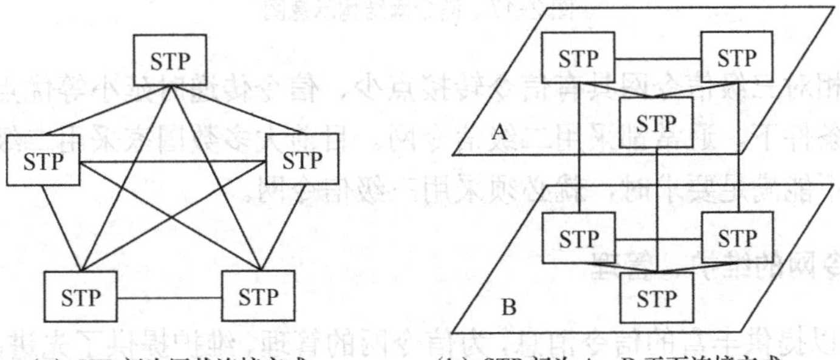

（a）STP 间为网状连接方式　（b）STP 间为 A，B 平面连接方式

图 2-16　STP 间连接方式示意图

结合上述节点间的连接方式，信令网的结构可分为无级信令网和分级信令网。

（1）无级信令网就是信令网中不引入信令转接点，信令点间采用直联工作方式，网络拓扑结构为网形网，因此该种结构具有信令路由多，信令消息传递时延短等优点。但同时由于采用网形网的结构，局间信令的链路数量会随着节点的增加而呈指数增加，因此这种方式无法满足较大范围的信令网的要求，从而导致其在信令网的容量和经济性上都满足不了国际、国内信令网的要求，故未被广泛采用。无级信令网如图 2-17（a）所示。

（2）分级信令网就是含有信令转接点的信令网，它可按等级分为两种。一种是二级信令网，如图 2-17（b）所示，由一级 STP 和 SP 组成。另一种是三级信令网如图 2-17（c）所示，由两级信令转接点，即 HSTP（高级信令转接点）、LSTP（低级信令转接点）和 SP 组成，采用几级信令网，主要取决于信令网所能容纳的信令点数量以及 STP 的容量。

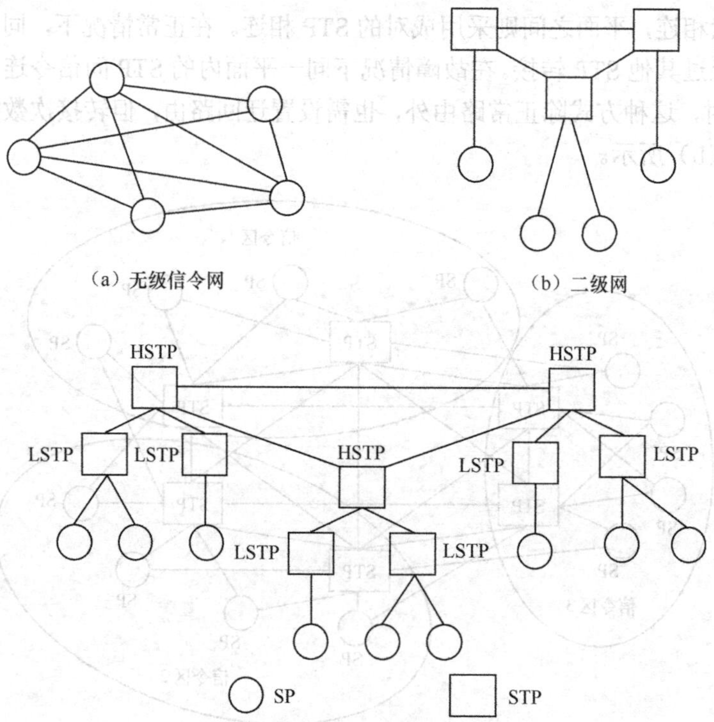

(a) 无级信令网　　(b) 二级网

(c) 三级网

图 2-17　信令网结构示意图

二级信令网相对三级信令网具有信令转接点少、信令传递时延小等优点，在信令网容量可以满足要求的条件下，通常都采用二级信令网。目前大多数国家采用二级信令网结构。当二级信令网容量不能满足要求时，就必须采用三级信令网。

3. No.7 信令网的维护、管理

No.7 信令可以提供丰富的信令消息，为信令网的管理、维护提供了先进的维护管理手段。同时也对信令网的管理和维护工作提出了新的更高的要求。

No.7 信令网的运行、管理和维护（OA&M）主要包括以下功能：

(1) 信令网中信令点、信令转接点和信令业务量的监视测量；

(2) 信令网的路由测试；

(3) 信令链路的运行管理；

(4) 信令网的设计数据采集；

(5) 信令网故障的监视和测量。

对于信令网的监视和测量主要有以下几个方面：

(1) 信令链路性能；

(2) 信令链路可用性；

(3) 信令链路利用率；

(4) 信令链路组和路由组可用性；

(5) 信令点状态的可接入性；

（6）信令路由利用率。

进行信令网的监视和测量主要有两种测试工具：

（1）人机命令；

（2）利用专门的测试设备。

此外，对于信令网的管理与维护还包括：对信令链路故障的判断与处理；STP 设备故障的及时发现并有效处理，信令网网络的管理和规划调度等。

4．No.7 信令点编码

在 No.7 信令网中，每一个信令点利用与电话网中类似的编号方案对每一个信令点进行编码来唯一标识它。但 No.7 信令网采用的编码方案是一个独立的编码计划，不从属于任何一种业务。

ITU-T 给出了国际 No.7 信令网中信令点的编码计划，而各国国内 No.7 信令网的信令点的编码计划由各个国家的主管部门确定。两者之间是彼此相互独立的。

国际 No.7 信令网中信令点的编码方案如图 2-18 所示，采用三级编码结构，共 14 位。

图 2-18　国际信令网的信令点编码构成示意图

在图 2-18 中，NML 3bit 为大区识别，用于识别全球大区或洲的编号；K～D 8bit 为区域网识别，用于识别全球编号大区内的地理区域或区域网，即国家或地区；CBA 3bit 为信令点识别，用于识别地理区域或区域网中的信令点。在这里，大区识别和区域网识别合称为信令区域网编码（SANC）。

我国的 No.7 信令网内信令点的编码方案采用统一的分级编码方案。考虑到未来信令网的发展以及组网的灵活性等因素，我国国内信令点编码采用 24bit 全国统一编码方案，编码格式如图 2-19 所示。

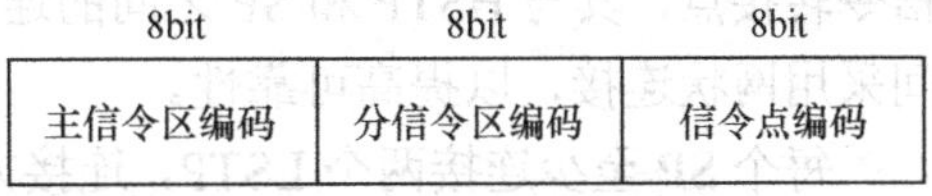

图 2-19　国内信令网信令点编码构成示意图

由图 2-19 可知，我国国内信令点编码由主信令区、分信令区、信令点三部分组成。主信令区编码原则上以省、自治区、直辖市为单位编排；分信令区编码原则上以每省、自治区的地区、地级市或直辖市的汇接区和郊县为单位编排；国内信令网的每个信令点都分配一个信令点编码。

对于支持 No.7 信令的国际出口局，应有两个信令点编码，一个是国际信令网 14 bit 的信令点编码，例如我国大区编码为 4，区域网编码为 120，而我国在国际网中分配有 8 个信令点，其编码为 4-120-XXX。另一个是国内信令网 24 bit 的信令点编码，两者之间的转换由该国际出口局来完成。

2.3.4 我国No.7信令网概况

No.7信令网与电话网是一种共生的关系。因此我国的No.7信令网的发展是伴随着我国的电话交换网的发展而展开的。根据我国电话网的现状，结合前面讲述的No.7信令网的网络结构的相关内容，我国的No.7信令网采用三级结构，如图2-20所示。

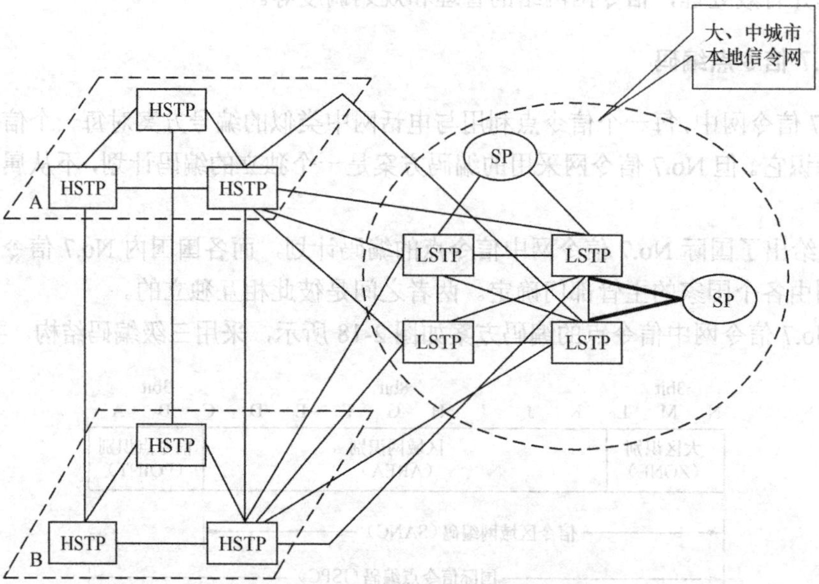

图2-20 我国No.7信令网结构示意图

在我国的No.7信令网中，HSTP采用A、B平面连接方式，A、B平面内的各个HSTP采用网状网结构以提高信令网的可靠性。A、B平面间成对的HSTP相连。HSTP负责转接它所汇接的LSTP和SP的信令信息。HSTP作为高级信令转接点信令负荷较大，因此应尽量采用独立的信令转接点。

LSTP负责转接本信令区各SP的信令消息，可根据实际情况采用独立信令转接点或综合信令转接点，其与HSTP和SP之间的连接采用分区固定连接方式。在同一信令区内的LSTP间采用网状连接，以提高可靠性。

每个SP至少连接两个LSTP，连接方式可采用分区固定连接方式或随机连接方式。若根据实际情况连接至HSTP，应分别以分区固定连接方式连接至A、B平面内成对的HSTP。

2.4 电话网业务

1. 基本业务

（1）市话、国内长途及国际长途的自动接续服务。

（2）提供话务员接入服务。

（3）提供录音通知，将一些特殊业务（例如：报时、天气预报、用户改号等）用话音通知用户。

（4）提供特种服务（例如 119、110、120 等）。

（5）公用电话业务。

（6）呼叫禁止，用于设备有故障或用户欠费而暂停使用。

（7）恶意呼叫跟踪，可以对恶意的呼叫进行追踪，从而制止这种行为。

2．补充业务

要想使用新服务项目的用户，需要事先向电信局申请，经电信局同意后予以登记，并通过人机命令赋予该用户线使用该项业务的权利。下面对常用的补充业务进行简要的介绍。

（1）缩位拨号。主叫用户在呼叫经常联系的被叫用户时，可用 1～2 位的缩位号码来代替原来的多位被叫号码，再由交换设备将缩位号码译成"完整的被叫用户号码"，据此完成接续，缩位拨号不仅在市话接续中使用，也可在长途接续和国际接续中使用。该业务在交换机中所占比例为 10%。

（2）热线服务。热线服务又叫"免拨号接通"。当用户摘机后无需拨号，即可接通到事先指定的某一被叫用户。如果该主叫用户不想呼叫热线用户而要呼叫网中其他用户时，只需在摘机后的规定时间内（5 秒）迅速拨出第一个号码，接着再拨完其他号码即可呼叫网中其他用户，热线电话的用户也可以被网中其他用户呼叫。

一个电话用户所登记的热线服务，只能登记一个对方电话号码，但登记的热线服务电话号码可以根据用户需要随时改变。该业务在交换机中所占比例为 5%。

（3）呼出限制。呼出限制又叫呼出加锁，类似给用户的电话机加了一把"电子密码锁"，这个密码只有用户单位有关人员知道，主要作用是限制不知道密码的人随意使用电话，有利于加强电话费管理。呼出加锁分为三类：第一类，限制全部呼出（打特种电话除外）；第二类，限制国际和国内长途全自动呼出；第三类，限制国际长途全自动呼出。

用户需用此项业务时，可向电话局申请选用的 4 位密码数字，以便使用此项业务。该业务在交换机中所占比例为 10%。

（4）闹钟服务。闹钟服务又叫作叫醒服务，在预定的时间对用户振铃起闹钟作用，以提醒用户去办计划之中的事情。闹钟服务是一次性服务，交换机完成这次服务即自动撤销。预定的响铃时间限定为登记之时算起的 23 小时 59 分之内。该业务在交换机中所占比例为 1%。

（5）免打扰服务。免打扰服务又叫暂不受话服务。当用户在某一段时间里不希望来话呼叫干扰他时，他可以请求将他的呼叫转移到话务员或录音通知设备。该业务在交换机中所占比例为 5%。

（6）转移呼叫。转移呼叫又称为随我来。程控局的某用户，若有事外出他处，为了避免耽误受话，可以事先向电话局登记一个他临时去处的电话号码。此后若有其他用户呼叫该用户时，数字程控交换机可将这次呼叫转移到他的临时去处。该业务在交换机中所占比例为 5%。

（7）呼叫等待。某一用户（简称 A）发起呼叫，并与被叫用户（简称 B）建立了接续，就在 A、B 用户通话期间，又有第三者（简称 C）呼叫 A，此时，尽管 A 处在通话状态，C 可听到回铃音，同时 A 听到呼入等待音，在此情况下，A 用户可作如下选择：①接收新呼叫结束原呼叫；②保留原呼叫接收新呼叫：在与新呼叫者说话时保持原有的接续，随后并能根据需要在二者之间进行转换；③拒绝新呼叫：当 A 用户听呼叫等待音超过 20～25s，交换机向 C 用户送忙音。该业务在交换机中所占比例为 5%。

（8）遇忙回叫。当A用户呼叫B用户遇忙，应用本项功能可以在B用户空闲时，自动地把这两个用户接通，交换机在实现遇忙回叫时，先向主叫用户振铃，主叫摘机后改向被叫用户振铃（同时让主叫用户听回铃音）。该业务在交换机中所占比例为5%。

（9）缺席用户服务。根据用户要求，当该用户不在，恰有其他用户呼叫他时；可以提供事先录制的录音通知，例如“今日外出，请明日来电话”等。该业务在交换机中所占比例为5%。

以上提供的是针对一般个人用户的补充业务。单位使用的小交换机如果是数字程控交换机，还可以提供小交换机号连选、夜间服务、直接拨入分机以及多方会议电话等业务。在管理与维护方面数字程控交换机还可以提供话务自动控制、话务自动统计、自动故障诊断、自动设备测试、迂回路由寻找以及遥控遥测无人值守等业务。

3．增值业务

（1）电话会议业务。该业务是建立在电话增值业务平台上的一种交互式会议电话服务，与会者无论身在何处，只需通过电话拨打业务接入码并输入会议号和相应密码，即能接入会议，进行旁听，发言或相互自由交谈沟通。这是一种方便、省时、高效的会议新形式，是为企事业单位、跨国机构、机关团体召开远程会议提供的一种高效的解决方案。

（2）4008业务。4008业务又称为主被叫分摊付费业务，业务特征与业务功能类似于已经广泛开放的800业务，是800的升级版，在很多方面弥补了800存在的缺陷和不足，能够提供更多的个性化服务，具有更智能化的功能设置。4008业务为被叫客户提供一个全国范围内的唯一号码，并把对该号码的呼叫接至被叫客户事先规定目的地（电话号码或呼叫中心）的全国性智能网业务。该业务的通话费由主、被叫分摊付费。

（3）企业小总机/一号通。为企业提供终身唯一号码，企业小总机可以帮助中小企业用户将移动电话、固定电话等多个号码绑定为一个企业小总机号码，并且可以将来电按照用户预先设置的顺序进行接续。

（4）中继线业务。所谓中继线业务，是指将若干条普通的连接用户小交换机的环路中继线捆绑成为一个号码，这个号码称之为“引示号”，对外只要公布这个引示号，就可以达到若干电话号码同时呼入。中继线可以只对外公布1个号码，便于人们记忆，方便硬件平台的搭建，减少话务流失，提高企业形象。

练习题

一、填空题

1．衡量电话业务质量的指标有________、________和________。

2．电话通信网由________部分构成，分别是________和________。

3．按照信令工作区域的不同，信令分为________和________；按照信令传输通路与用户话路的关系，信令可分为________和________。

4．正常通信情况下，No.7信令系统使用的信令单元有________和________。

二、名词解释

1. 失效率
2. 来话汇接
3. 4008 业务

三、简答题

1. 随路信令系统与公共信道信令系统的区别是什么？
2. 简述电话通信网中各类交换局的作用。

四、综述题

我国长途电话网结构的发展过程。

第3章 数字移动通信网

现代社会已经进入了信息社会，人们对于信息量的要求，以及获得信息的便捷性要求也越来越高。能够随时随地、方便而及时地获取所需要的信息是人们一直都在追求的梦想。电报、电话、广播、电视、人造卫星、国际互联网带领着人们一步步向这个梦想不断靠近，然而最终能够使人们美梦成真的却是移动通信。

移动通信是指通信的双方至少有一方是在移动中进行信息交换的。移动通信不受时空的限制，其信息交流灵活、迅速可靠。移动通信是实现通信理想目标的重要手段，它已成为现代通信中的三大支柱之一，具有广阔的发展前景。限于篇幅，本章主要介绍体现移动通信主流技术的公众数字蜂窝移动通信系统、第三代移动通信系统以及第四代移动通信系统。

3.1 移动通信概述

移动通信诞生于19世纪末20世纪初，至今已有100多年的历史。早在1897年，意大利科学家马可尼成功地进行了移动体之间的无线通信，这是移动通信的开端。但在此后相当长的一段时间内，移动通信发展缓慢，只在短波的几个频段上开发出了专用移动通信系统，而且一般只用于军队和政府部门。近十几年来，移动通信发展迅速，已广泛应用于国民经济和人民生活的各个领域之中，已成为现代通信网中一种不可缺少的手段。

3.1.1 移动通信的发展

移动通信的发展历程可以归纳为以下几个发展阶段：

第1阶段是从20世纪的20年代至40年代，此阶段为早期萌芽阶段。在此期间相关人士初步进行了一些传播特性试验，在短波的几个频段上建立了一些专用的、简单的移动通信系统。美国底特律市警察使用的车载无线电系统是这个阶段的代表性网络。这种警车无线电调度电话采用AM调幅，使用频率为2 MHz（到20世纪40年代提高到30～40 MHz）。在这个时期，移动通信设备采用的是电子管，移动终端体积和重量都较大，基本以车载为主，系统为专用。

第2阶段是从20世纪40年代中期至60年代初期。这是移动通信的初期发展阶段。这个阶段在专用移动通信发展的基础上，开始向公用移动通信系统过渡。这个阶段的特点为采用人工接续的移动电话，**FM**（调频）方式，单工工作，系统容量较小，主要采用150 MHz

VHF 频段大区制工作。这个阶段具有代表性的网络为 1946 年根据美国联邦通信委员会（FCC）的计划，贝尔实验室在圣路易斯城建立的世界上第一个公用汽车电话网，称为“城市系统”。

第 3 阶段是 20 世纪 60 年代中期至 70 年代中期。这是移动通信系统的改进和完善阶段。这一阶段的特点是公用移动电话网络逐渐扩大，采用大区制组网，中等容量，全双工工作方式，使用频段为 150 MHz 及 450 MHz，频道间隔缩小到 25～30 kHz，实现了信道自动选取和自动接续，并开始使用便携式移动终端。代表性网络是美国提出的改进型移动电话系统（IMTS），同时德国也推出了具有相同技术水平的 B 网。

第 4 阶段是 20 世纪 70 年代中期至 80 年代中期，这是移动通信蓬勃发展的时期。随着移动通信业务的不断发展，用户数量增加和频率资源有限的矛盾日益尖锐。为此，美国贝尔实验室于 20 世纪 70 年代初提出了蜂窝系统的概念和理论。第一代蜂窝移动电话系统——模拟蜂窝移动电话系统诞生了，这一阶段网络小区制组网，全双工工作，采用频率复用、多信道共用技术和全自动接入，工作频段为 800～900 MHz，其主要技术是模拟调频、频分多址，主要业务是电话，全自动拨号，具有越区频道转换，自动漫游通信功能，频谱利用率、系统容量和话音质量都有明显的提高。

这一阶段具有代表性的网络有：美国的 AMPS（Advanced Mobile Phone Service）系统，其工作频段为 800 MHz，信道间隔为 30 kHz。英国的 TACS（Total Access Communications System）系统，它属于 AMPS 系统的改进，其工作频段为 900 MHz，信道间隔为 25 kHz。由丹麦、芬兰、挪威、瑞典等国研究的 NMT（Nordic Mobile Telephone）系统，其工作频段为 450 MHz，信道间隔为 25 kHz。

我国模拟蜂窝移动电话系统也采用了 TACS 标准。

第 5 阶段是 20 世纪 80 年代中期到 90 年代中期，泛欧数字蜂窝网正式向公众开放使用，标志着第二代蜂窝网（2G）的建立。这时采用了时分多址（TDMA）技术，信道带宽为 200 kHz，使用新的 900 MHz 频谱，称之为 GSM（全球移动通信）系统。GSM 不但能克服第一代蜂窝网的弱点，还能提供语音、数字多种业务服务，并与综合业务数字网（ISDN）兼容。

同时，诞生了另一项移动通信新成果——码分多址（CDMA）通信系统。与 GSM 相比，CDMA 具有更多的优点，如容纳的用户数比 GSM 多，频谱利用率高，抗干扰能力更强，提高了语音质量，采用了软切换方式降低了切换时的掉话率。

GSM、美国的 IS-54、IS-95（窄带 CDMA），以及日本的 PDC 等数字蜂窝移动通信系统，这些都是典型的第二代蜂窝移动电话系统。

第 6 阶段是 20 世纪 90 年代末至 21 世纪初。在这期间，一个世界性的标准——未来公用陆地移动电话系统（Future Public Land Mobile Telephone System，FPLMTS）诞生，1995 年更名为国际移动通信 2000（IMT-2000），第三代移动通信系统的标准，简称为 3G。IMT-2000 的第三代蜂窝移动通信标准已于 2000 年正式颁布，cdma2000、W-CDMA、TD-SCDMA 等第三代系统陆续开始投入使用，使用频段为 1 885～2 025 MHz，2 110～2 200 MHz，全球统一标准。

第三代移动通信系统支持图像、音乐、视频流等多种媒体形式传输，提供网页浏览、电话会议、电子商务等多种信息服务。区别于第一代和第二代移动通信系统，它能实现全球无缝漫游、具有支持高速率多媒体业务的能力（最高速率达 2 Mbit/s），并便于过渡及演进。2009

年1月7日14时30分，工业和信息化部向中国移动、中国电信和中国联通发放3张第三代移动通信（3G）牌照。其中，中国移动获得TD-SCDMA牌照，中国电信获得cdma2000牌照，中国联通获得WCDMA牌照。这次放牌被认为是标志着我国3G时代的到来。

第四代（4G）移动通信系统已经开始商用。4G要求达到2～100 Mbit/s的数据传输速率，比第三代标准具有更多的优越性。

5G（5th-generation）是第五代移动通信技术的简称。2015年6月24日，国际电信联盟（ITU）公布5G技术标准化的时间表，5G技术的正式名称为IMT-2020，5G标准在2020年制定完成。与4G、3G、2G不同的是，5G并不是独立的、全新的无线接入技术，而是对现有无线接入技术（包括2G、3G、4G和WiFi）的技术演进，以及一些新增的补充性无线接入技术集成后解决方案的总称。从某种程度上讲，5G将是一个真正意义上的融合网络。以融合和统一的标准，提供人与人、人与物以及物与物之间高速、安全和自由的联通。对于普通用户来说，5G带来的最直观感受将是网速的极大提升。目前4G/LTE的峰值传输速率达到每秒100M，而5G的峰值速率将达到每秒10G。打个比方来讲，用LTE网络下载一部电影可能会用1分钟，而用5G下载一部高画质（HD）电影只需1秒钟，也就是一眨眼的工夫。

从专业角度讲，除了要满足超高速的传输需求外，5G还需满足超大带宽、超高容量、超密站点、超可靠性、随时随地可接入性等要求。未来基站将更加小型化，可以安装在各种场景；具备更强大的功能，去除了传统的汇聚节点；网络架构进一步扁平化，未来网络架构是功能强大的基站叠加一个大服务器集群。因此，通信界普遍认为，5G是一个宽带化、泛在化、智能化、融合化、绿色节能的网络。

3.1.2 我国移动通信的发展状况

我国的移动通信虽然起步比较晚，但发展速度极快。我国移动通信自1987年投入运营以来，一直保持高速增长势头。1994年移动用户规模超过百万，移动电话用户数每年几乎比前一年翻一番。1997年我国移动用户数超过1 000万，标志着我国移动通信的一个新的里程，中国的移动通信用了不到10年的发展用户数已经超过了固定电话上百年的历程。2001年8月，中国的移动通信用户数超过了1.2亿，已超过美国跃居为世界第一位。据工信部最新统计，2014年1月，三家基础电信企业全国电话用户总数突破15亿户大关，达到15.01亿户。其中，固定电话用户规模继续萎缩，占电话用户总数的比重降至17.7%。移动电话用户在3G带动下持续增长，总数达到12.35亿户。3G用户首月净增1 762.7万户，创历史新高，2G用户连续14个月负增长，3G替代趋势日益明显。TD-SCDMA用户总数突破2亿户，占3G移动电话用户的比重达到49%。截至2014年1月底，客户总数累计达7.718 66亿户，其中3G客户总数达2.058 66亿户，中国移动继续稳居全球移动运营商榜首。

我国移动通信发展史上几个标志性的事件如下：

（1）1987年11月18日，第一个TACS模拟蜂窝移动电话系统在广东省建成并投入商用。

（2）1994年7月19日，中国第二家经营电信基本业务和增值业务的全国性国有大型电信企业——中国联合通信有限公司（简称中国联通）成立。

（3）1994年12月底，广东首先开通了GSM数字移动电话网。

（4）1995年4月，中国移动在全国15个省市相继建网，GSM数字移动电话网正式开通。

（5）1998年，北京电信长城CDMA数字移动蜂窝网商用试验网——133网，在北京、上海、广州、西安投入试验，2000年开始大规模使用。

（6）1999年10月底，在芬兰赫尔辛基举行的国际电信联盟（ITU）会议上，由工业信息化部电信科学技术研究院代表中国提出的TD-SCDMA标准提案被国际电信联盟采纳为世界第三代移动通信（3G）无线接口技术规范建议之一。

（7）2008年7月20日，中国移动接手的TD-SCDMA网（奥运3G服务标准）正式向公众试商用放号，标志着我国3G服务即将展开。

（8）2009年1月7日，工业和信息化部向中国移动、中国电信和中国联通发放3张第三代移动通信（3G）牌照，标志着我国3G时代的全面到来。

（9）2013年12月4日，工业和信息化部向中国联通、中国电信、中国移动正式发放了第四代移动通信业务牌照（即4G牌照），中国移动、中国电信、中国联通三家均获得TD-LTE牌照，此举标志着我国电信产业正式进入了4G时代。

信息个人化是21世纪初信息业进一步发展的主要驱动力之一，个人通信是人类希望实现的理想通信方式。其基本概念是实现在任何地点、任何时间、向任何人、传送任何信息的理想通信，其基本特征是把信息传送到个人。它将在宽带综合业务数字网的基础上，以无线移动通信网为主要接入手段，演变成为所有个人提供多媒体业务的智能型宽带全球性移动Internet。它将根据地点为人们提供无法想象的、完善的个人业务和无线信息，将对人们工作和生活的各个方面产生很大影响。

3.2 GSM移动通信网

GSM的历史可以追溯到1982年，当时北欧四国向欧洲邮电行政大会（Conference Europe of Post and Telecommunications，CEPT）提交了一份建议书，要求制定900 MHz频段的欧洲公共电信业务规范，建立全欧统一的蜂窝网移动通信系统，以解决欧洲各国由于采用多种不同模拟蜂窝系统造成的互不兼容，无法提供漫游服务的问题。同年成立了欧洲移动通信特别小组（Group Special Mobile，GSM）。1986年，在巴黎对欧洲各国经大量研究和实验后所提出的8个数字蜂窝系统进行了现场试验。1987年5月，GSM成员国经现场测试和论证比较，选定窄带TDMA方案。

1988年，18个欧洲国家达成GSM谅解备忘录，颁布了GSM标准，即泛欧数字蜂窝网通信标准。它包括两个并行的系统：GSM 900和DCS 1800，这两个系统功能相同，主要的差异是频段不同。在GSM标准中，未对硬件作出规定，只对功能、接口等作了详细规定，便于不同公司的产品可以互连互通。GSM标准共有12项内容。

1990年，GSM系统试运行。1991年，第一个实用系统在欧洲开通，同时，GSM被更名为“全球移动通信系统”（Global System for Mobile communications）。从此移动通信跨入了第二代数字移动通信的发展阶段。

此后，GSM系统又经历了不断的改进与完善。尽管其他的一些二代数字系统，如北美的ADC（亦称IS-54）和日本PDC，也陆续被开发出来并投入使用，但是由于GSM系统规范、标准的公开化和优点的诸多性，很快就在全世界范围内得到了广泛的应用，实现了世界范围内移动用户的联网漫游。

3.2.1　GSM 系统频率配置

GSM 上行频段为 890～915 MHz，下行频段为 935～960 MHz，收发双工频率间隔为 45 MHz，相邻频道间隔为 200 kHz。每个频道采用 TDMA 方式，分为 8 个时隙，即 8 个信道（全速率）为一帧，采用半速率语音编码，每个频道可容纳 16 个时分信道。1992 年，ITU 在世界无线电管理大会（WARC'92）上，对工作频段作了进一步划分，其中未来公众陆地移动通信系统（FPLMTS）的新频段为：1 885～2 025 MHz，2 110～2 200 MHz 用于 IMT-2000 系统。

由于 GSM 系统采用了规则脉冲激励——长期预测编码技术，降低了语音编码的数码率，同时有效地进行了差错控制。所以与模拟系统相比，在语音质量要求相同的条件下，所需的载干比（C/I）值降低。这使得 GSM 系统的同频复用距离大大降低，GSM 系统采用 4×3 小区复用方式，采用跳频技术后可以采用 3×3 的复用方式，同频复用效率大大提高。

3.2.2　GSM 系统结构

GSM 数字蜂窝通信系统的主要组成部分为网络交换子系统（NSS）、基站子系统（BSS）和移动台（MS），如图 3-1 所示。网络子系统（NSS）由移动交换中心（MSC）、归属位置寄存器（HLR）、来访位置寄存器（VLR）、鉴权中心（AUC）、设备识别寄存器（EIR）、操作维护中心（OMC）等组成。基站子系统（BSS）由基站收发信机（BTS）和基站控制器（BSC）组成。除此之外，GSM 网中还配有短信息业务中心（SMSC），既可实现点对点的短信息业务，也可实现广播式的公共信息业务以及语音留言业务，从而提高网络接通率。

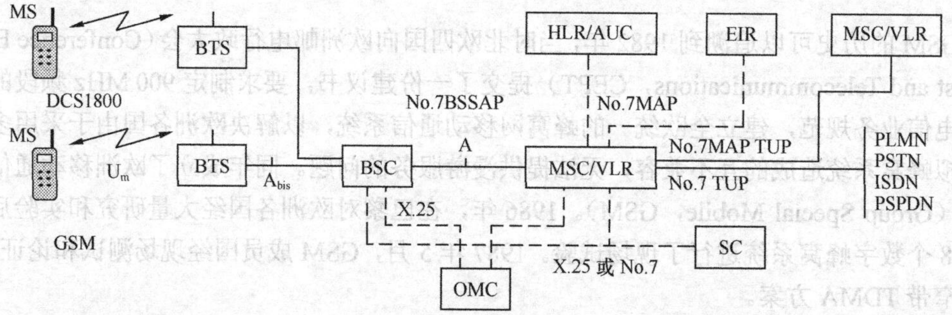

MS：移动台	BSS：基站子系统	NSS：网络交换子系统
SC：短信息业务中心	OMC：操作维护中心	MSC：移动业务交换中心
VLR：来访位置寄存器	HLR：归属位置寄存器	AUC：鉴权中心
EIR：移动设备识别寄存器	BSC：基站控制器	BTS：基站收发信台
PSPDN：分组交换公用数据网	PSTN：公用电话网	ISDN：综合业务数字网

图 3-1　GSM 系统整体结构框图

3.2.3　GSM 系统的信道

GSM 系统中的信道分为物理信道和逻辑信道。

在不同的体制中，信道又可以体现为不同的形式。在 FDMA 中，信道是电磁信号的一个特定频率区域，称为频带。在 TDMA 中，信道指的是信号的一个特定时间片段，称为时隙。在 CDMA 中，一个信道针对着一个特定的编码序列，称为伪随机序列。上述这些形式的信道都称为物理信道。GSM 的一个物理信道就是 1 个载频上的 TDMA 的 1 个时隙（TS）。因为 GSM的1个TDMA中包含8个时隙，因而1个载频对应8个信道（依次称为信道0、信道1、……信道7）。

逻辑信道可分为两类：业务信道和控制信道。逻辑信道在传输过程中都要被放到相应的物理信道上去，这称为映射。另外，从 BTS 到 MS 方向的信道称为下行信道或信道的下行链路，反之则称为上行信道或信道的上行链路。

（1）业务信道：业务信道（Traffic Channel，TCH）主要用于传输用户编码及加密后的话音和数据，其次还传输少量的随路控制信令。

此外，在业务信道中还可以设置慢速辅助控制信道或快速辅助控制信道。

（2）控制信道：控制信道（Control Channel，CCH）用于传送信令或同步信号。

控制信道又可细分为广播信道（BCH）、公共控制信道（CCCH）和专用控制信道（DCCH）。

① 广播信道（Broadcast Channel，BCH）是一种“点对多点”的单方向控制信道，用于基站向移动台广播公用信息。

- 频率校正信道（Frequency Correcting Channel，FCCH）。负责传输供移动台校正其工作频率的信息。
- 同步信道（Synchronous Channel，SCH）传输供移动台进行帧同步的信息（即 TDMA 帧号）和对基站的收发信台进行识别的信息（即 BTS 的识别码 BSIC）。
- 广播控制信道（Broadcast Control Channel，BCCH）广播每个 BTS 的通用信息。

② 公共控制信道（Common Control Channel，CCCH）是一种双向控制信道，用于呼叫接续阶段传输链路连接所需要的控制信息。

- 寻呼信道（Pogeing Channel，PCH）用于传输基站寻呼（搜索）移动台的信息。属于下行信道。
- 随机接入信道（Random Access Channel，RACH）用于移动台向基站随时提出的入网申请，即请求分配一个独立专用控制信道（SDCCH），或者用于传输移动台对基站对它的寻呼做出的响应信息。属于上行信道。
- 准许接入信道（ACCH，Channel）用于基站对移动台的入网申请作出应答，即分配给移动台一个独立专用控制信道（SDCCH）。属于下行信道。

③ 专用控制信道（Dedicated Control Channel，DCCH）是一种“点对点”的双向控制信道，其用途是在呼叫接续阶段以及在通信进行过程中，在移动台和基站之间传输必要的控制信息。

- 独立专用控制信道（Stand alone Dedicated Control Channel，SDCCH）用于在分配业务信道之前的呼叫建立过程中传输有关信令。例如，传输登记、鉴权等信令。
- 慢速（辅助）控制信道（Slow Associated Control Channel，SACCH）用于移动台和基站之间连续地、周期性地传输一些控制信息。例如，移动台对为其正在服务的基站的信号强度的测试报告。
- 快速（辅助）控制信道（Fast Associated Control Channel，FACCH）用于传输与 SACCH 相同的信息，但只有在没有分配 SACCH 的情况下，才使用这种控制信道。

3.2.4 GSM 系统的帧

1. 时分多址帧结构

一个时分多址（TDMA）帧含有 8 个时隙（TS），持续时间为 4.615ms（120/26ms）。

每个 TDMA 帧都要有 TDMA 帧号。有了 TDMA 帧号，移动台就可以判断控制信道（TS0）对应的是哪一类逻辑信道。TDMA 帧号是以 2 715 648 个 TDMA 基本帧的持续时间为周期循环编号的，因此帧号的范围是从 0～2 715 647，记为 FN（Frame Number）。每 2 715 648 个 TDMA 帧为一个超高帧（Hyper frame）。超高帧是持续时间最长的 TDMA 帧结构，可以用作加密和跳频的最小周期，其持续时间为 3 小时 28 分 53 秒 760 毫秒（3h28min53s760ms 或 12 533.76s）。每一个超高帧又可分为 2 048 个超帧（Supper frame），一个超帧的持续时间为 6.12s，是最小的公共复用时帧结构。

每个超帧又是由复帧（Multi frame）组成的。为了满足不同速率的信息传输的需要，复帧又分成以下两种类型。

（1）26 帧复帧（业务多帧）。它包括 26 个 TDMA 帧，持续时间为 120ms。每个超帧含有这种复帧的数目为 51 个。它由 24 个业务信道（TCH）、一个控制信道（SACCH）和一个空闲信道组成。其中空闲的一帧无数据，是在将来采用半码率传输时为兼容而设置的。

（2）51 帧复帧（控制多帧）。它包括 51 个 TDMA 帧，持续时间为 235.4ms（3 060/13 ms）。每个超帧含这种复帧的数目为 26 个。这种复帧可用于 BCCH、CCCH（AGCH、PCH 和 RACH）以及 SDCCH 等信道。

实际应用中，控制多帧与业务多帧中的控制信道能够相互“滑动”，使移动用户在呼叫期间能够收到全部的控制信息。

2. TDMA 时隙

在 TDMA 系统中，典型的时隙（TS，Time Slot）结构或称突发（Burst）结构通常包括五种组成序列：信息、同步、控制、训练和保护。在 GSM 系统中，一个 TDMA 帧占 4.615 ms，共包括 8 个时隙。因而，每时隙持续时间为 576.9 μs（15/26 ms）。由于调制速率为 270.833 kbit/s，因此每时隙间隔（包括保护时间）有 156.25 bit。

TDMA 帧中的一个时隙称为一个突发，一个时隙中的物理内容，即在此时隙内被发送的无线载波所携带的信息比特串，称为一个突发脉冲序列。

3.2.5 GSM 系统的主要技术

1. 无线空中接口上的信息传输

GSM 无线接口上的信息传输需经多个处理单元处理才能安全可靠地送到空中无线信道上传输。以话音信号传输为例，模拟话音通过一个 GSM 话音编码器编码变换成 13 kbit/s 的信号，经信道编码变为 22.8 kbit/s 的信号，再经交织、加密和突发脉冲格式化后变为 33.8 kbit/s 的码流。无线空中接口上每个载频 8 个时隙的码流经 GMSK 调制后发送出去，因而 GSM 无线空中接口上的数据传输速率达到 270.833 kbit/s。无线空中接口接收端的处理过程与之相反。

2. 语音编码与信道编码

GSM 话音编码器采用规则脉冲激励—长期预测编码（RPE-LTP），其处理过程是先对模拟话音进行 8 kHz 抽样，调整每 20 ms 为一帧，然后进行编码，编码后的话音帧帧长 20 ms，含 260 bit，因而话音的纯比特率为 13 kbit/s。

为了提高无线空中接口信息数据传递的可靠性，GSM 系统采用了信道编码手段在数据流中引入冗余，以便检测和纠正信息传输期间引入的差错。信道编码采用带有差错校验的 1/2 码率卷积码，并跟随有交织处理。

在话音帧的 260 bit 中根据这些比特对传输差错的敏感性可将其分成两类：Ⅰ类（182 bit）和Ⅱ类（78 bit）。GSM 信道编码器对这两类数据根据其传输差错敏感性进行不同的冗余处理。其中，Ⅰ类数据比特对传输差错敏感性比较强，可考虑对其进行信道编码保护；对于Ⅱ类数据比特，传输差错仅涉及误比特率的劣化，不影响帧差错率，故无需对之进行保护。对于Ⅰ类的 182 bit，又可分成两个子类：a 类（50 bit）和 b 类（132 bit）。其中，a 类 50 bit 是非常重要的比特，其重要性在于这 50 bit 数据中任一比特的传输差错都会导致语音信号质量的明显下降，致使该语音帧不可用，直接影响到帧差错率。因此在信道编码时，首先对这 50 bit 进行块编码，加入循环冗余校验码（CRC），再进行信道编码。接收端对该 50 bit 需确认传输中有无出现差错，如确认传输导致其任一比特出现差错，则需舍去该 50 bit 对应的整个话音帧，并通过外延时的方法保证话音信号的连续性和话音质量。

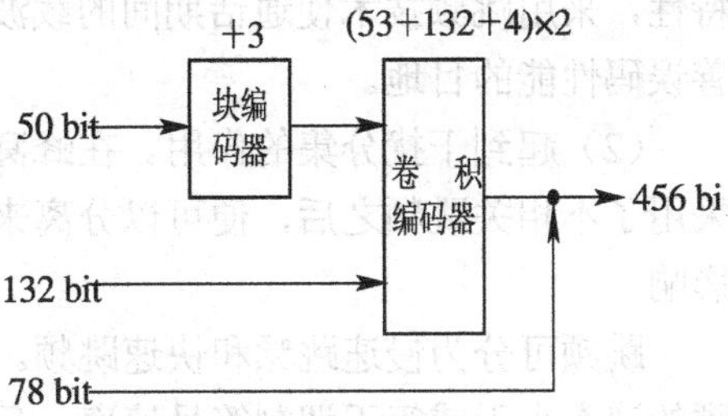

图 3-2 GSM 信道编码过程

话音信号的信道编码过程如图 3-2 所示。经过信道编码后，GSM 一个话音帧的数据比特达到 456 bit，速率为 22.8 kbit/s。

虽然信道编码为话音信号传输提供了纠错功能，但它只能纠正一些随机突发误码。由于移动传播环境的恶劣和移动用户移动的复杂性，常会遇到连续突发误码的情况，如 MS 快速通过大楼的底部或快速穿过短隧道等，此时就无法充分发挥信道编码的纠错性能。为此，话音信号通过信道编码后，还需进行交织处理，以提高抗无线信道传输的连续突发误码的能力。交织技术的实质是时间分集，就是将要传输的数据码重新排序，重新排序的结果使得突发差错时产生的成串错误的比特位来自交织前信道编码不同的位置。

当在接收端去交织后，数据编码恢复了原来的顺序，从而连续的突发差错就变成了离散的随机差错，而随机差错可以用卷积编码等信道编码技术进行纠正。GSM 系统中同时采用了比特交织和块交织两种方法。

第一次比特交织是内部交织，即将每 20 ms 话音数字化编码所提供的 456 bit 分成 8 帧，每帧 57 bit，组成 8 × 57 bit 的矩阵进行第一次交织。然后将此 8 帧视为一块，再进行第二次交织，即将这样的四块彼此交叉，然后再进行逐一发送，因而此时所发送的脉冲序列中的各比特均来自不同的话音块，这样，即使传输中出现了成串差错，也能够通过信道编码加以纠正。

对于交织技术，交织深度越大，离散度就越大，抗突发差错能力越强。但从上面的讨论可以看出，交织处理过程会产生时延，交织深度越大，交织编码处理时间就越长，产生的时延就越大。因此，通过交织处理提高抗差错能力是以增加处理时延为代价的，这也是交织编码属于时间分集技术的原因。所有的交织器都有一个固定时延，实际应用中所有的无线数据交织器的时延都不超过40 ms，GSM系统中的时延为37.5 ms，是人们可以忍受的。

3．GSM跳频原理

跳频就是按要求改变信道所用的频率。引入跳频的目的是提高抗干扰、抗衰落能力。跳频技术首先使用在军事通信领域以确保通信的保密性和抗干扰性能，如短波电台通过改变频率的方法以躲避干扰和防止被敌方窃听。所谓跳频，是指按跳频序列随机地改变一个信道占有频道频率（频隙）的技术。在一个频道组内各跳频序列应是正交的，而且各信道在跳频传输过程中不应出现碰撞现象。

在移动通信系统中，跳频是GSM系统的特殊功能，无论在噪声受限条件还是干扰受限条件下，跳频都能改善GSM系统的无线性能。通过跳频，系统可以得到以下好处：

（1）改善衰落，提高系统性能。由于移动台与基站之间处于无线传输状态，电波传输的多径效应会产生瑞利衰落，其衰落程度与传输的发射频率有关，这样会因不同频道的频率不同，而使得衰落谷点可能出现在不同地点。因而当信号受到衰落影响时，我们可以利用这一特性，采用跳频技术使通话期间的载波频率在多个频点上变化，从而避开深衰落点，达到改善误码性能的目地。

（2）起到干扰分集的作用。在蜂窝移动通信中，由于会受到同频干扰的影响，当系统中采用了不相关跳频之后，便可以分离来自许多小区的强干扰，从而有效地抑制了远近效应的影响。

跳频可分为慢速跳频和快速跳频。顾名思义，它们之间的区别在于跳频的速率。慢速跳频的速率小于或等于调制符号速率，反之为快速跳频。跳频速率越高，抗干扰能力越强，但系统复杂程度也随之增加。

GSM采用慢速跳频方式，无线信道在某一时隙期间（0.577 ms）用某一频率发射，到下一个时隙则跳到另一个不同的频率上发射，也就是每一TDMA帧（4.615 ms）跳一次，因此跳频速率为217跳/s。跳频序列在一个小区内是正交的，即同一小区内的通信不会发生冲突。具有相同载频信道或相同配置的小区（即同族小区）之间的跳频序列是相互独立的。在用户发起呼叫和切换时，移动台由BCCH广播信道系统消息中获取跳频序列表（MA）、跳频序列号（HSN）和决定起跳频点的MAIO，而且BCCH所在的载频通常不允许跳频。

3.2.6 GSM通向3G的一个重要里程碑——GPRS

未来是属于移动Internet的。随着Internet的发展，人们看到了数据通信的巨大市场潜力，移动与数据的结合已经成为移动通信发展的必然趋势。

GSM系统在全球范围内取得了超乎想像的成功，但是GSM系统的最高数据传输速率为9.6 kbit/s且只能完成电路型数据交换，远不能满足迅速发展的移动数据通信的需要。随着用户对于多媒体业务需求的日益增加，个人移动通信网络发展极为迅速。第三代移动通信网络的标准已经出台，并已开始商用化。3G网络是以传输多媒体业务为主，其核心网是基于IP的，交换方式采用数据交换，这样，对于2G这样以传输语音业务为主，采用传统电路交换的网络提出了巨大的挑战。第二代的网络包括GSM、CDMA等如何向3G演进？

欧洲电信标准委员会（ETSI）推出了通用分组无线业务（General Packet Radio Service,

GPRS）技术。GPRS 在原 GSM 网络的基础上叠加一个基于 IP 的高速分组数据业务的网络，并对 GSM 无线网络设备进行升级，从而利用现有的 GSM 无线覆盖提供高速分组数据业务，为 GSM 系统向第三代宽带移动通信系统 UMTS 的平滑过渡奠定基础，因而 GPRS 又被称为 2.5G 系统。

1. 基本概念

GPRS 技术较完美地结合了移动通信技术和数据通信技术，尤其是 Internet 技术，它正是这两种技术的结晶，是 GSM 网络和数据通信发展融合的必然结果，它提供了一条基于 IP 交换的数据通道。

GPRS 可以提供 4 种不同的编码方式，同时分别对应了不同的错误保护（Error Protection）能力。利用这四种不同的编码方式，GPRS 的每个时隙可提供的传输速率分别为 CS-1（9.05 kbit/s）、CS-2（13.4 kbit/s）、CS-3（15.6 kbit/s）和 CS-4（21.4 kbit/s），其中 CS-1 的保护最为严密，CS-4 则是未加以任何保护的。若再采用时隙捆绑技术，将 8 个时隙合并在一起使用，则 GPRS 可以向用户提供最高达 171.2 kbit/s 的无线数据接入，可向用户提供高性价比业务并具有灵活的资费策略。GPRS 既可以使运营商直接提供丰富多彩的业务，同时也可以给第三方业务提供商提供方便的接入方式，这样便于将网络服务与业务有效地分开。

2. 系统结构

GPRS 网络是基于现有的 GSM 网络实现分组数据业务的。GSM 是专为电路型交换而设计的，现有的 GSM 网络不足以提供支持分组数据路由的功能，因此 GPRS 必须在现有的 GSM 网络的基础上增加新的网络实体，如 GPRS 网关支持节点（Gateway GPRS Supporting Node，GGSN）、GPRS 服务支持节点（Serving GSN，SGSN）和分组控制单元（Packet Control Unit，PCU）等，并对部分原 GSM 系统设备进行升级，以满足分组数据业务的交换与传输，如图 3-3 所示。与原 GSM 网络相比，新增或升级的设备如下。

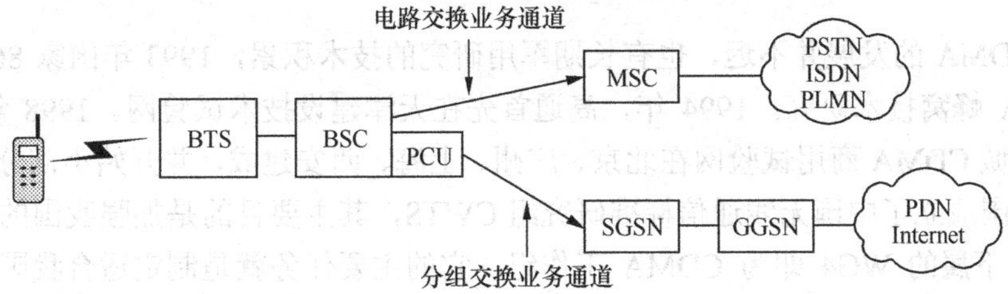

图 3-3 GPRS 系统结构

（1）GPRS 服务支持节点：服务支持节点（SGSN）的主要功能是对 MS 进行鉴权、移动性管理和路由选择，建立 MS 到 GGSN 的传输通道，接收 BSC 传送来的 MS 分组数据，通过 GPRS 骨干网传送给 GGSN 或反向工作，并进行计费和业务统计。

（2）网关支持节点：网关支持节点（GGSN）主要起网关作用，可与外部多种不同的数据网相连，如 ISDN、PSPDN、LAN 等。对于外部网络来讲，它就是一个路由器，因而也称为 GPRS 路由器。GGSN 接收 MS 发送的分组数据包并进行协议转换，从而把这些分组数据包传送到远端的 TCP/IP 或 X.25 网络或进行相反的操作。另外，GGSN 还具有地址分配和计费等功能。

（3）分组控制单元：分组控制单元（PCU）通常位于 BSC 中，用于处理数据业务，它可将分组数据业务在 BSC 处从 GSM 话音业务中分离出来，在 BTS 和 SGSN 间传送。PCU 增加了分组功能，可控制无线链路，并允许多个用户占用同一无线资源。

3.3 CDMA 移动通信网

码分多址（CDMA）是在扩频通信技术的基础上发展起来的一种崭新而成熟的无线通信技术。正是由于它是以扩频通信技术为基础的，能够更加充分地利用频谱资源，更加有效地解决频谱短缺问题，因此被视为是实现第三代移动通信的首选。

3.3.1 CDMA 系统概述

第二次世界大战期间因战争的需要而研究开发出 CDMA 技术，其思想初衷是防止敌方对己方通信的干扰，在战争期间广泛应用于军事抗干扰通信，后来由美国 Qualcomm 公司更新为商用蜂窝电信技术。1995 年，第一个 CDMA 商用系统运行之后，CDMA 技术理论上的诸多优势在实践中得到了验证，从而在北美、南美和亚洲等地得到了迅速推广和应用。

CDMA 技术的标准化经历了几个阶段。IS-95 是 CDMA One 系列标准中最先发布的标准，是真正在全球得到广泛应用的第一个 CDMA 标准，这一标准支持 8K 编码话音服务。其后，又分别出版了 13K 话音编码器的 TSB74 标准，它支持 1.9 GHz 的 CDMA PCS 系统的 STD-008 标准，其中 13K 编码话音服务质量已非常接近有线电话的话音质量。随着移动通信对数据业务需求的增长，1998 年 2 月美国高通公司宣布将 IS-95B 标准用于 CDMA 基础平台上。IS-95B 可提高 CDMA 系统性能，并增加用户移动通信设备的数据流量，提供对 64kbit/s 数据业务的支持。其后，cdma2000 成为窄带 CDMA 系统向第三代系统过渡的标准。cdma2000 在标准研究的前期，提出了 1x 和 3x 的发展策略，随后的研究表明，1x 和 1x 增强型技术代表了未来发展方向。

中国 CDMA 的发展并不迟，也有长期军用研究的技术积累，1993 年国家 863 计划已开展了 CDMA 蜂窝技术研究。1994 年，高通首先在天津建设技术试验网。1998 年，具有 14 万容量的长城 CDMA 商用试验网在北京、广州、上海、西安建成，并开始小部分商用。1999 年 4 月，我国成立了中国无线通信标准研究组 CWTS，其主要目的是加强我国的标准制定工作。CWTS 下属的 WG4 即为 CDMA 工作组，它的主要任务就是制定适合我国具体情况的 CDMA 标准，加强中国对国际标准制定的影响力。此后，我国向国际电信联盟递交了第三代移动通信技术规范 TD-CDMA 标准，该标准在 1999 年 11 月结束的有关世界第三代移动通信标准制定会上被最终确定为第三代移动通信技术规范的系列标准之一。这是中国提出的电信技术标准第一次被国际电信联盟所采用，同时也证明了我国的通信技术水平已逐渐与世界同步，我们的民族产业也日益引起世界的瞩目。

CDMA 系统具有很多的优点。

① 同一频率可以在所有小区内重复使用。

② 抗干扰性强。

③ 抗衰落性能好。

④ 具有保密性。

⑤ CDMA 系统容量大，而且具有软容量属性。

⑥ CDMA 系统必须采用功率控制技术以降低干扰，同时辐射功率小，绿色环保。

⑦ 具有软切换特性。

⑧ 充分利用语音激活技术，增大通信容量。

3.3.2 IS-95CDMA 系统

1. IS-95CDMA 系统网络结构

CDMA 数字蜂窝移动通信系统的组成与 GSM 相似，主要由网络交换子系统、基站子系统和移动台子系统构成，如图 3-4 所示。网络交换子系统又由移动交换中心（MSC）、归属原籍位置寄存器（HLR）、访问位置寄存器（VLR）、鉴权中心（AUC）、短消息中心（MC）、短消息实体（SME）、设备识别寄存器（EIR）和操作维护中心（OMC）等构成。基站子系统由一个集中控制器（CBSC）和若干个基站收发信台（BTS）组成。

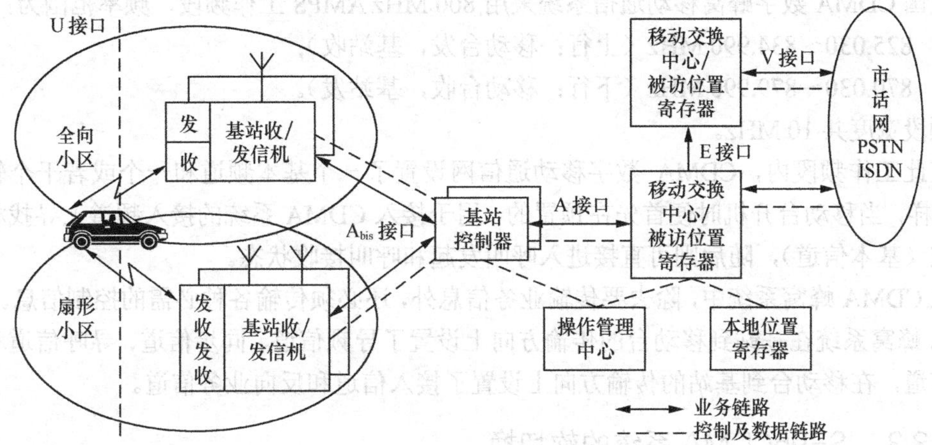

图 3-4 CDMA 系统结构

2. IS-95CDMA 的无线传输

在 CDMA 蜂窝系统中，不仅同一小区内的用户可以使用相同的射频信道，邻近小区内的用户也可以使用相同的射频信道，因此 CDMA 系统完全取消了对频率规划的要求。

IS-95 系统的空中接口是美国 TIA（电气工业协会）于 1993 年公布的双模式（CDMA/AMPS）的标准，简称 Q-CDMA 标准，主要包括下列几部分。

（1）频段：下行频段为 869～894 MHz（基站发射）；上行频段为 824～849 MHz（移动台发射）。

（2）信道数：每一载频有 64 个码分信道，这 64 个码分信道是由 64 个正交 Walsh 函数组成的，在 IS-95 系统中分别用 W0～W63 标识；每一小区可分为 3 个扇区，三个扇区可共用一个载频。

（3）调制方式：基站采用 QPSK，移动台采用 OQPSK。

（4）扩频方式：采用DS（直接序列扩频）技术。

（5）语音编码：IS-95系统的声码器是Qualcomm公司设计的码激励线性预测编码器（QCELP），这种编码器实际上是一种可变速率的语音编码器，它能够根据语音信号中的语音活动和能量状态，针对每个20 ms语音帧，在四种可用的数据速率（13.3 kbit/s、6.2 kbit/s、1 kbit/s和2.7 kbit/s）中动态地选择一种来实现语音编码。

（6）IS-95系统具有语音激活功能，因此用户数据速率是实时变化的。

（7）信道编码：卷积编码在下行链路中采用编码率r=1/2、约束长度为k=9；在上行链路中采用编码率r=1/3、约束长度k=9。

交织编码的交织间距为20 ms。

扩频调制码为PN码，码片的速率为1.2288 Mc/s；基站识别码为m序列，周期为$2^{15}-1$；用户识别码，周期为$2^{42}-1$。

（8）导频、同步信道：它们为移动台提供载频标准和时间同步。

（9）多径信号的利用：IS-95系统中分集方式为路径分集，采用RAKE接收方式，移动台使用3路径分集，基站使用4路径分集。

我国CDMA数字蜂窝移动通信系统采用800 MHz AMPS工作频段，频率范围为：

- 825.030～834.990 MHz（上行：移动台发，基站收）；
- 870.030～879.990 MHz（下行：移动台收，基站发）。

频段宽度共10 MHz。

在此工作频段内，CDMA数字移动通信网设置了一个基本频道和一个或若干个辅助频道，这样，当移动台开机时便首先在预置的、用于接入CDMA系统的接入频道上寻找相应控制信道（基本信道），随后则可直接进入呼叫发起和呼叫接收状态。

在CDMA蜂窝系统中，除去要传输业务信息外，还必须传输各种必需的控制信息。为此，CDMA蜂窝系统在基站到移动台的传输方向上设置了导频信道、同步信道、寻呼信道和正向业务信道，在移动台到基站的传输方向上设置了接入信道和反向业务信道。

3.3.3 IS-95CDMA系统的软切换

在CDMA系统中，信道切换包括如下三种：硬切换、软切换和更软切换。硬切换发生在使用不同载频的两个CDMA基站之间。CDMA的硬切换过程和GSM的硬切换大体相似。

软切换是指当移动台需要跟一个新的基站通信时，并不先中断与原来基站的业务，而是在与新基站有了稳定的连接后才中断与原来基站的联系，它在两个基站覆盖区的交界处起到了业务信道的分集作用，这样可大大减少由于切换造成的掉话。但是，软切换仅仅能用于具有相同频率的CDMA信道之间。

CDMA系统移动台在通信时可能发生以下切换：同一载频的不同基站的软切换；同一载频同一基站不同扇区间的更软切换；不同载频间的硬切换。软切换只有在使用相同频率的小区之间才能进行，它是CDMA蜂窝移动通信系统所独有的切换方式。

3.3.4 IS-95CDMA系统的功率控制

在CDMA系统中，如果小区中所有用户均以相同功率发射，则靠近基站的移动台到达基站的信号就比较强，离基站远的移动台信号就会比较弱，甚至于有可能被强信号覆盖掉。这就是移动系统中的“远近效应”。对于 CDMA 系统来说，在一个区域内所有的用户使用相同的频率，这就形成了一个“自扰”系统。所以任何一个移动台对其他移动台来说都是干扰源。并且，CDMA 系统经过扩频之后，信号的功率谱密度非常低，信号的发射功率很小，所以，信号的微小变化都会影响传输质量和系统容量。因此，为了降低“远近效应”，提高语音质量和系统容量，CDMA 系统的功率控制非常重要。

功率控制的原则是：当信道的传播环境突然改善变好时，功率控制应做出快速反应（在几微秒时间之内），以防止信号突然增强带来对其他用户信号的附加干扰，比如移动台离开隧道区域进入开阔区；相反，当信道的传播环境突然变差时，功率控制的速度应该相对慢一些，也就是说，宁可用户信号短时间恶化也要防止因为功率调整对其他用户造成干扰。

3.3.5 CDMA 技术实施中出现的问题

CDMA 技术实施中的一些问题归纳如下。

（1）CDMA 虽具有柔性容量，但同时工作的用户越多，所形成的干扰噪声就越大，当用户数超过网络设计容量时，系统的信噪比会恶化，从而导致通信质量的下降。

（2）CDMA 技术采用 Rake 接收机，有利于克服码间干扰，但当扩频处理增益不够大时，克服的程度会受到限制，即仍会残存码间干扰。

（3）CDMA 为克服远近效应而采用功率控制技术，从而增加了系统的复杂性。

（4）CDMA 的不同用户是以 PN（伪随机码）码来区分的，要求各 PN 码之间的互相关联系数尽可能小，但很难找到数目较多的这种 PN 码。另外用户越多，PN 码的长度就会越长，则在接收端的同步时间也长，难以满足高速移动中通信快速同步的要求。

（5）CDMA 系统各地址码间的互相关性越大，则多址干扰就越大，而在 TDMA 和 FDMA 中不存在多址干扰问题。

（6）CDMA 蜂窝网的各蜂窝可能使用同一频带同一码组，那么相邻蜂窝的同一码组之间会产生干扰。

（7）CDMA 体制是一种噪声受限系统，同时通信的用户数越多，通信质量恶化的程度就越严重，以上各种因素的影响，最终导致 CDMA 系统的用户容量远低于理论计算值。

3.4 第三代移动通信系统

3.4.1 第三代移动通信系统概述

第三代移动通信系统简称 3G，是由国际电信联盟（ITU）率先提出并负责组织研究的，采用宽带码分多址（CDMA）数字技术的新一代通信系统，是近 20 年来现代移动通信技术和实践的总结和发展。3G 在最早提出时被命名为未来公共陆地移动通信系统（Futuristic Public Land Mobile Telecommunication System，FPLMTS）。1996 年，更名为 IMT-2000（International Mobile Telecommunications 2000），其含义是 2000 年左右投入商用，核心工作频段为 2 000 MHz 以及多媒体业务最高运行速率第一阶段为 2 000 kbit/s。它既包括地面通信系统，也包括卫星通信系统。它是将无线通信与 Internet 等多媒体通信相结合的新一代通信系统，是近 20 年来现代移动通信技术和实践的总结与发展。

1．第三代移动通信系统的目标

第三代移动通信系统的目标包括以下几个主要方面。

（1）与第二代移动通信系统及其他各种通信系统（固定电话系统、无绳电话系统等）相兼容。

（2）全球无缝覆盖和漫游，移动终端可以连接到地面网和卫星网，使用方便。

（3）支持高速率（高速移动环境 FDD 方式 144 kbit/s，移动速度达到 500 km/h；TDD 方式 144 kbit/s，移动速度达到 120 km/h，室外步行环境手持机 384 kbit/s，室内环境 2 Mbit/s）的多媒体（话音、数据、图像、音频、视频等）业务，数据业务的误码率不超过 10^{-3} 或 10^{-6}（根据具体业务要求而定）。

2．第三代移动通信系统的频谱规划

1992 年，世界无线电行政大会（WARC）根据 ITU-R（国际电联无线通信组织）对于 IMT-2000 的业务量和所需频谱的估计，划分了 230 MHz 带宽给 IMT-2000，规定 1885～2 025 MHz（上行链路）以及 2 110～2 200 MHz（下行链路）频带为全球基础上可用于 IMT-2000 的业务，还规定 1 980～2 010 MHz 和 2 170～2 200 MHz 为卫星移动业务频段，共 60 MHz，其余 170 MHz 为陆地移动业务频段，其中对称频段是 2×60 MHz，不对称的频段是 50 MHz。上、下行频带不对称主要是考虑到可以使用双频 FDD 方式和单频 TDD 方式。

除了上述频谱划分外，ITU 在 2000 年的 WARC2000 大会上在 WARC-92 基础上又批准了新的附加频段，即 806～960 MHz、1 710～1 885 MHz 和 2 500～2 690 MHz。

遵照 ITU-R 的规定，各国在 3G 使用频段上有各自的规划，分配给各种设备的频段有所不同。

3．2G 到 3G 的演进策略

第二代移动通信技术升级向第三代移动通信系统的过渡是渐进式的，这主要考虑保证现有投资和运营商利益及已有技术的平滑过渡。

（1）GSM 的升级和向 WCDMA 的演进策略

由于 WCDMA 投资巨大，一时难以大规模应用，但用户对高速率的数据业务又有一定需求，因此就出现了所谓的 2.5 G 技术。在 GSM 基础上的 2.5 G 技术是高速电路交换数据（HSCSD，57.6 kbit/s）、通用分组无线业务（GPRS，115 kbit/s）、GSM 演进的增强数据速率（EDGE，将调制方式由 GMSK 更新为更高效率方式，将传输速率上升至 384 kbit/s），可提供类似于第三代移动通信的业务。其演进过程如图 3-5 所示。

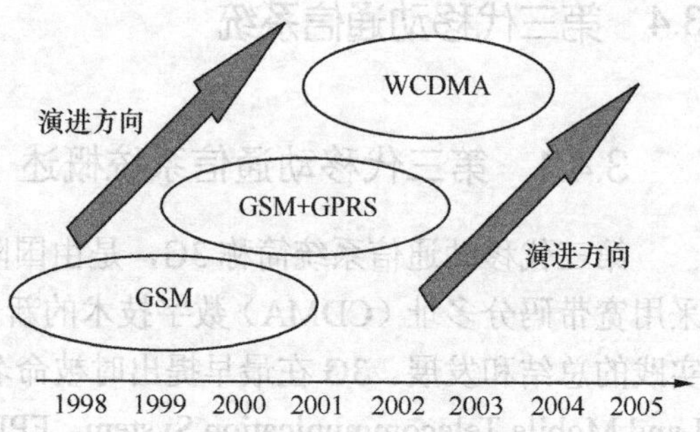

图 3-5 GSM 向 WCDMA 的演进过程

① 高速电路交换数据。第二代移动通信系统如 GSM 和 CDMA 是电路交换型移动数据通信，只能提供电路数据。过去 GSM 网上可提供速率为 9.6 kbit/s 的数据传输，ETSI（欧洲

电信标准协会）现已推出新的标准，即高速电路交换数据（High Speed Circuit-Switched Data，HSCSD）方式。HSCSD 对于原有 CSD 在速度上的改进在于：首先，采用一种新的信道编码方案，从而将 CSD 的信道比特率从原有的 9.6 kbit/s 增加到 14.4 kbit/s。其次，与传统的 CSD 承载业务每次只占用一个业务信道不同，HSCSD 通过适当的时隙捆绑技术，每次可同时占用多个业务信道，从而使数据速率可成倍地增加，理论上最高可达 115.2 kbit/s，实际最高可达 57.6 kbit/s。再次，HSCSD 采用非对称传输技术，这种技术允许在从网络到移动设备等有更多数据量需求的方向上以更快的速度传输数据。

这种技术只能提供电路数据，占用信道太多，因此市场不大。HSCSD 目前应用很少，市场前景并不光明。

② 通用分组无线业务。通用分组无线业务（General Packet Radio Service，GPRS）在现有 GSM 电路交换中引入了基于 IP 的分组交换网。GPRS 可以提供 4 种不同的编码方式，再采用时隙捆绑技术，将 8 个时隙合并在一起使用，则 GPRS 可以向用户提供最高达 171.2 kbit/s 的传输速率。GPRS 可提供的数据速率是 115 kbit/s。GPRS 通过网关 GGSN 与数据网相连，提供 GPRS 子网与数据网的接口，方便地接入数据网（如分组网、Internet）或企业网。

在 GSM 网络上提供 GPRS 服务，只需增加 SGSN 和 GGSN 两类新的支持节点并对 BSC 进行软/硬件升级，对其他网元，如 BTS、MSC/VLR、HLR、SMS-G/IWMSC、AUC、边界网关协议（Border Gateway，BG）、客户服务管理系统（Service Order Gateway，SOG）只需进行软件修改。此外，GSM 的计费是基于用户通话时间的。但是 GPRS 的计费是从其他方面考虑的——传输数据量、内容、所用带宽、服务质量甚至接入的数据类型。GSM 运营商在升级到 GPRS 时需要考虑对计费系统的修改补充。GPRS 作为一种过渡技术得到大量应用。

③ GSM 演进的增强数据速率。GSM 演进的增强数据速率（Enhanced Data for GSM Evolution，EDGE）仍然使用了 GSM 载波带宽和时隙结构，只是由于采用了 8PSK 的调制方式（传输为每秒一次，每次 3 bit），而使数据传输速率得到成倍的提高。它使每时隙的传输速率由 9.6 kbit/s 提高到 48 kbit/s。若同时采用 8 个时隙来传输一路数据的话，速率可以达到 384 kbit/s，因此，EDGE 又被称为 GSM384。由于 EDGE 的最高数据传输速率已经接近 3 G 系统的速率，因此，EDGE 可以被视为一个提供高比特率、促进蜂窝移动系统向第三代功能演进的、有效的通用无线接口技术。

不过，以上这些技术只能提供类似于第三代移动通信的业务，W-CDMA 才是基于 GSM 的真正的第三代移动通信系统，但在向 W-CDMA 过渡时又必须做很大的改动。

（2）窄带 CDMA 向 cdma2000 的演进

IS-95 向 cdma2000 演进的策略是由目前的 IS-95A 到可传输 115kbit/s 的 IS-95B 或直接到加倍容量的 cdma2000 1x，数据速率可达 144 kbit/s，支持突发模式并增加新的补充信道，先进的 MAC 提供 QoS 保证。采用增强技术后的 cdma2000 1x EV 可以提供更高的性能，最终平滑无缝隙地演进真正的第三代移动通信系统，此时传输速率可高达 2 Mbit/s。

4．第三代移动通信系统标准

（1）3G 标准化组织机构

国际上 3G 标准化的组织主要有 3GPP 和 3GPP2。3GPP 主要负责 FDD（WCDMA）和

TDD（HCR TDD 和 LCR TDD）技术的标准化工作，其中 HCR TDD 为高码片速率的 TDD，指的是 TD-CDMA 技术标准，LCR TDD 为低码片速率的 TDD，指的是我国提出的 TD-SCDMA 技术标准。3GPP2 主要负责 cdma2000 技术的标准化工作。

3GPP 的标准分为不同版本（Release），有 R99、R4、R5、R6、R7、R8、R9 和 R10 等多个版本。各个 Release 的发布体现了 3GPP 确定的技术发展路线。

在 2G IS-95A/B 基础上发展到 cdma2000 1x 之后，从 2000 年至 2006 年，3GPP2 在 cdma2000 发展方向及标准的研究主要集中在 1x-EV 方面（其中，1x 表示 1 个 1.25 MHz 载波，EV 意为演进），包括 1x-EV-DO（也称为高速分组数据 HRPD）和 1x-EV-DV 两大体系和趋势。其中，1x-EV-DO 专门为高速无线分组数据业务设计，1x-EV-DV 系统则能够提供混合的高速数据和语音业务。

（2）3G 系统标准

3G 标准是一个大家族，由于牵涉到不同国家和企业的切身利益，因此没有达到统一的唯一标准，最终 ITU 批准了五种 IMT-2000 标准，其中主要的三个标准是 WCDMA、TD-SCDMA、cdma2000。

由于无线接口部分是 3G 系统的核心组成部分，而其他组成部分都可以通过统一的技术加以实现，因此，无线接口技术标准即代表了 3G 的技术标准。

1999 年 10 月，在芬兰赫尔辛基召开的 ITU TG8/1 第 18 次会议通过了 IMT-2000 无线接口技术规范建议（IMT.RSPC）。2000 年 5 月，国际电信联盟最终从 10 个候选方案中确立了 IMT-2000 所包含的以下 5 个无线接口技术标准：

① IMT-2000 CDMA DS，对应 WCDMA，简化为 IMT-DS。

② IMT-2000 CDMA MC，对应 cdma 2000，简化为 IMT-MC。

③ IMT-2000 CDMA TDD，对应 TD-SCDMA 和 UTRA TDD，简化为 IMT-TD。

④ IMT-2000 TDMA SC，对应 UWC-136，简化为 IMT-SC。

⑤ IMT-2000 FDMA/TDMA，对应 DECT，简化为 IMT-FT。

IUT IMT-2000 所确定的 5 种技术规范中有 3 种基于 CDMA 技术，两种基于 TDMA 技术，CDMA 技术成为第三代移动通信的主流技术。

ITU 在 2000 年 5 月确定 WCDMA、cdma2000 和 TD-SCDMA 三大主流无线接口标准，写入 3G 技术指导性文件（2000 年国际移动通信计划，简称 IMT-2000）。

5. 第三代移动通信系统结构

（1）IMT-2000 系统网络结构

IMT-2000 系统网络包括三个组成部分：用户终端、无线接入网（Radio Access Network，RAN）、核心网（Core Network，CN），如图 3-6 所示。

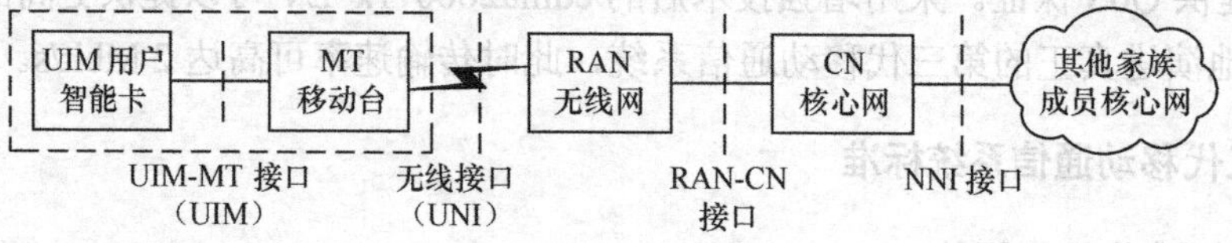

图 3-6 IMT-2000 系统结构

（2）系统标准接口

IMT-2000系统网络接口包括以下几种。

① 网络与网络接口（Network and Network Interface，NNI），指的是IMT-2000家族核心网之间的接口，是保证互通和漫游的关键接口。

② 无线接入网与核心网之间的接口（RAN-CN），对应于GSM系统的A接口。

③ 移动台与无线接入网之间的无线接口（UNI）。

④ 用户识别模块和移动台之间的接口（UIM-MT）。

（3）分层结构

① 物理层。由一系列下行物理信道和上行物理信道组成。

② 链路层。由媒体接入控制（MAC）子层和链路接入控制（LAC）子层组成。MAC子层根据LAC子层不同业务实体的要求对物理层资源进行管理与控制，并负责提供LAC子层业务实体所需的QoS级别。LAC子层与物理层相对独立的链路管理与控制，并负责提供MAC子层所不能提供的更高级别的QoS控制，这种控制可以通过ARQ等方式来实现，以满足来自更高层业务实体的传输可靠性。

③ 高层。它集OSI模型中的网络层、传输层、会话层、表示层和应用层为一体。高层实体主要负责各种业务的呼叫信令处理，话音业务（包括电路类型和分组类型）和数据业务（包括IP业务，电路和分组数据，短信息等）的控制与处理等。

3.4.2 WCDMA移动通信系统

目前，GSM系统拥有最大的移动用户群，我国的GSM网络是世界最大的GSM网络，WCDMA是GSM向3G演进的方向。WCDMA系统结构如图3-7所示。

WCDMA网络在设计时遵循以下原则：网络承载和业务应用相分离、承载和控制相分离、控制和用户平面相分离，这样使得整个网络结构清晰，实体功能独立，便于模块化的实现。因此，WCDMA的核心网主要负责处理系统内所有的话音呼叫和数据连接与外部网络的交换和路由；无线接入网主要用于处理所有与无线有关的事务。

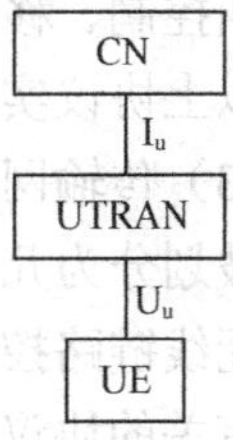

图3-7 WCDMA系统结构

1. WCDMA接口基本参数

（1）扩频方式：可变扩频比（4～256）的直接扩频。

（2）载波扩频速率：4.096 Mchip/s。

（3）每载波带宽：5 MHz（可扩展为10/20 MHz）。

（4）载波间隔：200 kHz。

（5）载波速率：16～256 kbit/s。

（6）帧长度：10 ms。

（7）时隙长度（功率控制组）：0.625 ms。

（8）调制方式：QPSK。

（9）功率控制：开环＋自适应闭环方式（功控速率1.6 kbit/s）。

2．接入网结构组成

无线接入网（UTRAN）结构如图3-8所示。由图可见，UTRAN包括许多通过I_u接口连接到CN的RNS。一个RNS包括一个RNC和一个或多个Node B。Node B通过I_{ub}接口连接到RNC上，支持FDD模式、TDD模式或双模式。Node B包括一个或多个小区。

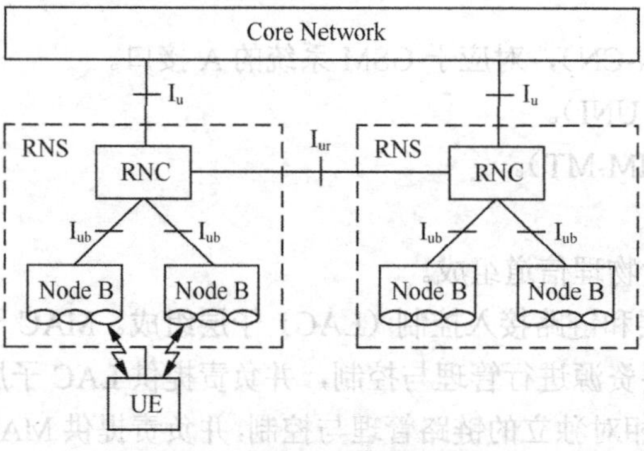

图3-8 UTRAN结构

在UTRAN内部，RNS中的RNC能通过I_{ur}接口交互信息，I_u接口和I_{ur}接口是逻辑接口。I_{ur}接口可以是RNC之间物理的直接相连，也可以通过适当的传输网络实现。I_u、I_{ur}和I_{ub}接口分别为CN与RNC、RNC与RNC和RNC与Node B之间的接口。

3．WCDMA空中接口协议结构

就分层结构来讲，WCDMA的空中无线接口协议模型分为三层，从下向上依次是物理层、传输网络层和无线网络层。

（1）物理层主要体现了WCDMA的多址接入方式，可以采用E1、T1、STM-1等数十种标准接口。

（2）无线网络层涉及了UTRAN所有相关问题，由无线资源控制（RRC）和非接入层协议呼叫控制、移动性管理、短信息业务管理等组成。其中，RRC统一负责和控制无线资源以及对以上协议实体的配置。

（3）传输网络层只是UTRAN采用的标准化的传输技术，与UTRAN的特定功能无关，它又被划分为几个子层：在控制平面上，数据链路层包含两个子层——媒体接入控制（MAC）层和无线链路控制（RLC）层；在用户平面上，除了MAC和RLC外，还存在着两个与特定业务有关的协议：分组数据会聚协议（PDCP）和广播/组播控制协议（BMC）。MAC的重点是对多业务和多速率的灵活支持，RLC定义了三种不同的传输模式，PDCP核心是解决报头压缩问题，BMC是完成对广播组播业务的支持。

4．WCDMA的信道结构

WCDMA的信道分为物理信道、传输信道和逻辑信道。

物理信道可以由某一载波频率、码（信道码和扰码）、相位确定。在采用扰码与扩频码的信道里，扰码或扩频码任何一种不同，都可以确定为不同的信道。多数信道是由无线帧和时隙组成的，每一无线帧包括15个时隙。物理信道分为上行物理信道和下行物理信道。

传输信道位于MAC层和物理层之间。传输信道的定义和分类是根据该信道使用的组合传输格式或者组合传输格式集进行的。一个传输格式是由编码方式、交织、比特率和映射的物理信道定义的；传输格式集是特定传输格式的集合。传输信道分为公共传输信道和专用传输信道两种类型，公共传输信道包括随机接入信道（RACH）、下行接入信道（FACH）、下行共享信道（DSCH）、公共分组信道（CPCH）、广播信道（BCH）和寻呼信道（PCH）；专用传输信道只有一种，即为专用信道（DCH）。

逻辑信道直接承载用户业务，所以根据承载的是控制平面的业务还是用户平面的业务可将其分为控制信道和业务信道。逻辑信道位于RLC层与MAC层之间。控制信道包括广播控制信道（BCCH）、寻呼控制信道（PCCHH）、公共控制信道（CCCH）、专用控制信道（DCCH）和共享控制信道（SHCCH）。业务信道包括专用业务信道（DTCH）、公共业务信道（CTCH）。

3.4.3 cdma2000移动通信系统

1. 系统结构

一个完整的cdma2000移动通信网络由多个相对独立的部分构成，如图3-9所示。其中的三个基础组成部分分别是无线部分、核心网的电路交换部分（核心网电路域）和核心网的分组交换部分（核心网分组域）。无线部分由BSC（基站控制器）、分组控制功能（PCF）单元和基站收发信机（BTS）构成；核心网电路交换部分由移动交换中心（MSC）、访问位置寄存器（VLR）、归属位置寄存器/鉴权中心（HLR/AC）构成；核心网的分组交换部分由分组数据服务点/外部代理（PDSN/FA）、认证服务器（AAA）和归属代理（HA）构成。

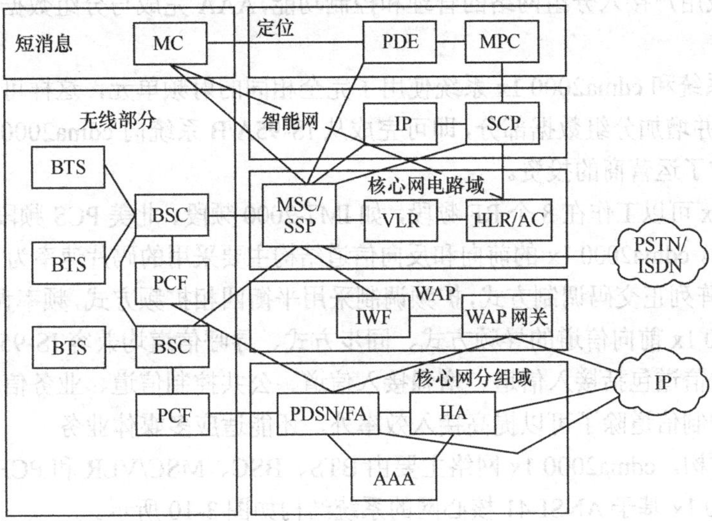

图3-9 cdma2000系统结构

除了基础组成部分以外，系统还包括各种业务部分，比较典型的业务有以下4种：智能网部分由业务交换点（SSP）、业务控制点（SCP）和智能终端（IP）构成；短信息部分主要是短信息中心（MC）；位置业务部分主要由移动位置中心（MPC）和定位实体（PDE）构成。另外，还有WAP等业务平台。这4个部分构成了当前cdma2000网络的主要业务部分。

2. 无线接口参数

（1）载波带宽：5 MHz（可扩展为10/20 MHz）。
（2）扩频方式：采用直接扩频或多载波扩频。
（3）扩频速率：3.684 Mchip/s。

（4）扩频码长度：可根据无线环境和数据速率而变化。

（5）帧长度：20 ms 和 5 ms。

（6）时隙长度（功率控制组）：1.25 ms。

（7）调制方式：下行 QPSK，上行 BPSK。

（8）功率控制：开环+闭环（功控速率 800 bit/s）。

3．cdma2000 1x

从 IS-95A/B 演进到 cdma2000 1x，主要增加了高速分组数据业务，原有的电路交换部分基本保持不变。随着语音业务逐渐趋于饱和，移动通信运营商开始考虑如何将丰富多彩的 IP 数据业务引入蜂窝移动通信网中，以吸引更多的用户并提高单机用户业务量。此时，就出现了 cdma2000 1x 系统，它作为一种过渡产品能够在 1.25 MHz 带宽上提供高达 614 kbit/s 的高速分组数据业务，可基本满足用户上网的要求，它是介于第二代（IS-95）和第三代之间的一种过渡产品，被称为 2.5 G。

这样，在原有的 IS-95A/B 的基站中，需要增加分组控制模块 PCF 来完成与分组数据有关的无线资源控制功能，在核心网部分增加分组数据服务节点 PDSN 和鉴权认证系统 AAA，其中 PDSN 完成用户接入分组网络的管理和控制功能，AAA 完成与分组数据有关的用户管理工作。

IS-95A/B 系统和 cdma2000 1x 系统使用了完全相同的射频单元，这样可以直接利用已有天线升级软件，并增加分组数据部分，即可完成从 IS-95A/B 系统向 cdma2000 1x 系统的升级，最大限度地保护了运营商的投资。

cdma2000 1x 可以工作在 8 个 RF 频段，如 IMT-2000 频段、北美 PCS 频段、北美蜂窝频段和 TACS 频段等。cdma2000 1x 的前向和反向信道结构主要采用的码片速率为 1 × 1.2288 Mc/s，数据调制用 64 阵列正交码调制方式，扩频调制采用平衡四相扩频方式，频率调制采用 OQPSK 方式。cdma2000 1x 前向信道的导频方式、同步方式、寻呼信道均兼容 IS-95A/B 系统控制信道特性；其反向信道包括接入信道、增强接入信道、公共控制信道、业务信道，其中增强接入信道和公共控制信道除了可以提高接入效率外，还能适应多媒体业务。

（1）系统结构。cdma2000 1x 网络主要由 BTS、BSC、MSC/VLR 和 PCF、PDSN 等节点组成。cdma2000 1x 基于 ANSI-41 核心网的系统结构如图 3-10 所示。

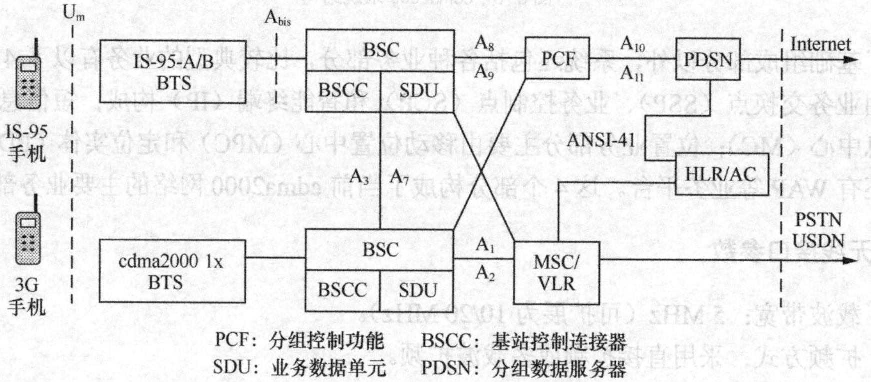

图 3-10　cdma2000 1x 系统结构

由图3-10可见，cdma2000 1x与IS-95相比，核心网中的PCF和PDSN是两个新增模块，通过支持移动IP的A10、A11接口互连，支持分组数据业务传输。而以MSC/VLR为核心的网络部分，支持语音和增强的电路交换型数据业务，MSC/VLR与HLR/AUC之间的接口基于ANSI-41协议，与IS-95一样。

与IS-95相比，核心网中的PCF和PDSN是两个新增模块，通过支持移动IP的A_{10}、A_{11}接口互连，可以支持分组数据业务传输。而以MSC/VLR为核心的网络部分，支持话音和增强的电路交换型数据业务，与IS-95一样，MSC/VLR与HLR/AC之间的接口基于ANSI-41协议。

（2）cdma2000 1x系统分层结构。cdma2000 1x系统网络分层结构分为上层（IP和PPP）、链路层（LAC和MAC）和物理层（无线链路）三层。

4．cdma2000 3x

cdma2000 3x（3GPP2规范为IS-2000-A），也称为宽带CDMA One，是基于IS-95标准演进的一个重要部分。与其他的标准类似，cdma2000 3x将在cdma2000 1x标准的基础上提供附加的功能和相应的业务支持，它的目标是提供比cdma2000 1x更大的系统容量，提供达到2 Mbit/s的数据速率，实现与cdma2000 1x和CDMA One系统的后向兼容性等。

cdma2000 3x的技术特点是前向信道有3个载波的多载波调制方式，每个载波均采用1.2288 Mbit/s直接序列扩频，其反向信道则采用码片速率为3.6864 Mbit/s的直接扩频，因此cdma2000 3x的信道带宽为3.75 MHz，最大用户比特率为1.0368 Mbit/s。

可见，cdma2000 3x与cdma2000 1x的主要区别是：cdma2000 1x用单载波方式，扩频速率为SR1，而cdma2000 3x的前向信道采用3载波方式，扩频速率为SR3。

cdma2000 3x的优势在于能提供更高的数据速率，但其缺点是占用带宽较宽，因此，在较长时间内运营商未必会考虑cdma2000 3x，而会考虑cdma2000 1x EV。

5．cdma2000 1x EV

为进一步加强cdma2000 1x的竞争力，3GPP2从2000年开始在cdma2000 1x基础上制定1X的增强技术，即cdma2000 1x EV标准。该标准除基站信号处理部分及用户手持终端与原标准不同外，能与cdma2000 1x共享其他原有的系统资源。它采用高速率数据（HDR）技术，能在1.25 MHz（同cdma2000 1x带宽）内，前向链路达到2.4 Mbit/s（甚至高于cdma2000 3x），反向链路上也可提供153.6 kbit/s的数据业务，很好地支持高速分组业务，适用于移动IP。

从cdma2000 1x演进到cdma2000 1x EV-DO。在这一阶段，电路域网络结构保持不变，分组域核心网在现有网络的基础上增加接入网鉴权/授权/计费实体（AN-Authentication，Authorization and Accounting，AN-AAA），负责分组用户的管理。在原有的cdma2000 1x基站上，新增一个CDMA标准载频用作高速数据的传输。原有cdma2000 1x基站需增加DO信道板，同时进行软件升级。

Cdma2000 1x EV-DO是目前业界推出的高性能、低成本的无线高速数据传输解决方案，它定位于Internet的无线延伸，能以较少的网络和频谱资源（在1.25 MHz标准载波中）支持以下平均速率。

① 静止或慢速移动：1.03 Mbit/s（无分集）和1.4 Mbit/s；

② 中高速移动：700 kbit/s（无分集）和 1.03 Mbit/s；

③ 其峰值速率可达 2.4 Mbit/s，而且在 IS-856 版本 A 中可支持高达 3.1 Mbit/s 的峰值速率。

从 cdma2000 1x 演进到 cdma2000 1x EV-DV。在这一阶段，电路域核心网和分组域核心网均保持不变，原有 cdma2000 1x 基站需增加 DV 信道板，同时进行软件升级。cdma2000 1x EV-DV 的特点是：

① 不改变 cdma2000 1x 的网络结构，与 IS-95A/B 及 cdma2000 1x 后向兼容；

② 在同一载波上同时提供语音和数据业务，只提供非实时的分组数据业务；

③ 增加 TDM/CDM 混合的专用的高速分组数据信道（F-PDCH），以提高前向速率，前向最高速率达 3.1 Mbit/s；

④ 增加反向指示辅助导频信道和 TDM/CDM 混合的反向高速分组数据信道，以提高反向速率，反向支持最高速率为 1.5 Mbit/s，可选支持 1.8 Mbit/s；

⑤ 采用以帧为单位的自适应调制及解调；

⑥ 有更短的发送帧结构，1.25～5 ms 的可变帧长；

⑦ 根据信道状况选择数据传输速率以提高功率效率；

⑧ 具有快速而有效的数据重发机制。

3.4.4 TD-SCDMA

TD-SCDMA（时分同步码分多址）系统是中国提出的 3G 系列全球标准之一，是中国对第三代移动通信发展的贡献。

总体来看，TD-SCDMA 的无线传输方案是 FDMA、TDMA 和 CDMA 三种基本传输模式的灵活结合。这种结合首先是通过多用户检测技术使得 TD-SCDMA 的传输容量显著增长，而传输容量的进一步增长则是通过采用智能天线技术获得的。智能天线的定向性降低了小区间干扰，从而使更为密集的频谱复用成为可能。另外，为了减少运营商的投资，无线传输模式的设计目标一个是提高每个小区的数据吞吐量，另一个是减少小型基站数量以获得高收发器效率。TD-SCDMA 在实现这一目标方面也较为理想。

TD-SCDMA 系统的多址接入方案属于 DS-CDMA，码片速率为 1.28 Mchip/s，扩频带宽约为 1.6 MHz，采用 TDD 工作方式。它的下行（前向链路）和上行（反向链路）的信息是在同一载频的不同时隙上进行传送的。在 TD-SCDMA 系统中，其多址接入方式上除具有 DS-CDMA 特性外，还具有 TDMA 的特点。因此，TD-SCDMA 的接入方式也可以表示为 TDMA/CDMA。

1．系统结构

TD-SCDMA 系统集 FDMA、TDMA、CDMA 和 SDMA 技术为一体，并考虑到当时中国和世界上大多数国家广泛采用 GSM 第二代移动通信的客观实际，它能够由 GSM 平滑过渡到 3G 系统。TD-SCDMA 系统的功能模块主要包括：用户终端设备（UE）、基站（BTS）、基站控制器（BSC）和核心网。在建网初期，该系统的 IP 业务通过 GPRS 网关支持节点（GGSN）接入到 X.25 分组交换机，话音和 ISDN 业务仍使用原来 GSM 的移动交换机。待基于 IP 的 3G 核心网建成后，将过渡到完全的 TD-SCDMA 第三代移动通信系统。TD-SCDMA 系统结构如图 3-11 所示。

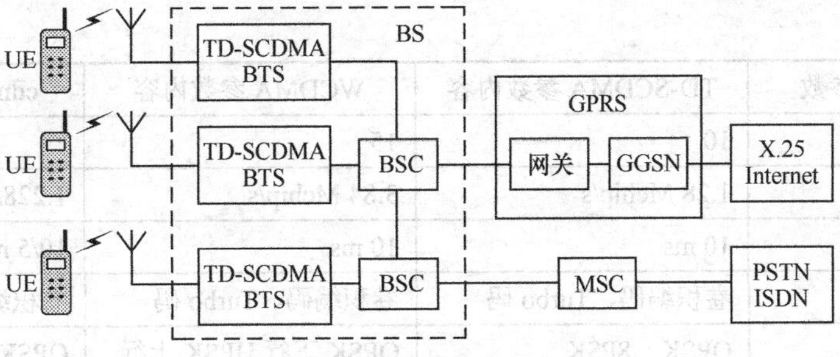

图 3-11 TD-SCDMA 系统结构

2. TD-SCDMA 系统基本技术参数

TD-SCDMA 系统基本技术参数见表 3-1。

表 3-1 **TD-SCDMA 基本技术参数**

信道带宽	5 MHz 的带宽（每一载波为 1.6 MHz）
下行链路 RF 信道的结构	三载波
码片速率	1.1136 Mchip/s
帧长度	10 ms 为数据和控制帧长度（5 ms 为子帧长）
扩展调制	DQPSK
数据调制	QPSK/16QAM
相干检测	上下行链路均采用专用导频信道
上行链路的信道复用	控制、导频、基本和补充信道的码复用、数据和控制信道的 I&Q 复用
多速率	低速移动（小于 100 km/h）支持 1.2～384 kbit/s，室内非对称传输支持 2 Mbit/s
功率控制	开环+慢速闭环（20 bit/s）
下行链路扩频	Walsh 码进行信道划分 PM 序列区分用户（周期为 10 ms）
上行链路扩频	Walsh 码进行信道划分 PN 序列区分小区（周期为 10 ms）
数据传输纠错编码	卷积码（Turbo 码）
切换	软切换 频率间切换

3. 空中接口参数

TD-SCDMA 空中接口参数见表 3-2。

表 3-2 **TD-SCDMA 空中接口参数**

空中接口规范参数	TD-SCDMA 参数内容	WCDMA 参数内容	cdma2000 参数内容
复用方式	TDD	FDD	FDD/TDD
基本带宽	1.6 MHz	5 MHz	1.25 MHz 或 3.75 MHz

续表

空中接口规范参数	TD-SCDMA 参数内容	WCDMA 参数内容	cdma2000 参数内容
每载波时隙数	10	15	
码片速率	1.28 Mchip/s	3.84 Mchip/s	1.228/3.6864 Mchip/s
无线帧长	10 ms	10 ms	10/5 ms
信道编码	卷积编码、Turbo 码	卷积编码、Turbo 码	卷积编码、Turbo 码
数据调制	QPSK、8PSK	QPSK 下行 HPSK 上行	QPSK 下行 BPSK 上行
扩频方式	QPSK	QPSK	QPSK
功率控制	开环+闭环，控制步长 1 dB、2 dB、3dB	开环+闭环，控制步长 1 dB、2 dB、3dB	开环+闭环，控制步长 1 dB、0.5/0.25 dB
智能天线	8	RAKE 接收技术	RARE 接收技术
基站间同步关系	同步	同步或非同步	需要 GPS 同步
多用户检测	使用		
业务特性	对称和非对称		
支持的核心网	GSM-MAP	GSM-MAP	ASNI-41
功率控制速率	200 次/s		

4．TD-SCDMA 系统的主要技术

（1）TDD（时分双工）：允许上行和下行在同一频段上，而不需要成对的频段。在 TDD 中，上行和下行在同一频率信道中的不同时间里传输。这可根据不同的业务类型来灵活地调整链路的上、下行转换点，支持对称和非对称的数据业务。

（2）综合采用多种多址方式：TD-SCDMA 使用了第二代和第三代移动通信中的所有接入技术，包括 TDMA、CDMA 和 SDMA，其中最主要的创新部分是 SDMA。SDMA 可以在时域、频域之外用来增加容量和改善性能，SDMA 的关键技术就是利用多天线对空间参数进行估计，对下行链路的信号进行空间合成。另外，将 CDMA 与 SDMA 技术结合起来也起到了相互补充的作用，尤其是当几个移动用户靠得很近并使得 SDMA 无法分出时，CDMA 就可以很轻松地起到分离作用，而 SDMA 本身又可以使相互干扰的 CDMA 用户降至最小。SDMA 技术的另一个重要作用是可以大致估算出每个用户的距离和方位，可应用于第三代移动通信用户的定位，并能为越区切换提供参考信息。

（3）多用户联合检测（JD）：允许接收机为所有信号同时估计无线信道和工作。联合检测主要是指利用多个用户码元、时间、信号幅度以及相位等信息，来联合检测单个用户的信号，以达到较好的接收效果。通过单个通信流量的并行处理，JD 消除了多接入干扰（MAI），降低了蜂窝区内干扰，因此提高了传输容量。

最佳多用户检测的目标就是要找出输出序列中最大的输入序列。对于同步系统，就是要找出函数最大的输入序列，从而使联合检测的频谱利用率提高并使基站和用户终端的功率控制部分更加简单。更值得一提的是在不同智能天线情况下，通过联合检测就可在现存的 GSM 基础设备上，通过 C=3 的蜂窝再复用模式使 TD-SCDMA 可以在 1.6 MHz 的低载波频带下通过。

（4）动态信道分配（DCA）：先进的 TD-SCDMA 空中接口充分利用了所有可提供的多址

技术，采用 RNC 集中控制的动态信道分配（DCA）技术，在一定区域内将几个小区的可用信道资源集中起来，由 RNC 统一管理，依据干扰方案提供了无线资源的自适应分配，降低了蜂窝区之间的干扰按小区呼叫阻塞率、候选信道使用频率、信道再用距离等诸多因素，将信道动态分配给呼叫用户。这样可以提高系统容量、减少干扰、更有效地利用信道资源。

（5）终端互同步：通过精确地对每个终端传输时隙的调整，TD-SCDMA 系统改善了手机的跟踪方式，降低了定位的计算时间、交付寻找的寻找时间。由于同步，TD-SCDMA 系统不需要软交付，这样可更有利于蜂窝覆盖区降低蜂窝间的干扰，并降低设施和运行成本。

（6）智能天线：是在蜂窝区域通过蜂窝和分配功率跟踪移动用户使用的波形控制天线。没有智能天线时，功率将分配至所有的蜂窝区域内，相互干扰较大。采用智能天线可降低多用户干扰，通过降低蜂窝间的干扰可提高系统容量和接收的灵敏度，并在增加蜂窝范围的同时可降低传输功率。TD-SCDMA 系统的智能天线是由 8 个天线单元的同心阵列组成的，直径为 25 cm。同全方向天线相比，它可获得 8 dB 的增益。采用智能天线后，应用波束赋形技术显著提高了基站的接收灵敏度和发射功率，大大降低了系统内部的干扰和相邻小区间的干扰，从而使系统容量扩大 1 倍以上。同时，还可以使业务高密度市区和郊区所需基站数目减少。天线增益的提高也能降低高频放大器（HPA）的线性输出功率，从而显著降低运营成本。

（7）接力切换：由于采用智能天线可大致定位用户的方位和距离，因此 TD-SCDMA 系统的基站和基站控制器可采用接力切换方式，根据用户的方位和距离信息，判断用户现在是否移动到应该切换给另一基站的临近区域。如果进入切换区，便可通过基站控制器通知另一基站做好切换准备，以达到接力切换的目的。接力切换可提高切换成功率，降低切换时对临近基站信道资源的占用。基站控制器实时获得移动终端的位置信息，并告知移动终端周围的同频基站信息，移动终端同时与两个基站建立联系，切换由基站控制器发起，使移动终端由一个小区切换至另一个小区。TD-SCDMA 系统既支持频率内切换，又支持频率间切换，具有较高的准确度和较短的切换时间，它可动态分配整个网络的容量，也可以实现不同系统间的切换。

由于 TD-SCDMA 系统中智能天线的使用，系统可得到移动台所在的位置信息。接力切换就是利用移动台的位置信息，准确地将移动台切换到新的小区。接力切换避免了频繁的切换，大大提高了系统容量。

3.4.5 WiMAX

2003 年以来，WiMAX 和演进型 3G（E3G）技术（包含 3GPPLTE 和 3GPP2UMB 技术）的发展已经体现了未来 B3G 技术的一些发展趋势。通常认为，这些技术趋势会延续到 B3G 时代。另外，由于 B3G 可能应用于一些新的频谱，技术的选择和系统的设计也会受到这些新频段的特性的影响。移动化和宽带化是宽带无线移动技术的两大特点，未来将有多种技术在这一领域展开竞争。

2007 年，WiMAX 正式成为第三代移动通信标准，打破了 WCDMA、cdma2000 和 TD-SCDMA 三足鼎立的竞争格局，以 WiMAX 为代表的各种新型宽带无线技术的加速发展，正在不断冲击着传统蜂窝移动通信技术的市场主导地位，使移动通信市场的竞争更加激烈。802.16e 的下一代演进技术 802.16m 与 LTE+和 UMB 一样，将角逐 IMT-Advanced 标准，届时宽带无线移动领域的竞争将更加激烈。

WiMAX 的全名是微波存取全球互通（World wide Interoperability for Microwave Access），WiMAX 即为 IEEE802.16 标准，或宽带无线接入（Broadband Wireless Access，BWA 标准）。它是一项无线城域网技术，是针对微波和毫米波频段提出的一种新的空中接口标准。它用于将 802.11a 无线接入热点连接到 Internet，也可连接公司与家庭等环境至有线骨干线路。它可作为线缆和 DSL 的无线扩展技术，从而实现无线宽带接入。

WiMAX 是采用无线方式代替有线实现“最后一公里”接入的宽带接入技术。WiMAX 的优势主要体现在这一技术集成了 WiFi 无线接入技术的移动性与灵活性以及 xDSL 等基于线缆的传统宽带接入技术的高带宽特性，其技术优势可以概括为传输距离远且接入速度快；系统容量大；提供广泛的多媒体通信服务。此外，在安全保证、互操作性和应用范围等方面，WiMAX 也具有当大的优势。允许它们绕过铜缆或电缆设施，采用更灵活、更便宜的无线连接，扩展其接入网络。WiMAX 是一种基于 IEEE802.16 标准、NLOS（非视距）、点对多点的技术，专门为宽带无线接入和回程而开发，数据吞吐率可高达 70 Mbit/s，传输距离可达 50 km。

WiMAX 标准将对无线宽带网市场产生巨大的推动力。随着网上多媒体技术的日益应用发展，传输速率更高的无线网络设备将会涌现，无线宽带网设备和服务的投资前景将会非常乐观。在无线宽带网用户和国际众多运营商的双重推动下，高速 WiMAX 网络的应用成为未来网络的技术主流之一。

3.5 第四代（4G）移动通信的研究与开发

3.5.1 LTE 背景

2004 年，全球微波接入互操作技术迅猛崛起，几乎与此同时 3GPP 也着手开始了通用移动通信系统（Universal Mobile Telecommunications System，UMTS）技术的长期演进（Long Term Evolution，LTE）项目，以应对 WiMAX 等新兴无线宽带接入技术的竞争，进一步改进和增强现有 3G 技术的性能。这项技术和 3GPP2 的超移动宽带（Ultra Mobile Broadband，UMB）技术被统称为“演进型 3G”（Evolved 3G，E3G）。

3GPP LTE 项目的主要性能目标包括：支持成对或非成对频谱，并可灵活配置 1.25 MHz 到 20 MHz 多种带宽；在 20 MHz 频谱带宽能够提供下行 100 Mbit/s、上行 50 Mbit/s 的峰值速率；能够为 350 km/h 高速移动用户提供大于 100 kbit/s 的接入服务；提高小区容量；支持 100 km 半径的小区覆盖；改善小区边缘用户的性能；降低系统延迟，用户平面内部单向传输时延低于 5 ms，控制平面从睡眠状态到激活状态迁移时间低于 50 ms，从驻留状态到激活状态的迁移时间小于 100 ms。

3GPP LTE 以 OFDM/MIMO 作为基本技术，大量采用了目前移动通信领域最先进的技术和设计理念，而且不考虑与现有 WCDMA 系统的向后兼容。根据上行和下行链路各自的特点，分别采用单载波 DFT-SOFDM 和 OFDMA 作为两个方向上多址方式的具体实现。OFDM 技术以子载波为单位进行频率资源的分配，LTE 系统采用 15 kHz 的子载波带宽，按照不同的子载波数目，可以支持 1.4，3，5，10，15 和 20 MHz 各种不同的系统带宽。Release 10 版本中引入的载波聚合技术，可以通过聚合 5 个 20 MHz 的单元载波实现 100 MHz 的全系统带宽。

LTE 重新定义了核心网络和空中接口，不采用 CDMA 技术而使用了 OFDM，只支持分组域，这导致LTE与已有3GPP各版本标准不兼容，现有3G网络很难平滑演进到LTE。3GPP于2008年1月通过FDDLTE地面无线接入网络技术规范的审批，完成了第一个版本Release 8的系统技术规范，形成了面向下一代移动通信系统的、以OFDM/MIMO技术为基础的全新的技术架构。LTE Release 8版本实现了100 Mbit/s吞吐量的设计目标，在此基础上，3GPP在后续的版本中不断进行系统的完善与技术增强。

截至2010年3月，LTE Release 9的各个标准化项目都已经完成，系统新增的功能包括多播/广播功能、用户定位、家庭基站、双流波束赋型和自组织网络等。虽然并没有增加系统的峰值吞吐量，但是这些功能进一步完善了系统，在前一版本形成新的系统框架的基础上，LTE Release 9版本丰富了系统的业务能力。

LTE Release 10版本包括载波聚合、MIMO技术增强、中继Relay技术以及异构网络等。载波聚合技术和MIMO技术的进一步增强将显著提升系统的吞吐量能力，实现超过下一代移动通信系统1Gbit/s的性能目标。

LTE-Advanced指的是LTE在Release 10以及之后的技术版本，是移动通信系统在4G阶段一个最重要的发展方向。

3.5.2 4G移动通信网中的关键技术

1. 正交频分复用（OFDM）技术

第四代移动通信系统主要是以OFDM为核心技术。OFDM技术实际上是多载波调制的一种。其主要思想是：将信道分成若干正交子信道，将高速数据信号转换成并行的低速子数据流，调制在每个子信道上进行传输。正交信号可以通过在接收端采用相关技术来分开，这样可以减少子信道之间的相互干扰。每个子信道上的信号带宽小于信道的相关带宽，因此每个子信道可以看成平坦性衰落，从而可以消除符号间干扰。而且由于每个子信道的带宽仅仅是原信道带宽的一小部分，信道均衡变得相对容易。

2. 快速的分组调度

无线衰落信道在时间上和频率上是变化的，在LTE中采用1 ms时间长度的TTI（传输时间间隔）结合12个子载波（180 kHz）频率宽度，形成PRB（物理资源块）。根据信道的变化情况，系统进行快速的调度，给用户分配最优的物理资源。在所选择的物理资源上，进一步利用AMC（自适应编码调制）技术，形成资源的最佳利用。这样的自适应调度，从整个系统的角度实现资源优化的分配和利用，提高全系统性能。同时，灵活的调度也可以根据业务特点为单个用户提供合理的QoS保证，相关的机制已经成为所有新一代移动通信系统设计中的一项基本技术。

3. 智能天线技术

智能天线采用了空时多址（SDMA）的技术，利用信号在传输方向上的差别，将同频率或同时隙、同码道的信号进行区分，动态改变信号的覆盖区域，将主波束对准用户方向，旁瓣或零陷对准干扰信号方向，并能够自动跟踪用户和监测环境变化，为每个用户提供优质的上行链路和下行链路信号从而达到抑制干扰、准确提取有效信号的目的。这种技术具有抑制信号干扰、自动跟踪及数字波束等功能，被认为是未来移动通信的关键技术。

目前，智能天线的工作方式主要有全自适应方式和基于预多波束的波束切换方式。全自适应智能天线虽然从理论上讲可以达到最优，但相对而言各种算法均存在所需数据量、计算量大、信道模型简单、收敛速度较慢，在某些情况下甚至出现错误收敛等缺点，实际信道条件下，当干扰较多、多径严重，特别是信道快速变化时，很难对某一用户进行实际跟踪。在基于预多波束的切换波束工作方式下，全空域被一些预先计算好的波束分割覆盖，各组权值对应的波束有不同的主瓣指向，相邻波束的主瓣间通常会有一些重叠，接收时的主要任务是挑选一个作为工作模式，与自适应方式相比它显然更容易实现，是未来智能天线技术发展的方向。

4．多天线技术

多天线（MIMO-Multiple Input Multiple Output）技术是LTE系统提高吞吐量的一项关键技术。MIMO发送端和接收端有多根天线，不相关的各个天线上分别发送多个数据流；利用多径衰落，在不增加带宽和天线发送功率的情况下，提高信道容量、频谱利用率以及下行数据的传输质量。

根据天线部署形态和实际应用情况可以采用发射分集、空间复用和波束赋形3种不同的MIMO实现方案。例如，对于大间距非相关天线阵列可以采用空间复用方案同时传输多个数据流，实现很高的数据速率；对于小间距相关天线阵列，可以采用波束赋形技术，将天线波束指向用户，减少用户间干扰。对于控制信道等需要更好地保证接收正确性的场景，发射分集是一种合理的选择。

LTE Release 8版本支持下行最多4天线的发送，最大可以空间复用4个数据流的并行传输，在20 MHz带宽的情况下，可以实现超过300 Mbit/s的峰值速率。在Release 10中，下行支持的天线数目将扩展到8个。相应地，最大可以空间复用8个数据流的并行传输，峰值频谱效率提高一倍，达到30 bit/s/Hz。同时，在上行也将引入MIMO的功能，支持最多4天线的发送，最大可以空间复用4个数据流，达到16 bit/s/Hz的上行峰值频谱效率。

5．中继技术

中继（Relay）技术是LTE将在Release 10版本中开始引入的另一项重要功能传统基站需要在站点上提供有线链路的连接以进行“回程传输”，而中继站通过无线链路进行网络端的回程传输，因此可以更方便地进行部署。根据使用场景的不同，LTE中的中继站可以用于对基站信号进行接力传输，从而扩展网络的覆盖范围；或者用于减小信号的传播距离，提高信号质量，从而提高热点地区的数据吞吐量。

3.5.3 LTE无线接入概述

1．传输方案：下行采用OFDM，上行采用SC-FDMA

LTE下行传输方案基于OFDM。由于OFDM每个码元时间较长，结合循环前缀，所以OFDM有较强的抗频率选择性衰落的特性。当然，从原则上讲，也可以通过在收端的均衡技术来抗信道频率选择性引起的信号衰减。可是对于一个5 MHz以上带宽的终端，均衡的复杂度太高。因此，当有频率选择性衰落时，OFDM 以其固有的健壮性，尤其是结合空分复用技术，在下行链路中广泛使用。

在广播/多播传输中，多个基站传输相同的信息，它的传输方案也是 OFDM，LTE 上行采用的是基于 DFT-SOFDM 的单载波传输方案。上行传输需要更低的峰均比，在这方面，采用单载波调制比多载波调制（如 OFDM）更有优势。

WCDMA/HSPA 的上行是采用非正交的单载波传输，而 LTE 的上行是采用正交的单载波传输，而且时域和频域资源都能正交地划分给不同用户。这样的正交划分在很多情况下避免了小区间干扰。然而，如果把全部传输带宽都分配给一个用户，效率会很低，因为有些情况下数据速率主要受限于传输功率而不是传输带宽。在这种情况下，通常分配带宽的一部分给这个用户，而余下的频谱资源可以分配给其他用户。因此，LTE 上行还多了一个频域多址的部分。有时 LTE 上行的这种传输方案也叫做单载波 FDMA（SC-FDMA）。调度器控制的是每一个时间片内将共享资源分配给哪些用户，而且决定这些链路各自的数据率，也就是调度器的速率匹配的部分。调度是一个关键因素，并在很大程度上决定着整体下行的性能，尤其是在一个高负载网络。下行和上行传输都受到严格调度。

2. 信道依赖的调度和速率匹配

LTE 方案中最核心的是“共享信道传输”，在共享信道中，用户之间动态地分配时频资源。这与 HSDPA 采用的思想很类似，只是两者对共享资源的实现上不一样：HSDPA 是时域和信道码，而 LTE 是时域和频域。使用共享信道传输很好地匹配了分组数据对快速资源分配的要求，而且也使得 LTE 的其他关键技术成为可能。

3. 软结合的混合 ARQ

软结合的快速混合 ARQ 在 LTE 中与在 HSPA 中很类似，即允许终端迅速请求对错误接收的传输块进行重传，而且为隐性速率匹配的实现提供了工具。LTE 使用的底层协议与 HSPA 相似——多重并行停止等待的混合 ARQ 处理。每一个分组传输后，重传被迅速地请求，因此能够减小分组错误传输对终端用户性能带来的影响。软结合中使用的是增量冗余，即接收端缓存接收到的软比特，以便重传后进行软结合处理。

4. 多天线支持

作为规范中的一部分，LTE 已经从一开始就支持多天线技术，无论是基站还是终端。在许多方面，多天线的应用是为了达到 LTE 积极的性能目标而采用的关键技术。多天线可以用于不同的方式和不同的用途。

接收方多天线可以用于接收分集；基站的多个发射天线可以用于发射分集和不同类型的波束形成，波束形成的主要目的是改善接收 SNR 和或 SIR，并最终提高系统容量和覆盖范围。在信道条件允许的情况下空分复用，有时就是指 MIMO 技术，即在 LTE 支持的发射端和接收端均采用多天线，在带宽受限的场景下创造多个信道并行传输，结果大大增加数据传输率。

不同的多天线技术用在不同的情况下。比如，在比较低的 SNR 和 SIR 时，如高负荷或者在小区边缘，空间复用的优势比较有限；相反，在这种情况下，发射端的多天线应该用波束形成的形式来提高 SNR/SIR。另一方面，当已经有相对较高的 SNR 和 SIR 的时候，比如在小区较小时，再进一步提高信号质量所获得的数据率增益却没有多大的提高，因为这种情况下数据率相比 SIR/SNR 的限制，更多的是受到带宽的限制。在这种情况下，更应该使用的是空分复用，以充分利用较好的信道条件。多天线方案受到基站控制，因此可以为每一次传输选择一个合适的方案。

5. 多播和广播支持

多小区广播意味着从多个小区传输相同的信息。在终端利用这一点，在检测端有效利用多个小区发送的信号功率，可以大大提高覆盖率（或更高的广播数据率）。这已经被用在 WCDMA 中，在 WCDMA 中，在多小区广播/多播的情况下，移动终端可以从多个小区接受信号，并且在接收机中对这些信号进行主动软结合处理。

LTE 也利用这一点以提高多小区广播的效率。LTE 不仅从多小区基站传播相同的信号（有相同的编码和调制），而且也实现多个小区的传输时间同步，使得移动终端接收的信号将会和单一小区发出的信号表现的一模一样，而且也会受到多径影响。由于 OFDM 对于多径传播的健壮性，这种多小区传播也称作多播-广播单频网（MBSFN）传输，不但可以提高接收信号的强度，而且也消除了小区间干扰。因此，有了 OFDM，多小区广播/组播的吞吐量仅仅受到噪声的限制，如果在较小的小区里，吞吐量可以达到非常高的值。

6. 频谱灵活性

高度的频谱灵活性是 LTE 无线接入的主要特点。频谱灵活性的主要目的是，实现 LTE 无线接入的部署能在多种频谱具有各种不同的特点，包括不同的双工安排，不同的频段操作以及不同的可用频谱大小。

LTE 在频谱灵活性方面的一个重要要求，是使 LTE 既可以在成对的频段中部署，也可以在非成对的频段中部署，也就是说，LTE 需要既支持频分双工/FDD，也要支持时分双工/TDD。TDD 可以在不成对的频段中操作，而 FDD 要求在成对的频段中操作。

当相关频谱可以使用时，LTE 可以使用很宽的频带，以有效支持高数据率传输。但是，不是任何地点任何时候都可以利用较宽的频谱，如受正运营频带或其他无线接入技术搬移的频带的影响，所以这种情况下 LTE 运行的频谱要窄很多。当然这种情况下，能达到的最高数据率也相应较低。

在实践中，LTE 无线接入只是使用有限的传输带宽，但是以后附加的传输带宽可以轻松地得到支持，仅仅需要更新 RF 指标。

3.5.4 无线接口架构及传输协议

4G 移动系统网络结构可分为三层：物理网络层、中间环境层、应用网络层。物理网络层提供接入和路由选择功能，它们由无线和核心网的结合格式完成。中间环境层的功能有 QoS 映射、地址变换和完全性管理等。物理网络层与中间环境层及其应用环境之间的接口是开放的，它使发展和提供新的应用及服务变得更为容易，提供无缝高数据率的无线服务，并运行于多个频带。这一服务能自适应多个无线标准及多模终端能力，跨越多个运营者和服务，提供大范围服务。

1．LTE 空中接口

LTE 空中接口用户面协议栈包含 PDCP 子层、RLC 子层和 MAC 子层，这些子层在网络侧终止在 eNode B，分别实现头压缩、加密、自动重传请求（ARQ）和混合自动重传请求（HARQ）功能。

LTE 空中接口控制面协议栈，将非接入层（Non-Access Stratum，NAS）协议显示在这里，只是为了说明它是 UE-EPC 通信的一部分。

PDCP（分组数据汇聚协议）进行 IP 包头压缩（头压缩机制基于稳健的头压缩算法），可以减小空中接口上传输的比特数量，还负责控制平面加密，保护传输数据的完整性，以及针对切换的按序发送和副本删除。在接收端，PDCP 协议执行相应的解密和解压缩操作。

RLC（无线链路控制）负责分割/级联、重传检测和序列传送到更上层。RLC 以无线承载的形式向 PDCP 提供服务。

MAC（媒体接入控制）控制逻辑信道的复用、混合 ARQ 重传、上行链路和下行链路的调度。对于上行链路和下行链路，调度的功能在基站。MAC 以控制信道的形式为 RLC 提供服务。

PHY（物理层）管理编码/解码、调制/解调、多天线的映射以及其他典型的物理层功能。物理层以传输信道形式为 MAC 层提供服务。

2．LTE 系统架构

E-UTRAN 总体系统架构在 TS 36.300 和 TS 36.401 中描述。如图 3-12 所示，该图表示了以 3GPP LTE、3GPP2 AIE 和 IEEE 802.16m 为代表的 IMT-2000 系统演进版本。

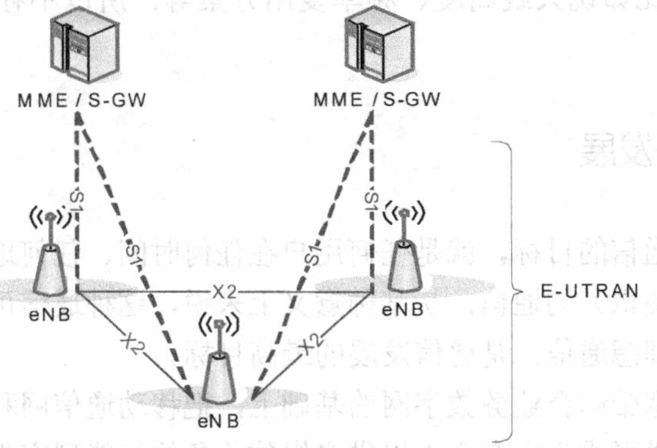

图 3-12　无线接入网接口

E-UTRAN 由 eNode B 构成，eNode B 之间由 X2 接口互连，每个 eNode B 又和演进型分组核心网（Evolved Packet Corenetwork，EPC）通过 S1 接口相连。

3.5.5　LTE 接入过程

终端接入到一个基于 LTE 的网络需要以下几个步骤：

（1）捕获与小区搜索。在 LTE 终端与 LTE 网络能够通信之前必须首先寻找并获得与网络中一个小区的同步，并需要对信息（也成为小区系统信息）进行接收并解码，以便可以在小区内进行通信和正常操作。一旦系统信息被正确解码，终端就可以通过所谓的随机接入过程接入小区。

（2）获取系统信息。小区搜索过程中，终端可以同步到一个小区，并获得该小区的物理层小区标识。一旦完成这些，终端必须获取小区系统信息。系统信息包括有关下行链路和上行链路小区带宽的信息、TDD 模式情况下的上下行链路配置信息、有关随机接入传输和功率控制的相关参数。这些信息被网络端不断重复广播，并且必须为终端所获取，以便进行接入以及在网络和特定小区内正常操作。

（3）随机接入。任何蜂窝系统都有一个基本需求：终端需要具有申请建立网络连接的可能性，通常被称为随机接入。UE 选择合适的小区进行驻留以后，就可以发起初始的随机接入过程了。LTE 中随机接入是一个基本的功能，UE 只有通过随机接入过程，与系统的上行同步以后，才能够被系统调度来进行上行的传输。LTE 中的随机接入分为基于竞争的随机接入和无竞争的随机接入两种形式。

3.5.6 性能评估

移动通信系统的计算机仿真是一个非常强大的、用于评估系统性能的工具。可是仿真结果不能给出全部的系统性能，无法对移动环境进行建模，也无法对系统中所有组成部分的性能进行恰当的建模。然而，仿真结果还是能够提供很好的系统性能的表示，可以用来开发一些性能方面潜在的限制。

在对任何仿真性能数据进行观察时，都需要考虑：真实的网络性能将取决于许多难以控制的参数，比如移动环境，包括信道条件、角度扩展、集束类型、终端移动速度、覆盖空洞等；还包括用户的相关行为，如流量分布、业务分布等；还包括一些系统调整、配置方面的随机性数据，比如说天线高度、频率复用方案等。所以不存在单一的通用的性能测量方法。

3.6 未来通信网络发展

个人通信是人类通信的目标，就是任何用户在任何时间、任何地方与任何人进行任何方式（如语音、数据、图像）的通信，从某种意义上来说，这种通信可以实现真正意义上的自由通信，它是人类的理想通信，是通信发展的最高目标。

个人通信网是在宽带综合业务数字网的基础上，把移动通信网和固定公众通信网有机地结合起来，一步步演进形成为所有个人提供多媒体业务的智能型宽带全球性信息网。个人通信技术的核心是通过数据的数字化（不管这些数据是话音、文本还是原始的计算机数据）来提供传输服务。个人通信技术能够将种种不同的数据类型交织成一条传输序列，因此能够同时传输话音和数据。人们把这种向往中的通信称为“个人通信”，而把实现个人通信的网络称之为个人通信网（PCN）。

个人通信的愿望虽然早已存在，但个人通信网的设想却是在 1988 年才正式提出来的。其后，PCN 在世界范围内立即引起了巨大的反响和共鸣，一些通信发达的国家纷纷开展了 PCN 的体系结构和实现技术的研究，提出了形形色色的设想和方案，有关 PCN 的国际标准的制定也受到许多国际组织的重视。

练习题

一、名词解释

1．全速率和半速率话音信道。
2．广播控制信道。
3．公用（或公共）控制信道。
4．专用控制信道。
5．软切换。

二、简答题

1．移动通信网的基本网络结构包括哪些功能？
2．组网技术包括哪些主要问题？
3．CDMA 数字蜂窝移动通信网有何特点？
4．4G 的主要特征是什么？

三、综述题

试述移动通信的发展过程与发展趋势。

第4章 数字有线电视网

所谓有线电视（Cable Television，CATV），IEC 又称为电缆分配系统（Cable distribution system）是指利用射频电缆、光缆、多路微波或其组合来传输、分配和交换声音、图像及数据信号的电视系统。这一系统的显著特点是对于带宽及实时性要求高。

有线电视系统最初称为共用天线系统（Community Antenna Television），即共用一组优质天线以有线方式将电视信号分配到各用户的电视系统。共用天线系统克服了楼顶上天线林立的状况，解决了因障碍物阻挡和反射而导致的接收信号的重影及衰耗问题，有效地改善了接收效果。

随着服务区域的扩大、系统频道的增多，共用天线系统逐渐不能满足人们对收视效果更高的需要，很快过渡到邻频有线电视系统。

邻频系统不再是只对射频信号作简单的处理而是采用复杂的中频处理方式，大大减少了频道间的干扰，改善了信号质量，增加了系统容量，是有线电视技术发展的一次重要突破。

20 世纪 90 年代以后，一些新技术特别是光传输技术的实用化为有线电视实现双向传输奠定了基础，促使有线电视业务由传统的传输电视及广播业务发展为兼顾广播电视业务及数据业务的综合网络。

本章主要在讨论传统有线电视系统的组成结构及缺点的基础上，然后重点讨论宽带综合业务数字有线电视网的网络结构、性能指标，在此基础上介绍 HFC+CM 结构的有线电视网双向改造技术及方案。

4.1 传统 CATV 系统概述

4.1.1 传统 CATV 系统的组成

最初的有线电视网以传输广播电视节目为主要目的，具有典型的单向广播型的特点，其传输介质主要为同轴电缆，典型的信号调制方式是模拟调幅和调频，其网络结构则为树形-分支形，如图 4-1 所示。

从图 4-1 中可以看出，总体上 CATV 网可以划分为三部分：从前端到干线/桥接放大器之间的称为干线，其中前端到枢纽点之间的部分也可称为超干线；从干线/桥接放大器到分支器之间的称为配线；从分支器到用户设备之间的部分称为引入线。

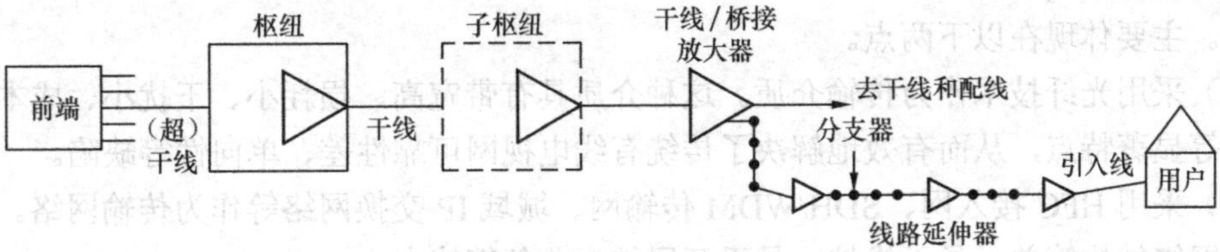

图 4-1 传统 CATV 网结构

下面简要介绍 CATV 网各组成单元的作用及工作过程。

前端作为信号接收和处理中心，接收来自空中的广播电视信号以及微波和卫星传输的广播电视信号，同时还加入本地节目。然后，将这些节目源经调制或解调，按频分复用方式复合在一起传送给用户。

从前端输出的信号沿线路送入枢纽点和子枢纽点，完成信号接收和中继功能。一般简单的枢纽仅有信号放大或光/电转换的功能，而大型枢纽则可能还具有前端所具备的信号处理功能。采用电缆传输时信号衰减很大，每隔几百米需设置一个干线放大器。

干线/桥接放大器主要用作信号分配点，同时兼作信号放大器。

为了补偿由于电缆分配和分支耗损引起的信号衰减，需再配置几个放大器，称之为线路延伸器。

从配线网输出的信号通过分支器再分路经过引入线送给用户的终端设备。

4.1.2 传统 CATV 网的特点及不足

传统树形-分支形 CATV 网的最大优点是技术成熟，成本较低，很适合传输单向广播型信号。这种结构的 CATV 网存在以下缺点。

（1）树形结构有线电视网的可靠性差，干线上的任何故障都会对其后的用户产生影响。

（2）由于很多用户共享同一干线的有限带宽，将会产生噪声累积，限制了上行信道利用，很难开展双向数据业务。

（3）由于同轴电缆信号衰减大，单独采用同轴电缆构建有线电视网时传输距离受限，不能完整覆盖大中城市。同时，由于微波受到多径效应的影响，不适应在高楼林立的大城市传输广播电视信号。

4.2 HFC 宽带有线电视网

4.2.1 概述

由上一节的分析可知，传统的 CATV 网络存在可靠性差，不易开展双向业务等缺点。存在以上缺点的根本原因有两个：

（1）一方面同轴电缆传输介质衰减大，损耗高，传输距离受限，因此需设置过多的分支放大器；另一方面，同轴电缆带宽低；

（2）树形网络结构可靠性差，维护不便。

因此，要从根本上提高有线电视网络的性能，就需要寻找新的传输介质和网络结构。通信技术和网络技术特别是光纤通信技术的迅速发展为有线电视网发展提供了高效、可靠的解决方案。主要体现在以下两点。

（1）采用光纤技术作为传输介质。这种介质具有带宽高、损耗小、干扰小、成本低、可靠性高等显著特点，从而有效地解决了传统有线电视网可靠性差、单向性等缺陷。

（2）采用 HFC 接入网、SDH/WDM 传输网、城域 IP 交换网络等作为传输网络。这些网络具有网络结构简单、易于维护；易于开展综合业务等特点。

随着这些新技术在有线电视网中的广泛应用，有线电视网络从单一的传输广播电视业务扩展到集广播电视业务、HDTV 业务、付费电视业务、实时业务（包括传统电话、IP 电话、电缆话音业务、电视会议、远程教学、远程医疗等）、非实时业务（即 Internet 业务）、VPN 业务、带宽及波长租用业务为一体的综合信息网络。

本章主要研究 HFC 混合光纤同轴这种宽带综合业务数字有线电视网络新技术。

混合光纤同轴（Hybrid Fiber /Coax，HFC）的技术是美国 AT&T 于 1993 年提出的一种接入网新技术。其核心思想是利用光纤替代干线或干线中的大部分段落，剩余部分仍维持原有同轴电缆不变。其目的是将网络分成较小的服务区，每个服务区都有光纤连至前端，服务区内则仍为同轴电缆网。这样，由于省掉了大部分干线放大器甚至完全取消了干线放大器，将整个原有树形结构分解成光纤骨干传输系统和若干个很短的同轴树形系统，使电视信号传输质量获得了改进，维护成本下降，系统可靠性提高，系统容量获得扩展，网络提供新的宽带业务的灵活性大大提高。

HFC 网络具有以下特点：

（1）带宽高，从而相比于传统 CATV，HFC 网络具有传输质量高及传输节目多等显著优势；

（2）方便收看卫星节目；

（3）收看当地有线电视台传送的节目；

（4）传送距离远；

（5）便于发展双向数据业务。

4.2.2 HFC 网络结构

根据国家广播电影电视总局《城市有线广播电视网络设计规范》（GY 5075-2005）的要求，总体来说 HFC 网络由信号源、前端（总前端、分前端）、传输网络（一级传输网络、二级传输网络）、用户分配网络、用户终端 5 个部分构成，图 4-2 所示给出了前端设备、传输网络、用户分配网及用户终端的结构图。

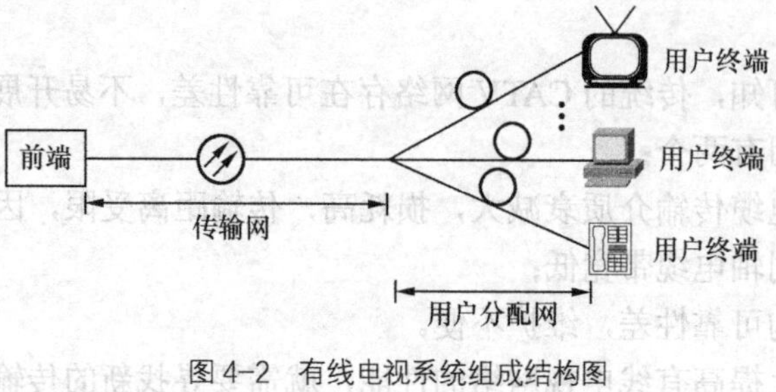

图 4-2 有线电视系统组成结构图

1．信号源

有线电视信号源包括卫星地面站接收的数字和模拟的广播电视信号、各种本地开路广播电视信号、自办节目及上行的电视信号及数据等。

不同信号源的接收过程如下。

（1）开路信号：开路信号通过天线接收下来后，首先经过天线放大器放大（在信号较强时可以省去天线放大器），再送入电视解调器解调成 AV（音视频）信号，然后通过中频调制器调制成中频信号，经过中频处理器处理后再送入上变频器变换成射频信号，送入混合器。（中频调制器、中频处理器、上变频器）也可替换成频道处理器。

（2）卫星信号：卫星信号通过卫星天线、高频头、馈源后变成一次中频信号，经过功分器分成若干路，分别送入卫星接收机解调成 AV 信号，再通过中频调制器、中频处理器上变频器变换成射频信号，送入混合器。

（3）自办节目：自办节目经过中频调制器、中频处理器、上变频器后送入混合器。此外，还可以在混合器中加入导频信号，用于干线放大器的自动电平控制混合器输出的信号一般需要经过一个具有输出能力强、增益低的宽带放大器进行放大，然后送入传输系统。

2．前端

前端用于连接信号源与传输网络。前端可分为总前端和分前端。总前端的主要功能有：

（1）完成电视、广播节目接收和处理，通过传输网与分前端对用户播出；

（2）数据广播内容编辑和播出；

（3）视音频媒体资料库；

（4）Internet 数据中心；

（5）网管中心；

（6）网络通信中心。

广播电视节目的处理可分为前处理和后处理。

前处理功能主要包括：

（1）接收、处理卫星电视的电视、广播节目；

（2）接收、处理本地电视、广播播出机构送来的节目，接收传输网送来的上一级或下一级在线节目；

（3）处理节目提供商等提供的离线节目；

（4）电视节目打包、视频服务器输出多节目流；

（5）复用器/再复用器输出 DVB ASI；

（6）插入 PSI、SI；

（7）EPG 编辑制作和插入；

（8）条件接收系统；

（9）用户管理系统；

（10）用户结算系统。

后处理功能主要包括：

（1）布置 QAM 调制器、VSB 调制器、布置 CMTS 设备；

（2）射频混合；

（3）电视、广播节目调度和监控。

分前端通过传输网络与总前端互通电视、广播和数据信息；通过二级传输网与光节点和IP接入交换机互通信息；分前端还应具备通信分中心功能。

每个网络原则上只设置一个总前端，用户数超过8万（含8万）的网络应设置分前端，每个分前端接入用户数不宜超过6万，用户数不大于8万户的C类有线电视网络可不设分前端。

3．传输网络

在HFC中利用光缆作为传输骨干网络。我国的有线电视网络根据网络规模（如表4-1所示）划分为A、B、C三类，其中A类业务的传输网应包括一级传输网和二级传输网。

表4-1　网络规模分类

网络规模类别	网络用户数
A	60万以上（含60万）
B	10万以上（含10万）、60万以下
C	10万以下

HFC一般采取以下两种方式组网。

方式1：一级传输网采用HFC技术。下行光发射机的工作波长为1550nm或1310nm，采用发端并行、收端利用电开关切换的方式将信号分配给每个分前端。在分前端，电信号被1310nm 光发射机转换为光信号后分送每个光节点，构成二级传输网。

方式2：一级传输网仍采用HFC技术。下行光发射机的工作波长为1550nm，采用发端并行、收端利用光开关切换的方式将信号分配给每个分前端。在分前端，切换后的光信号经EDFA放大和分配后分送每个光节点，构成二级传输网。

一级传输网可选用以下几种拓扑结构：路由走向环形\物理连接星形、路由走向网状\物理连接星形、环形三种网络拓扑结构，在实际设计中可选用这三种的任一种或二到三种的组合。

而二级传输网通常采用星形结构。

4．用户分配网络

HFC网络中，考虑到经济性和前向兼容性，用户分配网络采用同轴电缆为传输介质，拓扑结构可采用树状结构。在每个光节点，电信号由光工作站配备的桥接电端口输出，然后通过分支、分配器经电缆网无源送给用户设备。为了实现双向数据传输，采用双向线路设计。采用集中供电方式统一供电。

5．用户终端

所谓“用户终端”是指有线电视网与用户电视接收机之间的接口设备。单向有线电视网终端设备比较简单，主要是单口用户盒或双口用户盒，或串接一分支。而双向数字有线电视网的用户终端比较多样化，主要包括用于数字电视接收设备的机顶盒、用于实现双向业务的电缆调制解调器等。

4.2.3 HFC有线电视网前端设备

前端设备是接在信号源与干线传输网络之间的设备。它把接收来的电视信号进行处理后，再把全部电视信号经混合器混合，然后送入传输网络，以实现多信号的单路传输。前端设备输出信号频率范围可在5 MHz～1 GHz之间。

前端设备一般包括天线、滤波器、调制器、解调器、天线放大器、频道转换器、多路混合器、导频信号发生器等设备。这里仅就主要设备加以说明。

（1）声表面波滤波器：声表面波滤波器（SWAF）是实现视频传输的关键部件，主要包括声表面波电视图像中频滤波器、电视频道伴音滤波器、电视残留边带滤波器。

（2）调制器：调制器用于将视频和音频调制成电视射频信号，以便在HFC网络中传送。

（3）解调器：解调器作用与调制器相反，其输入射频信号，输入电平范围为60～80 dBμV，输出视频、音频和中频信号。

（4）频道转换器：频道转换器是一种将开路电视信号引入有线电视网络的设备，由下变频器、中频处理器和上变频器组成。

（5）增补频道转换器：我国有线电视系统的波段划分和频率配置如表5-2和表5-3所示。根据国家相关规定，用于广播电视的频段有两个：VHF和UHF。VHF频段安排12个频道，其中1～5频道的频率范围为48.5～92 MHz，6～12频道的频率范围为167～223 MHz。UHF频道安排了56个频道，使用的频率范围为470～958 MHz。FM频段使用88～108 MHz，FM广播与电视节目在其中共栏传输。除了上述VHF、UHF和FM频段外，还有一些频段分配给有线电视作为增补频道。CATV可以利用这些频道传输电视节目或数据业务。

表4-2 波段划分

波 段 名 称	频率范围（MHz）	业 务 内 容
R	5～65	上行业务
X	65～87	过渡带
FM	87～108	广播业务
A	110～1 000	下行业务

表4-3 我国有线电视系统的频率配置

频道CH	频率范围（MHz）	中心频率（MHz）	图像（MHz）	伴音（MHz）
DS1	48.5～56.5	52.5	49.75	56.25
DS2	56.5～64.5	60.5	57.75	64.25
DS3	64.5～72.5	68.5	65.75	72.25
DS4	76～84	80	77.25	83.75
DS5	84～92	88	85.25	91.75
Z1	111～119	115	112.25	118.75
Z2	119～127	123	120.25	126.75
Z3	127～135	131	128.25	134.75
Z4	135～143	139	136.25	142.75

续表

频道CH	频率范围（MHz）	中心频率（MHz）	图像（MHz）	伴音（MHz）
Z5	143～151	147	144.25	150.75
Z6	151～159	155	152.25	158.75
Z7	159～167	163	160.25	166.75
DS6	167～175	171	168.25	174.75
DS7	175～183	179	176.25	182.75
DS8	183～191	187	184.25	190.75
DS9	191～199	195	192.25	198.75
DS10	199～207	203	200.25	206.75
DS11	207～215	211	208.25	214.75
DS12	215～223	219	216.25	222.75
Z8	223～231	227	224.25	230.75
Z9	231～239	235	232.25	238.75
Z10	239～247	243	240.25	246.75
Z11	247～255	251	248.25	254.75
Z12	255～263	259	256.25	262.75
Z13	263～271	267	264.25	270.75
Z14	271～279	275	272.25	278.75
Z15	279～287	283	280.25	286.75
Z16	287～295	291	288.25	294.75
Z17	295～303	299	296.25	302.75

（6）多路混合器：多路混合器用于将前端设备的多路射频信号混合成一路信号，且各路信号相互隔离，有一个输出口输出，送到传输网络进行传输。通常包括宽带型混合器、频道型混合器等。

（7）卫星电视接收机：卫星电视接收机系统主要由天线、馈源高频头、卫星接收机、监视器和连接电缆等组成。接收来自于C波段和Ku波段的广播电视信号。

（8）导频信号发生器：导频信号发生器用于产生频率和幅度都非常稳定的基准正弦波信号，以便进行频率控制。

4.2.4 HFC网络管理

HFC网络管理系统（NMS）主要完成对网络中视音频编码复用系统、条件接收系统、用户管理系统、QAM调制器和HFC光电传输设备的集中管理。

HFC网络管理系统相当于ITU-TMN中的网元级网管系统，通过反向回传通道建立网管系统。其内部接口采用以下几种接口标准：IETF的SNMP、ISO的CMIP或基于CMIP的Q3接口。通过反向回传通道建立网管系统。

HFC网络管理系统一般由网管局域网、网管应用服务器及服务器操作系统、网管平台软件、网管应用软件、数据库服务器及数据库管理系统、客户端工作站及相应客户端软件构成。

HFC网络管理包括以下内容。

（1）配置管理：完成网络中设备和模块的端口配置及环境监控配置；设置并查看受控网元的管理状态；完成软件升级。

（2）故障管理：对所有网元以轮询方式进行检测，发现故障后，判定位置并以自动切换备份或手动方式切换备份，记录事件数据并记录上报。

（3）性能管理：采集、处理测量数据，分析测量结果，采取必要的控制手段，改善优化网络性能水平。

（4）安全管理：设置前端播出标识码生成和识别系统。

4.2.5 HFC有线电视网技术参数

本节逐一讨论HFC有线电视系统上、下行技术参数。在此基础上，给出HFC有线电视网对这些参数的要求。

1. HFC下行传输系统技术参数

（1）载噪比。所谓“载噪比”（*C/N*）是指在系统指定点，图像或声音载波电平与噪波电平之比，用dB表示；对于HFC有线电视网而言，其下行载噪比需满足*C/N*≥43 dB；上行载噪比需满足：*C/N*≥22 dB（工作频段：5.0～20.2 MHz）；*C/N*≥26 dB（工作频段：20.2～65.0 MHz）。

若载噪比过低就会导致图像结构粗糙，清晰度降低，对比度变差，层次减少。其直观的表现是电视屏幕上出现大量细小亮点，犹如下雪天飘落的雪花一样。

载噪比过低是由前端接收信号场强太弱，系统所用设备噪声系数过大，使系统输出口电平过低等原因造成。

通过在接收天线下接低噪声天线放大器，或提高有线电视系统线路设计的合理性即能避免载噪比下降。

（2）载波复合二次差拍比。复合二次差拍指在多频道系统中，由于设备非线性传输特性中的二阶项引起的所有互调产物。

通常用载波复合二次差拍比（在系统指定点，图像载波电平与在带内成簇集聚的二次差拍产物的复合电平之比）表示。

（3）载波复合三次差拍比。复合三次差拍指在多频道系统中，由于设备非线性传输特性中的三阶项引起的所有互调产物。

我国HFC有线电视网络对于载波复合三次差拍比的要求是：*C/CTB*≥65 dB。

导致载波复合三次差拍比较低的原因有两个：其一为放大器本身非线性指标未达标；其二为放大器输出电平过高。在一定范围内，随着放大器输出电平的提高，载波复合三次差拍比按线性降低，欲达到一定载波复合三次差拍比，只能选适当的输出电平。

（4）交扰调制比。交扰调制是指由于系统设备的非线性所造成的其他信号的调制成分对有用信号载波的转移调制。采用交扰调制比表示，交扰调制比是指在系统指定点，指定载波上有用调制信号峰-峰值对交扰调制成分峰-峰值之比。

在串扰信号不失真，且与被串信号基本同步时，则在一个画面上将看到一个弱信号，如彩条、格子等。当两个信号不同步时，串入图像将产生漂动，其影响更大。当串入信号有失真时，画面上会出现杂乱无章的麻点，或移动不规则的花纹。

减少交扰调制的办法：放大器应选择质量较好的，非线性失真达标，且放大器输出电平不能过高；频道安排要适当，由于某些原因容易串扰的频道尽量不用。

（5）交流声调制。交流声调制指在1 kHz以内50 Hz电源的交流声及其谐波的干扰。交流声调制要求不大于3%。

交流声调制主要是由交流供电电压过低；直流稳压电源滤波不好；系统地线不好及接地电阻过大等原因导致的。

减少办法：直流稳压电源要达标，电源波纹小，以减小50 Hz交流分量；有线电视系统接地电阻要小；信号线（特别是视频信号线）不能与主电源供应线长距离并行在一起，以免50 Hz交流声串进去。

（6）载波互调比。相互调制指由于系统设备的非线性，在多个输入信号的线性组合频率点上产生寄生输出信号（称为互调产物）的过程。用载波互调比表示（在系统指定点，载波电平对规定的互调产物的电平之比，以dB表示）。

（7）回波值。回波值是指在规定测试条件下，测得的系统中由于反射而产生的滞后于原信号并与原信号内容相同的干扰信号的值。

传输介质不均匀时，信号会产生反射波，使图像左边出现重影。系统回波值要求不大于7%。

回波是由于电缆质量不好，反射损耗低或电缆接头匹配不好等原因导致的。

减少方法：选用合格的质量较好的电缆作传输线；传输电缆与放大器中间的接头（电缆头）质量要好，电缆接头应安装牢固以保证接触良好。

（8）微分增益。微分增益又称为微分增益失真。微分增益失真使图像在不同亮度处的彩色饱和度发生变化。

微分增益失真是由调制器的调制特性曲线的非线性或视频放大器的非线性引起的失真。

可以通过选用合格的质量较好的调制器解决微分增益失真。

（9）微分相位。微分相位应理解为微分相位失真。微分相位失真使图像在不同亮度处的颜色发生变化。

微分相位失真是调制器的非线性相位失真引起的。

可以通过选用合格的质量较好的调制器解决微分相位失真。

（10）频道内频响应。频道内频响应为从图像载频到图像载频加6 MHz范围内的射频的幅频特性，频道内频响应≤±2 dB。

幅频特性下降过多，使高频分量幅度变小，图像清晰度下降。而幅频特性提升过高，高频分量增加，使图像变得比较生硬。

频道内频响应是由于调制器幅频特性欠佳导致的。

减少影响的办法：采用质量较好的调制器。

（11）色度/亮度时延差。色度/亮度时延差使图像中的色度信号与亮度信号不重合。其直观的影响是使图像在水平方向上产生彩色镶边，严重时使彩色和黑白轮廓分家，使彩色清晰度下降。

色度/亮度时延差主要是由调制器中频滤波器或频道处理器的中频滤波器幅频特性下降过陡，使相位特性起伏较大导致的。

减少影响的办法：系统中选用合格的质量较好的调制器和频道处理器。

(12)误码率。国家广播电影电视总局对于 HFC 有线电视网下行误码率指标的要求是 $BER \leqslant 10^{-6}$；HFC 下行传输系统的技术参数如表 4-4 所示。

表 4-4　　HFC 下行传输系统主要参数

序号	项　目		电视广播	调频广播
1	系统输出口电平（dBμV）		60～80	47～70（单声道或立体声）
2	系统输出口频道间载波电平差	任意频道间*（dB）	≤10 ≤8（任意 60 MHz）	≤8（VHF）
		相邻频道间（dB）	≤3	≤6（任意 600kHz 内）
		图像对伴音（dB）	−17±3（邻频传输系统） −7～−20（其他）	—
3	频道内幅频特性（dB）		任意频道幅度变化范围为±2（以载频加 1.5 MHz 为基准），在任何 0.5 MHz 频率范围内，幅度变化不大于 0.5	任意频道幅度变化范围不大于 2，在载频 75kHz 频率范围内，变化斜率每 10kHz 不大于 0.2
4	载噪比（dB）		≥43（B=5.75 MHz）	≥41（单声道） ≥51（立体声）
5	载波互调比（dB）		≥57（对电视信号的单频干扰） ≥54（电视频道内单频互调干扰）	≥60（频道内单频干扰）
6	载波复合三次差拍比 *C/CTB*（dB）		≥54	
7	交扰调制比（dB）		≥46+10lg（*N*−1）（*N* 指频道数）	
8	载波交流声比（%）		≥3	—
9	载波复合三次差拍比 *C/CSO*（dB）		≥54	—
10	色度/亮度时延差（ns）		≤100	—
11	回波值（%）		≤7	—
12	微分增益（%）		E4	—
13	微分相位（度）		≤10	—
14	频率稳定度	频道频率（kHz）	±25	±00（24 小时内） ±20（长时间）
		图像/伴音频道间隔	±5	—
15	系统输出口相互隔离度（dB）		≥30（VHF） ≥22（其他）	—
16	特性阻抗（Ω）		75	75
17	相邻频道间隔		8 MHz	—

2. HFC 上行传输系统主要技术参数

(1) 上行传输增益：在双向用户端口注入电平为 A_1 的信号，经过上行传输通道，在前端或分前端双向通信设备上行射频接收端口处测量到的电平为 A_2，上行传输增益为 $G_R=A_2-A_{14}$ 以 dB 值表示。

（2）上行汇集噪声：上行汇集噪声源自于用户端、电缆和无源传输设备引入的干扰，以及光纤和有源设备自身产生的噪声在前端或分前端汇集形成的噪声。

（3）上行最大过载电平：保证链路中上行光发射机和放大器不造成严重过载失真条件下，在用户端可以注入的最大上行电平值。

（4）上行通道群延时：上行通道群延时是在规定频段内不同频率信号从用户端到前端接收端产生的传输时间差。

（5）上行通道传输延时：上行通道传输延时是信号从最远路由用户端至双向通信设备上行射频接收端传输的总延时。

（6）用户端口保护隔离能力：当某用户端引入强干扰时，可能导致某信号频段（信道）停止服务。系统对其引入干扰抑制的分贝值。

（7）通道串扰抑制比：在双向系统运营时，上行信号（满负载时）对下行电视信号产生干扰导致传输技术指标劣化。下行图像载频电平与因此产生的寄生产物电平的比值为通道串扰抑制比。

（8）上行通道的载波/汇集噪声比：上行通道的载波/汇集噪声比用于在规定上行测量信号源电平值为标称值条件下，对上行传输物理通道作广义性的传输质量判别。

C/N=上行信号电平（双向通信设备上行射频接收端口）-上行汇集噪声电平（双向通信设备上行射频接收端口）

（9）用户电视端口噪声抑制能力：用户电视端口噪声抑制能力是指在同一用户室内，规定其用户电视端口（或电视传输物理通道）相对于该用户的双向数据端口（或数据物理通道）对上行传输公共通道具有的抑制（隔离）能力。

HFC 上行转输系统主要技术要求如表 4-5 所示。

表 4-5　上行传输系统主要技术要求

序号	项目	指标	说明
1	标称特性阻抗（Ω）	75	
2	上行通道频率范围（MHz）	5～65	基本信道
3	标称上行端口输入电平（dBμV）	100	标称值
4	上行传输路由增益差（dB）	≤10	服务区任意用户端口上行
5	上行通道频率响应（dB）	≤10	7.4～61.8 MHz
		≤1.5	7.4～61.8 MHz 任意 3.2 MHz 范围内
6	上行最大过载电平（dBμV）	≥112	
7	载波/汇集噪声比	≥20（Ra 波段）	电磁环境最恶劣的时间段测量
		≥26（Rb、Rc 波段）	
8	上行通道传输延时μs	≤800	
9	回波值（%）	≤10	
10	上行通道群延时（ns）	≤300	任意 3.2 MHz 范围内

续表

序 号	项 目	指 标	说 明
11	信号交流声调制比（%）	≤7	
12	用户电视端口噪声抑制能力（dB）	≥40	
13	通道串扰抑制比	≥54	

4.3 宽带有线电视综合业务网

我国有线电视经过近十年的快速发展，形成了遍布全国，用户总数近1亿的传输覆盖网，已成为重要的新闻传媒和人民群众文化、娱乐的重要工具，深受广大人民群众的喜爱。在模拟电视业务基本普及的今天，多功能应用、数字化成为当前有线电视网的热点，如何实现现有HFC有线电视网的数字化和多功能应用；如何实现利用有线电视网为广大电视用户提供更加便捷、能够按需播放的逐渐成为推动有线电视业务快速发展的源动力。

本节主要讨论如何实现基于有线电视网的宽带综合业务网络进行双向改造。

4.3.1 有线电视双向改造的意义

由前几节的分析可知，无论是传统的有线电视网还是HFC有线电视网，其主要功能是高效、可靠地传输广播电视节目。这就造成了有线电视网是一个单向网络的缺陷。

随着电信网络的迅猛发展及用户对于综合业务要求的不断提高，有线电视网这种单向的弊端日益显现，主要表现在以下几个方面。

1. 电信网络的宽带化打破了有线电视网络对于广播电视业务的垄断

传统的电信网络由于用户接入网的窄带特点和交换能力的限制，无法提供在线电视业务，这也是有线电视网的劣势所在。但随着光纤传输技术和高速交换技术的发展，今天的电信网络已能实现在线广播电视业务。

2. 有线电视网络的单向特点决定了它无法直接提供双向交互式业务

由于有线电视网络设计初期是以满足用户广播电视业务为目的的。因此，它先天即是一个单向网络，这从根本上限制了有线电视网络为用户提供诸如VOD点播、收发邮件、在线聊天等双向的业务。而这种双向的交互式业务却是当今发展最快，用户使用最广泛的业务，这一业务的缺失大大地限制了有线电视网络用户的发展。

另一方面，诸如IPTV、VOIP、VOD、视频会议、VPN等业务是未来通信网络的利润所在，若有线电视网络无法提供这些业务，就会大大降低有线电视网络用户的ARPU值，降低了有线电视运营商的抗风险能力。

总之，为了实现有线电视网络的发展，进行有线数字电视网络双向改造势在必行。

接下来，我们分析有线电视网络进行双向改造的可行性。

通过上面的分析，我们知道进行有线电视双向改造的目的是实现用户业务的综合化。而要实现用户业务的综合化从技术上来说就是要实现有线电视网络的数字化、宽带化和双向化。而这几点对于HFC有线电视网络而言是不存在技术壁垒的。

首先，HFC 有线电视网络采用光纤主干网、同轴电缆分配网的传输网络，和电信网与计算机网相比，存在先天的传输带宽优势。

其次，HFC 技术从根本上说是一种宽带接入技术，因此其本身具有开展双向业务的条件。

最后，传统 CATV 之所以不能提供双向业务，主要是因为传输网络采用同轴电缆及采用模拟通信技术造成的。

而 HFC 网络的传输网络采用光纤传输技术，不存在同轴电缆传输网衰减大的缺陷。另一方面，只要在前端添加模拟信号数字化设备，即能实现全数字传输。

综上可知，HFC 有线电视网络双向改造在技术上是可行的。

4.3.2 目前常用的双向有线电视网

目前常用的双向有线电视网络均是建立在对传统有线电视网改造的基础之上的，主要改造的是传输网络和用户分配网，其重点是用户分配接入网的双向改造。有线电视分配接入网双向改造的应用技术方案较多，常见的有以下 4 种主流方案：CMTS+CM（即 CM 方案）、EPON 和 FTTH 方案。

1. 基于 HFC 网络的 CMTS+ CM 方案

CMTS（电缆调制解调器端接系统）+CM（电缆调制解调器）组网方案，该方案在分配接入网双向化改造中采用 Cable Modem 技术；在光传输部分，下行数据信号和 CATV 的下行信号采用频分（FDM）方式共纤传输，上下行数据信号采用空分（SDM）方式共缆不同纤传输；在电缆部分，上下行信号按 FDM 方式同缆传输。

这一方案可利用已有 HFC 网络中预留的光纤和无源同轴分配入户的电缆，并组成双向传输系统，不需要重新铺线，只需在前端和用户端分别加装 CMTS 和 CM 即可实现双向传输，前期投入少，改造工程量小，适合已建 HFC 网络改造。具体内容见第 10 章。

2. EPON 改造方案

PON（无源光网）是一种支持点到多点业务的光接入系统。它具有节省光纤资源、对网络协议透明等特点，在光接入网中扮演着越来越重要的角色，是未来光纤到户（FTTH）的主要解决方案，在许多发达国家得到了应用发展。目前 PON 技术主要有 APON、EPON 和 GPON 等几种，它们的主要差别在于采用不同的数据链路层技术。

EPON（以太无源光网）技术是为更好地适应 IP 业务，提出在链路层采用以太网取代 ATM，可支持 1.25 Gbit/s 对称速率，将来速率可升级到 10 Gbit/s。由于它将以太网技术与 PON 技术完美结合，因此非常适合 IP 业务的宽带接入技术，其产品得到了推广应用。

GPON 技术是二层采用 ITU-T 定义的 GFP（通用成帧规程），在高速率和支持多业务方面具有明显优势，但目前成本高于 EPON，产品的成熟性也逊于 EPON。具体内容可参考第 10 章。

3. FTTH 方案

FTTH（光纤到户）即所谓的光纤到户，即直接将光纤信号连接至用户家中，然后通过 OLT 转化为数据信号和电视信号。

FTTH通常有单纤三波传输（有OLT内置或外置合波器）和双纤传输等方式。所谓单纤三波传输就是把有线电视信号、数据信号和语音信号合并在一根光纤内，通过PON接口在光网络上传输，用1 310 nm/1 490 nm波长传输数据信号、采用1 550 nm传输CATV视频信号。所谓双纤传输就是两条双纤分别传输数据和CATV信号，CATV业务经分光器分光后传输到ONU，最后通过光电转换连接到RF射频接口电视机。

练习题

一、填空题

1．一个完整的有线电视网络应由________、________、________三个部分组成。

2．前端系统采用的设备是天线放大器、________、解调器、________、滤波器等。

3．用户分配网络系统采用的设备主要有________和________。

4．HFC网络的传输网络采用________；用户分配网络采用________。

5．常见的有线电视网双向改造技术有________、________、________和________。

二、问答题

1．请简述目前常用的有线电视传输技术的特点。

2．请简述HFC网络的主要性能指标。

3．请简述HFC传输系统的组成部分及系统主要的设备。

4．请比较有线电视网双向改造几种方案的优缺点。

5．请简述Cable Modem传输工作过程。

三、综合题

分析有线电视网发展脉络，查阅文献，试讨论有线电视网下一步演进的技术路线。

第5章 数据通信网

众所周知，21 世纪是信息高速发展的时代，如何高效、可靠地发掘、利用充斥于网络中的海量信息是通信研究的一个重要问题。分析比较分布于 Internet 中的各个计算机上的信息与传统通过话音通信传播的信息，不难发现两者最大的区别在于传统的话音通信的对象是人声这种可直接辨别的载体。而分布于网络计算机上的信息则是人人无法直接识别其物理意义的二进制编码字符。例如二进制字符‘1’，对于话音通信表示的是最小的自然数；而对于计算机而言，它可能表示最小的自然数，也可能表示“有”或“真”，甚至可以表示“5V”电压。

可以看出数据通信与话音通信有如下的区别：

（1）话音通信的主体为人；而数据通信的主体为由人控制的计算机；

（2）在话音通信中，由人主导通信过程；而在数据通信中，由计算机主导通信过程，不同的计算机按照由人预先编制的程序进行自动化的信息传输和处理；

（3）在话音通信中，信息的载体为声音信号；而在数据通信中，信息的载体为已编码信号。

因此，研究数据通信的方法与研究话音通信的方法是有区别的。主要体现在数据通信的主体为计算机，为了能够使计算机高效、可靠地完成信息的传输，需要人为地编制一些计算机程序，规范计算机的信息传输与处理，通常称之为通信协议；这些通信协议规定了信息的表示形式、信息是如何传递以及传递信息的计算机终端间是如何连接的。

因此，在本章的学习中，为了便于大家学习，我们首先介绍和数据通信相关的一些基本概念，然后研究这些不同的通信协议（如 X.25，帧中继等），以及如何利用通信协议实现数据通信业务。

5.1 数据通信网概述

5.1.1 数据通信的基本概念

1．数据通信的概念

数据通信具有以下三个要素。

通信的主体：计算机。

通信的客体：经过处理的以一定的二进制字符形式表示的信息。

通信的过程：人预先编制好的计算机程序，通信协议。

综合这三个要素，可得到数据通信的定义：数据通信是指按照一定的通信协议，利用传输技术在功能单元之间传递、处理、存储数据信息，从而实现计算机与计算机之间，或计算机与其他终端之间，或终端与终端间信息交流和处理的通信过程。

2. 数据通信系统

虽然数据通信有别于话音通信，但其仍属于通信系统的范畴，因此从宏观上来说，数据通信系统仍然是由信源、信道（包括噪声和干扰）及信宿组成。

在数据通信中，可以将信源和信宿统称为数据终端设备（DTE）；将能保证数据终端间的数据能高效、可靠地在信道中传输的设备称之为数据电路终接设备（DCE）。数据通信系统组成框图如图5-1所示。

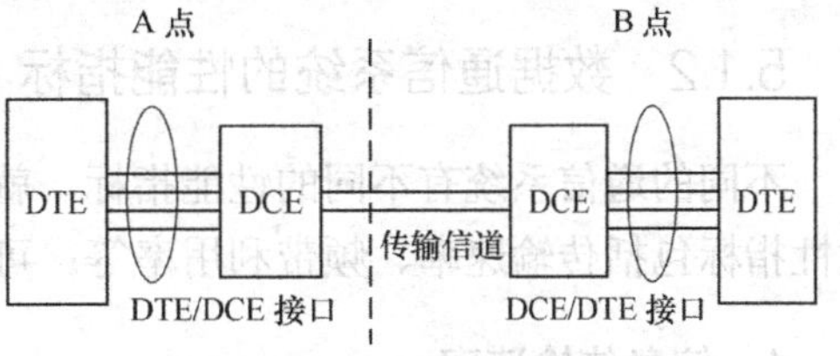

图5-1 数据通信系统组成框图

（1）数据终端设备。在数据通信系统中，用于发送和接收数据的设备称为数据终端设备（DTE）。通常由两部分组成：发送/接收设备和通信控制器。通信控制器主要的作用是根据通信协议确保数据在DTE间高效、可靠的传输。它是数据通信系统区别于话音通信系统的一个很重要的组件。数据终端设备的类型有很多种，有简单终端和智能终端、同步终端和异步终端、本地终端和远程终端等。

具体的说，DTE可能是计算机，也可能是一台只接收数据的打印机。

（2）数据电路终接设备。数据电路终接设备（DCE）用来连接DTE与数据通信网络，也就是说该设备为用户设备提供入网的连接点。DCE主要完成数据信号的变换，以便DTE发出的信息能够适合传输信道的特点。DCE最重要的作用就是A/D、D/A转换和调制解调，以及其他的信道处理功能，如码型变换、信道均衡、控制呼叫流程等。

常见的DCE设备有调制解调器、数据服务单元等。

（3）传输信道。数据通信的传输信道和普通通信系统区别不大，大体上包括双绞线、同轴电缆、光纤、无线电波等。

备注：通常将传输信道及其两端的DCE设备合称为数据电路。而将加了通信控制器以后的数据电路称为数据链路。

（4）接口。数据通信系统的接口主要指DTE与DCE间的接口，为了保证不同的数据通信设备之间互连互通，国际上制定了标准的接口，即在插接方式、引线分配、电气特性及应答关系上均应符合统一的标准和规范。

DTE和DCE之间有很多类型的接口，目前最通用的类型有以下几种。

① 美国电子工业协会的RS-232C接口。

RS-232接口由美国电子工业协会（EIA）于20世纪60年代早期制定，并经过几次修订。20世纪60年代晚期制定的RS-232-C是最常见的版本。

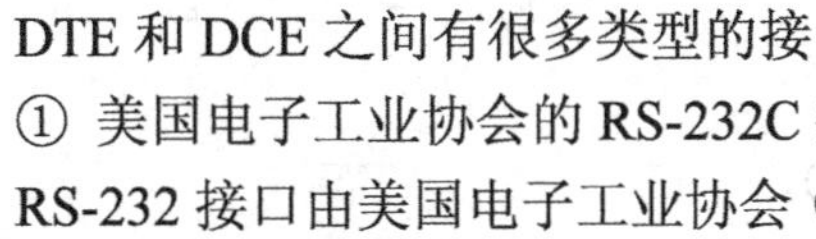

图5-2 RS-232连接器

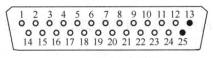

在RS-232标准中，DTE和DCE的连接使用一条25线的电缆（称之为DB-25电缆），电缆与设备的接口是一个25针的连接器（如图5-2所示）。

② ITU-T 的 V 系列接口和 X 系列接口。

ITU-T 也制定了一系列的 DTE-DCE 接口，这里只简单介绍 X.21 接口。X.21 接口标准使用一个 15 针的连接器，允许使用平衡电路和不平衡电路。

X.21 和 RS 标准主要有两点区别：一是 X.21 标准被定义成一个数字信号接口；二是控制信息的交换方式。RS 标准为控制功能定义了特殊的线路。控制越多，需要的线路就越多，因而给连接带来的不便也就越多。而 X.21 的基本原理是在能够理解控制序列的 DTE 和 DCE 之间增设一些逻辑线路，从而减少连接线路的数目。

③ 国际标准化组织的 ISO2110、ISO1177 等。

国际标准化组织（ISO）也制定了相应 DTE-DCE 的接口标准，这里就不再赘述。

5.1.2 数据通信系统的性能指标

不同的通信系统有不同的性能指标，就数据通信系统而言，其性能指标主要有两类：有效性指标包括传输速率、频带利用率等；可靠性指标有差错率等。

1．信息传输速率

信息传输速率（R_b）简称传信率，又称信息速率、比特率，它表示单位时间（每秒）内传输实际信息的比特数，单位为比特/秒，记为 bit/s、bps（本书使用 bit/s）。

2．码元传输速率

码元传输速率（R_B）简称传码率，又称为符号速率、码元速率、波特率、调制速率。它表示单位时间内（每秒）信道上实际传输码元的个数，单位是波特（baud），常用符号“B”来表示。

在实际通信系统中，有时候可能会需要使用多位 2 进制代码表示一位信息。因此，通常传信率不等于传码率。传信率与传码率之间的关系为：

$$R_b = R_B \log_2 N$$

式中，N 为码元的进制数。

3．频带利用率

数据通信系统的另外一个有效性指标是频带利用率，用于衡量单位频带宽度内传输的信息速率。通常用 η 表示：

$$\eta = \frac{\text{传输速率}}{\text{占用频带}}$$

单位为比特/秒·赫（bit/s·Hz）、波特/赫（B/Hz）。

4．差错率

衡量数据通信系统可靠性的主要指标是差错率（P_e）。表示差错率的方法常用以下三种：误码率、误字率、误组率。我们通常用误码率。

误码率又称码元差错率，是指在传输的码元总数中错误接收的码元数所占的比例，用字

母 P_e 来表示，即

$$P_e = \frac{\text{传输错误码元数}}{\text{传输总码元数}}$$

5.2 数据交换技术

通信网可以理解为一个多用户、多信道的复杂通信系统。而形成多个用户通过多个信道相互通信的关键是交换技术。所以，数据通信网可以理解为通过交换技术和传输线路连接起来的多个通信系统的复合系统。因此，研究数据通信网首先要研究能满足数据通信需要的交换技术。

交换技术是通信组网的关键技术。本节将首先讨论常见的几种交换方式，说明这几种交换技术的优缺点。

目前，常见的交换方式有三类：电路交换方式（Circuit Switching），报文交换方式（Message Switching），分组交换方式（Packet Switching）。

1. 电路交换

所谓电路交换是指通信双方在通信之前先建立两者之间的通信链路，并在整个通信过程中保持通信链路为通信双方所独享的交换方式。

数据的电路交换过程与目前公用电话交换网的电话交换的过程类似。当 DTE 要求发送数据时，向本地交换局呼叫，在得到应答信号后，主叫 DTE 发送被叫 DTE 号码或地址；本地交换局进行号码分析，并随之确定传输路由；然后通过局间中继线将主叫 DTE 所属本地局与被叫 DTE 所属本地交换局连通，并呼叫被叫 DTE，从而在主、被叫 DTE 间建立起一条固定的通信链路。通信结束时，当任一 DTE 表示通信完毕需要拆线时，则该链路上的各交换机将本次通信所占用的设备和通信链路（电路）释放，以供后续的用户呼叫用。

实现电路交换的主要设备是具有电路交换功能的交换机，它由电路交换部分和控制部分组成。电路交换部分实现主、被叫用户的连接，构成数据传输信道；控制部分的主要功能是根据主叫用户的选线信号控制交换网络完成接续。

电路交换技术的优缺点及其特点如下。

（1）优点：数据传输可靠、迅速，数据不会丢失且在接收方无需再做排序处理。

（2）缺点：电路利用率不高，这是由于电路交换技术采用物理线路连接用户，在很多情况下，信道处于空闲状态。因此，它适用于系统间要求高质量的大量数据传输的情况。

（3）特点：在数据传送开始之前必须先设置一条专用的通路。在线路释放之前，该通路由一对用户完全占用。对于猝发式的通信，电路交换效率不高。

2. 报文交换

为了克服电路交换方式利用率低的缺点，提出了报文交换方式。在报文交换方式中，用户信息的基本单位是报文，收、发 DTE 之间无需直接的物理信道。因此用户之间不需要先建立呼叫，也不存在拆线过程。它是将用户报文首先存储在交换机的存储器中，当所需要输出

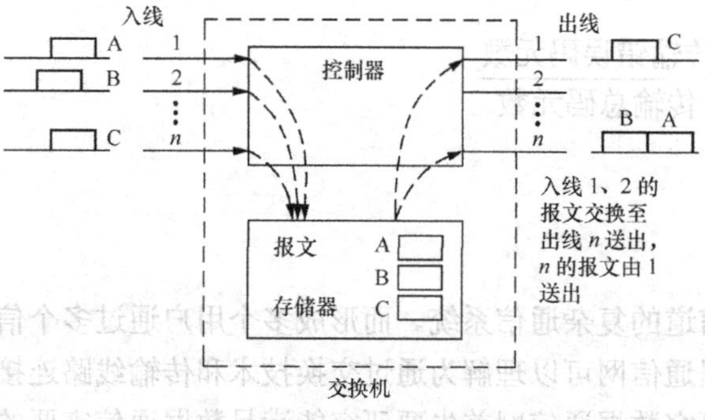

图 5-3　报文交换方式原理框图

的电路空闲时，再将该报文转发给中继交换机，直到发向接收端交换机和用户终端。因此，报文交换系统又称“存储－转发”系统。它的原理框图如图 5-3 所示。

报文交换的优缺点及特点如下。

（1）优点

① 电路利用率高。通信中，双方不维持固定信道，故电路资源可为多个用户共享。

② 用户数限制少，报文交换采用存储—转发方式，信道共享，用户数目基本不受信道容量影响，只不过延迟会增大。

③ 报文交换可以实现点对多点通信。

（2）缺点

① 不能满足实时或交互式的通信要求，报文经过网络的延迟时间长且不定。

② 有时节点收到过多的数据而无空间存储或不能及时转发时，就不得不丢弃报文，而且发出的报文不按顺序到达目的地。

（3）特点

① 报文从源点传送到目的地采用“存储—转发”方式，在传送报文时，一个时刻仅占用一段通道。

② 在交换节点中需要缓冲存储，报文需要排队，故报文交换不能满足实时通信的要求。

3．分组交换

分组交换是在电路交换与报文交换的基础上发展起来的，也称包交换，它和报文交换的区别在于两者的信息单位不同。在分组交换中，将用户传送的数据分成一定长度的包。在每个包（分组）的前面加一个包头，用于标识目的地址，分组交换机可以根据每个分组的地址，将它们转发至目的地，这一过程称为分组交换。进行分组交换的通信网称为分组交换网。

分组格式如图 5-4 所示。每个分组最前面约有 3～10 个字节（8 比特组）作为填写接收地址和控制信息的分组头。分组头后面是用户数据，其长度一般是固定的。当发送长报文时，需将该报文划分成多个分组。

F	A	C	分组头	分组		FCS	F

图 5-4　分组格式

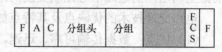

在分组中，FCS 表示用于分组差错控制的检验序列，F 表示帧标志序列，A 表示地址字段，C 表示控制字段，分组是交换处理和传送处理的数据。

分组交换的工作原理如图 5-5 所示，由图可以看出在分组交换网中有两类用户设备：一般型终端和分组型终端构成 DTE，满足不同类型用户的接入，其中一般型终端入网时，必须采用 PAD 将非分组型数据转化为分组型数据；分组交换机构成 DCE。

图 5-5 中假设有三个交换机（又称为交换节点），分设有分组交换机 1、2、3；A、B、C、D 为四个数据通信用户，A、D 为一般终端，B、C 为分组型终端。A、B 分别向 C、D 传送数据。A 的数据 C 经交换机 1 的 PAD 组装成二个分组 C1 和 C2，然后经由分组交换机

1、2 之间的传输通路以及分组交换机 1、3 和 3、2 之间的传输通路分别将 C1、C2 数据传送到终端 C。由于 C 为分组型终端，C1、C2 分组可由终端 C 直接接收。B 的分组数据 3、2、1 经由分组交换机 3、2 之间的传输通路传送到终端 D。D 终端为一般终端，它不能直接接收分组数据，因此数据到达交换机之后，要经分组装拆设备恢复成一般报文，然后再传送到终端 D。

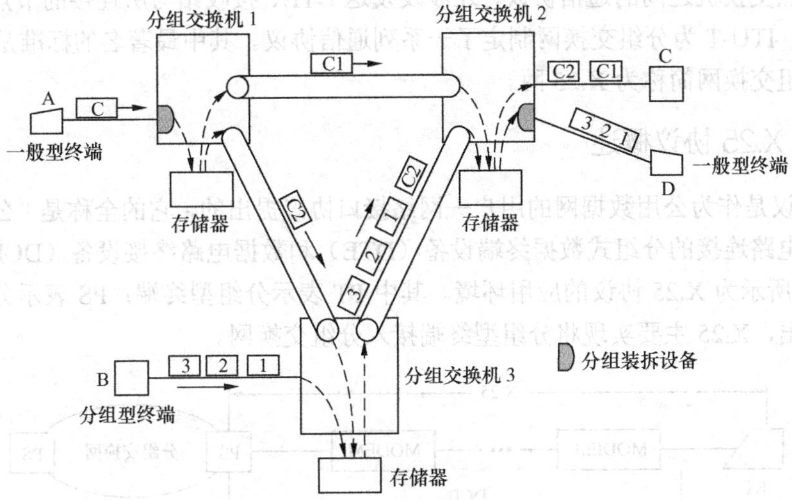

图 5-5 分组交换网工作原理

分组交换的优点：分组交换方式的分组长度短，具有统一的格式，因而便于交换机存储（可以只用内存储器）和处理。所以，与报文交换方式相比，其信息传输延迟时间大大缩短。

分组交换有虚电路分组交换和数据报分组交换两种。它是计算机网络中使用最广泛的一种交换技术。

（1）虚电路分组交换原理与特点

所谓“虚电路”是指通信双方在通信前需建立一条逻辑通路，它之所以是“虚”的，是因为这条电路不是专用的。每个分组除了包含数据之外还包含一个虚电路标识符。在预先建好的路径上的每个节点都知道把这些分组引导到哪里去，不再需要路由选择判定。最后，由某一个站用清除请求分组来结束这次连接。

虚电路分组交换的主要特点是：在数据传送之前必须通过虚呼叫设置一条虚电路。但并不像电路交换那样有一条专用通路，分组在每个节点上仍然需要缓冲，并在线路上进行排队等待输出。

（2）数据报分组交换原理与特点

在数据报分组交换中，每个分组的传送是被单独处理的。每个分组称为一个数据报，每个数据报自身携带足够的地址信息。一个节点收到一个数据报后，根据数据报中的地址信息和节点所储存的路由信息，找出一个合适的出路，把数据报原样地发送到下一节点。由于各数据报所走的路径不一定相同，因此不能保证各个数据报按顺序到达目的地，有的数据报甚至会中途丢失。分组交换方式非常适合于具有中等数据量而且数据通信用户比较分散的场合。

5.3 分组交换网

分组交换网是指采用分组交换技术实现数据在连入网络的DTE间传输、处理的通信网。在分组交换网中，一个分组从源节点传送到目的节点过程中，不仅涉及该分组在网络内所经过的每个节点交换机之间的通信协议，还涉及发送DTE、接收站与所连接的节点交换机之间的通信协议。ITU-T为分组交换网制定了一系列通信协议。其中最著名的标准是X.25协议，因此常将分组交换网简称为X.25网。

5.3.1 X.25协议概述

X.25协议是作为公用数据网的用户—网络接口协议提出的，它的全称是“公用数据网络中通过专用电路连接的分组式数据终端设备（DTE）和数据电路终接设备（DCE）之间的接口”。图5-6所示为X.25协议的应用环境。其中PT表示分组型终端；PS表示分组交换机。由图可以看出，X.25主要实现将分组型终端接入分组交换网。

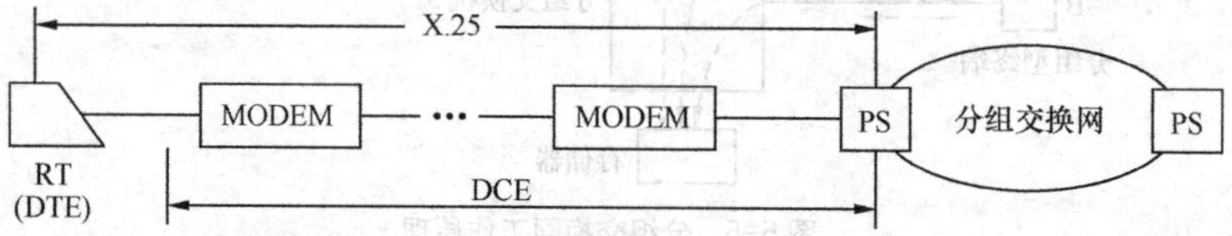

图5-6 X.25协议应用环境示意图

X.25只支持PT接入分组交换网中，而NPT（非分组型终端）是无法接入的。为了解决这个问题，就需要将非分组型终端发出的数据打包成分组，从而实现在X.25网络中传输数据的目的。

我们把将非分组型数据打包成分组或把分组分拆成非分组型数据的设备称为PAD分组装拆设备。

PAD设备实际上是一个规程转换器，它是向各种不同的终端或计算机提供服务，帮助它们进入分组交换网。ITU-T制定了关于PAD的三个协议书，即X.3、X.28和X.29。

5.3.2 X.25分层协议

X.25建议将数据网的通信功能划分为三个层次，即物理层、数据链路层和分组层。其中每一层的通信实体只利用下一层所提供的服务。每一层接收到上一层的信息后，加上控制信息（如分组头、帧头），最后形成在物理媒体上传送的比特流，如图5-7所示。

1. 物理层

X.25协议的物理层规定采用X.21建议。X.21建议规定如下。

（1）机械特性：采用ISO 4903规定的15针连接器和引线分配，通常使用8线；

（2）电气特性：平衡型电气特性；

（3）同步串行传输；

（4）点到点全双工；

（5）适用于交换电路和租用电路。

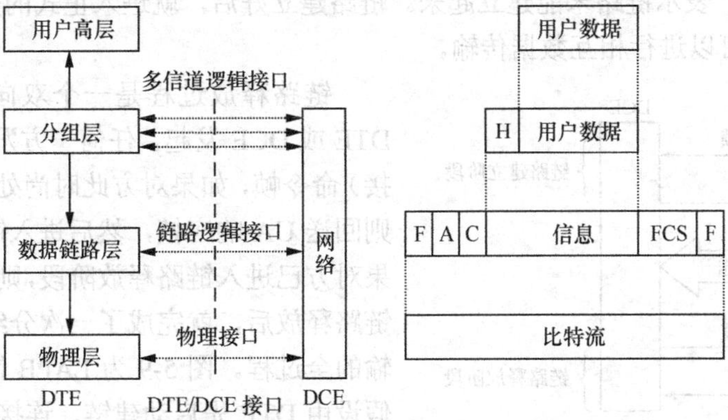

（a）X.25 接口逻辑结构　　（b）信息流关系

图 5-7　X.25 协议的系统结构和信息流关系

由于 X.21 是为在数字电路上使用而设计的，如果是模拟线路（如地区用户线路），X.25 协议还提供了另一种物理接口标准 X.21bis，它与`V.24/RS 232 兼容。

2．数据链路层

（1）X.25 链路层功能：

① 差错控制，采用 CRC 循环校验，发现出错时自动请求重发。

② 帧的装配和拆卸及帧同步。

③ 帧的排序和对正确接收的帧的确认。

④ 数据链路的建立、拆除和复位控制。

⑤ 流量控制。

（2）数据链路层传输规程：X.25 的链路层采用了高级数据链路控制规程（HDLC）的帧（Frame）结构，并且使用它的一个子集——LAPB 作为传输规程。

LAPB 共有三种类型的帧，其中信息帧（I）用于传送用户数据；监控帧（S）用于监控通信过程；无编号帧（U）用于建立或拆除线路。帧的使用和数据传输阶段有关，通常 U 帧用于链路的建立和断开阶段，而 I 帧和 S 帧用于数据传输阶段。LAPB 的帧结构如图 5-8 所示。

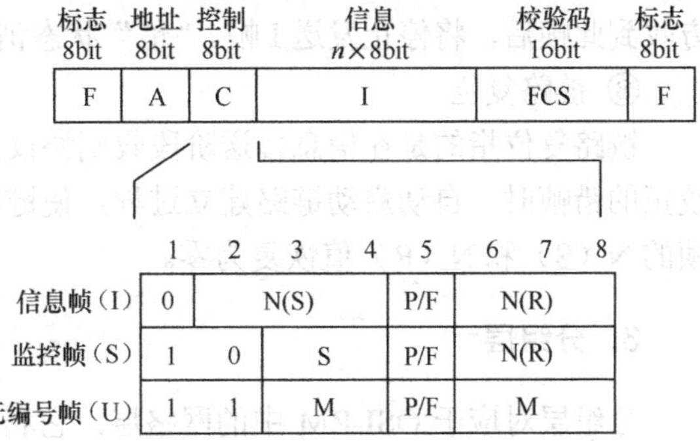

图 5-8　LAPB 的帧结构

① LAPB 建链全过程：X.25 链路层建链过程可分为三个阶段，链路建立、数据传送和链路释放。

在 LAPB 协议下，DTE 和 DCE 都可启动链路建立过程，但是实际上常由用户侧的 DTE 在接入时启动建立，网络侧的 DCE 处于等待状态，通过发送连续的 F 标识表示信道已激活。

链路建立时，只要任何一方发送一个 SABM 命令帧，对方如认为可以进入信息传送阶段，就会送 UA（未编号应答）响应帧，链路建立成功；如果对方认为尚不能开始信息传送，就会送 DM 响应帧，表示链路未能建立起来。链路建立好后，就进入正式的数据传送阶段了，在此阶段，双方可以进行相互数据传输。

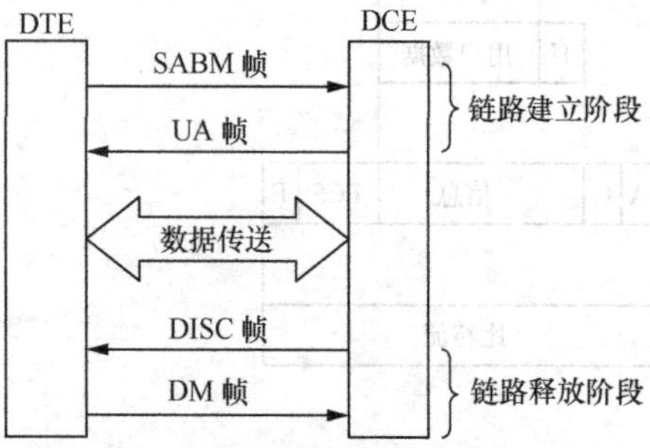

图 5-9　LAPB 链路建立全过程

链路释放过程是一个双向对称过程，可由 DTE 或 DCE 发起。任何一方发出 DISC（断开连接）命令帧，如果对方此时尚处于信息传送阶段，则回送 UA 响应帧，然后进入链路释放阶段；如果对方已进入链路释放阶段，则回送 DM 响应帧。链路释放后，就完成了一次分组交换网中数据传输的全过程。图 5-9 为 LAPB 链路建立全过程，假设由 DTE 先启动建链，连接断开是由 DCE 先发起的。

② 差错校正和流量控制：利用 I 帧和 S 帧提供的 N（S）和 N（R）字段实现网络的差错控制和流量控制。

差错校正：采用肯定/否定证实、重发纠错的方法。发现非法帧或出错帧予以丢弃；发现帧号跳号，则发送 REJ 帧通知对端重发。为了提高可靠性，协议还规定了定时重发功能，即在超时未收到肯定证实时，发端将自动重发。

流量控制：采用滑动窗口控制技术，控制参数是窗口尺寸 t，其值表示最多可以发送多少个未被证实的 I 帧。设最近收到的 I 帧或监控帧的证实帧号为 N（R），则本端可以发送的 I 帧的最大序号为 $N(R)+t-1$（mod 8），称为窗口上沿。其中，$1\leqslant t\leqslant 7$。t 值的选定取决于物理链路的传播时延和数据的传送速率，应保证在连续发送 t 个 I 帧之后能收到时第 1 个 I 帧的证实。对于卫星电路等长时延链路，t 值将大于 7，此时应采用扩充的模 128 帧结构。

窗口机制为 DCE 和 DTE 提供了十分有效的流量控制手段，任意一方可以通过延缓发送证实帧的方法，强制对方延缓发送 I 帧，从而达到控制信息流量的目的。还有一种更为直接的拥塞控制方法是，当任意一方出现接收拥塞（忙）状态时，可向对方发送监控帧 RNR。对方收到此帧后，将停止发送 I 帧。“忙”状态消除后，可通过发送 RR 或 REJ 帧通知对方。

③ 链路复位

链路复位指的是在信息传送阶段收到协议出错帧或 FRMR 帧，即遇到无法通过重发予以校正的错帧时，自动启动链路建立过程，使链路恢复初始状态。此时，两端发送的 I 帧和 S 帧的 N（S）和 N（R）值恢复为零。

3．分组层

分组层对应于 OSI-RM 中的网络层，它利用链路层提供的服务在 DTE-DCE 接口交换分组，将一条逻辑链路按统计时分复用（STDM）方式划分为多个逻辑子信道，允许多台计算机或终端同时使用高速的数据通道，以充分利用逻辑链路的传输能力和交换机资源。

分组层采用虚电路工作，整个通信过程分三个阶段，呼叫建立阶段、数据传输阶段、虚电路释放阶段。

下面我们简单介绍一下接续过程。

设有两个 DTE，即 DTEA 和 DTEB；通过两个 DCE 设备即 DCEA 和 DCEB 连入网络。

虚电路的建立和清除过程如下。

（1）DTEA 对 DCEA 发出一个呼叫请求分组，表示希望建立一条到 DTEB 的虚电路。该分组中含有虚电路号，在此虚电路被清除以前，后续的分组都将采用此虚电路号。

（2）网络将此呼叫请求分组传送到 DCEB。

（3）DCEB 接收呼叫请求分组，然后给 DTEB 送出一个呼叫指示分组。这一分组具有与呼叫请求分组相同的格式，但其中的虚电路号不同，虚电路号由 DCEB 在未使用的号码中选择。

（4）DTEB 发出一个呼叫接收分组，表示呼叫已经被接收；

（5）DTEA 收到呼叫接通分组（该分组和呼叫请求分组具有相同的虚电路号），此时虚电路已经建立。

（6）DTEA 和 DTEB 采用各自的虚电路号发送数据和控制分组。

（7）DTEA（或 DTEB）发送一个释放请求分组，紧接着收到本地 DCE 的释放确认分组。

（8）DTEA（或 DTEB）收到释放指示分组，并传送一个释放确认分组。此时 DTEA 和 DTEB之间的虚电路就清除了。

5.3.3 分组交换网的网络结构

公用分组交换网的基本组成如图 5-10 所示，它由分组交换机（PS）、分组集中器（PCE）、网络管理中心（NMC）、终端和数据传输设备及相关协议组成。

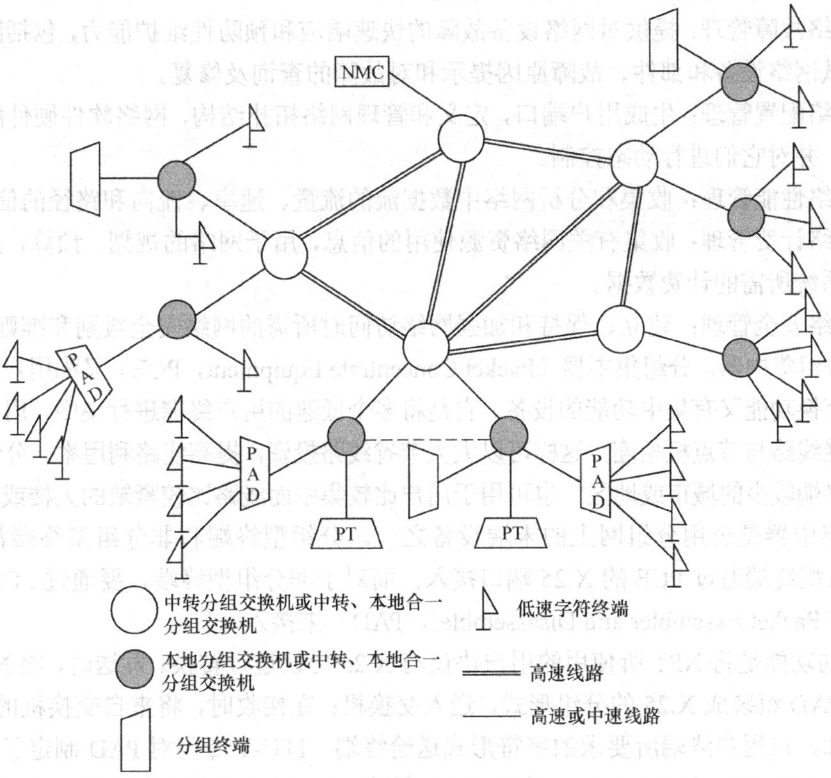

图 5-10 公用分组交换网结构

（1）分组交换机。分组交换机（Packet Switching，PS）是分组交换网的核心。分组交换机的主要功能如下。

① 实现网络的基本业务，即交换虚电路、永久虚电路及可选补充业务等，在完成对用户服务的同时，收集呼叫业务量、分组业务量、资源利用率等数据。

② 进行路由选择，以便在两个终端之间选择一条合适的路由，并生成转发表；进行流量控制和差错控制，以保证分组的可靠传送。

③ 转发控制，在数据传输时，按交换机中的转发表进行分组的转发。

④ 实现X.25、X.75等多种协议。

⑤ 完成局部的维护运行管理、故障报告与诊断、计费与一些网络的统计等功能。

⑥ 分组交换机自身控制功能。交换机可对自身的各个部分测试，如发生故障，即把故障信息存入硬盘，由网络管理中心对交换机系统进行重新配置。

根据分组交换机在网中所处的地位不同，可分为转接分组交换机（PTS）、本地交换机（PLS）、本地和转接合一交换机（PTLS）等。PTS仅用于局间的转接，不接用户，通信容量大，每秒能处理的分组数多，路由选择能力强，能支持的线路速率高。PLS大部分端口用于用户终端的接入，只有少数端口作为中继端口与其他交换机相连，其通信容量小，每秒能处理的分组数少，路由选择能力弱，能支持的线路速率较低。本地和转接合一交换机（PTLS）既具有转接功能，又具有本地接入功能。另外，国际出入口局交换机用于与其他国家分组交换网的互连。

（2）网络管理中心。网络管理中心（Network Management Center，NMC）是管理分组交换网的一系列软、硬件的集合，其管理功能如下。

① 网络故障管理：提供对网络设备故障的快速响应和预防性维护能力，包括跟踪和诊断故障、测试网络设备和部件、故障原因提示和对故障的查询及修复。

② 网络配置管理：生成用户端口，定义和管理网络拓扑结构，网络软件硬件配置和网络业务类型，并对它们进行动态控制。

③ 网络性能管理：收集和分析网络中数据流的流量、速率、流向和路径的信息。

④ 网络计费管理：收集有关网络资源使用的信息，用于网络的规划、预算，并提供用户记账处理系统所需的计费数据。

⑤ 网络安全管理：建立、保持和加强网络访问时所需的网络安全级别和准则。

（3）分组集中器。分组集中器（Packet Concentrate Equipment，PCE）又称用户集中器，大多是既有交换功能又有集中功能的设备。它是将多个低速的用户终端进行集中，用1条或2条高速的中继线路与节点机相连，这样可以大大节省线路投资，提高线路利用率。分组集中器适用于用户终端较少的城市或地区，也可用于用户比较集中而线路比较紧缺的大楼或小区。

分组集中器是公用分组网上的末端设备之一。分组型终端和非分组型终端都可以接入PCE，分组型终端通过PCE的X.25端口接入，而对于非分组型终端，要通过PCE内的分组装拆设备（Packet Assembler and Disassembler，PAD）来接入。

PAD的功能是将NPT所使用的用户协议与X.25协议进行转换。发送时，将NPT发出的字符通过PAD组装成X.25的分组形式，送入交换机；在接收时，将来自交换机的X.25的分组进行拆卸，以用户终端所要求的字符形式送给终端。ITU-T专门对PAD制定了一组建议，称为X.3/X.28/X.29，即3X建议。其中，X.3描述PAD功能及其控制参数；X.28描述PAD到本地字符终端的协议；X.29描述PAD到远端PT或PAD之间的协议。

（4）传输线路。传输线路是构成分组交换网的主要组成部分之一。

交换机之间的中继传输线路主要有两种形式：一种是 PCM 数字信道；另一种是模拟信道利用调制解调器转换为数字信道，速率为 9.6 kbit/s、48 kbit/s、64 kbit/s 等。

用户线路也有两种形式，一种是数字数据电路，另一种是模拟电话用户线加装调制解调器。

（5）数据终端。分组交换网的数据终端有两类：分组型终端和非分组型终端。

① 分组型终端（PT）。PT 是具有 X.25 协议接口的分组型终端，即具有分组处理能力，可以直接接入分组交换网。

② 非分组型终端（NPT）。NPT 不具有 X.25 协议接口，即不具有分组处理能力，不能直接进入分组交换网，必须经过分组装拆设备（PAD）转换才能接入分组交换网。

（6）相关协议。有关分组交换网的协议包括 X.25、X.75 等协议。

5.3.4 分组交换网的特点

1. 分组交换网的优点

（1）传输质量高。分组交换网采取存储—转发机制，提高了负载处理能力，数据还可以不同的速率在用户之间相互交换，所以网络阻塞几率小。同时，分组交换网不仅在节点交换机之间传输分组时采取差错校验与重发功能，而且对于某些具有装拆分组功能的终端，在用户线上也同样可以进行差错控制。分组交换网还具有很强的差错控制功能，因而使分组在网内传送中的出错率大大降低。

（2）网络可靠性高。在分组交换网中，“分组”在网络中传送的路由选择是采取动态路由算法，即每个分组可以自由选择传送途径，由交换机计算出一个最佳路径。由于分组交换机至少与另外两个交换机相连接，因此，当网内某一交换机或中继线发生故障时，分组能自动避开故障地点，选择另一条迂回路由传输，不会造成通信中断。

（3）线路效率高。在分组交换中，由于采用了“虚电路”技术，使得在一条物理线路上可同时提供多条信息通路，可有多个呼叫和用户动态的共享，即实现了线路的统计时分复用。

（4）业务提供能力较强。分组网提供可靠传送数据的永久虚电路（PVC）和交换虚电路（SVC）基本业务，以及众多用户可选业务，如闭合用户群、快速选择、反向计费、集线群等。另外，为了满足大集团用户的需要，还提供虚拟专用网（VPN）业务。从而用户可以借助公用网资源，将属于自己的终端、接入线路、端口等模拟成自己的专用网并可设置自己的网管设备对其进行管理。

2. 分组交换网的缺点

（1）传输速率低。分组网最初设计是建立在模拟信道的基础上的，所提供的用户端口速率一般不大于 64 kbit/s。主要适用于交互式短报文，如金融业务、计算机信息服务、管理信息系统等；不适用于多媒体通信，也不能满足专线速率为 10 Mbit/s、100 Mbit/s 局域网互连的需要。

（2）平均传送时延较大。分组网的网络平均传送时延较大，一般在 700 ms 左右，再加上两端用户线的时延，用户端的平均时延可达秒级并且时延变化较大，比帧中继的时延要高。

（3）传输 IP 数据包效率低。这是因为 IP 包的长度比 X.25 分组的长度大得多，要把 IP 分割成多个块封装于多个 X.25 分组内传送，并且 IP 包的字头可达 26 个字节，开销较大。

5.3.5 中国分组交换网

我国第一个公用分组交换数据网（CNPAC）于1989年11月投入使用。该网设有3个节点机、8个集中器和一个网络管理中心。3个节点机分别安装在北京、上海和广州。8个集中器分别安装在北京、天津、武汉、南京、西安、成都、沈阳和深圳；网络管理中心设在北京；国际出入口局也设在北京。全国端口数为580个，其中同步端口256个，异步端口324个。

由于业务量不断发展，原有的CNPAC无法满足我国分组交换数据通信日益增长的要求。从1992年开始，原邮电部开始着手建设新的公用分组交换数据骨干网（CHINAPAC），该网于1993年投入使用。

1．CHINAPAC 的网络组成

CHINAPAC采用DPN-100系列设备，由全国31个省、市、自治区的32个交换中心组成（北京2个）。网管中心设在北京。建网初期采用不完全的网状网结构。网中的北京、天津、武汉、南京、西安、成都、沈阳等8个城市为汇接中心。北京为国际出入口局，上海为辅助出入口局，广州为港澳地区出入口局。汇接中心之间采用完全网状的拓扑结构，网内每个交换中心都具有两个或两个以上不同汇接方向的中继电路，以确保网络安全可靠。交换中心间根据业务量大小和可靠性的要求可以设置成高效路由。CHINAPAC骨干网结构如图5-11所示。

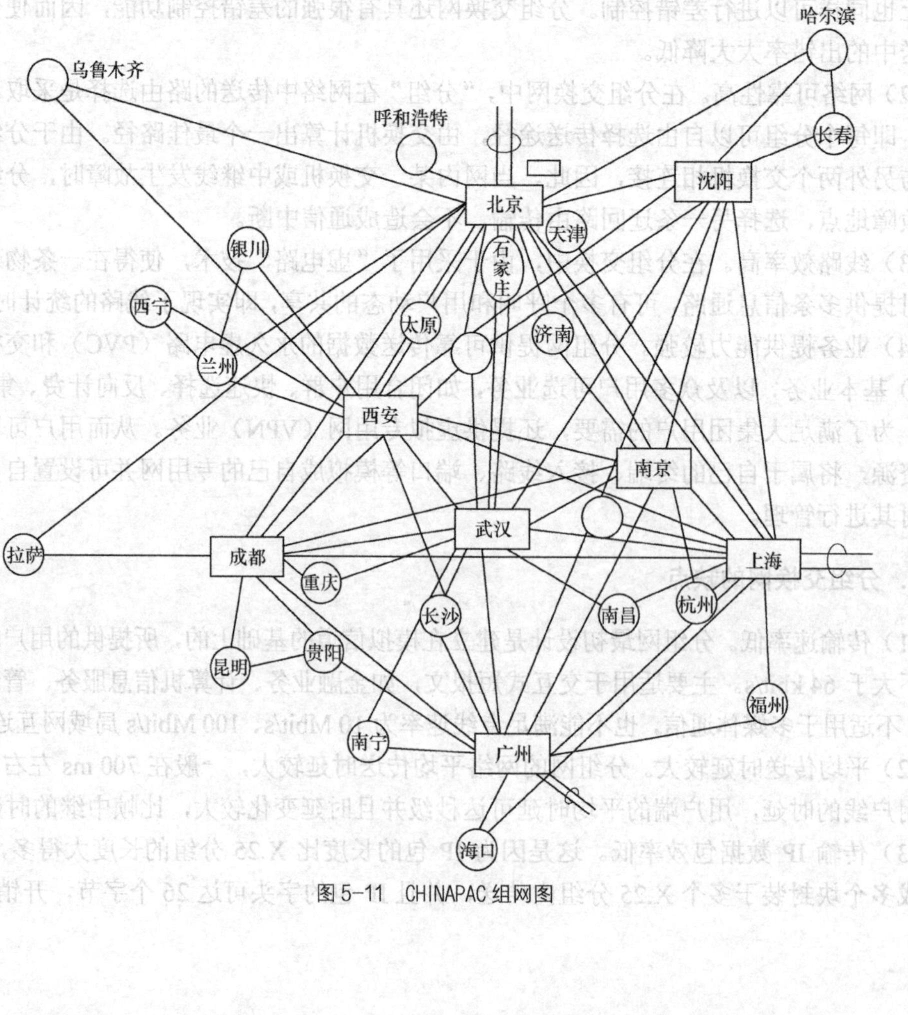

图5-11 CHINAPAC组网图

2. CHINAPAC 可提供的业务

CHINAPAC 可与公用电话交换网，VSAT 网、CATV 网、各地区分组交换网、国际及港澳地区分组交换网及局域网相连，也可与计算机的各种主机及终端相连，可通过 PAD 与非分组型终端相连，CHINAPAC 除可以提供永久虚电路（PVC）和交换虚电路（SVC）等基本业务外，还可提供以下新业务：虚拟专网、广播业务、帧中继、SNA 网络环境、令牌环形局域网的智能桥功能，异步轮询接口功能及中继线带宽的动态分配等功能。另外，CHINAPAC 还可以开放电子邮件系统和存储—转发传真系统等增值业务。

5.4 其他数据通信网

5.4.1 DDN 网

1. 定义

数字数据网（Digital Data Network，DDN）是利用数字信道传输数据信号的数据传输网，它的传输线路有光缆、数字微波、卫星信道以及普通电缆和双绞线。DDN 向用户提供的是半永久性的数字连接，沿途不进行复杂的处理，因此延时较短，避免了分组网中传输时延大且不固定的缺点。DDN 采用交叉连接装置，可根据用户需要，在约定的时间内接通所需带宽的线路，信道容量的分配和接续在计算机控制下进行，具有极大的灵活性，使用户可以开通种类繁多的信息业务，传输任何合适的信息。

2. 特点

（1）DDN 是同步数据传输网。

（2）传输速率高，网络时延小。由于 DDN 采用同步时分复用，通信过程中用户数据固定在提前分配好的时隙中传输，不会出现在节点机等待的情况，因此用户数据等待时延较小。DDN 可达到的最高传输速率为 155 Mbit/s，平均时延≤450 μs。

（3）DDN 为全透明网。DDN 是任何规程都可以支持，不受约束的全透明网，可支持网络层以及其上的任何协议，从而可满足数据、图像、声音等多种业务的需要。

3. 节点类型

中国 DDN 技术体制将 DDN 节点分成 2 兆节点、接入节点和用户节点三种类型。

（1）2 兆节点。2 兆节点是 DDN 网络的骨干节点，执行网络业务的转换功能。主要提供 2 048 kbit/s（E1）数字通道的接口和交叉连接、对 $N\times 64$ kbit/s 电路进行复用和交叉连接以及帧中继业务的转接功能。

（2）接入节点。接入节点主要为 DDN 各类业务提供接入功能，主要有：

① $N\times 64$ kbit/s、2 048 kbit/s 数字通道的接口；

② $N\times 64$ kbit/s（$N=1\sim31$）的复用；

③ 小于 64 kbit/s 子速率复用和交叉连接；

④ 帧中继业务用户接入和本地帧中继功能；

⑤ 压缩话音/G3 传真用户入网。

（3）用户节点。用户节点主要为 DDN 用户入网提供接口并进行必要的协议转换。它包括小容量时分复用设备；LAN 通过帧中继互连的网桥/路由器等。

在实际组建各级网络时，可以根据网络规模、业务量等具体情况，酌情变动上述节点类型的划分。

4．网络结构

DDN 的网络结构采用等级制结构，可分为一级干线网、二级干线网和本地网三级。

（1）一级干线网。一级干线网由设置在各省、自治区和直辖市的节点组成，它提供省间的长途 DDN 业务。一级干线节点设置在省会城市，根据网络组织和业务量的要求，一级干线网节点可与省内多个城市或地区的节点互连。

在一级干线网上，选择有适当位置的节点作为枢纽节点，枢纽节点具有 E1 数字通道的汇接功能和 E1 公共备用数字通道功能。枢纽节点的数量和设置地点由原邮电部电信主管部门根据电路组织、网络规模、安全和业务等因素确定。网络各节点互连时，应遵照下列要求：

① 枢纽节点之间采用全网状连接；

② 非枢纽节点应至少保证两个方向与其他节点相连接，并至少与一个枢纽节点连接；

③ 出入口节点之间、出入口节点到所有枢纽节点之间互连；

④ 根据业务需要和电路情况，可在任意两个节点之间连接。

（2）二级干线网。二级干线网由设置在省内的节点组成，它提供本省内长途和出入省的 DDN 业务。根据数字通路、DDN 网络规模和业务需要，二级干线网上也可设置枢纽节点。当二级干线网在设置核心层网络时，应设置枢纽节点。

（3）本地网。本地网是指城市范围内的网络，在省内发达城市可以组建本地网。本地网为其用户提供本地和长途 DDN 业务。根据网络规模、业务量要求，本地网可以由多层次的网络组成。本地网中的小容量节点可以直接设置在用户的室内。

5．DDN 支持的业务

（1）网络业务类别

DDN 网络业务分为专用电路、帧中继和压缩话音/G3 传真三类业务。DDN 的主要业务是向用户提供中、高速率，高质量的点到点和点到多点数字专用电路（简称专用电路）；在专用电路的基础上，通过引入帧中继服务模块（FRM），提供永久性虚电路（PVC）连接方式的帧中继业务；通过在用户入网处引入话音服务模块（VSM）提供压缩话音/G3 传真业务。在 DDN 上，帧中继业务和压缩话音/G3 传真业务均可看作在专用电路业务基础上的增值业务。对压缩话音、G3 传真业务可由网络增值，也可由用户增值。

（2）用户入网速率

对上述各类业务，DDN 提供的用户入网速率及用户之间的连接如表 5-1 所示。对于专用电路和开放话音/G3 传真业务的电路，互通用户入网速率必须是相同的；而对于帧中继用户，由于 DDN 内 FRM 具有存储—转发帧的功能，允许不同入网速率的用户互通。

表 5-1 用户入网速率

业 务 类 型	用户入网速率 kbit/s	用户之间连接
专用电路	• 2048 • $N\times64$（$N=1\sim31$） • 子速率：2.4、4.8、9.6、19.2	TDM 连接
帧中继	9.6、14.4、19.2、32、48 $N\times64$（$N=1\sim31$）、2048	PVC 连接
话音/G3 传真	用户 2/4 线模拟入网（DDN 提供附加信令信息传输容量）的 8、16、32 通路	带信令传输能力的 TDM 连接

6. 用户入网方式

根据我国 DDN 技术体制的要求，用户入网有如下几类基本方式，在这些基本方式上还可以采用不同的组合方式。

（1）二线模拟传输方式：DDN 支持模拟用户入网连接，在交换方式下，同时需要直流环路、PBX 中继线 E&M 信令传输。

（2）二线（或四线）话带 MODEM 传输方式：在这种方式下，支持的用户速率由线路长度、调制解调器（MODEM）的型号而定。

（3）二线（或四线）基带传输方式：这种传输方式采用回波抵消和差分二相编码技术等。其二线基带设备可进行 19.2 kbit/s 全双工传输。该基带传输设备还可具有 TDM 复用功能，为多个用户入网提供连接。复用时需留出部分容量为网络管理用。另外还可用二线或四线，速率达到 16、32 或 64 kbit/s 的基带传输设备。

（4）基带传输加 TDM 复用传输方式：这路传输方式是通过在二线（或四线）基带传输的基础上加上 TDM 复用设备来实现的，可用于为多个用户入网提供接入服务。

（5）话音/数据复用传输方式：在现有的市话用户线上，采用频分或时分的方法实现电话/数据独立的数据复用传输。在 DOV（Data Over Voice）复用型话上数据设备中，还可加上 TDM 复用，为多个用户提供入网连接。

（6）PCM 数字线路传输方式：这种方式是当用户直接用光缆或数字微波高次群设备时，可与其他业务合用一套 PCM 设备，其中一路 2 048 kbit/s 进入 DDN。

（7）DDN 节点通过 PCM 设备的传输方式：在用户业务量大的情况下，DDN 节点机可放在用户室内，将所传的数据信号复用到一条 2 048 kbit/s 的数字线路上，通过 PCM 的一路一次群信道进入 DDN 骨干节点机。

5.4.2 FR

帧中继技术是为了解决 X.25 分组交换技术节点处理过于复杂从而影响系统吞吐量的背景下提出的。

众所周知，在 X.25 中，为了实现高的传输质量，在每个节点处均需进行差错控制，这在一定程度上影响了节点机的吞吐量。

分析之后不难得出，要解决这个问题有两种手段：一个是在传输线路不变的情况下，提高节点机的吞吐能力；另一个是在节点机吞吐能力不变的情况下，提高线路质量，降低差错率，从而降低对于节点机吞吐量的影响。随着光线技术的产生与不断发展，线路自身的差错率问题得到了很好的解决，从而可以只在端节点进行差错控制，而不在中间节点进行差错控制，这就是帧中继技术的主要思路。

1. 帧中继与 X.25 的比较

帧中继协议中只包含物理层和数据链路层两层。与 X.25 相比，帧中继在第二层增加了路由的功能，但它取消了其他功能，在帧中继节点不进行差错纠正，因为帧中继技术建立在误码率很低的传输信道上，差错纠正的功能由端到端的计算机完成。在帧中继网络中的节点将舍弃有错的帧，由终端的计算机负责差错的恢复，这样就减轻了帧中继交换机的负担。

与 X.25 相比，帧中继由于在第二层完成了路由选择，因此不需要第三层。

正是因为处理方面工作的减少，给帧中继带来了明显的效果。首先帧中继有较高的吞吐量，能够达到 E1/T1（2.048/1.544 Mbit/s）、E3/T3 的传输速率；其次帧中继网络中的时延很小，在 X.25 网络中每个节点进行帧校验产生的时延为 5～10 ms，而帧中继节点小于 2 ms。

2. 帧中继的虚电路

帧中继在一条传输介质上使用多个逻辑连接，即虚电路，有 SVC 和 PVC 两种。

PVC 是 1984 年作为最初帧中继标准提出来的，是两个节点之间的一条持续可用的通路，该通路被分配一个 DLCI 值，在该通路上发送的每一个帧都必须使用这个 DLCI。而且这条通路一直保持开通状态，通信可以在任何时间进行，就好像专线一样。

1993 年 SVC 成为帧中继标准的一部分，它具有链路的建立的释放过程，可大大扩充帧中继的接续能力。

在帧中继中，SVC 是一种比 PVC 新的技术，但目前使用的大多为 PVC 方式。图 5-12 所示为帧中继网中主机 A 到主机 B、LAN A 到 LAN B 通信时采用的虚电路。

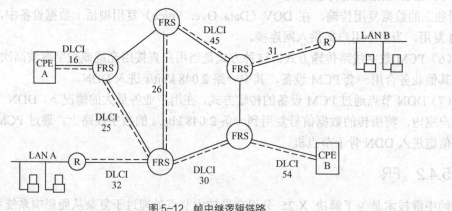

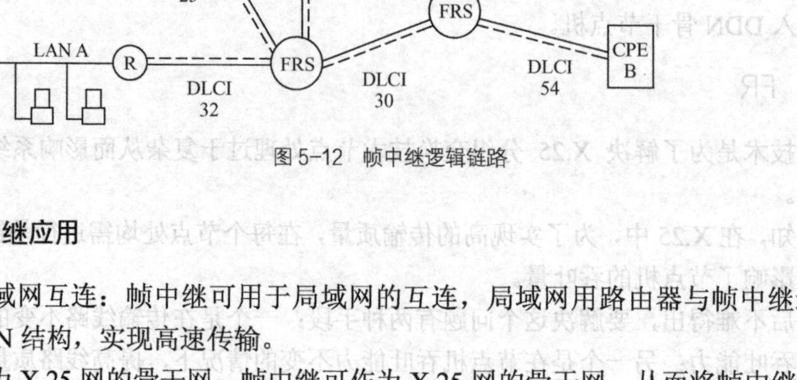

图 5-12 帧中继逻辑链路

3. 帧中继应用

（1）局域网互连：帧中继可用于局域网的互连，局域网用路由器与帧中继连接，形成 LAN-FR-LAN 结构，实现高速传输。

（2）作为 X.25 网的骨干网：帧中继可作为 X.25 网的骨干网，从而将帧中继高吞吐量、低时延与 X.25 高可靠的差错控制能力相结合，发挥各自优势，获得最佳效果。

5.4.3 B-ISDN

随着用户对于信息传送量和传送速率的要求的不断提高，N-ISDN 已无法满足用户需要。人们提出了宽带 ISDN，即 B-ISDN。所谓宽带是指要求传送信道能够支持大于基群数量的服务。B-ISDN 可以提供视频点播（VOD）、电视会议、高速局域网互连以及高速数据传输等业务。B-ISDN 要支持如此高的速率，要处理很广范围内各种不同速率和传输质量的需求，需要面临两大技术挑战：一是高速传输；二是高速转移模式。

高速传输可以借助于光纤信道来实现。

我们这里着重讨论 B-ISDN 对于转移模式的要求。

（1）要能够提供高速传送业务的能力：随着宽带业务的出现，要求网络中的复用、交换设备能够提供高达每秒千兆比特到几十千兆比特的吞吐能力。

（2）对信息损伤要小：即要满足时间透明性（信息传输的时延和时延抖动要小）和语义透明性（信息传输的丢失与差错要小）。

（3）能灵活地支持各种业务：这就要求交换机能迅速地完成多种业务的适配和交换。不同业务对带宽、时延的要求不同，信源的突发性等差异也很大，并且新的业务不断出现。这就要求 B-ISDN 的转移模式要具有很大的灵活性，不仅能支持现有的多种业务，而且能适应业务发展的需要，支持将来出现的各种业务。

（4）要具有可行性：尽可能地简化设备和网络的结构及管理。

针对 B-ISDN 对于转移模式的要求，分析已有的电路交换（STM）和分组交换，可以得到以下结论。

（1）STM 与数据业务不匹配。数据业务是突发性的，而且通常很不对称。

（2）分组交换适用于数据业务，但却不适于话音和视频。

针对以上问题，通信工程师们对转移模式做了很多的研究和改进。1983 年，美国贝尔实验室的 TurnerJ.等人提出了快速分组交换（Fast Packet Switching，FPS）原理，研制了原型机。同年，法国 CoudreuseJ.P.提出了 ATD 交换概念，并在法国电信研究中心研制了演示模型。

20 世纪 80 年代中期，原 CCITT 也开始了这种新的传送模式的研究。ATM 最早于 1984 年由 ITU 引入。1987 年，原 ICCITT 决定采用固定长度的信元，定名为 ATM（异步转移模式），并认定 B-ISDN 将基于 ATM 技术。

ATM 是一种采用固定长度信元传送数字信息的快速分组交换技术。信元持续以异步方式传递信息，在时间上不占用固定位置（因此称为异步）。这与在固定位置时隙发送信息的电路交换技术不同。ATM 也不同于 X.25 或 TCP/IP 那样的分组交换技术，ATM 运行于很高的速度，面向连接，信元长度固定，在网络层不重传。服务质量根植于协议之中。

选择 ATM 作为 B-ISDN 的转移模式有如下优势。

（1）综合业务：采用单一宽带连接利用信元传送话音和非话音信息。

（2）透明业务：ATM 网络可以简单地通过与网络协商所需带宽和服务质量向用户提供附加的业务，而中心局不需额外为提供这些新业务增加硬件。

（3）复用增益：ATM 允许用户在同一物理线路上同时进行数据通信和话音通信。ATM 信元可以传递话音信号，而在语音静默期则可以透明地传送数据。

数据信元简单地在队列中等待，以复用的方式传送。对队列的管理则依据该连接所需的QoS功能。语音信元实时性要求高，从队列取出时有优先权。

宽带业务的形式是多种多样的，ITU和ATM论坛分别从不同的角度对业务进行了分类，这里作简单介绍。

（1）从网络的角度进行分类。

由上一节内容可知，ITU从网络的角度根据恒定速率/可变速率、要求/不要求端到端定时、面向连接/无连接这三个方面进行分类的。而ATM论坛从流量控制的角度出发，保留了ITU的前两项区分标准，区分了恒定比特率业务（CBR）和可变比特率业务（VBR），并根据实时/非实时性，把VBR业务进一步分为实时（VBR-rt）和非实时（VBR-nrt）两类。另外考虑了日益增长的数据业务的要求，网络以尽力而为（Best Effort）的方式提供数据业务，进一步划分了可利用比特率业务（ABR）和未指定比特率业务（UBR），前者保证一定的丢失率要求，后者不提供任何形式的保证，并根据这五类业务的服务质量要求，网络提供不同的流量控制机制。这五类业务可以从两个方面来区分（如表5-2所示）。

表5-2　ATM业务的分类

特性		ATM业务分类				
		CBR	VBR-rt	VBR-nrt	ABR	UBR
业务特性	PCR,CDVT	√	√	√	√	√
	SCR,MBS,CDVT	–	√	√	–	–
	MCR	–	–	–	√	–
QoS参数	Peak-to-peakCDV	√	√	×	×	×
	maxCTD	√	√	×	×	×
	CLR	√	√	√	√	×

注：“√”表示“有规定”，“×”表示“未规定”，“–”表示“无关”。

① 从业务特性上区分。如峰值信元速率（PCR）、可维持信元速率（SCR）、最小信元速率（MCR）、最大突发长度（MBS），它们描述业务本身的流量特性，又称为源流量参数；另一些业务特性参数并不表示业务本身的流量，而是体现业务对时间特性的要求，如业务所能允许的信元抖动容限（CDVT）等。

② 从业务的ATM层服务质量（QoS）上区分。包括峰—峰信元时延抖动（peak to peak CDV）、最大信元传送时延（max CTD）、信元丢失率（CLR）、信元错误率（CER）、严重出错的信元块比例（SECBR）、信元误插入率（CMR）。

（2）从具体的业务形式和应用上进行分类。

ITU I.211将宽带业务分为两大类：分配型业务和交互型业务。交互型业务又可分为会话型业务、消息型业务、检索型业务；分配型业务又可分为不由用户控制的分配型业务和可由用户控制的分配型业务。每种业务又有视频、图像、音频、数据各种媒体形式。

① 交互型业务。会话型业务是一种实时双向通信业务，通信双方的地位是平等的，都以主动的方式加入会话，典型业务有会议电视、电话业务、多媒体会议中的图像交互、计算机网络的互连等。

消息型业务是一种不要求实时性的业务，往往经过存储转发或消息处理，消息型业务可以是单向的也可以是双向的。典型业务有高速传真、E-mail 以及各种文件传送业务。

检索型业务是一种双向通信业务，通信的一方是主动的，而另一方只是根据检索命令将对方需要的信息传送过去。这种业务对实时性的要求介于会话型和消息型之间，不要求有严格的定时关系，但也不允许过长的响应时间。典型的业务包括高清晰度的医疗图像检索、宽带可视图文、视频点播（VOD）、文件检索及各种查询业务。

② 分配型业务。分配型业务是一种点到多点的广播业务，其基本特征是接收方只能被动地接收。

对于用户不能控制的分配型业务，信息总是连续地传送着，不同用户在不同的时间接入就会接收到不同的内容，信息的开始和结束都不受用户的控制，典型的业务有高清晰度电视等。

可由用户控制的分配型业务中，信息是循环地播放的，所以用户总能看到一段完整的信息，典型的业务有电视图文广播、远程教学等。

练习题

1．试说明数据通信系统结构及各部分功能。

2．试述数据通信网的基本组成和数据通信网络的类型。

3．B-ISDN 与 ATM 有何关系？

4．简述 X.25 的协议层次及各层级的功能。

5．什么是面向连接和无连接？

6．数据通信有哪些交换方式？

7．试从优点、缺点、适用场合等方面比较虚电路和数据报方式。

第6章 计算机网络与 Internet

20 世纪 80 年代，人们提出计算机网络、卫星通信、光纤通信为影响 21 世纪的三大通信技术。计算机网络的产生使人类生活、工作、学习发生了极大的变化，其代表产品——Internet 正在成为人们日常生活不可缺少的通信手段。计算机网络正在成为信息化建设的基础设施。

Internet 从只为政府、军队、科研院所提供数据信息服务发展到今天为商业领域、学校、家庭以及社会各界提供丰富的信息服务，只用了不到 40 年的时间，其发展速度超过了以往任何一门科学技术的发展。究其原因主要有两方面：技术驱动和市场驱动。

从市场角度来看，网络资源的共享是计算机网络产生、发展的基础，这种资源的共享是人们追求的目标，应该不受时间与空间的限制。计算机网络的产生正好为人们提供了这种工具，使整个地球上任意两地的人们能够自由地进行信息共享与交互。而共享和交互的信息是以往各种通信方式所不可比拟的。

计算机网络的出现和发展使越来越多的人们相信：现在社会的各方面将会随着网络技术的发展和应用而彻底改变，无论是政治、经济、军事、商业或生活方式，甚至包括学习和研究。那么，可想而知：今后的经济将会是网络上的经济；今后的学习将会在网络上的虚拟学校内进行；今后的工业生产将会通过分布在世界各地的网络来控制和管理；今后的文化娱乐也将会与网络密不可分。

6.1 计算机网络概述

计算机网络是计算机技术与通信技术相互渗透、密切结合的产物。1946 年，计算机的诞生对人类社会的发展起到了巨大的推动作用。伴随着计算机的诞生，人们对于信息的共享有了更加迫切的需要。计算机网络正是在这种背景下产生的。

利用通信设备和线路，将分布在不同地理位置的、功能独立的多个计算机系统连接起来，以功能完善的网络软件（网络通信协议及网络操作系统等）将所要传输的数据划分成不同长度的分组进行传输和处理，从而实现网络中资源共享和信息传递的系统称为计算机网络。从资源共享的角度，计算机网络的定义为以能够相互共享资源的方式互连起来的自治计算机系统的集合。

资源共享的定义符合目前计算机网络的基本特征，主要表现在以下几点。

（1）计算机网络建立的主要目的是实现计算机资源的共享。计算机资源主要指计算机硬件、软件与数据。

（2）互连的计算机是分布在不同地理位置的多台独立的“自治计算机”（autonomous computer），它们之间可以没有明确的主从关系，可以联网工作，也可以脱网独立工作。

（3）联网工作的计算机之间的通信必须遵循共同的网络协议。

6.1.1 计算机网络的产生与发展

计算机网络的产生与发展大致可以分为四个阶段。

第一阶段可以追溯到 20 世纪 50 年代，在这个阶段计算机技术与通信技术开始结合，人们开始数据通信技术与计算机通信网络的研究，采用电路交换的方式组建计算机网络。其特点是投资少，维护简单方便，但并不适合数据通信的传输要求。同时在这个阶段为采用分组交换技术的计算机网络的出现做好了技术准备，并进行了大量的基础理论研究。

第二阶段的标志是 20 世纪 60 年代美国的 ARPANET 与分组交换技术。ARPANET 是计算机网络技术发展中的一个里程碑，它于 1969 年 12 月投入使用（当时只有 4 个节点），对它的研究促进了网络技术的发展，并为 Internet 的形成奠定了基础。分组交换技术的诞生为此后计算机网络的发展奠定了技术基础。

第三阶段从 20 世纪 70 年代中期开始。其代表性产物是网络体系结构与网络协议的国际标准化。在这个阶段各种广域网、局域网与公用分组交换网发展十分迅速，各个计算机生产商纷纷发展各自的计算机网络系统，不同的计算机网络系统采用不同的网络体系结构。为了使不同体系结构的计算机网络系统能够互连，国际标准化组织（International Standards Organization，ISO）于 1977 年成立了专门机构研究体系结构标准化的问题，进而提出了著名的开放系统互连参考模型。这个模型成为计算机网络在世界范围内进行互连的一个官方标准框架。对推动计算机网络的发展起到了非常重要的作用。除此之外，一个业界标准——TCP/IP 以非常迅速的发展在计算机网络中得到应用，并对开放系统参考模型提出了严峻的挑战。关于这两个标准的比较在第 1 章已经作过详细描述。

第四阶段从是 20 世纪 90 年代开始，计算机网络全面进入 Internet 时代。在这个阶段 Internet 作为国际性的广域网与大型信息服务系统，在经济、文化、科学研究、教育与人们社会生活等方面发挥着越来越重要的作用。

同时以高速以太网（Ethernet）为代表的高速局域网技术也发展迅速。目前，速率为 100Mbit/s 与 1Gbit/s 的快速以太网（Fast Ethernet）、吉比特以太网（Gigabit Ethernet）已得到广泛应用。传输速率为 10Gbit/s 的 Ethernet 网正在进入商用阶段。交换式局域网与虚拟局域网技术发展和应用也十分迅速。更高性能的 Internet 2 正在发展之中。网络计算与网络安全技术的研究与发展正在成为网络技术研究的热点领域。

6.1.2 计算机网络的结构与功能

1．计算机网络的结构

了解计算机网络的基本结构对于了解计算机网络的设计与应用是十分重要的。从网络组成的角度来看，早期的计算机网络从逻辑上分为资源子网和通信子网，如图 6-1 所示。

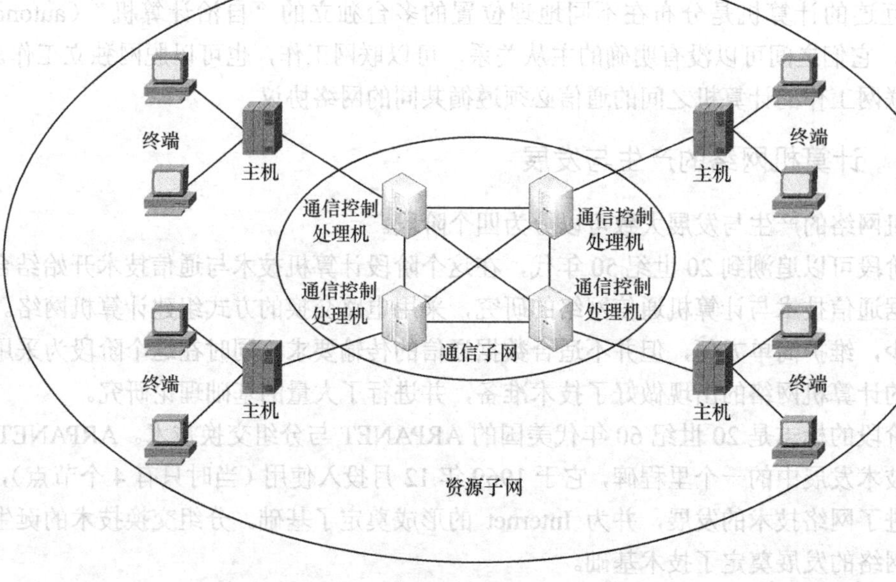

图6-1　早期计算机网络的结构示意图

资源子网由计算机主机系统、终端、终端控制器、连网外设、各种软件资源与信息资源组成。资源子网负责整个网络的数据处理业务，向网络用户提供各种网络资源和网络服务。

通信子网由通信控制处理机、通信线路与其他通信设备组成，完成网络数据传输、转发等通信处理业务。其中的通信控制处理机有两个作用：一方面，它作为与资源子网的主机、终端的连接接口，将主机和终端连入网内；另一方面，它又作为通信子网中的分组存储转发节点，完成分组的接收、校验、存储、转发等功能，实现将源主机报文准确发送到目的主机的作用。

计算机网络的拓扑结构主要是指通信子网的拓扑结构。

随着微型计算机和局域网的广泛应用，现代网络结构已经发生变化。大量的微型计算机通过局域网连入广域网；而局域网与广域网、广域网与广域网的互连是通过路由器实现的。在 Internet 中，用户计算机需要通过校园网、企业网或 ISP 连入地区主干网，地区主干网通过国家主干网连入国家间的高速主干网，这样就形成一种由路由器互连的大型、层次结构的互连网络。图 6-2 所示为目前常见的计算机网络结构示意图。

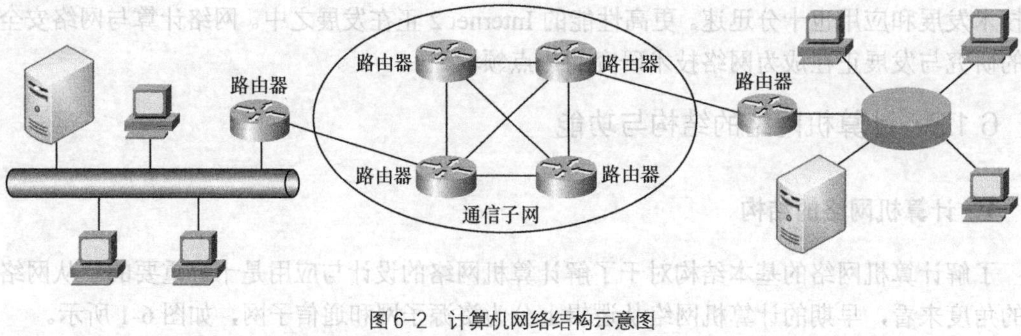

图6-2　计算机网络结构示意图

2. 计算机网络的功能

计算机网络建立的目的就是资源共享，基于这一前提，不论网络类型如何，其基本功能包括以下几个方面。

（1）共享软硬件资源。资源共享是网络的重要功能。网络资源主要包括硬件资源、软件资源和数据资源。硬件资源主要指高性能的处理机、大容量的存储设备和特殊的外围设备；软件资源指程序设计语言、软件包、应用程序等；数据资源指数据文件、数据库等。

（2）数据通信。计算机之间的数据通信是计算机网络的基本功能之一，它使不同地区的用户、计算机及进程通过网络进行对话并交换数据和信息。

（3）提高计算机系统的可靠性。提高计算机系统的可靠性功能可采用分布式处理，就是把处理任务分散到各个计算机上完成，这样既可以降低软件设计的复杂性，也可以降低对单个计算机硬件的性能要求，更能提高系统效率和降低系统成本。同时当网络中的一台计算机或一条链路出现故障，网络中的其他计算机或链路可以替代完成有关任务。

（4）综合信息服务。网上信息查询与获取、网上远程教学、网上医院、IP电话、网上视频点播等项目都是网络提供的信息服务。

6.1.3 计算机网络的分类

计算机网络的分类方法是多样的，其中最主要的两种方法是根据网络的覆盖范围与规模分类；或者根据网络所使用的传输技术分类。

计算机网络按照其覆盖的地理范围进行分类，可以很好地反映不同类型网络的技术特征。由于网络覆盖的地理范围不同，它们所采用的传输技术也就不同，因而形成了不同的网络技术特点与网络服务功能。按覆盖的地理范围进行分类，计算机网络可以分为三类：广域网、城域网与局域网。

广域网的连接范围一般为几十到几千千米，城域网的连接范围一般为几千米到几十千米，而局域网的范围一般为几百米至几千米。一般来说，局域网的传输速度最高，城域网次之，传输速度较低的是广域网。

广域网、城域网与局域网技术的发展为Internet的广泛应用奠定了坚实的基础。Internet的广泛应用也促进了局域网与局域网、局域网与城域网、局域网与广域网、广域网与广域网互连技术的发展，以及高速网络技术的快速发展。

根据网络所采用的传输技术，计算机网络又可以分为广播式网络和点——点式网络。

在广播式网络中，所有连网计算机都共享一个公共通信信道。当一台计算机利用共享通信信道发送数据包时，所有其他的计算机都会接收到这个分组。由于发送的数据包中带有目的地址与源地址，接收到该数据包的计算机将检查目的地址是否是与本节点地址相同。如果被接收数据包的目的地址与本节点地址相同，则接收该分组，否则将该分组丢弃。

与广播网络相反，在点—点式网络中，每条物理线路连接一对计算机。假如两台计算机之间没有直接连接的线路，那么它们之间的数据包传输就要通过中间节点的接收、存储、转发，直至目的节点。由于连接多台计算机之间的线路结构可能是复杂的，因此从源节点到目的节点可能存在多条路由。决定数据包从通信子网的源节点到达目的节点的路由需要有路由选择算法。采用分组存储转发与路由选择是点—点式网络与广播式网络的重要区别之一。

6.2 计算机网络

计算机网络是目前发展速度最快的通信网络，计算机网络中应用的通信技术也层出不穷。在各种计算机网络中，局域网是人们接触最多的计算机网络，它是目前计算机网络研究与应用的一个重要方向，同时也是技术发展最快的领域之一。随着人们对局域网研究的不断深入，网络体系结构及协议标准研究的不断完善，网络操作系统的发展，接入技术的不断改进，光纤技术的引入以及高速局域网技术的不断进步，局域网技术的特征以及性能参数已经发生了很大变化。一些早期的定义、分类已经不适应当前局域网的发展。目前，人们对于局域网的研究主要集中在网络的高速、宽带化，应用多元化，以及网络管理更灵活、细致等方面。

6.2.1 局域网的定义及特点

决定局域网特性的主要技术要素是：网络拓扑结构、传输介质的选择以及介质访问控制方法的选取。从介质访问控制方法的角度来看，局域网可分为共享介质局域网和交换式局域网。

局域网（Local Area Network，LAN）是指在一定的地理区域范围内，将多个相互独立的数据通信设备利用通信线路连接起来的并以一定速率进行相互通信的通信系统。

从局域网应用的角度来看，局域网具有以下主要特点：

（1）高速的数据传输速率（10 Mbit/s～10 Gbit/s）；

（2）覆盖有限的地理范围（十米～几十千米）；

（3）低误码率，可靠性高；

（4）各设备平等地访问网络资源，共享网络资源；

（5）易于建立、安装维护简单，造价低，易于扩展；

（6）能进行广播与组播通信。

6.2.2 IEEE 802标准

IEEE于1980年2月成立了针对局域网的标准委员会，专门从事局域网标准化的工作，并制定了IEEE802标准。IEEE802标准对应的局域网参考模型只涉及了OSI参考模型的下两层，如图6-3所示。在IEEE802标准的参考模型中将数据链路层划分为逻辑控制（LLC）子层和介质访问控制（MAC）子层。逻辑控制（LLC）子层与介质、拓扑无关；介质访问控制（MAC）子层与介质、拓扑有关。

结合局域网参考模型，IEEE802委员会制定了一系列标准，这些标准主要有以下几个。

（1）IEEE802.1标准包括局域网体系结构、网络互连、网络管理、性能测试以及位于MAC以及LLC层之上的协议层的基本标准。现在，这些标准大多与交换机技术有关，包括802.1q（VLAN标准）、802.1v（VLAN分类）、802.1d（生成树协议）和802.1p（流量优先权控制）等。

（2）IEEE802.2标准定义了LLC子层的功能和服务，并对高层协议以及MAC子层的接口进行了良好的规范，从而保证了网络信息传递的准确和高效性。由于现在逻辑理论控制已经成为整个802标准的一部分，因此这个工作组目前处于暂停状态。

（3）IEEE 802.3标准定义了CSMA/CD总线介质访问控制子层与物理层规范；产生了许

多扩展标准，如快速以太网的 IEEE802.3u，吉比特以太网的 IEEE802.3z 和 IEEE802.3ab，10 Gbit/s 以太网的 IEEE802.3ae；同时还定义了五类屏蔽双绞线和光缆是有效的缆线类型。目前，局域网络中应用最多的就是基于 IEEE802.3 标准的各类以太网。

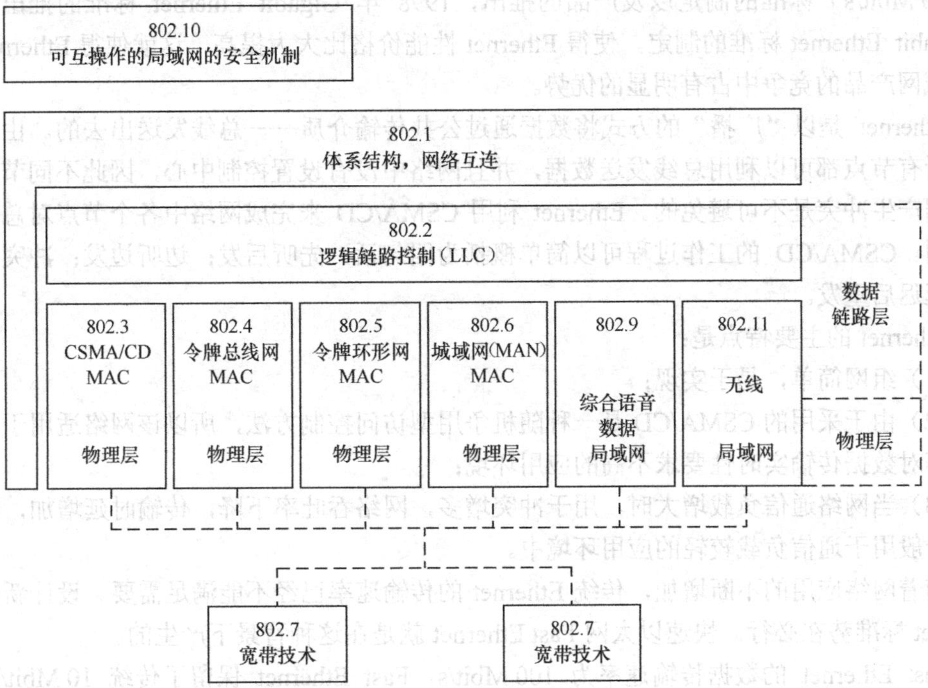

图 6-3　IEEE 802 标准之间的关系

（4）IEEE 802.4 标准定义了令牌总线（Token Bus）介质访问控制子层与物理层规范，该工作组近期处于暂停状态。

（5）IEEE 802.5 标准定义了令牌环（Token Ring）介质访问控制子层与物理层规范。标准的令牌环以 4 Mbit/s 或者 16 Mbit/s 的速率运行。由于该速率肯定不能满足日益增长的数据传输量的要求，所以，目前该工作组正在计划 100 Mbit/s 的令牌环（802.5t）和吉比特令牌环（802.5v）。其他 802.5 规范的例子是 802.5c（双环包装）和 802.5j（光纤站附件）。令牌环在我国极少被应用。

（6）IEEE 802.11 标准定义了无线局域网介质访问控制子层与物理层规范。IEEE802.11 标准主要包括 IEEE802.11a、IEEE802.11b、IEEE802.11g、IEEE802.11n、IEEE802.11ac。

（7）IEEE 802.15 标准定义了短距离个人无线网络标准，包括蓝牙技术的所有技术参数。

（8）IEEE 802.17 标准定义了 RPR（弹性分组环）的接入方法和物理层规范。

6.2.3　以太网

在局域网中使用最广泛的是以太网（Ethernet），据统计超过 95%的局域网均采用此技术。Ethernet 采用 CSMA/CD 的介质访问控制方法。

CSMA/CD 是在借鉴阿罗哈（ALOHA）的基本思想上，增加了载波侦听功能。在此基础之上设计出数据传输速率为 10 Mbit/s 的 Ethernet 实验系统。随后，Xerox、DEC 与 Intel 3 家公司合作，于 1980 年 9 月第一次公布了 Ethernet 的物理层、数据链路层规范。1981 年 11 月公布了 EthernetV2.0 规范。IEEE 802.3 标准是在 Ethernet V2.0 规范的基础上制定的，IEEE802.3 标准的制定推动了 Ethernet 技术的发展和广泛应用，尤其是在 1995 年 Fast Ethernet（传输速率 100 Mbit/s）标准的制定以及产品的推出，1998 年 Gigabit Ethernet 标准的推出，以及 10Gigabit Ethernet 标准的制定，使得 Ethernet 性能价格比大大提高，这就使得 Ethernet 在各种局域网产品的竞争中占有明显的优势。

Ethernet 是以“广播”的方式将数据通过公共传输介质——总线发送出去的。由于网络中的所有节点都可以利用总线发送数据，并且网络中没有设置控制中心，因此不同节点发送的数据产生冲突是不可避免的。Ethernet 利用 CSMA/CD 来完成网络中各个节点对总线资源的利用。CSMA/CD 的工作过程可以简单概括为四句话：先听后发；边听边发；冲突停发；随机延迟后重发。

Ethernet 的主要特点是：

（1）组网简单，易于实现；

（2）由于采用的 CSMA/CD 是一种随机争用型访问控制方法，所以该网络适用于办公自动化等对数据传输实时性要求不高的应用环境；

（3）当网络通信负载增大时，用于冲突增多，网络吞吐率下降，传输时延增加，因此该网络一般用于通信负载较轻的应用环境中。

随着网络应用的不断增加，传统 Ethernet 的传输速率已经不能满足需要。设计新的高速 Ethernet 标准势在必行。快速以太网 Fast Ethernet 就是在这种背景下产生的。

Fast Ethernet 的数据传输速率为 100 Mbit/s，Fast Ethernet 保留了传统 10 Mbit/s 速率 Ethernet 的所有特征（相同的数据帧格式、相同的介质访问控制方法、相同的组网方法），只是将 Ethernet 每个比特发送时间由 100 ns 降低为 10 ns，因此具有很好的向下兼容性。1995 年 9 月，IEEE 802 委员会正式批准了 Fast Ethernet 标准 IEEE 802.3u。IEEE 802.3u 标准只是在物理层作了些调整，定义了新的物理层标准 100BASE-T。100BASE-T 标准采用介质独立接口（Media independent Interface，MII），它将 MAC 子层与物理层分隔开来，使得物理层在实现 100 Mbit/s 速率时所使用的传输介质和信号编码方式的变化不会影响 MAC 子层。

尽管快速以太网具有高可靠性、易扩展性、成本低等优点，但在数据仓库、桌面电视会议、3D 图形与高清晰度图像这类应用中，人们不得不寻求有更高带宽的局域网。吉比特以太网（Gigabit Ethernet）就是在这种背景下产生的。

Gigabit Ethernet 的传输速率比 Fast Ethernet 快 10 倍，数据传输速率达到 1 000 Mbit/s。Gigabit Ethernet 保留着传统的 10 Mbit/s 速率 Ethernet 的所有特征（相同的数据帧格式、相同的介质访问控制方法、相同的组网方法），只是将传统 Ethernet 每个比特的发送时间由 100 ns 降低到 1ns；同时在物理层作了些调整，定义了新的物理层标准吉比特介质独立接口（Gigabit Media Independent Interface，GMII），它将 MAC 子层与物理层分隔开来，使得物理层在实现 1000Mbit/s 速率时所使用的传输介质和信号编码方式的变化不会影响 MAC 子层。

在 Gigabit Ethernet 的标准制定后不久，IEEE 于 1999 年 3 月成立了专门研究 10 Gbit/s Ethernet 的高速研究组。其标准在 2002 年由 IEEE 802.3ae 工作组制定完成。

由于数据传输速率的大幅度提高，10 Gbit/s Ethernet 除了具有上述 Ethernet 的特点外，还增加了一些新的特点：

（1）由于传输速率高达 10 Gbit/s，因此只使用光纤作为传输介质。使用单模光纤和长距离（大于 40 km）光纤收发器或光模块可以在广域网或城域网的范围内工作。使用多模光纤时，传输距离限制在 65～300 m。

（2）只工作在全双工方式下，因此不再存在争用的问题，不受冲突检测的限制。

在上述特点中可以看到，10 Gbit/s Ethernet 不仅只使用在局域网中，也可以在广域网或城域网中使用。而且，同等规模的 10 Gbit/s Ethernet 造价只有 SONET 的五分之一，只有 ATM 的十分之一。此外从 10 Mbit/s 的 Ethernet 到 10 Gbit/s Ethernet 都使用相同的帧格式，组网时可大大简化操作和管理，提高了系统的效率。1 Gbit/s Ethernet 和 10 Gbit/s Ethernet 的问世，进一步提高了 Ethernet 的市场占有率。

6.2.4 交换式局域网

传统的局域网技术是建立在“共享介质”的基础上的，网内所有的节点共享公共的通信传输介质。随着计算机技术的不断发展，接入网络的计算机越来越多，不可避免地造成网络性能的下降，如 Ethernet。如何克服网络规模与网络性能之间的矛盾，人们提出了以下 3 种方案。

（1）提高网络的传输速率，如前面介绍的以太网的传输速率从传统以太网的 10 Mbit/s 到快速以太网的 100 Mbit/s、吉比特以太网的 1 Gbit/s，再到 10 Gbit/s。

（2）将一个大型局域网划分成多个用网桥或路由器互连的子网，网桥与路由器可以隔离子网之间的交通量，使每个子网作为一个独立的小型局域网，通过减少每个子网内部节点数 *N* 的方法，使每个子网的网络性能得到改善。

（3）将“共享介质方式”改为“交换方式”，交换式局域网的核心设备是局域网交换机，它可以在多个端口之间建立多个并发连接。

第 2 种方案我们将在后面介绍计算机网络间互连时进行介绍。在这里主要介绍第 3 种方案涉及的交换式以太网以及在此基础上产生的虚拟局域网技术。

1. 交换式以太网的工作原理

对于传统的共享介质的 Ethernet，连接在总线或集线器上的每一个节点都是采用广播的方式发送数据的。因此，在任意一个时间点上只能有一个节点占用公共的通信信道。而交换式以太网从根本上改变了这种工作方式，它利用以太网交换机实现了多个节点间同时并发数据，从而增加局域网的网络带宽，改善了局域网的性能与服务质量。

局域网交换机结构及其工作过程如图 6-4 所示。

交换机对数据的转发是以网络节点计算机的 MAC 地址为基础的。交换机会监测发送到每个端口的数据帧，通过数据帧中的有关信息（源节点的 MAC 地址、目的节点的 MAC 地址），就会得到与每个端口所连接的节点 MAC 地址，并在交换机的内部建立一个“端口-MAC 地址”映射表。建立映射表后，当某个端口接收到数据帧后，交换机会读取出该帧中的目的节点 MAC 地址，并通过“端口-MAC 地址”的对照关系，迅速地将数据帧转发到相应的端口。

图 6-4 中交换机有 6 个端口，端口 1、5、6 分别以一条单独的通路连接节点计算机 A、C、D，节点计算机 B、E 共享一条通路连接到端口 3 中。

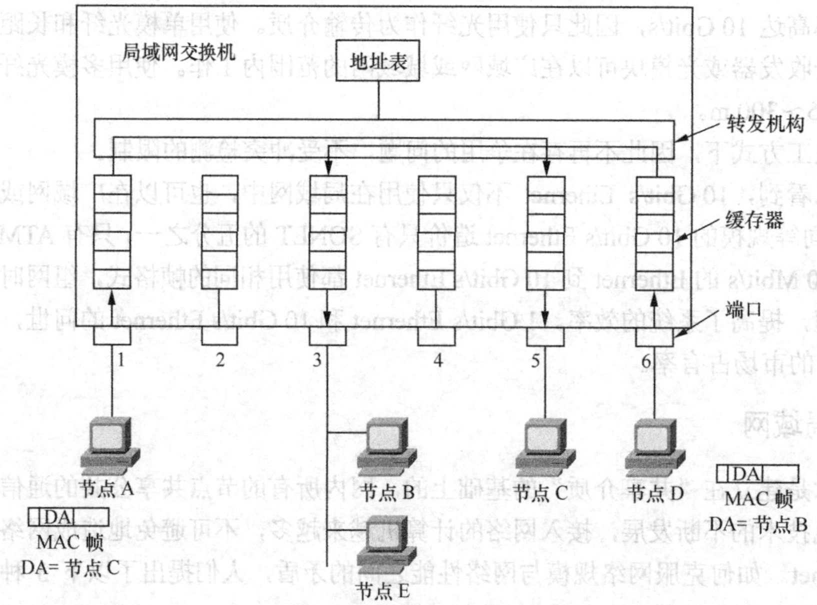

端口地址映射表	
端口	MAC 地址
1	节点 A 的 MAC 地址
2	
3	节点 B 的 MAC 地址
3	节点 D 的 MAC 地址
4	
5	节点 C 的 MAC 地址
6	节点 E 的 MAC 地址

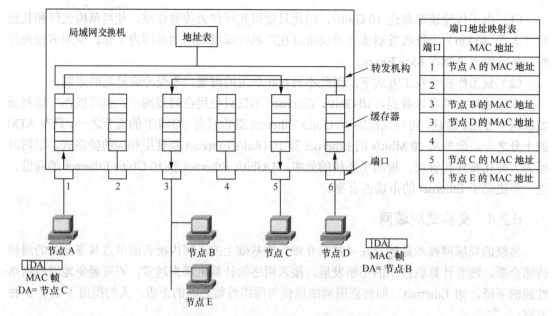

图 6-4　交换机结构及交换过程示意图

假设节点 A 要向节点 C 发送数据，节点 D 要向节点 B 发送数据，其工作过程如下。

节点 A 发送的数据帧中，目的地址为 C 的 MAC 地址；节点 B 发送的数据帧中，目的地址为 D 的 MAC 地址。当两个数据帧同时通过交换机传送数据帧时，交换机的交换控制系统会根据“MAC 地址/端口号映射表”的对应关系找出数据帧目的地址所连接的交换机的端口号，然后为节点 A 和节点 C 建立端口 1 到端口 5 的连接，同时为节点 D 和节点 B 建立端口 6 到端口 3 的连接。这样的连接可以根据需要建立多条，即可以在多个端口之间建立多个并发连接，这也是交换机与集线器最大的区别。

节点 B 和节点 E 共享端口 3，它们之间传输数据时，采用传统的共享介质访问控制方法，同时交换机发现是这两个节点间进行数据传输时，将不转发，而是丢弃。这样可以避免不必要的数据流动，这也是交换机与集线器的重要区别之一。

所有新接入交换机的节点在接入交换机后首先发送一个广播信息，将自己的 MAC 地址广播出去，然后交换机会将这个地址与对应的端口号加入到“MAC 地址/端口号映射表”。交换机还对 MAC 地址和端口号的对应关系赋予一个计时器，来保证对应关系的精确、有效。当计时器溢出后，对应关系将被删除。对应关系的建立将在下次节点进行数据通信时，重新建立。

2. 虚拟局域网

虚拟局域网（VLAN）是建立在交换技术之上的，是通过路由和交换设备，在网络的物理拓朴结构基础上建立一个逻辑网络，以使得网络中任意几个局域网网段或（和）节点能够组合成一个逻辑上的局域网。同一逻辑局域网的成员可以分布在相同的物理网络上，也可以分布在不同的网络上，只要组建这些网络的局域网交换机是互连的。当一个节点从一个逻辑

网络转移到另一个逻辑网络时，只需要通过软件设定，而不需要改变它在网络中的物理位置。图 6-5 所示给出了 VLAN 的物理结构和逻辑结构。

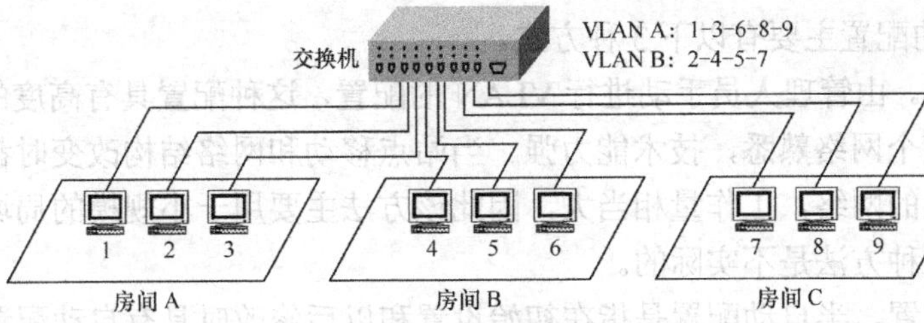

（a）VLAN 的物理结构

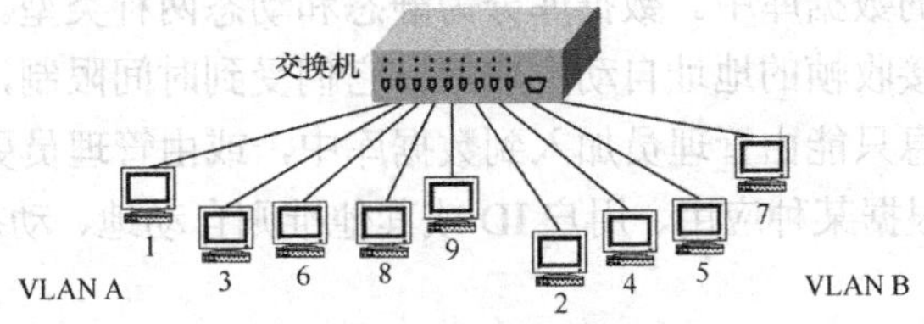

（b）VLAN 的逻辑结构

图 6-5 VLAN 结构示意图

从图 6-5 中可以看出，虚拟局域网中的节点可以位于不同的物理网段，并且不受物理位置的限制，相互之间的通信就好像在同一个局域网中一样。对于虚拟局域网的划分根据对其成员的不同定义，可以有下列几种方式。

（1）基于交换机端口的虚拟局域网：许多早期的虚拟局域网都是根据交换机的端口来进行划分的。虚拟局域网从逻辑上将局域网交换机的端口划分为不同的逻辑子网。这种划分可以在一台交换机上完成，也可以跨越多台交换机。

该方法是划分虚拟局域网成员时最通用的方法，简单快速。但也存在以下缺点：首先是端口定义虚拟局域网时，不允许不同的虚拟局域网包含相同的物理网段或交换端口。例如，交换机 1 的 1 端口于 VLANl 后，就不能再属于其他 VLAN；其次是无法自动解决节点的移动、增加和变更问题。如果一个节点从一个端口移动到另一个端口时，网络管理者必须对虚拟局域网成员进行重新配置。

（2）基于 MAC 地址的虚拟局域网：这种方法是利用节点设备的 MAC 地址来定义虚拟局域网。由于节点的 MAC 地址是唯一不变的，因此这种方式可以看作是基于用户的虚拟局域网。在这种方式下，即使节点设备移动到网络其他物理网段。由于它的 MAC 地址不变，所以该节点将自动保持原来的虚拟局域网成员的地位。但这种方法的缺点也非常明显，需要在初始阶段由人工手动地将大量毫无规律的 MAC 地址配置到相应的 VLAN 中。

（3）基于网络层地址的虚拟局域网：在这种方式中，VLAN 的划分是利用网络层地址来实现的，例如 IP 地址。在这种方式中要求局域网交换机能够处理网络层的数据。与前两种方式相比，这种方式有利于组成基于服务或应用的虚拟局域网；用户可以随意移动节点而无需重新配置网络地址；一个虚拟局域网可以扩展到多个交换机的端口上，甚至一个端口能对应于多个虚拟局域网。但由于检查网络层地址比检查 MAC 地址的延迟要大，因此，这种方法影响了交换机的交换时间以及整个网络的性能。

在实际应用过程中，基本上很少使用单一的划分方式，通常是将两种方式进行结合使用，如将第 1 种、第 3 种方式进行结合就是最常见的一种方式。

对于 VLAN 的配置主要有以下 3 种方式。

（1）手工配置。由管理人员手动进行 VLAN 的配置，这种配置具有高度的可控制性，但要求网管人员对整个网络熟悉，技术能力强。当站点移动和网络结构改变时都需手动进行修改，对规模大一点的网络，工作量相当大，因此该方法主要用于小规模的局域网，规模较大的局域网中使用这种方法是不实际的。

（2）半自动配置。半自动配置是指在初始设置和以后修改时具有自动配置选项的设置，也指那些手工进行初始配置，然后自动跟踪用户变化的情况。在这种方式中 VLAN 配置信息都被存储在交换机内部的数据库中。数据库分为静态和动态两种类型。其中动态数据库中的信息是通过交换机监测接收帧的地址自动生成的。它们受到时间限制，经过一段时间后就会被自动删除。而静态信息只能由管理员加入到数据库中，或由管理员更新和删除。

（3）全自动配置。根据某种应用、用户 ID 或其他准则自动地、动态地进行 VLAN 配置。

6.2.5 广域网

广域网是一个覆盖较大地理范围的计算机网络，为不同城市、国家或大洲之间提供远程通信服务，有时也称为远程网。广域网通常借助公共传输网络，利用分组交换技术将分布在不同地区的局域网或计算机系统互连起来，达到资源共享的目的。

广域网与局域网的最大区别是其规模，广域网可以根据需要不断地扩展，有足够的能力提供多台计算机同时通信。通常作为国家或地区计算机网络的骨干网络，因此其特点与局域网有明显的不同：

（1）适应大容量与突发性通信的要求；

（2）适应综合业务服务的要求；

（3）开放的设备接口与规范化的协议；

（4）完善的通信服务与网络管理；

（5）数据传输速率较低，传播时延较大（相对于局域网）。

在广域网中常用到的网络技术及协议有 X.25、DDN 以及帧中继等。相关知识在第 5 章中已经介绍，在此就不再进行阐述。

6.3 计算机网络间互连

计算机网络间互连是指利用网络设备将不同的网络连接起来，让不同的计算机网络中的计算机能够相互通信。

在 6.2.4 小节中我们提到解决网络规模与网络性能之间的矛盾的一种办法，是将一个大型局域网划分成多个用网络设备互连的子网。同时计算机网络互连是提高网络效率、便于管理的有效办法。除此之外，进行网络互连还能够有效地扩大网络的覆盖范围，将不同体系结构的网络相连。要完成不同的网络之间的互连主要是要处理互连网络的帧、分组、报文和协议的差异等问题。

6.3.1 计算机网络间互连概述

1．计算机网络间互连的类型

计算机网络之间的互连主要有以下几种。

（1）局域网—局域网间的互连。实际应用中，这种类型的计算机网络互连是人们最常接触到的。在图6-6中，网络1表示一个局域网，网络2表示一个局域网。这种类型的互连根据互连的局域网所使用的技术的异同，又可以分为同种局域网互连和异种局域网互连两种。

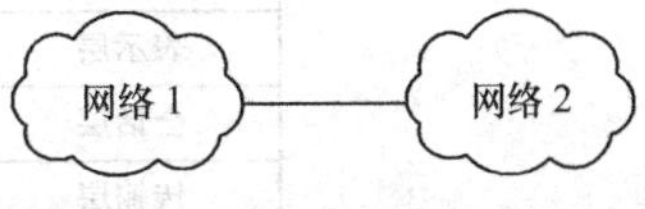

图6-6 计算机网网间互连模型

① 同种局域网互连：使用相同协议的局域网间的互连叫做同种局域网的互联。例如，两个Ethernet网络的互连，或者两个令牌环（Token Ring）网络的互连，都属于同种局域网的互连。这类互联比较简单，一般使用网桥或二层交换机就可以将分散在不同地理位置的多个局域网互连起来。

② 异种局域网互连：使用不同网络协议或不同介质控制方法的局域网间的互连。例如，一个Ethernet网络与一个Token Ring网互连；或者Ethernet网与ATM局域网互连。当ATM局域网与共享介质局域网互连时还必须解决局域网仿真的问题。

（2）局域网—广域网互连。局域网—广域网互连是每个局域网接入Internet都要面对的问题，因此也是常见的一种网络互联方式。在图6-6中，网络1表示局域网，网络2表示广域网。这种方式中，路由器或者网关设备是实现局域网—广域网互连的主要设备。

（3）广域网—广域网互连。广域网—广域网互连主要是运营商之间的网络互连，在图6-6中，网络1表示一个广域网，网络2表示一个广域网。这种方式主要是通过路由器或者网关设备实现不同广域网间的互连，从而实现各个广域网中的主机资源能够相互共享。

实际应用中，还有其他类型的计算机网络间的互连，例如城域网与其他网络的互连，局域网通过广域网或城域网与局域网互连等，这些都可以分解为上述3种类型来加以处理。

2．计算机网络间互连的层次

在第1章我们讨论过，通信网络是分层次的，因此网络互连也一定存在不同层次互连的问题，根据网络体系结构模型，网络互连层次可分为以下几种。

（1）物理层互连：如图6-7所示，在物理层进行网络互连主要是完成不同的电缆段之间信号的复制。物理层的连接设备主要是中继器。中继器是最低层的物理设备，用于在局域网中连接几个网段，只起简单的信号放大作用，用于延伸局域网的长度。严格地说，中继器是网段连接设备而不是网络互连设备。

（2）数据链路层互连：如图6-8所示，数据链路层互连主要解决的问题是不同网络之间存储转发数据帧。在这个层次上进行网络互连的主要设备是网桥和二层交换机。互连设备在网络互连中起到数据接收、地址过滤与数据转发的作用，它用来实现多个网络系统之间的数据交换。在该层实现网络互连时，允许互连网络的数据链路层与物理层协议是相同的，也可以是不同的。但互连的网络在数据链路层以上要采用相同或兼容的协议。

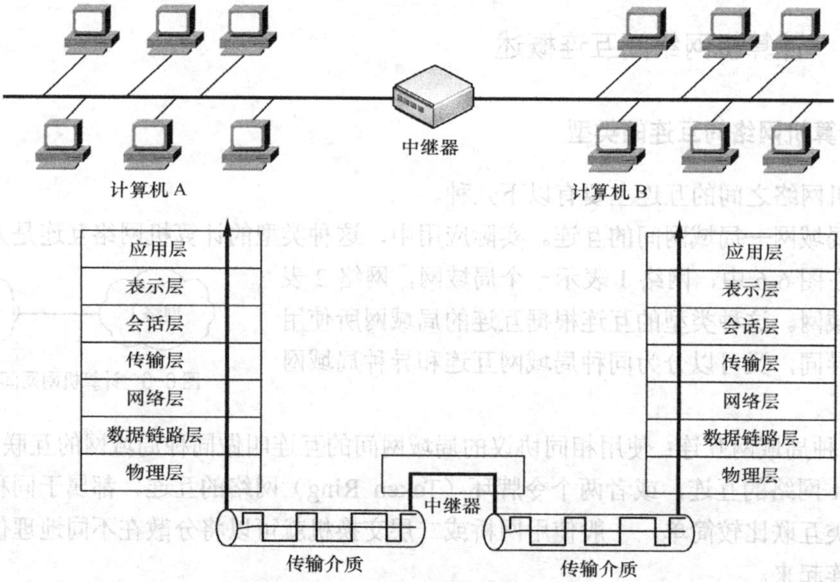

图 6-7 物理层互连示意图

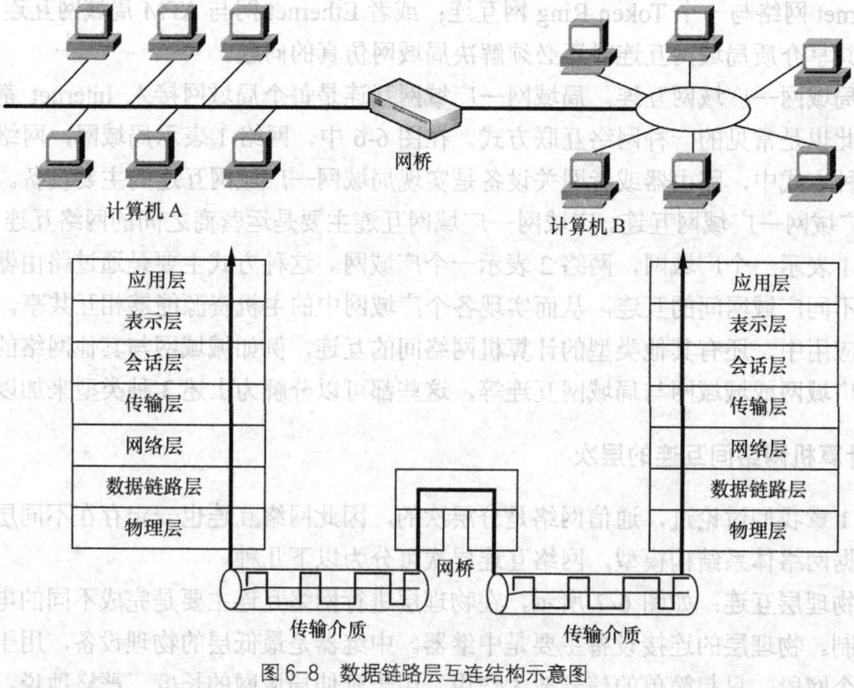

图 6-8 数据链路层互连结构示意图

（3）网络层互连：如图 6-9 所示，网络层互连要解决的问题是在不同的网络之间存储转发分组。该层互连的主要设备是路由器或三层交换机。用三层设备实现网络层互连时，允许互连网络的网络层及以下各层协议是相同的，也可以是不同的。如果网络层协议相同，则互连主要是解决路由选择问题。如果网络层协议不同，需使用多协议路由器不仅完成路由选择问题，还需完成协议转换，速率匹配等问题。

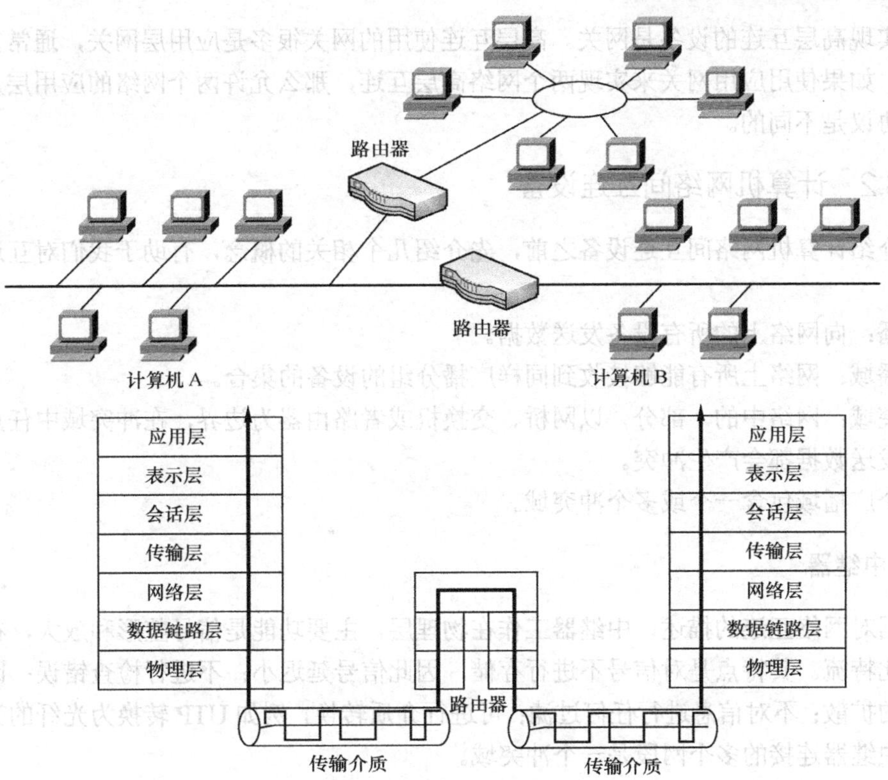

图 6-9　网络层互连结构示意图

（4）高层互连：传输层及以上各层协议不同的网络之间的互连属于高层互连，如图 6-10

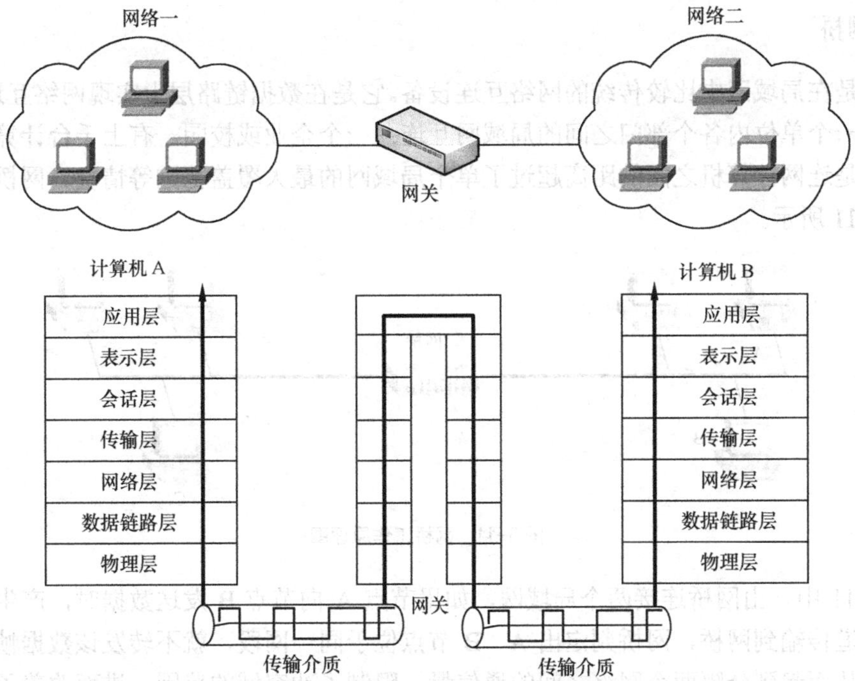

图 6-10　高层网络互连结构示意图

所示。实现高层互连的设备是网关。高层互连使用的网关很多是应用层网关，通常简称为应用网关。如果使用应用网关来实现两个网络高层互连，那么允许两个网络的应用层及以下各层网络协议是不同的。

6.3.2 计算机网络间互连设备

在介绍计算机网络间互连设备之前，先介绍几个相关的概念，有助于我们对互连设备的理解。

广播：向网络上的所有设备发送数据。

广播域：网络上所有能够接收到同样广播分组的设备的集合。

冲突域：网络中的一部分，以网桥、交换机或者路由器为边界，在冲突域中任意两台主机同时发送数据都会产生冲突。

一个广播域包含一个或多个冲突域。

1．中继器

根据对网络互连的描述，中继器工作在物理层，主要功能是信号整形和放大，在网段之间复制比特流。其特点是对信号不进行存储，因此信号延迟小；不进行检查错误；因此会造成错误的扩散；不对信息进行任何过滤；可进行介质转换，例如UTP转换为光纤的光纤收发器；用中继器连接的多个网段是一个冲突域。

应用注意事项：不能构成环、应遵守以太网的“3-4-5规则”。其中，“3-4-5规则”是指在以太网中最多可以有3个网络段可以连接数据终端，最多使用4个中继器，最多由5个网络段组成。

2．网桥

网桥是在局域网中比较传统的网络互连设备。它是在数据链路层上实现网络互连的设备，主要用于一个单位内各个部门之间的局域网互连；一个企业或校园，有上千台计算机需要连网；或者是连网计算机之间的距离超过了单个局域网的最大覆盖范围等情况。网桥的工作原理如图6-11所示。

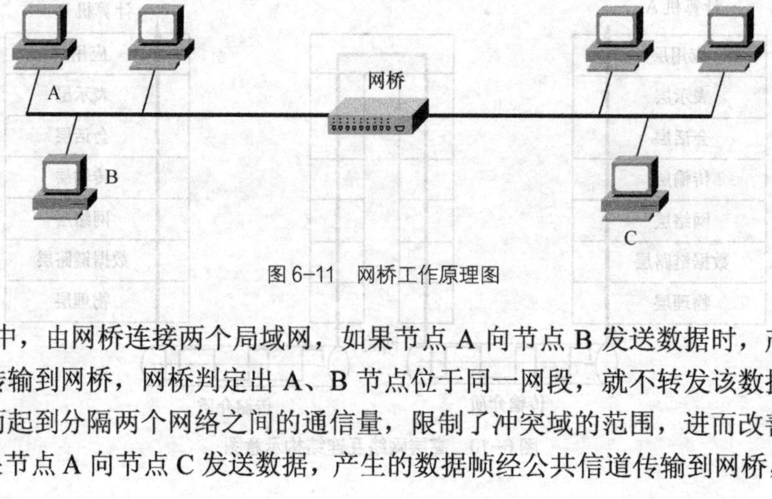

图6–11 网桥工作原理图

图6-11中，由网桥连接两个局域网，如果节点A向节点B发送数据时，产生的数据帧经公共信道传输到网桥，网桥判定出A、B节点位于同一网段，就不转发该数据帧到另一个局域网，从而起到分隔两个网络之间的通信量，限制了冲突域的范围，进而改善了互连网络的性能。如果节点A向节点C发送数据，产生的数据帧经公共信道传输到网桥，网桥判定出

A、C 节点位于不同的网段上，则转发该数据帧到另一个局域网，从而起到网络互连的作用。网桥连接的局域网的数据链路层与物理层协议是相同的，也可以是不同的，如图 6-12 所示。

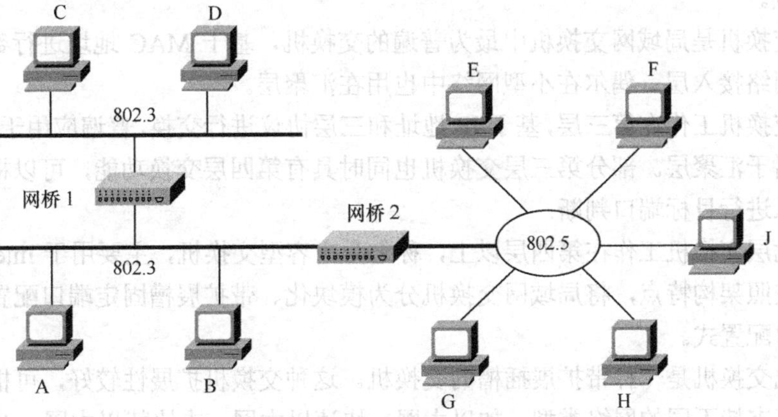

图 6-12 网桥连接异构网示意图

网桥可以实现不同类型的局域网的互连，可以有效隔离错误帧，不会使错误扩散；限制了冲突域的范围；对局部故障能够实现隔离，保证整个网络的正常运行。但同时也存在无法控制广播，不能抑制广播风暴；只能用存储转发方式，速度比较慢；无流量控制，负载重时会出现丢帧现象等缺点。

3. 网络交换机

网络交换机和网桥属同一类设备，工作在数据链路层上。但网络交换机的端口数多，并且交换速度快。在这个意义上，网络交换机可看作是多端口的高速网桥。但交换机与网桥相比又有下面的优点：首先是交换速度快，可实现线速转发；其次能解决网络主干上的通信拥挤问题；第三端口密度高，一台交换机可连接多个网段，降低了组网成本。因此，目前在网络互连中大量在使用网络交换机，而很少使用网桥。

交换机的工作原理在交换式局域网中已经作过介绍，在这里主要介绍交换机的分类。

从广义上来看，网络交换机分为两种：广域网交换机和局域网交换机。

广域网交换机主要应用于电信城域网互连、Internet 接入等领域的广域网中，提供通信用的基础平台。

局域网交换机就是我们常见的交换机，也是我们学习的重点。局域网交换机应用于局域网络，用于连接终端设备，如服务器、工作站、集线器、路由器、网络打印机等网络设备，提供高速独立通信通道。

在这里主要讨论局域网交换机的分类。

（1）按照网络结构层次划分，网络交换机被划分为核心层、汇聚层和接入层交换机。

核心层交换机全部采用模块化设计，用户可以根据需求灵活配置所需的模块，背板带宽高，主要模块采用冗余配置，提高可靠性。

接入层交换机基本上是固定端口配置式交换机，为用户提供接入连接服务。端口速率以 10/100 Mbit/s 端口为主，并且可以提供一定的接入控制功能。

汇聚层交换机采用模块化或固定端口配置设计，主要为接入层交换机提供上联服务，提供的接口以 1 000 Mbit/s 接口为主，同时还提供一定的路由控制能力。

（2）按照 OSI 的七层网络模型划分，交换机又可以分为二层交换机、三层交换机、四～七层交换机。

二层交换机是局域网交换机中最为普遍的交换机，基于 MAC 地址进行数据包的转发。通常用在网络接入层。偶尔在小型网络中也用在汇聚层。

三层交换机工作在第三层，基于 IP 地址和三层协议进行交换，普遍应用于网络的核心层，也少量应用于汇聚层。部分第三层交换机也同时具有第四层交换功能，可以根据数据帧的协议端口信息进行目标端口判断。

四～七层交换机工作在第四层以上，称之为内容型交换机，主要用于 Internet 数据中心。

（3）按照架构特点，将局域网交换机分为模块化、带扩展槽固定端口配置式、不带扩展槽固定端口配置式。

模块化交换机是一种带扩展插槽的交换机。这种交换机扩展性较好，可根据用户需要灵活配置，可支持不同的网络类型，如以太网、快速以太网、吉比特以太网、ATM、令牌环及 FDDI 等，但价格较贵。高端交换机基本上都采用模块化设计。

带扩展槽固定端口配置式交换机是一种有固定端口并带少量扩展槽的交换机。这种交换机在支持固定端口类型网络的基础上，还可以通过扩展其他网络类型模块来支持其他类型网络，这类交换机的价格居中。

不带扩展槽固定端口配置式交换机仅支持一种类型的网络（通常为以太网），可应用于小型企业或办公室环境下的局域网的用户接入，价格最便宜，应用也最广泛。

（4）按照应用规模，交换机分为企业级交换机、部门级交换机和工作组级交换机。

企业级交换机采用模块化设计，可支持 500 个以上的信息点。

部门级交换机采用模块化设计或固定端口配置式，可支持 100～300 个信息点。

工作组级交换机一般为固定端口配置式，支持 100 个以内的信息点。

（5）按照交换机的可管理性，交换机分为可网管型交换机和不可网管型交换机。

可网管型交换机支持 SNMP、RMON 等网管协议的，便于远程网络监控、流量分析，提高网管人员对网络的控制，但成本也相对较高。大中型网络在核心层、汇聚层应选择可管理型交换机，在接入层视应用需要而定。

（6）按照交换机是否可堆叠，交换机可分为可堆叠型交换机和不可堆叠型交换机两种。交换机堆叠的主要目的是为了增加端口密度，可将多台交换机在管理上按一台交换机对待。

4．路由器

路由器是在网络层上实现多个网络互连的设备，是目前在网络互连中应用最多、应用最广泛的网络互连设备。基于 TCP/IP 的全球最大的计算机互连网络 Internet 的主体脉络是通过路由器构建的，因此可以说没有路由器就没有今天的 Internet。

路由器的处理速度是网络通信的主要瓶颈之一，它的可靠性则直接影响着网络互连的质量。因此，在园区网、地区网、乃至整个 Internet 研究领域中，路由器技术始终处于核心地位，其发展历程和方向，成为整个 Internet 研究的一个缩影。

（1）路由器的功能

路由器主要功能有以下几方面。

① 路由的选择及数据的转发：路由的选择是路由器的基本功能。当一个数据包到达路由器，路由器根据数据报的目的地址，查看路由表，在可能到达目的网络的多条路径中按照某种路由策略选择一条最佳路径将数据包转发出去。

② 协议的转换：当使用路由器连接的网络使用不同的网络层协议时，路由器将负责完成不同网络协议间的转换，例如 IP 转换为 X.25 协议。不同协议的数据包的 MTU 是不同的，在这个过程中还包括将不同网络的数据包重新封装的过程。

③ 流量的控制：在路由器的设计中，每个端口都有大容量的缓冲区设计，能够实现不同速率接口间的数据包的转发，同时通过软件设计还能够控制收发双方的数据流量，使两者更加匹配。此外，许多中高端的路由器在设计中，还可以通过软件对不同的源或目的地址设定不同的数据收发速率。

除了上述的主要功能之外，路由器还具有访问控制、网络管理、NAT 转换等功能。

（2）路由器的工作原理

在互连网络中，路由器一般采用表驱动的方法进行路由选择。每台路由器中均保存一张路由表，需要传送 IP 数据报时，它就查询该表，决定把数据报发往何处。

一个路由表通常由许多（目的网络的 IP 地址，下一跳地址）对序偶组成。因此，在路由器中的路由表仅仅指定了数据包传输的下一跳地址，而并不能知道到达目的网络的完整路径。在路由表中不可能包含全球所有网络的路由选择（路由表太大，不切合实际），因此，路由表除了包含到某一网络的路由和到某一特定的主机路由外，还可以包含一个非常特殊的路由——默认路由。如果路由表中没有包含到某一特定网络或特定主机的路由，路由器就将数据包发送到默认路由上。这样可以大大减小路由表长度，提高数据包的转发速度。正常情况下，路由器的路由表一定包含一条默认路由。

路由表有以下两种产生的方式。

① 静态路由表：由系统管理员事先设置好固定的路径表称之为静态路由表，一般是在路由器进行安装配置时就根据网络的配置情况预先设定的，它不会随未来网络结构的改变而改变。

② 动态路由表：动态路由表是路由器根据网络系统的运行情况而自动调整的路由表。通常是路由器根据不同的路由选择协议自动学习和记忆网络运行情况，在需要时自动计算数据传输的最佳路径。局域网中动态路由表的产生基本上采用 RIP、OSPF 这两种动态路由协议。

路由器的工作过程依靠查找路由表，并根据路由表进行数据报的转发。首先路由器从数据包中提取目的主机的 IP 地址，然后计算目的主机所属网络的网络地址；如果目的主机所属网络的网络地址与路由器直接相连的网络地址匹配，则直接在该网络进行投递（封装、物理地址映射、转发数据）；如果不是则查看路由表，看其中是否包含有到达目的主机的 IP 的路由，有就将数据包转发到指定的下一跳地址；如果没有则查看路由表，看其中是否包含有到达目的网络的 IP 的路由，有就将数据包转发到指定的下一跳地址；若还没有，则按默认路由进行数据包的转发。

图 6-13 所示为一个简单的网络互连示意图，表 6-1 所示为路由器 R 的路由表。

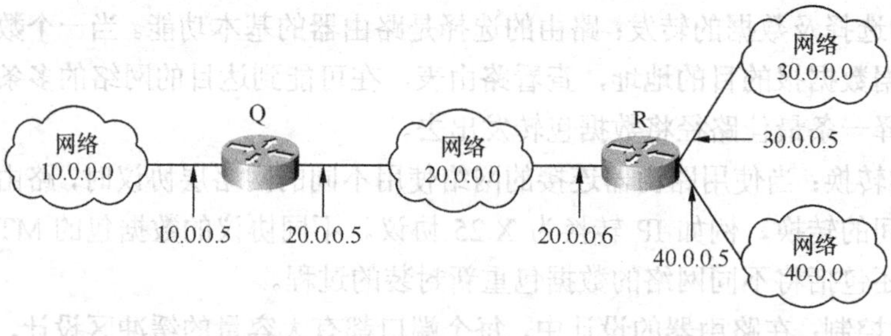

图6-13　网络通过路由器互连示意图

表 6-1　　　　　　　　　路由器 R 的路由表

目的网络	下一跳地址
10.0.0.0	20.0.0.5
20.0.0.0	直接投递
30.0.0.0	直接投递
40.0.0.0	直接投递
其他网络	20.0.0.5

在图 6-13 中，网络 20.0.0.0、网络 30.0.0.0 和网络 40.0.0.0 都与路由器 R 直接相连，路由器 R 收到一个 IP 数据报，如果其目的 IP 地址的网络号为 20.0.0.0、30.0.0.0 或 40.0.0.0，那么 R 就可以将该报文直接传送给目的主机。如果接收报文的目的地网络号为 10.0.0.0，那么 R 就需要将该报文传送给与其直接相连的另一路由器 Q，由路由器 Q 再次投递该报文。如果目的地网络号是其他网络，则按默认路由将数据包交给路由器 Q。

（3）路由器的分类

路由器的类型有很多，根据不同的侧重点有多种划分方式。

① 按功能划分：路由器分为骨干级路由器、企业级路由器和接入级路由器。

骨干级路由器是实现企业级网络互连的关键设备。对它的基本性能要求是高速度和高可靠性。在实际应用中骨干级路由器普遍采用诸如热备份、双电源、双数据通路等传统冗余技术来保证骨干路由器的可靠性。

企业级路由器连接许多终端系统，连接对象较多，但系统相对简单，且数据流量较小，对这类路由器的要求是以高性价比实现尽可能多的端点互连，同时还要求能够支持不同的服务质量，还能有效地支持广播和组播。此外还要支持防火墙、包过滤以及大量的管理和安全策略以及 VLAN 间通信等。

接入级路由器主要应用于连接家庭或小型企业客户群体。接入路由器应支持许多异构网络的连接以及高速端口的接入。

② 按处理能力划分：路由器按性能档次分为高、中、低端路由器。

高端路由器的背板交换能力大于 50 Gbit/s。

中端路由器的背板交换能力为 25～40 Gbit/s。

低端路由器的背板交换能力小于 25 Gbit/s。

上述划分只是一种宏观上的划分标准，各厂家划分标准并不完全一致。

③ 按结构划分：路由器分为模块化结构与非模块化结构。

模块化结构可以根据需要灵活地配置路由器，以适应企业不断增加的业务需求，通常中高端路由器采用模块化结构。

非模块化结构只提供固定的端口，灵活性差，通常低端路由器采用非模块化结构。

④ 按所处网络位置划分：路由器可分为核心路由器与接入路由器。

核心路由器位于网络中心，通常使用的是高端路由器，采用模块化结构，要求快速的包交换能力与高速的网络接口。

接入路由器位于网络边缘，通常使用的是中低端路由器，采用非模块化结构，要求相对低速的端口以及较强的接入控制能力。

⑤ 按通用性划分：路由器可分为通用路由器与专用路由器。一般所说的路由器为通用路由器。专用路由器通常为实现某种特定功能对路由器接口、硬件等作专门优化。

5．网关

网关是实现不同高层协议的网络之间的互连，包括不同网络操作系统的网络之间互连。因此可以将网关看作一个协议转换器。硬件提供不同的网络接口，软件实现不同的网络协议间的转换。

网关实现协议转换的方法主要有以下两种。

（1）直接将输入网络数据单元的格式转换成输出网络数据单元的格式。这种方法是最简单的方法。有 n 个网络通过网关互连就编写出 $n(n-1)$ 种网络协议转换程序。由于协议转换程序的数目与互连网络数目的平方成正比，因此随着网关互连的网络增多，要编写的协议转换程序也会迅速增长。互连的网络数越多，则需要编写协议转换程序模块的工作量也就越大。同时，系统对网关的存储空间与处理能力的要求也就越高。

（2）将输入网络数据单元的格式转换成一种统一的标准网间数据单元的格式。与第1种方式不同，在这种方式下制定一种统一的标准网间信息包格式。网关在输入端将输入网络数据单元格式转换成标准网间数据单元格式，在输出端再将标准网间数据单元格式转换成输出网络数据单元格式。由于这种标准网间数据单元格式只在网关中使用，不在互连的各网络内部使用，因此不需要互连的网络修改其内部协议。这种采用标准网间信息包格式的方法中，如果有 n 种网络，那么将输入网络的信息包转换成一种统一的标准网间信息包格式的方法只需要编写 $2n$ 个转换程序模块，相比前一种方法，n 值越大，软件设计工作量减少得越多。

通过对网关实现协议转换的方法的介绍，可以看出，第1种方法可以看作是多种网络协议间相互转换组成一种网状网结构，而第2种方法可以看作是一种星形结构。因此这两种方法的优缺点可以参考前面的章节中关于网状网与星形网的优缺点的介绍。

在实际应用中，网关一般用于不同类型、差别较大的网络系统之间的互连，又可用于同一个物理网而在逻辑上不同的网络之间互连，还可用于不同大型主机之间和不同数据库之间的互连。

6.4 Internet

近20年，Internet的高速发展已经使网络的概念深入到人类生活的方方面面。就网络的覆盖范围，Internet是全球最大的通信网络。从早期主要为专业人士提供数据共享服务到成为目前许多人离不开的通信工具、了解世界的主要途径。它的发展速度超过了以前任何一种通信技术的发展速度。人们针对 Internet 开发了许多应用系统，使 Internet 的接入更加快速、简洁，使网络用户可以方便地交换信息，共享资源。

6.4.1 Internet 概述

Internet 已经成为全世界最大的信息资源库，它包含的信息从科研、教育、政策、法规到商业、艺术、娱乐等无所不有。这些资源以电子文件的形式，在线地分布在世界各地的数亿台计算机上。据统计，截至 2013 年 2 月 25 日，全球 gTLD 域名注册总量为 133443735 个。主要国家和地区的通用顶级域名注册量如表 6-2 所示。

表 6-2　全球主要国家和地区通用顶级域名注册数

排　名	国家/地区	注册数量（个）	排　名	国家/地区	注册数量（个）
1	美国	79998227	9	开曼群岛	1706514
2	德国	6506256	10	西班牙	1691371
3	中国	5985044	11	荷兰	1415622
4	英国	4811347	12	意大利	1328544
5	加拿大	3940564	13	土耳其	1258728
6	法国	3463495	14	韩国	990675
7	日本	2815075	15	中国香港	795239
8	澳大利亚	2366776			

截至 2013 年 2 月 25 日，中国 IPv4 地址数量约为 3.30 亿个，居全球第 2 位。全球 IPv4 分配具体情况如表 6-3 所示。

表 6-3　全球主要国家或地区 IPv4 地址数

排　名	国家/地区	IPv4 地址数（个）	排　名	国家/地区	IPv4 地址数（个）
1	美国	1563831424	11	澳大利亚	47787008
2	中国	330022656	12	俄罗斯	45572640
3	日本	202013696	13	荷兰	45345792
4	英国	124009744	14	中国台湾	35397120
5	德国	119579496	15	印度	34850304
6	韩国	112258560	16	瑞典	29685288
7	法国	95718160	17	西班牙	28672384
8	加拿大	80049920	18	墨西哥	27024384
9	巴西	59049472	19	南非	23754496
10	意大利	53124000	20	瑞士	21653432

据 CNNIC 测算，到 2015 年 6 月， 我国网民数将达到 6.68 亿人，Internet 普及率达到 48.8%。

1. Internet 的产生和发展

Internet 的前身是美国 1969 年国防部高级研究所计划局（ARPA）作为军用实验网络而建立的，名字为 ARPANET。ARPANET 初期只是将美国西南部的加利福尼亚大学洛杉矶分校、斯坦福大学研究学院、加利福尼亚大学和犹他州大学的四台主要的计算机连接起来。节点设备由 IBM 公司提供，线路由 AT&T 提供。其最初的设计目的是为了能提供一个通信网络，即使网络中的一部分因战争原因遭到破坏，其余部分仍能正常运行。如果大部分的直接通道不通，路由器就会指引通信信息经由中间路由器在网络中传播。

20 世纪 80 年代初期 ARPA 和美国国防部通信局研制成功用于异构网络的 TCP/IP 投入使用。1986 年在美国国会科学基金会（NSF）的支持下，用高速通信线路把分布在各地的一些超级计算机连接起来，并且使原有的只提供给限于研究部门、学校和政府部门使用的计算机网络能够进行商业应用。这使得从一个商业站点发送信息到另一个商业站点而不经过政府资助的网络中枢成为可能。商业应用的介入使 Internet 迅速发展起来。

目前 Internet 已扩展到了全球 200 多个国家和地区，成了名符其实的全球高速数据通信网。卫星通信、光纤通信等先进传输手段的普遍使用及灵活多样的入网方式，也是 Internet 获得高速发展的重要原因。任何一台计算机只要采用 TCP/IP，与 Internet 中的任何一台主机通信，就可成为 Internet 的一部分。

1991 年 10 月，在中美高能物理年会上，美方发言人提出将中国纳入 Internet 的计划被认为是我国接入 Internet 的开始。1994 年 3 月，中国获准加入 Internet，并与同年 5 月完成连网工作。

目前，我国有权直接与 Internet 连接的网络有 4 个：中国科技网（CSTNet）、中国教育科研网（CERNET）、中国公用计算机 Internet（ChinaNet）、中国金桥信息网（CHINAGBN）。

2. Internet 的组成

Internet 的组成包括硬件、软件两大部分。其中硬件包括终端设备、路由器和通信线路，软件是指能够提供的信息资源。

（1）主机：主机是 Internet 中不可缺少的组成部分，是信息资源和服务的载体，是人们进行网络活动的媒介。根据在 Internet 中所起的作用及地位，主机可分为两类：服务器和客户机。

（2）路由器：路由器是 Internet 中最为重要的设备，它实现不同网络之间的互连，是网络之间连接的桥梁。如果把 Internet 看作是一个公路交通网的话，那么路由器便是位于路口的交通警察。

当数据从一个网络传输到路由器时，路由器根据数据所要到达的目的地，为其选择一条最佳路径，即指明数据应该沿着哪个方向传输。如果所选择的道路比较拥挤，路由器还应提供指挥数据排队等待的功能。

数据从源主机出发通常需要经过多个路由器才能到达目的主机，所经过的路由器负责将数据从一个网络送到另一个网络，数据经过多个路由器的传递，最终被送到目的网络。

（3）通信线路：通信线路是 Internet 中数据包传送的“公路”，各种各样的通信线路将 Internet 中的路由器、主机等连接起来，可以说没有通信线路就没有 Internet。Internet 中的通信线路归纳起来主要有两类：有线线路（如光缆、铜缆、双绞线）和无线线路（如卫星、微波、无线电等）。这些通信线路有的是公用数据网提供的，有的是单位自己建设的。

通信线路对 Internet 中数据传递的速度有着重要的影响，早期限制 Internet 发展的一个重要的问题就是上网的速度慢，其主要原因就是通信线路对数据包传递能力不足。目前，光纤技术、宽带接入技术的应用，通信线路对网络速度的影响已经明显降低。

（4）信息资源：用户使用 Internet 的目的就是共享网络能够提供的信息资源，在 Internet 中的信息资源的种类非常丰富，主要包括文本、声音、图像和视频等多种信息类型，涉及人们生活、学习的各个方面。早期的信息资源主要以文本信息为主，随着网络技术的发展，通信线路的改造，需要大的传输带宽的语音、图像和视频业务正在逐步增多。

6.4.2 Internet 上提供的服务

随着 Internet 的发展，网上能够提供的服务已经从早期的以数据业务为主发展到多种业务都能支持，语音业务、视频业务占的比重越来越多。2009 年 8 月，第 6 届亚太 Internet 研究联盟（APIRA）年会上公布了亚太地区部分国家和地区 Internet 发展的最新统计数据。根据这份数据我国网民最喜欢“休闲娱乐”和“下载或升级软件”。这里的休闲包括网络收音机、音乐、视频、电影，以及网络游戏。而这些应用服务是早期的 Internet 所不能提供的。

在这里对 Internet 上提供的主要服务进行简单的介绍。

1. 数据业务

Internet 上可提供的业务中数据业务占绝大多数。这主要是由 Internet 的数据传输方式决定的。常见的数据业务包括 WWW、E-mail、FTP 以及 DNS 等。

（1）WWW：WWW 又称 Web 服务，是目前 Internet 中最方便和最受欢迎的信息服务类型，现已成为 Internet 中最主要的服务之一，许多人接触 Internet 就是从浏览 Web 站点，享受 WWW 服务开始的。

WWW 原理最早是在 1989 年，由欧洲粒子物理实验室（CERN）的蒂姆•伯纳斯•李（Jim Berners Lee）提出的。他提出万维网的初步模型，以使分布在世界各地的科学家能够通过 Internet 方便地共享信息和科研成果。这一模型最终被采纳，发展成为今天的 WWW 标准。而 WWW 的广泛应用要归功于第一个 WWW 浏览器 Mosaic 的问世。1993 年初，马克•安德森（Marc Andressen）成功推出了 Mosaic 的最初版本。从此，Internet 的应用进入了一个崭新的世界。

通过 WWW 服务器利用图形化的浏览器，人们能够方便地浏览自己感兴趣的超文本页面。这种超文本页面的内容可以是普通文字，也可以是图像、视频、程序等。

利用 Web 技术构建的网站已经成为各个企事业单位对外宣传的重要窗口，伴随着网络交易的发展，WWW 服务在人们的经济生活中也起到越来越重要的作用。越来越多的网络应用都嵌入 Web 平台，因此，可以认为今后 WWW 服务将对人们的生活产生重要的影响。

（2）E-mail：E-mail 是目前 Internet 中使用最频繁的一种服务。它为网络用户间传递信息提供了一种快捷、廉价的通信手段，几乎每个网络用户都有一个自己的邮箱。它的发展在某种程度上已经替代了传统的信件通信方式。在 Internet 如此发达的今天，E-mail 具有传统通信方式无法比拟的优点。首先是比传统邮件传递速度快，可传递的信息的类型丰富，可以是一种多媒体信息传递方式；其次，它不需要通信双方都在场，也不需要知道彼此的具体位置，是一种随时随地的通信方式；它还可以实现一对多的邮件传递。

E-mail服务采用客户机/服务器模式，工作过程与我们通常邮寄信件的过程非常类似。首先，用户在客户机上利用电子邮件应用程序按照规定格式编写一封电子邮件，然后通过邮件传输协议（SMTP）发送给发送方的邮件服务器，发送方的邮件服务器再利用SMTP将电子邮件发送到接收方的邮件服务器。接收用户可以在任何时间、任何地点通过POP（目前是第3个版本，因此通常称为POP3）或IMAP利用电子邮件应用程序从邮箱中读取信件，如图6-14所示。

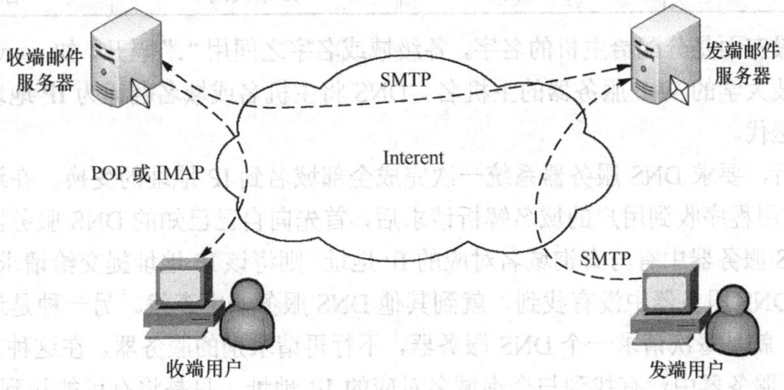

图6-14 邮件系统工作过程示意图

POP与IMAP的区别在于当使用POP进行信件的收取时，是将信件从邮件服务器中下载到客户机中，邮件服务器中不再保留信件。而采用IMAP进行信件的收取时，可选择是否在邮件服务器中保留信件的副本。绝大多数邮件服务器都同时支持上述两种协议。

目前，Internet中最常见的读取信件的方式是采用Web浏览器的方式，这种方式只是对邮件服务器中的信件进行浏览，信件的原件仍然保留在邮件服务器中。当选择下载信件时才考虑是采用POP或IMAP。

如果用户要利用邮件服务器发送和接收邮件，就必须在该服务器中申请一个合法的账号和该账号对应的密码。拥有账号的用户就在该服务器中拥有了一个属于自己的电子邮箱。电子邮箱是邮件服务器为每一个合法的账号提供的邮件存储空间。每一个邮箱的地址都是全球唯一的，这个地址就是用户的E-mail地址。E-mail地址由两部分组成，前一部分为用户在该邮件服务器的账号，后一部分为邮件服务器的主机名或邮件服务器所在域的域名，中间用“@”分隔。例如，justin@xust.edu.cn。其中，justin为用户在邮件服务器中的账号，xust.edu.cn为邮件服务器的域名。

（3）DNS：DNS是域名解析服务，是Internet中一项非常关键的应用服务。几乎所有的应用服务都离不开DNS服务器提供的服务。在Internet中，所有的主机都是通过IP地址进行相互之间的访问。IP地址是一串32bit的二进制代码，没有任何意义，即使采用“点分十进制”对于用户来说，记忆起来也是十分困难的。因此，几乎所有的Internet应用软件都不要求用户直接输入主机的IP地址，而是直接使用具有一定意义的域名或主机名。DNS负责将域名或主机名翻译为主机能够识别并加以应用的IP地址。

Internet中一台主机的主机名由它所属的域的域名以及分配给该主机的名字共同构成。主机名具有一定的层次结构。整个主机名的最右端是顶级域，顶级域采用两种划分模式，即组织模式和地理模式，如表6-4所示。

表6-4 顶级域名分配

顶级域名	所属对象	顶级域名	所属对象
com	商业组织	net	主要网络支持中心
edu	教育机构	org	非营利的组织、团体
gov	政府部门	int	国际组织
mil	军事部门	国家代码	各个国家

主机名最左面是分配给主机的名字，各级域或名字之间用“.”隔开，如www.xust.edu.cn，就是西安科技大学的Web服务器的主机名。DNS将主机名或域名翻译为IP地址采用两种方法：递归和迭代。

递归解析，要求DNS服务器系统一次完成全部域名到IP地址的变换。在这种方式中，当Internet应用程序收到用户的域名解析请求后，首先向自己已知的DNS服务器发出查询请求，如果DNS服务器中有与查询域名对应的IP地址，则将该IP地址提交给请求的应用程序，如果在本地DNS服务器中没有找到，就到其他DNS服务器中查找。另一种是迭代解析，又叫反复解析，就是每次请求一个DNS服务器，不行再请求别的服务器。在这种方式中，如果在本地DNS服务器中没有找到与查询域名对应的IP地址，只是将有可能找到该IP地址的DNS服务器的地址告诉请求应用程序，由用户应用程序重新向告知的DNS服务器再次发起查询请求，如此反复，直到查到为止。

2．语音业务

传统的语音业务是通过电话网络，按照电路交换的方式实现的。这种电路交换方式下，通话双方在正式通话前，要建立信息通道，通话过程不受其他用户的的干扰，独享建立的通道。在通话结束后，要将信道拆除。这种方式，信息传递的实效性强，但信道的利用率低。

在Internet发展的初期，由于整个网络的信息转发的速度较慢，并且整个Internet采用分组交换方式，无法满足语音通信的实时性要求。随着网络技术的不断发展，网络带宽的不断增加，节点设备性能的不断提高，采用分组交换技术实现语音通信成为可能，并且采用分组交换可以提高信道的利用率。

通过Internet进行语音交流的网络技术通常称为IP电话。这种技术是将数字语音数据封装在IP数据包中，然后利用分组交换技术将数据包传输到目的地，再将语音还原的网络技术，又称为IP语音（Voice over IP，VoIP）。IP是目前Internet中应用最广泛的网络互连协议，因而VoIP是在Internet中开展语音业务最广为采用的技术。

最初在Internet中开展的语音业务是两台PC间进行的语音通信。这种方式要求通信双方拥有多媒体计算机（声卡须为全双工的，配有麦克风）并且可以连接Internet，通话的前提是双方计算机中必须安装有相同的网络电话软件。

这种网上点对点方式的通话，是网络电话应用的雏形，它的优点是相当方便与经济，但缺点也是显而易见的，即通话双方必须事先约定时间同时上网，而这在普通的商务领域中就显得相当麻烦，因此这种方式不能商用化或进入公众通信领域。但由于为人们的语音通信提供了新的途径，因此受到广泛的关注。

随着网络电话的优点逐步被人们认识，许多电信公司在此基础上进行了开发，网络电话进入了第二个阶段，实现通过计算机拨打普通电话。在这个阶段，网络电话的主叫与上一个阶段的用户相同，是一台多媒体计算机并且能够连接Internet，其上安装网络电话软件；而被叫只需是普通的电话用户就可以了。这种方式相对前一个阶段的网络电话已经有了明显的进步，灵活性更强。

语音网关的出现，彻底实现了人们通过普通电话机拨打网络电话的愿望。在这种方式下，语音网关连接传统的电话网和Internet。整个网络电话系统由三部分构成：电话、语言网关和网络管理者。电话是指可以通过本地电话网连到语音网关的电话终端；网关是Internet网络与电话网之间的接口，同时它还负责进行语音压缩；网络管理者负责用户注册与管理，具体包括对接入用户的身份认证、呼叫记录并有详细数据（用于计费）等。

这种方式在充分利用现有电话线路的基础上，满足了用户随时通信的需要，同时比相对传统的电话通信的资费要便宜许多，是一种理想的网络电话方式。目前正在被越来越多的人使用。

由于Internet在诞生之日就是根据数据通信业务的特点来设计的，因此针对语音业务还存在着许多需要解决的问题。

首先是标准的问题。由于网络电话的国际标准还处在不断发展和完善的阶段，特别是不同的网络间以及网关之间的通信标准还没有一个统一的标准，直接影响了不同网络电话厂家产品的互通性。此外，用户的漫游、不同运营者之间的业务互通、费用结算等问题也亟待解决。其次是通话质量的问题。由于网络电话主要使用的是TCP/IP，而这个协议族主要是为提供非实时业务的数据通信而设计的，而IP采用的是“尽最大能力转发”的工作方式，不能提供QoS（服务质量），因此在网络比较拥塞时很可能引起语音信息的延迟加大甚至数据包丢失等现象，而这些现象在传统的电话网中一般是不会出现的。当然，随着网络带宽的扩展以及节点设备的不断升级，网络电话提供的通话质量会越来越好。最后的问题是设备容量的问题。各个电信生产厂商生产的与网络电话相关的网络接入设备以及网关设备都在向大规模、低成本的方向发展，从几个E1端口到百余个E1端口。但距离电信级产品还有一定的距离，有待进一步发展。

3．视频业务

随着光纤技术的发展，宽带接入技术的普及以及节点设备性能呈几何级数的增长，各种网络视频业务越来越多地在Internet中出现，并已经成为Internet业务的重要组成部分。

（1）网络电视

网络电视（Interactive Personality TV，IPTV），将电视机、PC及手持设备作为显示终端，电视信号在发射端按照标准进行编码后传递给服务器，服务器再将数据通过宽带Internet网络传递到用户端机顶盒或计算机中，实现数字电视、互动电视等服务。网络电视的出现给人们带来了一种全新的电视观看方法，它改变了以往被动的电视观看模式，实现了电视以网络为基础按需观看、随看随停的便捷方式，强调电视业务提供者与消费者之间的互动性。

网络电视的基本特点是视频数字化、传输IP化、播放流媒体化。涉及的关键技术主要有视频编码技术、流媒体技术等。

① 视频编解码技术：视频编码技术是网络电视发展的最初条件。只有高效的视频编码才能保证在现实的Internet环境下提供视频服务。

H.264是由ITU-T和ISO/IEC联手开发的最新一代视频编码标准。由于它比以前的标准在设计结构、实现功能上作了进一步改进，使得在同等视频质量条件下，能够节省50%的码率，且提高了视频传输质量的可控性，并具有较强的差错处理能力，适用范围更广。在低码率情况下，32 kbit/s的H.264图像质量相当于128 kbit/s的MPEG-4图像质量。H.264可应用于网络电视、广播电视、数字影院、远程教育、会议电视等多个行业。

视频编解码技术除了H.264以外，美国Microsoft公司和Real Network公司的视频编码标准也是常用的网络电视标准。

② 流媒体技术：流媒体技术的核心是将整个音视频文件经过特殊的压缩方式分成一个个压缩包，由视频服务器向用户终端连续地传送，用户只需要经过几秒或几十秒的启动初始下载后即可在用户终端上利用解压缩设备（或软件），对已下载的压缩文件解压缩后进行播放和观看，而不必像传统的下载方式那样等到整个文件全部下载完毕后才能观看。剩余的音视频文件在播放前面内容的同时，在后台的服务器内继续下载。与单纯的下载方式相比，不仅使延时大幅度缩短，而且对系统的缓存容量需求也大大降低。流媒体技术的发明使得用户在Internet上获得了类似于广播和电视的体验，它是网络电视中的关键技术。

除了上述两种关键技术外，内容分发技术、带宽预留技术等的使用都使得网络电视业务得到了快速的发展。

（2）视频会议

多媒体视频会议系统是一个以网络为媒介的多媒体会议平台，使用者可突破时间与地域的限制，通过Internet实现面对面般的交流效果。

视频会议系统由两个部分组成：多点控制单元（Multipoint Control Unit，MCU）和视频终端，如图6-15所示。多点控制单元是视频会议的核心部分，负责将来自各会议场点的信息流，经过同步分离后，抽取出音频、视频、数据等信息和信令，再将各会议场点的信息和信令，送入同一种处理模块，完成相应的音频混合或切换、视频混合或切换、数据广播和路由选择、定时和会议控制等过程，最后将各会议场点所需的各种信息重新组合起来，送往各相应的终端系统设备。视频会议终端的作用首先是将本会场的实时图像、语音和相关的数据信息进行采集，压缩编码，复用后送到传输信道。其次将接收到的图像、语音和数据信息进行分解、解码，还原成其他会场的图像、语音和数据。最后，视频会议终端还将本会场的会议控制信号（如申请发言，申请主席等）送到多点控制器（MCU），同时还要执行多点控制器对本会场的控制作用。

H.323协议是目前常用的基于IP网络的视频会议标准，规定了不同的音频、视频和数据终端共同工作所需的操作模式，它将成为下一代IP电话、电话会议和视频会议技术领域占统治地位的标准。此外，采用前向纠错（FEC）方法对丢失数据包实施覆盖的机制的LPR（丢包恢复）技术能有效解决视频传输丢包问题，而服务质量（Quality of Service，QoS）的广泛应用也很好地保证了视频会议中的业务能够实时、快速、高效地在Internet中传递。

基于Internet的视频会议系统给人们的生活带来了许多的好处，主要表现在：

① 减少开支，提高办公效率，充分利用资源；

② 高效的信息共享，更快、更好地作出决策；

③ 良好的工作环境，顺畅的沟通渠道。

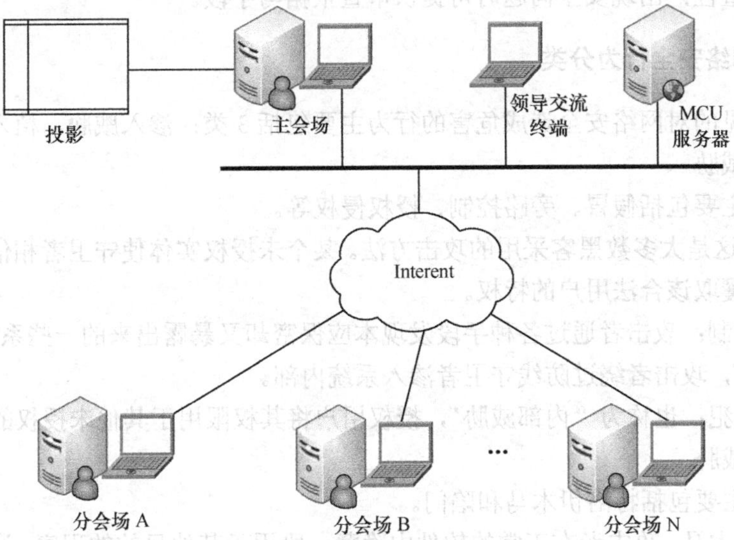

图 6-15 视频会议结构示意图

6.4.3 网络安全

1. 概述

网络技术发展到今天，网络安全已经成为制约它发展的主要障碍。造成如此现象有巨大的经济利益的驱使，但从根本上来看，技术上的缺陷才是最主要的。全球最大的计算机网络——Internet 的前身 ARPANET 最初是提供给军方使用的，能够进入该网络的设备及人员都是通过严格审查的，安全性可以得到保证，所以它的设计在网络安全方面考虑得非常少。当 ARPANET 发展到 Internet 时基本的技术要求并没有发生变化，但接入的设备及人员却非常复杂，加之网络能够带来的巨大经济效益，能够给人们生活、学习带来的巨大变化，使网络受到了极大的威胁。信息泄露、信息窃取、数据篡改、数据删除添加、计算机病毒等计算机犯罪案件也急剧上升，已经成为普遍的国际性问题。据美国联邦调查局的报告，计算机犯罪是商业犯罪中最大的犯罪类型之一。正是在这种背景下网络安全技术应运而生。

网络安全是指网络系统的硬件、软件及其系统中的数据受到保护，不因偶然的或者恶意的原因而遭受到破坏、更改、泄露，系统连续可靠正常地运行，网络服务不中断。网络安全从其本质上来讲就是网络上的信息安全。从广义来说，凡是涉及网络上信息的保密性、完整性、可用性、真实性和可控性的相关技术和理论都是网络安全的研究领域。

网络安全应具有以下 5 个方面的特征。

（1）保密性：信息不泄露给非授权用户、实体或过程，或供其利用的特性。

（2）完整性：数据未经授权不能进行改变的特性，即信息在存储或传输过程中保持不被修改、不被破坏和丢失的特性。

（3）可用性：可被授权实体访问并按需求使用的特性，即当需要时能否存取所需的信息。例如网络环境下拒绝服务、破坏网络和有关系统的正常运行等都属于对可用性的攻击。

（4）可控性：对信息的内容及传播具有控制能力。

（5）可审查性：出现安全问题时可提供审查依据与手段。

2. 危害网络安全行为分类

目前，常见的对网络安全造成危害的行为主要包括3类：渗入威胁、植入威胁和病毒。

（1）渗入威胁

渗入威胁主要包括假冒、旁路控制、授权侵权等。

① 假冒：这是大多数黑客采用的攻击方法。某个未授权实体使守卫者相信它是一个合法的实体，从而攫取该合法用户的特权。

② 旁路控制：攻击者通过各种手段发现本应保密却又暴露出来的一些系统“特征”，利用这些“特征”，攻击者绕过防线守卫者渗入系统内部。

③ 授权侵犯：也称为“内部威胁”，授权用户将其权限用于其他未授权的目的。

（2）植入威胁

植入威胁主要包括特洛伊木马和陷门。

① 特洛伊木马：攻击者在正常的软件中隐藏一段用于其他目的的程序，这种隐藏的程序段常常以安全攻击（盗取被攻击者的私有信息或控制被攻击主机）作为其最终目标。

② 陷门：将某一“机关”设置在某个系统或系统部件之中，使得在提供特定的输入数据时，允许违反安全策略。例如，一个登录处理子系统允许一个特定的用户识别码，以绕开通常的口令认证。

（3）病毒

病毒是能够通过修改其他程序而“感染”它们的一种程序。被感染的程序中包含病毒程序的一个副本，这样它们就可以继续感染其他程序。而能够通过网络传播的病毒，其破坏性更大，用户也更难防范，因此计算机病毒的防范已经成为网络安全性建设中的重要一环。

病毒具有如下特征。

① 传染性：传染性是病毒的基本特征。病毒的传染是通过复制来实现的，病毒进入系统后，寻找目标，目标确定后就通过自我复制迅速传播。

② 隐蔽性：为便于复制，病毒程序都有一套或多套自我保护不被发现的方法，例如伪装成一个正常程序，或将自己的属性改为隐藏形式。

③ 潜伏性：大部分病毒入侵系统后并不立即发作，它们可以长期隐藏在系统中，在用户没有察觉的情况下进行传染。病毒的潜伏性越好，其在系统中隐藏的时间就越长，传染的范围就越广，危害性越大。

④ 破坏性：多数隐藏在系统中的病毒都等待某个特定的事件，一旦事件发生就进行动作，对系统及应用程序产生不同程度的影响。

⑤ 不可预见性：从对病毒的检测方面来看，病毒具有不可预见性。病毒代码千差万别，并且在传染过程中还可修改自身的特征串而保留原来的功能。任何病毒扫描程序都无法检测出病毒程序的所有形式。

3. 网络安全措施

针对上述网络安全问题，人们提出了保证网络安全的措施，主要包括以下两个方面。

（1）安全防范意识

拥有网络安全防范意识是保证网络安全的重要前提。许多网络安全事件的发生都和缺乏安全防范意识有关。安全防范意识包括以下几个方面。

① 建立健全的网络管理制度，并严格按照制度执行。许多网络的管理者都能建立一定的管理制度，但并不能严格地执行。而相当数量的网络安全事件正是不严格执行网络管理制度造成的。例如，网络设备口令的随意泄漏；在不具备安全防范条件的地方进行网络管理等。

② 建立行之有效的网络安全教育。许多网络用户的网络安全意识浅薄，很容易成为网络攻击的对象。加强网络安全教育可以有效地降低网络攻击事件的发生。例如，使网络用户养成良好的上网行为，及时升级网络安全产品等。

③ 建立完备的网络应急措施。网络应急措施的建立可以明显地降低网络安全事件造成的损失。应急措施包括设备的备份以及应急方案的制定。

（2）安全技术手段

安全技术手段是保证网络安全的基础。它包括以下几个方面。

① 物理措施：例如，网络关键设备（如交换机、大型计算机等）的备份，机房采取防辐射、防火以及电源系统的三级防护（市电、ups、柴油发电机）等措施。

② 访问控制：对用户访问网络资源的权限进行严格的认证和控制。例如，进行用户身份认证，对口令加密、更新和鉴别，设置用户访问目录和文件的权限，控制网络设备配置的权限等。

③ 数据加密：加密是保护数据安全的重要手段。加密的作用是保障信息被人截获后不能读懂其含义。

④ 防止计算机网络病毒入侵，安装网络防病毒系统。

⑤ 其他措施：包括信息过滤、容错、数据镜像、数据备份、审计等。

4．基本的网络安全技术

（1）防火墙

一个网络的安全首先要保证网络能够阻止外部非法用户的入侵，做到这一点最基本的要求是在可信任的内部网与不可信任的公众网之间设置一台防火墙。一方面最大限度地允许内网用户方便地访问公众网；另一方面可以设定哪些内部服务器可以被外界访问，哪些外网用户可以访问内网的服务器。所有的往来公众网络的信息都必须经过防火墙的检查。防火墙只允许授权的数据通过，并且其本身能够免于渗透。

从上面对防火墙的描述可以看出防火墙是指设置在不同网络（通常指可信任的企业内部网和不可信的公众网）或网络安全域之间的一系列部件的组合（由软件和硬件构成）。它是不同网络或网络安全域之间信息的唯一出入口，能根据企业的安全政策控制（允许、拒绝、监测）出入网络的信息流，且本身具有较强的抗攻击能力。它是提供信息安全服务，实现网络和信息安全的基础设施。在逻辑上，防火墙是一个分离器、一个限制器，也是一个分析器，有效地监控了内部网和公众网之间的活动，保证内部网络不被非法入侵。通常防火墙在网络中的位置如图 6-16 所示。

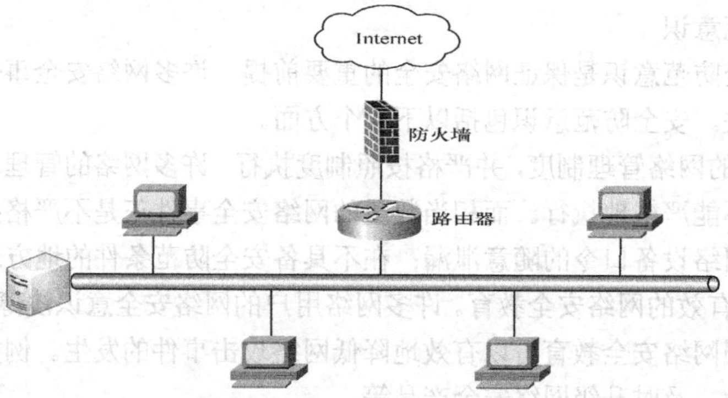

图6-16 防火墙在网络中的位置

防火墙实现访问控制及网络安全的安全策略主要有4种技术：服务控制、方向控制、用户控制以及行为控制。

① 服务控制。确定在围墙外面和里面可以访问的Internet服务类型。防火墙可以根据IP地址和TCP端口号来过滤通信量；可能提供代理软件，这样可以在继续传递服务请求之前接收并解释每个服务请求；或在其上直接运行服务器软件，提供相应服务，比如Web或邮件服务。

② 方向控制。启动特定的服务请求并允许它通过防火墙，这些操作是具有方向性的。方向控制就是用来确定这种方向。

③ 用户控制。根据请求访问的用户来确定是否提供该服务。这个功能通常用于控制防火墙内部的用户，也可以用来控制从外部用户进来的通信量。后者需要某种形式的安全验证技术，比如IPSec就提供了这种技术。

④ 行为控制。控制如何使用某种特定的服务。比如防火墙可以从电子邮件中过滤掉垃圾邮件，它也可以限制外部访问，使他们只能访问本地Web服务器中的一部分信息。

根据上面的4种技术，以及防范的方式和侧重的不同，防火墙技术一般分为两类：包过滤技术和代理服务技术。

① 包过滤技术：包过滤技术主要通过过滤IP地址或TCP端口号来决定是否转发一个分组。这种防火墙过滤的依据（IP地址、端口号）都在数据包的头部，有可能被窃听或假冒；这种防火墙对应用层的网络非法入侵无能为力。

② 代理服务技术：代理服务技术是指内部网与外部网之间不允许直接进行通信，当内部网与外部网之间需要进行信息交换时必须经过代理进行转接。采用代理技术的防火墙的数据包的转发速率较慢，容易在大吞吐量时，形成网络瓶颈。

上述两种技术是构成防火墙的基本技术，在实际应用过程中通常是将两种技术结合在一起使用。

一般情况下，防火墙都能够实现下面的功能。

① 防火墙是整个内部网络的唯一出口，通过它可以将未授权的网络用户排除到受保护的网络之外，禁止危害网络安全的服务进入或离开网络，防止各种IP盗用和路由攻击。

② 可以方便地监控与网络安全相关的事件并进行报警。

③ 可以作为部署网络地址转换（Network Address Translation，NAT）的平台，将本地地址转换为公众网的地址，以缓解地址空间不足的压力。

④ 可作为网络管理的部件，用来监听或记录Internet的使用情况。

⑤ 可作为IPSec的平台，通过隧道模式来实现虚拟专用网。

（2）入侵检测系统

防火墙作为局域网网络安全的第一道屏障可以将已知的网络威胁阻挡在网络的外部。但随着网络技术的发展，攻击者的技能日趋成熟，攻击工具与手法的日趋复杂多样，层出不穷的新的外部网络威胁，以及内部人员的疏忽造成的网络威胁不是防火墙就可以解决的。在这种情况下，入侵检测系统（Intrusion Detection System，IDS）就成了构建网络安全体系中不可或缺的组成部分。

入侵检测是一种主动保护自己免受攻击的网络安全技术。它通过对计算机网络或计算机系统中的若干关键点收集信息并对其进行分析，从中发现网络或系统中是否有违反安全策略的行为和被攻击的迹象。进行入侵检测的软件与硬件的组合便是入侵检测系统。IDS作为防火墙之后的第二道网络安全闸门，正在被越来越多的人了解。

一个IDS系统由4部分构成，如图6-17所示。

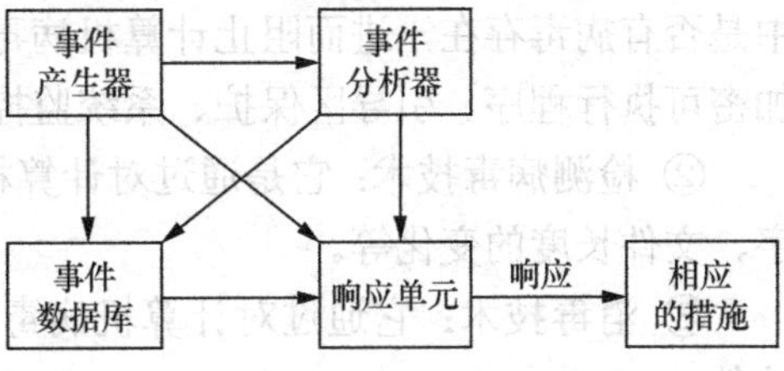

图6-17 IDS系统结构示意图

① 事件产生器：从整个计算环境中获得事件，并向系统的其他部分提供此事件。

② 事件分析器：分析得到的数据，并产生分析结果。

③ 事件数据库：是存放各种中间和最终数据的地方的统称，它可以是复杂的数据库，也可以是简单的文本文件。

④ 响应单元：是对分析结果作出反应的功能单元，它可以做出切断连接、改变文件属性等强烈反应，也可以只是简单的报警。

结合图7-17分析，入侵检测的工作过程可分为3个部分：信息收集、信息分析和结果处理。

第一，进行信息收集，收集内容包括系统、网络、数据及用户活动的状态和行为。这些收集需要在网络中设置若干关键点（不同网段和不同主机的代理），内容包括系统和网络日志文件、网络流量、非正常的目录和文件改变、非正常的程序执行以及物理形式的入侵。数据收集直接关系到IDS是否能够正常工作。

第二，进行信息分析。将收集到的有关系统、网络、数据及用户活动的状态和行为等信息送到检测引擎进行分析。一般通过3种技术手段进行分析：模式匹配、统计分析和完整性分析。

模式匹配：就是将收集到的信息与已知的网络入侵和系统已有模式数据库进行比较，从而发现违背安全策略的行为。

统计分析：结合为系统对象（如用户、文件、目录和设备等）创建的统计描述，统计正常使用时的一些测量属性（如访问次数、操作失败次数和延时等）。将测量属性的平均值与网络、系统的行为进行比较，如果观察值在正常值范围之外时，就认为有入侵发生。

完整性分析：完整性分析主要是查看某个文件或对象是否被更改，通常包括文件和目录的内容及属性，它在发现被更改的、被特洛伊化的应用程序方面特别有效。

第三，当检测到某种误用模式时，产生一个告警并发送给控制台。控制台按照告警产生预先定义的响应采取相应措施，可以是重新配置路由器或防火墙、终止进程、切断连接、改变文件属性，也可以只是简单的告警。

根据上述 IDS 的工作过程，IDS 系统具有以下功能：

① 监测并分析用户和系统的活动；

② 核查系统配置和漏洞；

③ 评估系统关键资源和数据文件的完整性；

④ 识别已知的攻击行为并报警；

⑤ 统计分析异常行为；

⑥ 进行系统日志管理和审计跟踪，并识别违反安全策略的用户活动。

（3）防杀病毒

网络防杀病毒技术包括病毒预防技术、病毒检测技术以及病毒清除技术。

① 病毒预防技术：它通过自身常驻系统内存，优先获得系统的控制权，监视和判断系统中是否有病毒存在，进而阻止计算机病毒进入计算机系统和对系统进行破坏。这类技术有：加密可执行程序、引导区保护、系统监控与读写控制（如防病毒卡等）。

② 检测病毒技术：它是通过对计算机病毒的特征来进行判断的技术，如自身校验、关键字、文件长度的变化等。

③ 消毒技术：它通过对计算机病毒的分析，开发出具有删除病毒程序并恢复原文件的软件。

网络防杀病毒技术的具体实现方法包括对网络服务器中的文件进行频繁地扫描和监测工作站上使用防病毒芯片和对网络目录及文件设置访问权限等。

（4）接入认证技术

上述 3 种网络安全技术可以保证网络用户的基本网络安全。目前的局域网已经成为企事业单位对外的重要平台。伴随着网络应用的不断发展，网络安全问题日益突出，因此什么样的用户可以接入局域网成为保证网络安全的一个重要问题。

如果没有准入机制，安全性没有保障，用户可自由出入网络，恶意使用网络问题难以查找，如攻击、发布不良信息、IP 地址盗用、动态 IP 地址占用等。没有准入机制也无法控制非局域网用户的使用，增加网络负担，降低经济效益。因此，局域网应该有一套很好的用户接入认证技术。

目前，还没有一种认证方式能够解决商业化网络管理中的所有问题，只能是各有千秋。目前，主流的认证方式主要有 Web 认证、PPPoE 认证、802.1x 认证，但各有各的特点。下面就这几种技术进行简要的介绍。

① Web 认证。Web 认证过程可以归纳为：用户开机接入局域网后，如果要进行网络活动时，局端设备通过对用户的 IP 地址（动态或静态分配）进行强制 URL 到登录页面，用户输入的用户账号信息发往认证服务器，认证服务器通过核对后，反馈认证成功信息，并打开该用户的上网功能。同时认证服务器获得用户 MAC/IP/VLAN ID 等作为用户标识，局端设备将用户 IP 地址、MAC 地址、用户 VLAN ID、用户接入端口等进行可选择性的绑定。

这种方式不需要安装客户端软件，因此应用方便，降低了成本和工作量，并使业务容易被接受和推广。但这种方式一般在网关处使用，所以对终端用户的 IP、MAC 地址的盗用进而产生账户盗用的现象无能为力。

② PPPoE 认证。PPPoE（基于以太网的点到点协议）认证方式，是较早出现也是最常见的一种用户管理手段。这种方法主要用于电信运营商的用户接入。但由于其具有防止 ARP 攻击的优点，目前在局域网特别是校园网中正在得到测试及使用。

其工作过程是：首先由用户 PC 以广播方式发起 PPPoE 进程，寻找网络接入服务器。连接建立后，由接入服务器将认证信息发送给用户认证服务器进行用户身份认证。认证通过后，接入将允许用户接入网络，并启动计费服务器对用户进行计费。

由于 PPPoE 的点对点的本质，在用户主机和接入服务器之间，限制了多播协议的存在。同时在 PPPoE 的建立阶段采用广播方式，容易产生广播风暴。

③ 802.1x 认证。802.1x 认证是一种基于端口的网络接入访问控制技术，它采用 C/S 工作模式。任意一台需要进行网络活动的用户在认证通过之前，802.1x 只允许 EAPoL（基于局域网的扩展认证协议）数据通过设备连接的交换机端口；认证通过以后，正常的数据可以顺利地通过以太网端口。这种方式提供在以太网设备端口处进行用户认证、授权的网络认证方式，可以从低层对用户进行认证及管理。

这种方式简洁高效，基于端口的认证去除了不必要的开销和冗余，消除网络认证计费瓶颈和单点故障，易于支持多业务和新兴流媒体业务，同时控制流和业务流完全分离，易于实现跨平台多业务运营。但在实际应用中要注意认证的唯一性，不同厂家的设备对 802.1x 认证方式的支持并不兼容。

6.5 网络新技术

随着 Internet 的迅速普及，人们的生活已经与网络紧密相连，网络应用正在逐步渗透到生活的各个方面。新的网络技术层出不穷，下面就几种对今后网络的发展及应用产生重要影响的技术进行简要的介绍。

6.5.1 P2P 技术

传统的网络应用中，通常都采用客户机/服务器（C/S）模式。网络中提供资源的主机称为服务器，访问服务器，使用服务器上资源的主机称为客户机。在这种模式下，服务器的处理能力成为影响网络相应速度的一个重要原因。

计算机网络产生的基础是资源共享，采用 C/S 模式并不能很好地体现这种资源共享的这种理念。P2P 技术的诞生是对资源共享的一个很好的诠释。在这种模式中整个网络中不存在中心节点（或中心服务器），每一个节点大都同时具有信息消费者、信息提供者和信息通信等三方面的功能，所拥有的权利和义务都是对等的。这种网络技术改变了 Internet 现在的以大网站为中心的状态，使终端用户真正成为网络的核心。

那什么是 P2P 呢？P2P（peer-to-peer）也称为对等网络技术，依赖网络中参与者的计算能力和带宽，而不是把依赖都聚集在较少的几台服务器上。使用 P2P 技术的主机既是服务器又是客户机，在享用其他 P2P 节点提供的服务时，也为其他 P2P 节点服务。这种技术的一个明显的特点是对同一资源下载的用户越多速度越快。

早期的分布式对等网络已经孕育着 P2P 技术，但 P2P 正式步入发展的历史可以追溯到 1997 年 7 月。在 1997 年 7 月，Hotline Communications 公司成立，并且研制了一种可以使其用户从别人的计算机中直接下载东西的软件。1999 年 1 月，18 岁的美国东北波士顿大学的一年级新生肖恩·范宁开始了 Napster 程序的服务。Napster 程序是一个为在网上找到音乐而编写的一个简单的程序，这个程序能够搜索音乐文件并提供检索，把所有的音乐文件地址存放在一个集中的服务器中，这样使用者就能够方便地过滤上百个地址而找到自己需要的 MP3 文件。在最高峰时 Napster 网络有 8000 万的注册用户，这是一个让其他所有网络望尘莫及的数字。Napster 是 P2P 软件成功进入人们生活的一个标志。

在 P2P 技术的发展过程中，对于 P2P 有着不同的分类方法。

（1）根据集中程度分类

根据提供服务的集中程度可分为混杂 P2P 和纯 P2P 两种模型。

混杂 P2P 模型的特点如下：

① 有一个或多个中心服务器保存所有对等节点的地址信息及共享资源的目录信息，并对请求这些信息的要求作出响应。

② 节点负责发布这些信息（因为中心服务器并不保存文件），让中心服务器知道它们可以提供的共享资源，让需要这些资源的节点下载。

③ 根据网络流量和延时等网络信息进行路由选择，使源、目的对等主机直接建立连接，并开始传递信息。

早期典型的 P2P 模型 Napster 就是采用这种方式。但这种方式存在着单点故障，中心服务器一旦瘫痪容易导致整个网络的崩溃，因此可靠性及安全性较低。此外，随着网络规模的扩大，中心服务器进行维护和更新的代价也随着增加。

纯 P2P 模型的特点如下：

① 没有中心服务器。

② 所有节点既作为客户机又作为服务器。

③ 对等主机提供的共享资源通过所在的 P2P 网络采用扩散方式来进行查找及定位。

这种模型更符合 P2P 技术的定义。但在实际应用中也存在着一些不足，主要包括：采用扩散的方式进行对等主机的定位及信息的查询在网络规模扩大的情况下容易造成网络流量激增，进而导致网络拥塞，使得整个 P2P 网络的查询被分成许多小区域。由于采用无中心的组网方式，安全性完全靠各个节点自己承担，容易遭受恶意攻击。典型的应用模型是 Gnutella。

（2）根据网络拓扑结构分类

根据网络拓扑结构可分为结构 P2P 和无结构 P2P。

结构 P2P 的特点如下：

① 对等节点之间相互传递连接消息，彼此形成特定规则的拓扑结构。

② 当其中一个对等节点需要请求某资源时，根据该拓扑结构按照形成的特定规则进行查找。

在这种模型中，对等主机间的信息查询是依据一定的拓扑结构来进行的，因此如果需要的共享资源在网络中存在，就一定能够找到。但带来的不足就是如果发生网络拥塞将导致查询过程变得非常缓慢。典型的应用技术有 Chord、CAN 等。

无结构 P2P 的特点如下：

① 对等节点间相互传递连接消息，彼此形成网状拓扑结构。

② 当其中一个对等节点需要请求某资源时，以广播方式寻找。通常会设 TTL，即使存

在也不一定找得到。

在这种模型中，对等主机间的信息查询以广播方式进行，为防止查询数据包在网络中的循环转发，通常会设定数据包的生存时间。带来的结果是即使存在也不一定找得到。典型的应用技术是 Gnutella。

目前，P2P 应用主要有以下几类。

（1）信息、服务的共享与管理。这是目前 P2P 应用最广泛的领域。

（2）协同工作。Lotous 公司开发份额协同工作产品 Groove 就是 P2P 技术在该领域最具有代表性的应用之一。

（3）构建充当基层架构的互连系统。例如，以 P2P 为基础的深度搜索引擎，这种搜索方式无需通过服务器，也不受信息文档格式以及节点设备的限制，可到达传统目录式搜索引擎无可比拟的深度（理论上只要网络上开放的信息资源都可以搜索到）。

6.5.2 虚拟化

从大型机时代到微机时代被认为是 IT 的第一次浪潮，实现 IT 技术的从无到有；从微机时代到互联网时代实现了信息从孤立到连通，是 IT 的第二次浪潮；从互联网时代进入云计算时代就是 IT 的第三次浪潮。

实现云计算的基础包括：虚拟化、标准化以及自动化。下面就针对虚拟化技术进行简要的阐述。

虚拟化是一个广义的术语，是一个为了简化管理，优化资源的解决方案。这种把有限的固定的资源根据不同需求进行重新规划以达到最大利用率的思路，在 IT 领域就叫做虚拟化技术。虚拟化技术可以扩大硬件的容量，简化软件的重新配置过程。CPU 的虚拟化技术可以单 CPU 模拟多 CPU 并行，允许一个平台同时运行多个操作系统，并且应用程序都可以在相互独立的空间内运行而互不影响，从而显著提高计算机的工作效率。

虚拟化技术分为以下三类。

（1）平台虚拟化（Platform Virtualization）：针对计算机和操作系统的虚拟化。

（2）资源虚拟化（Resource Virtualization）：针对特定的系统资源的虚拟化，比如内存、存储、网络资源等。

（3）应用程序虚拟化（Application Virtualization）：包括仿真、模拟、解释技术等。

我们通常所说的虚拟化主要是指平台虚拟化技术，通过使用控制程序（Control Program），隐藏特定计算平台的实际物理特性，为用户提供抽象的、统一的、模拟的计算环境（称为虚拟机）。实现一台物理计算机能并发运行 OS 的功能，要实现一台物理机上运行的多个 OS 都觉得自身好像拥有独立的机器，而不是和别的 OS 分享，就需要虚拟机管理员（Virtual Machine Monitor，VMM），更常用的名称为 Hypervisor 来进行协调。从 Hypervisor 的观点来看不同种类的虚拟化主要分为寄居架构和裸金属架构。

① 寄居架构

寄居架构就是在物理主机的操作系统之上安装和运行虚拟化程序，Hypervisor 被看成一个应用软件或是服务，虚拟机依赖于物理主机操作系统对设备的支持和物理资源的管理。如图 6-18 所示。

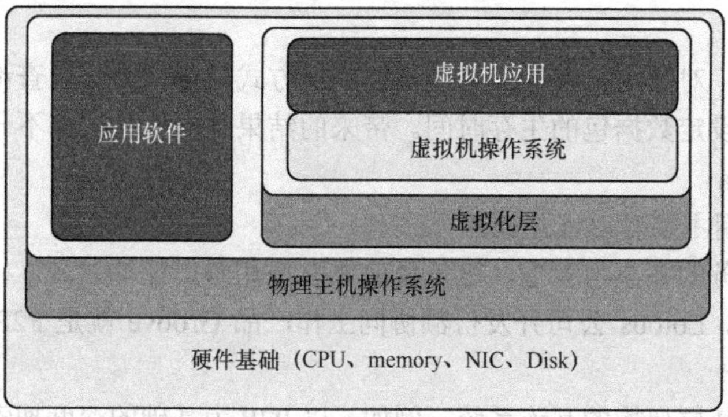

图 6-18　虚拟化架构之寄居架构

在这种模式下，虚拟机必须在一个已经安装好的操作系统上进行。其优点是简单，便于实现，硬件的兼容性好。只要物理主机的操作系统能使用的硬件，虚拟机中的操作系统都能使用到。但同时这种模式下的 Hypervisor，被视为主机操作系统上的一个应用软件，虽然在安装时会将不少 Hypervisor 的部件放入内核，但当物理主机的操作系统出现任何问题时，虚拟机中的操作系统将无法使用，无法满足重视安全及稳定的企业应用上。

② 裸金属架构

裸金属架构就是直接在硬件上面安装虚拟化软件，再在其上安装操作系统和应用，如图 6-19 所示，在这种模式下 Hypervisor 直接安装在硬件上，将所有的硬件资源接管。但并不管理太复杂的事项，仅负责和上层的虚拟机操作系统沟通及资源协调。

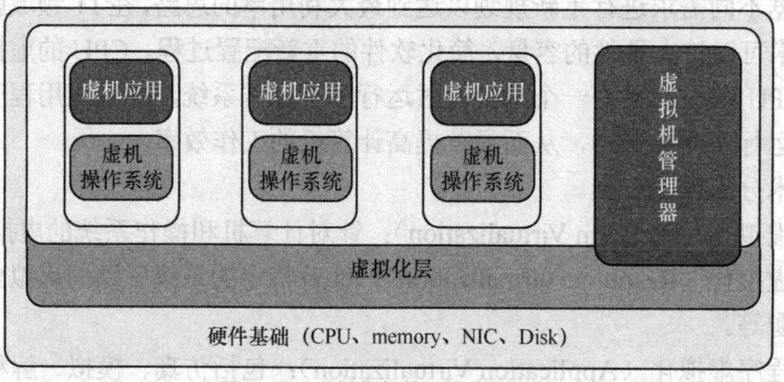

图 6-19　虚拟化架构之裸金属架构

裸金属架构下的虚拟机不依赖物理主机的操作系统，可以支持多种操作系统，多种应用，更加灵活；但同时对硬件的兼容性提出了较高的要求，主流的服务器及存储设备，如 NAS、iSCSI 或 FC SAN 基本上都支持，但不是所有的 PC 硬件都可以采用这种方式，因此这种方式虚拟层内核开发难度较大。

目前虚拟化技术有超过 60 种，基于 X86(CISC)体系的超过 50 种，也有基于 RISC 体系的，其中主流的虚拟化技术有四种，分别是 RedHat 的 KVM；Citrix 的 XenServer；VmWare 的 ESX 以及 Microsoft Hyper-V，其中前两种是开源的。

未来的虚拟化发展将会是多元化的，包括服务器、存储、网络等更多的元素，用户将无法分辨哪些是虚，哪些是实。虚拟化将改变现在的传统 IT 架构，而且将互联网中的所有资源全部连在一起，形成一个大的计算中心，而我们却不用关心所有这一切，而只需关心提供给自己的服务是否正常。因此虚拟化技术将会成为未来的主要发展方向，成为云计算的基石之一。

练习题

一、填空题

1．早期的计算机网络从逻辑上分为________和________两类。
2．两个网络在网络层互连需要的设备是________。
3．Ethernet 交换机的数据帧转发方式有________种，分别是____________________。
4．组成 Internet 的硬件包括______________________。
5．路由表产生的方式有________和________两类。

二、单项选择题

1．IPv6 地址有（　　）位。
A．32　　B．48　　C．64　　D．128
2．电子邮件系统中接收电子邮件的协议是（　　）。
A．SNMP　　B．SMTP　　C．POP　　D．FTP
3．局域网中的 IEEE802.3u 对应的是（　　）技术。
A．以太网　　B．快速以太网　　C．4 吉比特以太网　　D．交换式以太网

三、多项选择题

1．DNS 将主机名或域名翻译为 IP 地址的方法包括（　　）。
A．映射　　B．迭代　　C．递归　　D．搬移
2．计算机网络互连的类型包括（　　）。
A．局域网—局域网　　B．局域网—城域网
C．局域网—广域网　　D．广域网—广域网
3．在广域网中应用到的网络技术有（　　）。
A．X.25　　B．令牌环网　　C．PPP　　D．帧中继

四、名词解释

1．旁路控制　2．陷门　3．网关　4．VLAN

五、简答题

1．简述交换式以太网的工作原理。
2．简述 IDS 的工作原理。
3．云计算的架构有哪些，各自的特点是什么？

六、综述题

计算机网络的安全防范应从哪些方面考虑？主要涉及的技术有哪些？

第7章 物联网技术

从“智慧地球”到“感知中国”的提出，随着全球一体化、工业自动化和信息化进程的不断深入，物联网（Internet of Things，IOT）悄然来临。物联网被看做是信息领域的一次重大发展与变革，其广泛应用将在未来5～15年中为解决现代社会问题作出极大的贡献。本章将简要介绍物联网的基本概念、体系架构、关键技术，以便读者对物联网技术有一个比较全面而准确的认识。

7.1 物联网的基本概念

7.1.1 物联网的定义

物联网，顾名思义就是“实现物物相连的互联网络”。其内涵包含两个方面的意思：一是物联网的核心和基础仍然是互联网，是在互联网的基础上延伸和扩展的一种网络；二是用户端延伸和扩展到任何物品与物品之间，进行信息交换和通信。物联网的核心技术是通过射频识别（Radio Frequency Identification，RFID）装置、传感器、红外感应器、全球定位系统和激光扫描器等信息传感设备，按照约定的协议，把任何物品与互联网相连，进行信息的交换和通信，以实现智慧化识别、定位、跟踪、监控和管理的一种网络。

物联网将把新一代IT技术充分应用在各行各业中，具体地说，就是把感应器嵌入和装备到电网、铁路、桥梁、隧道、公路、建筑、大坝、汽油管道等各种物体中，然后将“物联网”与现有的互联网整合起来，实现人类社会与物理系统的结合。在整个整合的网络中，存在能力超级强大的中心计算机群，能够对整合网络内部的人员、机器、设备和基础设施实施实时的管理和控制，以更加精细和动态的方式管理生产和生活，达到“智慧”状态，提高资源利用率和生产力水平，改善人与自然的关系。

物联网有如下的特点：

（1）全面感知。利用射频识别（RFID）技术、传感器、二维码及其他各种感知设备随时随地采集各种动态对象，全面感知世界。

（2）可靠的传送。利用网络（有线、无线及移动网）将感知的信息进行实时的传送。

（3）智能控制。对物体实现智能化的控制及管理，真正达到人与物的沟通。

7.1.2 物联网的发展概况

物联网的发展，从一开始就是和信息技术、计算机技术，特别是网络技术密切相关。“计算模式每隔 15 年发生一次变革”这个被称为“15 年周期定律”的观点，一经美国国际商业机器公司（即 IBM）前首席执行官郭士纳提出，便被认为同英特尔创始人之一的戈登·摩尔提出来的摩尔定律一样准确，并且都同样经过历史的检验。纵观历史，1965 年前后发生的变革以大型机为标志，1980 年前后以个人计算机的普及为标志，而 1995 年前后则发生了互联网革命。每一次的技术变革又都引起企业、产业甚至国家间竞争格局的重大动荡和变化，而 2010 年发生的变革极有可能出现在物联网领域。

从 1999 年概念的提出到 2010 年的崛起，物联网经历了 10 年的发展历程，特别是最近两年的发展及其迅速，不再停留在单纯的概念、设想阶段，而是逐渐成为国家战略、政策扶植的对象，表 7-1 列出了物联网发展历程中的关键点。

表 7-1 物联网发展关键点

2005 年	国际电信联盟发布了《ITU 互联网报告 2005：物联网》，引用了“物联网”的概念，并且指出无所不在的“物联网”通信时代即将来临。然而，报告对物联网缺乏一个清晰的定义，但覆盖范围有了较大的拓展
2009 年初	美国国际商业机器公司（即 IBM），提出了“智慧的地球”概念，认为信息产业下一阶段的任务是把新一代信息技术充分运用在各行各业之中，具体就是把传感器嵌入和装备到电网、铁路、桥梁、隧道、公路、建筑、供水系统、大坝、油气管道等各种物体中，并且被普遍连接，形成物联网
2009 年 6 月	欧盟委员会向欧盟议会、理事会、欧洲经济和社会委员会及地区委员会递交了《欧盟物联网行动计划》，其目的为希望欧洲通过构建新型物联网管理框架来引领世界“物联网”发展
2009 年 8 月	日本提出“智慧泛在”构想，将传感网列为国家重要战略，致力于一个个性化的物联网智能服务体系
2009 年 8 月	国务院总理温家宝来到中科院无锡研发中心考察，指出关于物联网可以尽快去做三件事情：一是把传感系统和 3G 中的 TD 技术结合起来；二是在国家重大科技专项中，加快推进传感网发展；三是尽快建立中国的传感信息中心，或者叫“感知中国”中心
2009 年 8 月	韩国通信委员会通过《物联网基础设施构建基本规划》，将物联网确定为新增长动力，树立了“通过构建世界最先进的物联网基础实施，打造未来广播通信融合领域超一流信息强国”的目标
2010 年 3 月	国务院的《政府工作报告》中，将“加快物联网的研发应用”明确纳入重点产业振兴，表明物联网已经被提升为国家战略，中国开启物联网元年
2012 年	2012 年 2 月 14 日发布《“十二五”物联网发展规划》，接着又于 2012 年 8 月 17 日发布《无锡国家传感网创新示范区发展规划纲要（2012—2020 年）》。这两个政策，都重点强调了重点领域的应用示范工程建设，而后一个《纲要》更是提出将加大对示范区内物联网产业的财政支持力度，加强税收政策扶持；同时，推进物联网企业通过资本市场直接融资。至此，物联网产业切切实实确立了中国国民经济的下一个强劲增长点的地位
2014 年 9 月	中国初步形成了涵盖芯片、元器件、软件、系统集成、电信运营、物联网服务等各产业环节、产业门类，较为完整的物联网产业体系，以及长三角、珠三角、环渤海和中西部四大物联网产业聚集区，产业协同深入推进。2013 年中国物联网产业规模突破 6000 亿元，预计 2016 年总体规模将突破万亿元

7.1.3 物联网、互联网、泛在网

由于物联网的概念刚出现不久，其内涵在不断发展、完善。目前，对于物联网这一概念的准确定义，业界一直未能达成统一的意见，存在着以下几种相关概念：物联网，互联网，泛在网。这 3 个概念之间的关系如图 7-1 所示。

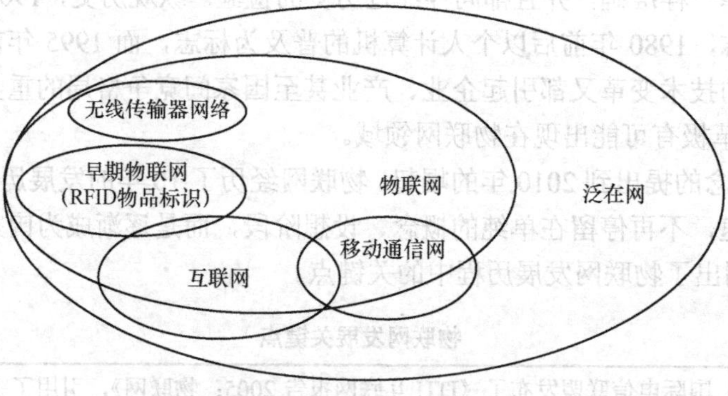

图 7-1 物联网、互联网、泛在网之间的关系

1. 物联网的传输通信保障：互联网

物联网在“智慧地球”提出之后引起强烈的反响。其实，在这个概念提出之初，很多人将它与互联网相提并论。甚至有很多人预言，物联网不仅将重现互联网的辉煌，它的成就甚至超过互联网。不少专家预测物联网产业将是下一个万亿元级规模的产业，甚至超过互联网 30 倍。

然而，两者之间的关系和侧重点有很多说法，它们分别试图从不同的层面解析两者的关系。

说法一：物联网是应用。2009 年 5 月 16 日，中国工程院副院长邬贺铨院士在广州举行的有关科技讲坛上提出，物联网是未来信息产业的发展方向，也是中国经济新的增长点。

相对互联网的全球性，物联网是行业性的。物联网不是把任何物件都联网，而是把对联网有好处而且能联网的物体联起来；物联网不是互联网，而是应用，具备三大特征：联网的每一个物件均可寻址；联网的每一个物件均可通信；联网的每一个物件均可控制。

说法二：物联网是互联网的下一站（中国经济周刊）。物联网的定义是：把所有物品通过射频识别等信息传感设备与互联网联接起来，实现智能化识别和管理。从这个意义上讲，物联网更像是互联网的延伸和拓展，甚至有“物联网是互联网的一个新的增长点”之说。从某种意义上讲，互联网是虚拟的，而物联网是虚拟与现实的结合，是“网络在现实世界里真正的大规模的应用”。为了进一步说明两者之间的区别与联系，表 7-2 对其进行说明。

表 7-2 互联网和物联网的比较

	互联网	物联网
起源	计算机技术的出现及传播速度的加快	传感技术的创新及云计算
面向的对象	人	人和物质

续表

	互联网	物联网
发展的过程	技术的研究到人类的技术共享使用	芯片多技术的平台应用过程
使用者	所有的人	人和物质 人即信息体，物即信息体
核心技术	主流的操作系统及语言开发商	芯片技术开发商及标准制定者
创新的空间	主要内容的创新和体验的判断	技术就是生活，想象就是科技 让所有物都有智能
文化属性	精英文化　无序世界	草根文化　"活信息"世界
技术手段	网络协议 Web 2.0	数据采集　传输介质 后台计算

由表 7-2 可知，人类从对信息积累搜索的互联网方式逐步向对信息智能判断的物联网前进，且这样的信息智能结合不同的信息载体进行，如一杯牛奶的信息、一头奶牛信息和一个人的信息的结合而产生智能。

如果说互联网是使一个物质向用户提供多个信息源头，那么物联网则是多个物质和多个信息源头向用户提供一个判断的活信息。互联网教用户怎么看信息，物联网教用户怎么用信息，更有智慧是其特点。

所以，物联网的含义更广泛，它包括信息读写含义的识别网，也包括传感器信息传输的传感网特性。移动通信网络包括互联网，联接人与人，人是智能的，网络无需智能；物联网联接物与物，物是非智能的。因此，要求物联网必须是智能的、自治的、感知的网络，必须具备协同处理、网络自治等功能。

2．物联网发展的方向：泛在网

中国通信标准化协会秘书长周宝信说过："泛在网是一个大通信概念"。泛在网由计算机科学家 Weiser 首次提出，它不是一种全新的网络技术，而是在现有技术基础上的应用创新，是不断融合新的网络，不断向泛在网络注入新的业务和应用，直至"无所不在、无所不包、无所不能"。

从网络技术上，泛在网是通信网、互联网、物联网高度融合的目标，它实现多网络、多行业、多应用、异构多技术的融合与协同。如果说通信网、互联网发展到今天解决的是人与人之间的通信，物联网则实现的是物与物之间的通信，泛在网实现人与人、人与物、物与物的通信，涵盖传感器网络、物联网和已经发展中的电信网、互联网、移动互联网等。

泛在网呈现从以人与人通信为主的电信网向人与物、物与物的通信广泛延伸的通信网络的发展趋势，它是一个大通信的概念，是面向经济、社会、企业和家庭全面信息化的概括。当前三网融合、两化融合、调整产业结构、转变经济增长方式、加快电信转型、建设资源节约型和环境友好型社会等都为泛在网的发展提供了极为良好的发展机遇。

物联网是指在物理世界的实体中部署具有一定感知能力、计算能力和执行能力的嵌入式芯片和软件，使之成为"智能物体"，通过网络设施实现信息传输、协同和处理，从而实现物与物、物与人之间的互联。物联网依托现有互联网，通过感知技术实现对物理世界的信息采集，从而实现物物互联。总而言之，物联网的关键环节为"感知、传输、处理"。

泛在网是指基于个人和社会的需求，利用现有新的网络技术，实现人与人、人与物、物与物之间按需进行信息获取、传递、存储、认知、决策、使用等服务，泛在网网络具备超强的环境感知、内容感知及智能，为个人和社会提供泛在而无所不含的信息服务和应用。"泛在网络"的概念反映信息社会发展的远景和蓝图，具有比物联网更广泛的内涵。业界还存在其他概念，如传感器网络（Sensor Network）。传感器网络是指由传感器节点通过自组织或其他方式组成的网络。传感网是传感器网络的简称，从字面上看，狭义的传感网强调通过传感器作为信息获取手段，不包含通过RFID、二维码、摄像头等方式的信息感知能力。

"物联网"、"泛在网"概念的出发和侧重点完全不一致，但其目标都是突破人与人通信的模式，建立物与物、物与人之间的通信。物理世界的各种感知技术，即传感器技术、RFID技术、二维码、摄像等使构成物联网、泛在网的必要条件。

7.2 物联网的体系架构

7.2.1 物联网的框架结构

在物联网蓬勃发展的同时，相关统一协议的制定正在迅速推进，无论是美国、欧盟、日本、中国等物联网积极推进国，还是国际电信联盟等国际组织都提出了自己的协议方案，都力图使其上升为国际标准，但是目前还没有世界公认的物联网通用规范协议。不可否认的是整体上，物联网分为软件、硬件两大部分，软件部分即为物联网的应用服务层，包括应用、支撑两部分。硬件部分分为网络传输层和感知控制层，分别对应传输部分、感知部分；软件部分大都基于互联网的TCP/IP通信协议，而硬件部分则有GPRS、传感器等通信协议。通过介绍物联网的主要技术，分析其知识点、知识单元、知识体系，掌握实用的软、硬件技术和平台，理解物联网的学科基础，从而达到真正领悟物联网本质的要求。见表7-3所示。

表7-3　　物联网体系框架

	感知控制层	网络传输层	应用服务层
主要技术	EPC编码和RFID技术	无线传感器网络，PLC，蓝牙，Wi-Fi，现场总线	云计算技术，数据融合与智能技术，中间件技术
知识点	EPC编码的标准和RFID的工作原理	数据传输方式，算法，原理	云链接，云安全，云存储，知识表达与获取，智能Agent
知识单元	产品编码标准，RFID标签，阅读器，天线，中间件	组网技术，定位技术，时间同步技术，路由协议，MAC协议，数据融合	数据库技术，智能技术，信息安全技术
知识体系	通过对产品按照合适的标准来进行编码实现对产品的辨别，通过视频识别技术完成对产品的信息读取，处理和管理	技术框架，通信协议，技术标准	云计算系统，人工智能系统，分部智能系统
软件（平台）	RFID中间件（产品信息转换软件，数据库等）	NS2，IAR，KEIL，Wave	数据库系统，中间件平台，云计算平台

续表

	感知控制层	网络传输层	应用服务层
硬件（平台）	RFID 应答器、阅读器，天线组成的 RFID 系统	CC2430，EM250，JENNIC LTD，FREESCALE BEE	PC 和各种嵌入式终端
相关课程	编码理论，通信原理，数据库，电子电路	无线传感器网络简明教程，电力线通信技术，蓝牙技术基础，现场总线技术	微机原理与操作系统，计算机网络，数据库技术，信息安全

物联网作为一种形式多样的聚合性复杂系统，涉及了信息技术自上而下的每一层面，其体系结构分为感知控制层、网络传输层、应用服务层三个层面，如图 7-2 所示。其中，公共技术不属于物联网技术的某个特定层面，而是与物联网技术架构的三层都有关系，包括标识与解析、安全技术、网络管理和服务质量管理。

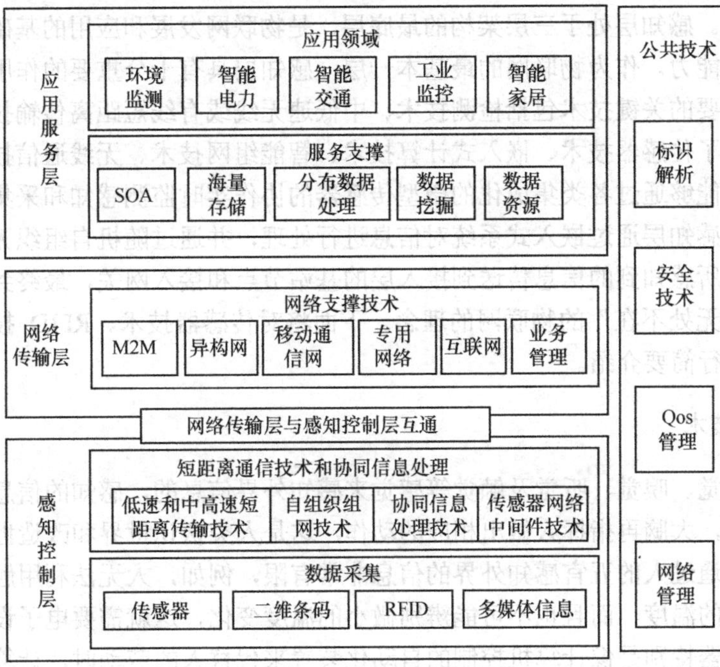

图 7-2　物联网体系框架

感知控制层由数据采集子层、短距离通信技术和协同信息处理子层组成。数据采集子层通过各种类型的传感器获取物理世界中发生的物理事件和数据信息，例如各种物理量、标识、音频和视频多媒体数据。物联网的数据采集涉及传感器、RFID、多媒体信息采集、二维码和实时定位等技术。短距离通信技术和协同信息处理子层将采集到的数据在局部范围内进行协同处理，以提高信息的精度，降低信息冗余度，并通过自组织能力的短距离传感网接入广域承载网络。感知层中间件技术旨在解决感知层数据与多种应用平台间的兼容性问题。

网络传输层将来自感知层的各类信息通过基础承载网络传输到应用层，包括移动通信网、互联网、卫星网、广电网、行业专网及形成的融合网络等。根据应用需求，可作为透明传送的网络层，也可升级以满足未来不同内容传输的要求。

经过十余年的快速发展，移动通信、互联网等技术已比较成熟，在物联网的早期阶段基本能够满足物联网中数据传输的需要。

应用服务层主要将物联网技术与行业专业系统相结合，实现广泛的物物互联的应用解决方案，主要包括业务中间件和行业应用领域。其中，物联网服务支撑子层用于支撑跨行业、跨应用、跨系统之间的信息协同、共享、互通的功能。物联网应用服务子层包括智能交通、智能医疗、智能家居、智能物流、智能电力等行业应用。

7.2.2 感知层

物联网在传统网络的基础上，从原有网络用户终端向“下”延伸和扩展，扩大通信的对象范围，即通信不仅仅局限于人与人之间的通信，还扩展到人与现实世界的各种物体之间的通信。

物联网感知层解决的就是人类世界和物理世界的数据获取问题，即各类物理量、标识、音频、视频数据。感知层处于三层架构的最底层，是物联网发展和应用的基础，具有物联网全面感知的核心能力。作为物联网的最基本一层，感知层具有十分重要的作用。

感知层所需要的关键技术包括检测技术、中低速无线或有线短距离传输技术等。具体来说，感知层综合了传感器技术、嵌入式计算技术、智能组网技术、无线通信技术、分布式信息处理技术等，能够通过各类集成化的微型传感器的协作实时监测感知和采集各种环境或监测对象的信息。感知层通过嵌入式系统对信息进行处理，并通过随机自组织无线通信网络以多跳中继方式将所感知到的信息传送到接入层的基站节点和接入网关，最终到达用户终端，从而真正实现“无处不在”的物联网的理念。下面将对传感器技术、RFID 技术、二维码技术等关键技术进行简要介绍。

1. 传感器技术

人是通过视觉、嗅觉、听觉及触觉等感觉来感知外界信息的，感知的信息输入大脑进行分析判断和处理，大脑再指挥人做出相应的动作，这是人类认识世界和改造世界具有的最基本的能力。但是通过人的五官感知外界的信息非常有限，例如，人无法利用触觉来感知超过几十甚至上千度的温度，而且也不可能辨别微小的温度变化，这就需要电子设备的帮助。同样，利用电子仪器特别是像计算机控制的自动化装置来代替人的劳动时，计算机类似于人的大脑，但仅有大脑而没有感知外界信息的“五官”显然是不够的，计算机还需要它们的“五官”——传感器。

传感器是一种检测装置，能感受到被测的信息，并能将感受检测到的信息按一定的规律转变成电信号或其他所需形式的信号输出，以满足信息的传输、处理、存储、显示、记录和控制等要求。它是实现自动监测和自动控制的首要环节。在物联网系统中，对各种参数进行信息采集和简单加工处理的设备，被称为物联网传感器。传感器可以独立存在，也可以与其他设备以一体方式呈现，但无论哪种形式，它都是物联网中的感知和输入部分。在未来的物联网中，传感器及其组成的传感器网络将在数据采集前端发挥重要的作用。

传感器的分类方法多种多样，比较常用的有按传感器的物理量、工作原理和输出信号三种方式来分类。此外，按照是否具有信息处理能力来分类的意义越来越重要，特别是在未来的物联网时代。按照这种分类方式，传感器可分为一般传感器和智能传感器。一般传感器采集信息需要计算机进行处理；智能传感器带有微处理器，本身具有采集、处理、交换信息的能力，具备高数据精度、高可靠性和高稳定性、高信噪比与高分辨率、强自适应性、高价格性能比等优点。

2. RFID 技术

射频识别（Radio Frequency Identification，RFID）是20世纪90年代开始兴起的一种自动识别技术，它利用射频信号通过空间电磁耦合实现无接触信息传递并通过所传递的信息实现物体识别，RFID 既可以看成是一种设备标识技术，也可以归类为短距离传输技术，在本书中更倾向于前者。

RFID 是一种能够让物品“开口说话”的技术，也是物联网感知层的一个关键技术。在对物联网的构想中，RFID 标签中存储着规范而具有互用性的信息，通过有线或无线的方式，把它们自动采集到中央信息系统，实现物品（商品）的识别，进而通过开放式的计算机网络实现信息交换和共享，实现对物品的“透明”管理。

由于 RFID 具有无需接触、自动化程度高、耐用可靠、识别速度快、适应各种工作环境、可实现高速和多标签同时识别等优势，因此应用领域广泛，如物流和供应链管理、门禁安防系统、道路自动收费、航空行李处理、文档追踪/图书馆管理、电子支付、生产制造和装配、物品监视、汽车监控、动物身份标识等。以简单 RFID 系统为基础，结合已有的网络技术、数据库技术、中间件技术等，构筑一个由大量联网的读写器和无数移动的标签组成的、比 Internet 更为庞大的物联网，已成为 RFID 技术发展的趋势。

3. 二维码技术

二维码（2-dimensional bar code）技术是物联网感知层实现过程中最基本和关键的技术之一。二维码也叫二维条码或二维条形码，是用某种特定的几何形体按一定规律在平面上分布（黑白相间）的图形来记录信息的应用技术。从技术原理来看，二维码在代码编制上巧妙地利用构成计算机内部逻辑基础的“0”和“1”比特流的概念，使用若干与二进制相对应的几何形体来表示数值信息，并通过图像输入设备或光电扫描设备自动识读以实现信息的自动处理。

与一维条形码相比，二维码有着明显的优势，归纳起来主要有以下几个方面：数据容量更大，二维码能够在横向和纵向两个方位同时表达信息，因此能在很小的面积内表达大量的信息；超越了字母数字的限制；条形码相对尺寸小；具有抗损毁能力。此外，二维码还可以引入保密措施，其保密性较一维码要强很多。

二维码可分为堆叠式/行排式二维码和矩阵式二维码。其中堆叠式/行排式二维码形态上是由多行短截的一维码堆叠而成；矩阵式二维码以矩阵的形式组成，在矩阵相应元素位置上用“点”表示二进制“1”，用“空”表示二进制“0”，并由“点”和“空”的排列组合成代码。

二维码具有条码技术的一些共性：每种码制有其特定的字符集，每个字符占有一定的宽度，具有一定的校验功能等。

与 RFID 相比，二维码最大的优势在于成本比较低，一条二维码的成本仅为几分钱，而 RFID 标签因其芯片成本比较高，工艺制造复杂，价格较高。RFID 与二维码功能比较见表 7-4。

表 7-4　　RFID 与二维码功能比较

功　能	RFID	二　维　码
读取数量	可同时读取多个 RFID 标签	一次只能读取一个二维码
读取条件	RFID 标签不需要光线就可以读取或更新	二维码读取时需要光线
容量	存储资料的容量大	存储资料的容量小
读写能力	电子资料可以重复读写	资料不可更新
读取方便性	RFID 标签可以很薄，且在包内仍可读取资料	二维码读取时需要清晰可见
资料准确性	准确性高	需靠人工读取，有人为疏失的可能性
坚固性	RFID 标签在严酷、恶劣和肮脏的环境下仍可读取资料	当二维码污损时将无法读取，无持久耐性
高速读取	在高速运动中仍可读取	移动中读取有所限制

4．ZigBee 技术

ZigBee 是一种短距离、低功耗的无线传输技术，是一种介于无线标记技术和蓝牙之间的技术，它是 IEEE 802.15.4 协议的代名词。ZigBee 采用分组交换和跳频技术，并且可使用三个频段，分别是 2.4 GHz 的公共通用频段、欧洲的 868 MHz 频段和美网的 915 MHz 领段。ZigBee 主要应用在短距离范围并且数据传输速率不高的各种电子设备之间。与蓝牙相比，ZigBee 更简单、速率更慢、功率及费用也更低。同时，由于 ZigBee 技术的低速率和通信范围较小的特点，也决定了 ZigBee 技术只适合于承载数据流量较小的业务。

5．蓝牙

蓝牙（Bluetooth）是一种无线数据与话音通信的开放性全球规范，和 ZigBee 一样，也是一种短距离的无线传输技术。其实质内容是为固定设备或移动设备之间的通信环境建立通用的短距离无线接口，将通信技术与计算机技术进一步结合起来，是各种设备在无电线或电缆相互连接的情况下，能在短距离范围内实现相互通信或操作的一种技术。

蓝牙采用高速跳频（Frequency Hopping）和时分多址（Time Division Multiple Access，TDMA）等先进技术，支持点对点及点对多点通信。其传输频段为全球公共通用的 2.4 GHz 频段，能提供 1 Mbit/s 的传输速率和 10 m 的传输距离，并采用时分双工传输方案实现双工传输。

蓝牙除具有和 ZigBee 一样，可以全球范围适用、功耗低、成本低、抗干扰能力强等特点外，还有许多它自己的特点。

（1）同时可传输话音和数据。蓝牙采用电路交换和分组交换技术，支持异步数据信道、三路话音信道以及异步数据与同步话音同时传输的信道。

（2）可以建立临时性的对等连接（Ad-Hoc Connection）。

（3）开放的接口标准。为了推广蓝牙技术的使用，蓝牙技术联盟（Bluetooth SIG）将蓝牙的技术标准全部公开，全世界范围内的任何单位和个人都可以进行蓝牙产品的开发，只要最终通过 Bluetooth SIG 的蓝牙产品兼容性测试，就可以推向市场。

蓝牙作为一种电缆替代技术，主要由以下三方面应用：话音/数据接入、外围设备互连和个人局域网（PAN）。在物联网的感知层，主要是用于数据接入。蓝牙技术有效地化简了移动通信终端设备之间的通信，也能够成功地化简设备与因特尔之间的通信，从而使数据传输变得更加迅速、高效，为无线通信拓宽了道路。

7.2.3 网络层

物联网的网络层是在现有网络的基础上建立起来的，它与目前主流的移动通信网、国际互联网、企业内部网、各类专网等网络一样，主要承担着数据传输的功能，特别是当三网融合后，有线电视网也能承担数据传输的功能。

在物联网中，要求网络层能够把感知层感知到的数据无障碍、高可靠性、高安全性地进行传送，它解决的是感知层所获得的数据在一定范围内，尤其是远距离的传输问题。同时，物联网的网络层将承担比现有网络更大的数据量和面临更高的服务质量要求，所以现有网络尚不能满足物联网的需求，这就意味着物联网需要对现有网络进行融合和扩展，利用新技术以实现更加广泛和高效的互联功能。

物联网的网络层是建立在 Internet 和移动通信网络等现有网络基础上的，除具有目前已经比较成熟的如远距离有线、无线通信技术和网络技术外，为实现“物物相连”的需求，物联网的网络层将综合使用 IPv6, 2G/3G, Wi-Fi 等通信技术，实现有线与无线的结合、宽带与窄带的结合、感知网与通信网的结合。同时，网络层中的感知数据管理与处理技术是实现以数据为中心的物联网的核心技术。感知数据管理与处理技术包括物联网数据的存储、查询、分析、挖掘、理解以及基于感知数据决策和行为的技术。

下面将对物联网依托的 Internet、移动通信网络和无线传感器网络三种主要网络形态以及涉及的 IPv6，Wi-Fi 等关键技术进行简单介绍。

1. Internet

Internet，中文译为因特网，广义的因特网叫互联网，是以相互交流信息资源为目的，基于一些共同的协议，并通过许多路由器和公共互联网连接而成，它是一个信息资源和资源共享的集合。Internet 采用了目前最流行的客户机/服务器工作模式，凡是使用 TCP/IP，并能与 Internet 中任意主机进行通信的计算机，无论是何种类型、采用何种操作系统，均可看成是 Internet 的一部分，可见 Internet 覆盖范围之广。物联网也被认为是 Internet 的进一步延伸。

Internet 将作为物联网主要的传输网络之一，然而为了让 Internet 适应物联网大数据量和多终端的要求，业界正在发展一系列新技术。其中，由于 Internet 中 IP 地址对节点进行标识，而目前的 IPv4 受制于资源空间耗竭，已经无法提供更多的 IP 地址，所以 IPv6 以其近乎无限的地址空间将在物联网中发挥重大作用。引入 IPv6 技术，使网络不仅可以为人类服务，还将服务于众多硬件设备，如家用电器、传感器、远程照相机、汽车等，它将使物联网无所不在、无处不在地深入社会的每个角落。

2. 移动通信网络

移动通信就是移动体之间的通信，或移动体与固定体之间的通信。通过有线或无线介质将这些物体连接起来进行话音等服务的网络就是移动通信网络。

移动通信网络由无线接入网、核心网和骨干网三部分组成。无线接入网主要为移动终端提供接入网络服务，核心网和骨干网主要为各种业务提供交换和传输服务。从通信技术层面看，移动通信网络的基本技术可分为传输技术和交换技术两大类。

在物联网中，终端需要以有线或无线方式连接起来，发送或者接收各类数据；同时，考虑到终端连接的方便性、信息基础设施的可用性（不是所有地方都有方便的固定接入能力）以及某些应用场景本身需要监控的目标就是在移动状态下，因此，移动通信网络以其覆盖广、建设成本低、部署方便、终端共备移动性等特点将成为物联网重要的接入手段和传输载体，为人与人之间、人与网络之间、物与物之间的通信提供服务。

3. 无线传感器网络

无线传感器网络（WSN）的基本功能是将一系列空间分散的传感器单元通过自组织的无线网络进行连接，从而将各自采集的数据通过无线网络进行传输汇总，以实现对空间分散范围内的物理或环境状况的协作检测，并根据这些信息进行相应的分析和处理。

如果说 Internet 构成了逻辑上的虚拟数字世界，改变人与人的沟通方式，那么，无线传感器网络就是将逻辑上的数字世界与客观上的物理世界融合在一起，改变人类与自然的交互方式。

7.2.4 应用层

应用是物联网发展的驱动力和目的。应用层的主要功能是把感知和传输来的信息进行分析和处理，做出正确的控制和决策，实现智能化的管理、应用和服务。这一层解决的是信息处理和人机界面的问题。

具体地讲，应用层将网络层传输来的数据通过各类信息系统进行处理，并通过各种设备与人进行交互。这一层也可按形态直观地划分为两个子层：一个是应用程序层，另一个是终端设备层。应用程序层进行数据处理，完成跨行业、跨应用、跨系统之间的信息协同共享、互通的功能，包括电力、医疗、银行、交通、环保、物流、工业、农业、城市管理、家居生活等，可用于政府、企业、社会组织、家庭、个人等，这正是物联网作为深度信息化网络的重要体现。而终端设备层主要是提供人机界面，物联网虽然是“物物相连的网”，但最终还是需要人的操作与控制，不过这里的人机界面已远远超出现在的人与计算机交互概念，而是泛指与应用程序相连的各种设备与人的反馈。

物联网的应用层能够为用户提供丰富多彩的业务体验，然而，如何合理、高效地处理从网络层传来的海量数据，并从中提取有效信息，仍是物联网应用层要解决的一个关键问题。下面将对应用层的 M2M、云计算等关键技术进行简单介绍。

1. M2M

M2M 是 Machine-to-Machine（机器对机器）的缩写，根据不同应用场景，往往也被解释为 Man-to-Machine（人对机器）、Machine-to-Man（机器对人）、Mobile-to-Machine（移动网络对机器）、Machine-to-Mobile（机器对移动网络）。Machine 一般指的是人造的机器设备，而物联网（Internet of Things）中的 Things 则是指更抽象的物体，范围更广。

M2M 技术的目标是使所有机器设备都具备联网和通信能力，其核心理念就是网络一切

（Network Everything）。随着科学技术的发展，越来越多的设备具备了通信和联网能力，网络一切逐步变得现实。

2. 云计算

云计算（Cloud computing）是分布式计算（Distributed Computing）、并行计算（Parallel Computing）和网络计算（Grid Computing）的发展，或者说是这些计算机科学概念的商业实现。云计算通过共享基础资源（硬件、平台、软件）的方法，将巨大的系统池连接在一起以提供各种 IT 服务，这样的企业与个人用户无需再投入昂贵的硬件购置成本，只需要通过互联网来租赁计算能力等资源。用户可以在多种场合，利用各种终端，通过互联网接入云计算平台来共享资源。

云计算具有强大的处理能力、存储能力、宽带及极高的性价比，可以有效用于物联网应用与业务，也是应用层能提供众多服务的基础。它可以为各种不同的物联网应用系统提供统一的服务交互平台，可以为物联网应用提供海量的计算和存储资源，还可以提供统一的数据存储格式和数据处理方法。利用云计算可大大简化应用的交付过程，降低交付成本，并能提高处理效率。同时，物联网也将成为云计算最大的用户，促使云计算取得更大的商业成功。

3. 人工智能

人工智能（Artificial Intelligence）是探索、研究使各种机器模拟人的某些思维过程和智能行为（如学习、推理、思考、规划等），使人类的智能得以物化与延伸的一门学科。目前对人工智能的定义大多可划分为四类，即机器“像人一样思考”、“像人一样行动”、“理性地思考”和“理性地行动”。人工智能企图了解智能的实质并生产出一种新的能以与人类智能相似的方式作出反应的智能机器。该领域的研究包括机器人、语言识别、图像识别、自然语言处理和专家系统等。目前主要的方法有神经网络、进化计算和粒度计算三种。在物联网中，人工智能技术主要负责分析物品所承载的信息内容，从而实现计算机自动处理。

人工智能技术的优点在于：大大改善操作者作业环境，减轻工作强度，提高作业质量和工作效率；一些危险场合或重点施工应用得到解决；环保、节能；提高机器的自动化程度及智能化水平；提高设备的可靠性，降低维护成本；实现故障诊断的智能化等。

4. 数据挖掘

数据挖掘（Data Mining）是从大量的、不完全的、有噪声的、模糊的及随机的实际应用数据中，挖掘出隐含的、未知的、对决策有潜在价值的数据的过程。数据挖掘主要基于人工智能、机器学习、模式识别、统计学、数据库、可视化技术等，高度自动化地分析数据，做出归纳性的推理。它一般分为描述型数据挖掘和预测型数据挖掘两种。描述型数据挖掘包括数据总结、聚类及关联分析等；预测型数据挖掘包括分类、回归及时间序列分析等。数据挖掘通过对数据的统计、分析、综合、归纳和推理，揭示事件间的相互关系，预测未来的发展趋势，为决策者提供决策依据。

在物联网中，数据挖掘只是一个代表性概念，它是一些能够实现物联网“智能化”、“智慧化”的分析技术和应用的统称。细分起来，包括数据挖掘和数据仓库（Data Warehousing）、决策支持（Decision Support）、商业智能（Business Intelligence）、报表（Reporting），ETL（数据抽取、转换和清洗等）、在线数据分析、平衡计分卡（Balanced Scoreboard）等技术和应用。

5．中间件

中间件是为了实现每个小的应用环境或系统的标准化以及它们之间的通信，在后台应用软件和读写器之间设置的一个通用的平台和接口。在许多物联网体系架构中，经常把中间件单独划分为一层，位于感知层与网络层或网络层与应用层之间。本书参照当前比较通用的物联网架构，将中间件划分到应用层。在物联网中，中间件作为其软件部分，有着举足轻重的地位。物联网中间件是在物联网中采用中间件技术，以实现多个系统或多种技术之间的资源共享，最终组成一个资源丰富、功能强大的服务系统，最大限度地发挥物联网系统的作用。具体来说，物联网中间件的主要作用在于将实体对象转换为信息环境下的虚拟对象，因此数据处理是中间件最重要的功能。同时，中间件具有数据的搜集、过滤、整合与传递等特性，以便将正确的对象信息传到后端的应用系统。

物联网的中间件的实现依托于中间件关键技术的支持，这些关键技术包括 Web 服务、嵌入式 Web、Semantic Web 技术、上下文感知技术、嵌入式设备及 Web of Things 等。

7.3 射频识别（RFID）技术

随着高科技的蓬勃发展，智能化管理已经走进了人们的社会生活，一些门禁卡、第二代身份证、公交卡、超市的物品标签等，这些卡片正在改变人们的生活方式。其实秘密就在这些卡片都使用了射频识别技术，可以说射频识别已成为人们日常生活中最简单的身份识别系统。RFID 技术是结合了无线电、芯片制造及计算机等学科的新技术。

射频识别是一种非接触式的自动识别技术，它利用射频信号及其空间耦合的传输特性，实现对静止或移动物品的自动识别。射频识别常称为感应式电子芯片或近接卡、感应卡、非接触卡、电子标签、电子条码等。一个简单的 RFID 系统由阅读器（Reader）、应答器（Transponder）或电子标签（Tag）组成，其原理是由读写器发射一特定频率的无线电波能量给应答器，用以驱动应答器电路，读取应答器内部的 ID 码。应答器其形式有卡、钮扣、标签等多种类型，电子标签具有免用电池、免接触、不怕脏污，且芯片密码为世界唯一，无法复制，具有安全性高、寿命长等特点。所以，RFID 标签可以贴在或安装在不同物品上，由安装在不同地理位置的读写器读取存储于标签中的数据，实现对物品的自动识别。RFID 的应用非常广泛，目前典型应用有动物芯片、汽车芯片防盗器、门禁管制、停车场管制、生产线自动化、物料管理、校园一卡通等。

7.3.1 RFID 的组成

射频识别系统因应用不同其组成会有所不同，但基本都是由电子标签、读写器和计算机网络这三大部分组成。电子标签附着在物体上，电子标签内存储着物体的信息；电子标签通过无线电波与读写器进行数据交换，读写器将读写命令传送到电子标签，再把电子标签返回的数据传送到计算机网络；计算机网络中的数据交换与管理系统负责完成电子标签数据信息的存储、管理和控制。射频识别系统的组成如图 7-3 所示。

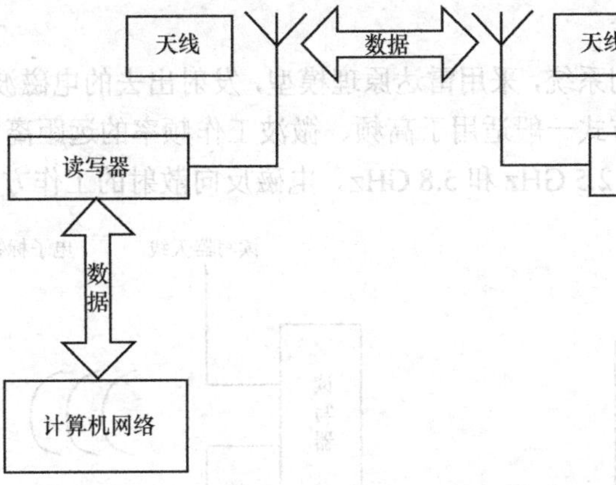

图 7-3 射频识别系统的组成

1. 电子标签

电子标签由芯片及天线组成，附着在物体上标识目标对象。每个电子标签具有唯一的电子编码，编码中存储着被识别物体的相关信息。

2. 读写器

RFID 系统工作时，首先由读写器的天线发射一个特定的询问信号。当电子标签的天线感应到这个询问信号后，就会给出应答信号，应答信号包含有电子标签携带的物体数据信息。接收器接受应答信号并对其进行处理，然后将处理后的应答信号传递给外部的计算机网络。

3. 计算机网络

射频识别系统会有多个读写器，每个读写器同时要对多个电子标签进行操作，并要实时处理数据信息，这需要计算机来处理问题。读写器通过标准接口与计算机网路连接，在计算机网络中完成数据处理、传输和通信功能。

7.3.2 RFID 工作原理

读写器和电子标签之间射频信号的传输主要有两种方式，一种是电感耦合方式，另一种是电磁反向散射方式，这两种方式采用的频率不同，工作原理也不同。

工作在不同频段的射频识别系统采用不同的工作原理。在低频和中频频段，读写器和电子标签之间采用电感耦合的工作方式；在高频和微波频段，读写器和电子标签之间采用电磁反向散射的工作方式。

1. 读写器与电子标签之间的传输方式

（1）电感耦合方式

电感耦合方式的射频识别系统，工作能量通过电感耦合的方式获得，依据的是电磁感应定律。现在电感耦合方式的射频识别系统一般采用低频和中频频率，典型的频率为 125kHz、135kHz、6.78 MHz、13.56 MHz。电感耦合的工作方式如图 7-4 所示。

（2）电磁反向散射的方式

电磁反向散射的射频识别系统，采用雷达原理模型，发射出去的电磁波碰到目标后反射，同时携带回来目标信息。该方式一般适用于高频、微波工作频率的远距离 RFID 系统，典型的工作频率有 800/900 MHz、2.5 GHz 和 5.8 GHz。电磁反向散射的工作方式如图 7-5 所示。

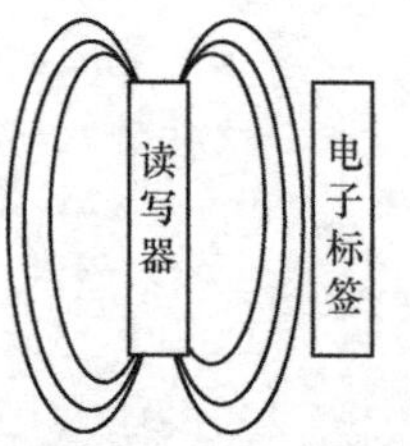

图 7-4　读写器线圈与电子标签线圈的电感耦合

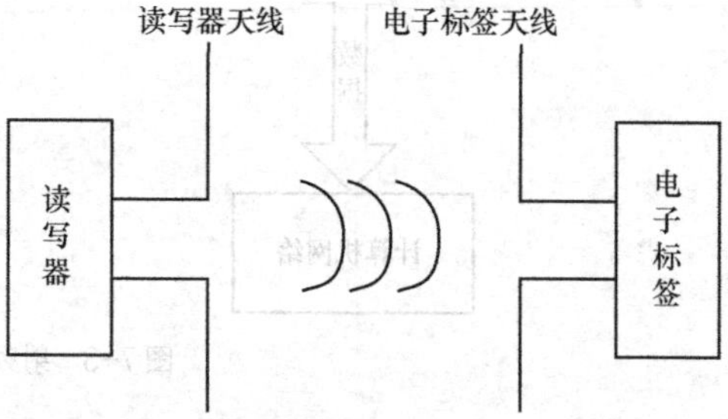

图 7-5　读写器天线与电子标签天线的电磁辐射

2. 低频频段的射频识别系统

RFID 低频电子标签一般为无源标签，电子标签与读写器传输数据时，电子标签需要位于读写器天线的近场区，电子标签的工作能量通过电感耦合的方式从读写器中获得。在这种工作方式中，读写器与电子标签间存在着变压器耦合作用，电子标签天线中感应的电压被整流，用作供电电压使用。低频电子标签可以应用于动物识别、工具识别、汽车电子防盗、酒店门锁管理和门禁安全管理等方面。

3. 高频频段的射频识别系统

高频频段 RFID 的工作原理与低频频段基本相同，电子标签通常无源，传输数据时电子标签需要位于读写器天线的近场区，电子标签的工作能量通过电感耦合的方式从读写器中获得。在这种工作方式中，电子标签的天线不再需要线圈绕制，可以通过腐蚀印刷的方式制作，电子标签一般通过负载调制的方式进行工作。高频电子标签通常做成卡片形状，典型的应用有我国的第二代身份证、电子车票和物流管理等。

4. 微波频段的射频识别系统

微波电子标签可以是有源电子标签或无源电子标签，电子标签与读写器传输数据时，电子标签位于读写器天线的远场区，读写器天线的辐射场为无源电子标签提供射频能量，或将有源电子标签唤醒。微波电子标签的典型参数为是否无源、无线读写距离、是否支持多标签同时读写、是否适合高速物体识别、电子标签的价格以及电子标签的数据存储容量等。

微波电子标签的数据存储容量一般限定在 2 kbit/s 以内，再大的存储容量似乎没有太大的意义。从技术及应用的角度来说，微波电子标签并不适合作为大量数据的载体，其主要功能在于标识物品并完成无接触的识别过程。微波电子标签典型的数据容量指标有 1 kbit/s，128 bit/s 和 64 bit/s 等，由 Auto-ID Center 制定的电子产品代码 EPC 的容量为 90 bit/s。

以目前的技术水平来说，微波无源电子标签比较成功的产品相对集中在 902～928 MHz 工作频段。2.45 GHz 和 5.8 GHz 的 RFID 系统多以半无源微波电子标签的形式面世。半无源电子标签一般采用纽扣电池供电，具有较远的阅读距离。

7.3.3 RFID 的技术标准

由于 RFID 的应用牵涉到众多行业，因此其相关的标准非常复杂。从类别看，RFID 标准可以分为以下四类：技术标准（如 RFID 技术、IC 卡标准等），数据内容与编码标准（如编码格式、语法标准等），性能与一致性标准（如测试规范等），应用标准（如船运标签、产品包装标准等）。具体来讲，RFID 相关的标准涉及电气特性、通信频率、数据格式和元数据、通信协议、安全、测试、应用等方面。

与 RFID 技术和应用相关的国际标准化机构主要有：国际标准化组织（ISO）、国际电工委员会（IEC）、国际电信联盟（ITU）、世界邮联（UPU）。此外还有其他的区域性标准化机构（如 EPC Global、UID Center、CEN），国家标准化机构（如 BSI、ANSI、DIN）和产业联盟（如 ATA、AIAG、EIA）等也制定了与 RFID 相关的区域、国家、产业联盟标准，并通过不同的渠道提升为国际标准。表 7-5 列出了目前 RFID 系统主要频段标准与特性。

表 7-5　RFID 系统主要频段标准与特性

	低　频	高　频	超 高 频	微　波
工作频率	125～134 KHz	13.56 MHz	868～915 MHz	2.45～5.8 GHz
读取距离	1.2m	1.2m	4m（美国）	15m（美国）
速度	慢	中等	快	很快
潮湿环境	无影响	无影响	影响很大	影响很大
方向性	无	无	部分	有
全球适用频率	是	是	部分	部分
现有 ISO 标准	11784/85,14223	14443,18000-3,15693	18000-6	18000-4/555

总体来看，目前 RFID 存在三个主要的技术标准体系：总部设在美国麻省理工学院（MIT）的自动识别中心（Auto-ID Center）、日本泛在中心（Ubiquitous ID Center，UIC）和 ISO 标准体系。

1. EPC Global

EPC Global 是由美国统一代码协会（UCC）和国际物品编码协会（EAN）于 2003 年 9 月共同成立的非营利性组织，其前身是 1999 年 10 月 1 日在美国麻省理工学院成立的非营利性组织 Auto-ID 中心。Auto-ID 旗下有沃尔玛集团、英国 Tesco 等 100 多家欧美零售流通企业，同时有 IBM、微软、飞利浦、Auto-ID Lab 等公司提供技术研究支持，目前 EPC Global 已在加拿大、日本、中国等国建立了分支机构，专门负责 EPC 码段在这些国家的分配与管理、EPC 相关技术标准的制订、EPC 相关技术在本国宣传普及以及推广应用等工作。

EPC Global 物联网体系架构由 EPC 编码、EPC 标签及读写器、EPC 中间件、ONS 服务器和 EPCIS 服务器等部分构成。

EPC 赋予物品唯一的电子编码，其位长通常为 64 bit 或 96 bit，也可扩展为 256 bit。对不同的应用规定有不同的编码格式，主要存放企业代码、商品代码和序列号。最新的 Gen2 标准的 EPC 编码可兼容多种编码。

2. Ubiquitous ID

日本在电子标签方面的发展，始于 20 世纪 80 年代中期的实时嵌入式系统 TRON，T-Engine 是其中核心的体系架构。

在 T-Engine 论坛领导下，泛在中心于 2003 年 3 月成立，并得到日本政府经产和总务省以及大企业的支持，目前包括微软、索尼、三菱、日立、日电、东芝、夏普、富士通、NTT、DoCoMo. KDDI、J-Phone、伊藤忠、大日本印刷、凸版印刷、理光等重量级企业。

泛在 ID 中心的泛在识别技术体系架构由泛在识别码（uCode）、信息系统服务器、泛在通信器和 uCode 解析服务器四部分构成。uCode 采用 128 bit 记录信息，提供了 340×1036 编码空间，并可以以 128 bit 为单元进一步扩展至 256 bit、384 bit 或 512 bit。uCode 能包容现有编码体系的元编码设计，以兼容多种编码，包括 JAN、UPC、ISBN、IPv6 地址，甚至电话号码。uCode 标具有多种形式，包括条码、射频标签、智能卡、有源芯片等。泛在 ID 中心把标签进行分类，设立了 9 个级别的不同认证标准。

3. ISO 标准体系

国际标准化组织（ISO）以及其他国际标准化机构如国际电工委员会（IEC）、国际电信联盟（ITU）等是 RFID 国际标准的主要定制机构。大部分 RFID 标准都是由 ISO（或与 IEC 联合组成）的技术委员会（TC）或分技术委员会（SC）定制的。

7.4 无线传感网络

7.4.1 无线传感网络概述

无线传感器网络（Wireless Sensor Network，WSN）由部署在监测区域内的传感器节点组成，这些节点数量很大、体积微小，通过无线通信方式形成一个多跳的自组织网络。WSN 是当前备受关注、涉及多个学科的前沿研究领域，其综合了传感器技术、嵌入式计算技术、无线通信技术、现代网络技术和分布式信息处理技术等多种技术，可以感知、采集和处理网络覆盖区域内的对象信息，并以无线的方式将信息发送出去。

WSN 是物联网的基本组成部分，可以将客观物理世界与信息世界融合在一起，能够改变人与自然界的交互方式，极大地扩展了现有网络的功能和人类认识世界的能力。WSN 作为一项新兴的技术，越来越受到学术界、工程界和各国政府的关注，在军事观察、环境监测、精细农业、医疗护理、空间探索、工业控制、智能家居等领域展现出了广阔的应用前景，被认为是 21 世纪最有影响的技术之一。

WSN 通常包括传感器节点（Sensor Node）、汇聚节点（Sink Node）和管理节点。大量传感器节点随机部署在检测区域（Sensor Field）内部或者附近，通过自组织的方式构成网络。传感器节点检测到的数据沿着其他节点逐跳地进行传输，在传输过程中检测数据可能被多个节点处理，经过多跳路由后到达汇聚节点，最后通过互联网或卫星到达管理节点。用户通过管理节点对传感器网络进行管理和配置发布检测任务，收集检测数据。无线传感器网络的结构如图 7-6 所示。

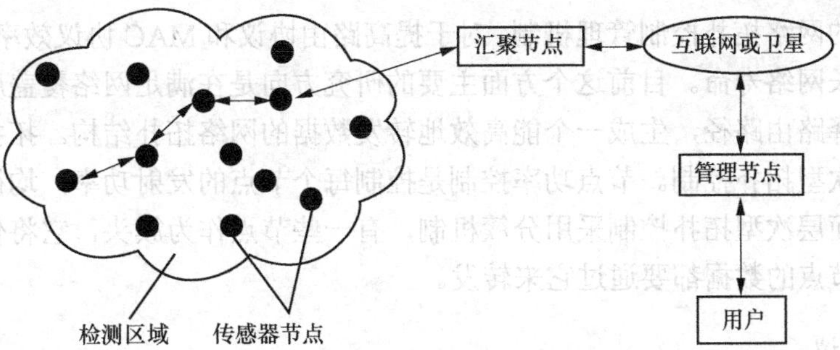

图 7-6 无线传感器网络的结构

传感器节点通常是一个微型的嵌入式系统，它的处理能力、存储能力和通信能力相对较弱，通过携带能量有限的电池供电。从网络功能上看，每个传感器节点兼有传统网络节点的终端与路由器双重功能，除了进行本地信息收集和数据处理外，还要对其他节点转发来的数据进行存储、管理和融合等处理，同时与其他节点协作完成一些特定任务。目前传感器节点的软硬件技术是传感器网络研究的重点。

汇聚节点的处理能力、存储能力与通信能力相对比较强，它连接传感器网络与因特网等外部网络，实现两种协议栈之间的通信协议转换，同时发布管理节点的监测任务，并把收集的数据转发到外部网络上。汇聚节点既可以是一个具有增强功能的传感器节点，有足够的能量供给和更多的内存与计算资源，又可以是没有监测功能仅带有无线通信接口的特殊网关设备。

传感器节点由传感器模块、处理器模块、无线通信模块和能量供应模块四部分组成，如图 7-7 所示。传感器模块负责监测区域内信息的采集和数据转换；处理器模块负责控制整个传感器节点的操作，存储和处理本身采集的数据以及其他节点发来的数据；无线通信模块负责与其他传感器节点进行无线通信，交换控制消息和收发采集数据；能量供应模块为传感器节点提供运行所需的能量，通常采用微型电池。

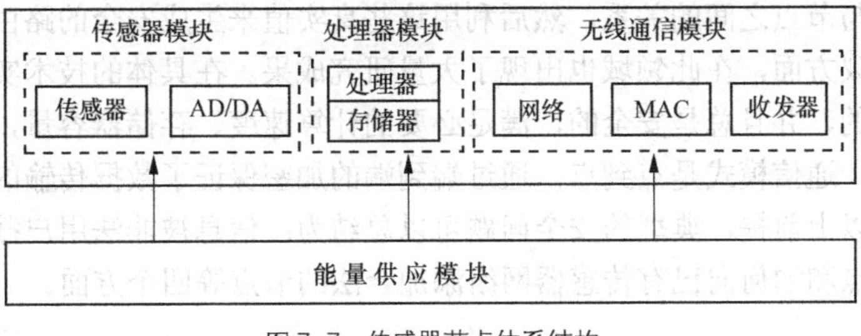

图 7-7 传感器节点体系结构

7.4.2 无线传感网络关键技术

无线传感器网络目前研究的难点涉及通信、组网、管理、分布式信息处理等多个方面。无线传感器网络有相当广泛的应用前景，但是也面临很多的关键技术需要解决。下面列出部分关键技术。

1. 网络拓扑管理

无线传感器网络是自组织网络（无网络中心，在不同条件下可自行组成不同的网络），如果有一个很好的网络拓扑控制管理机制，对于提高路由协议和MAC协议效率是很有帮助的，而且有利于延长网络寿命。目前这个方面主要的研究方向是在满足网络覆盖度和连通度的情况下，通过选择路由路径，生成一个能高效地转发数据的网络拓扑结构。拓扑控制分为节点功率控制和层次型拓扑控制。节点功率控制是控制每个节点的发射功率，均衡节点单跳可达的邻居数目。而层次型拓扑控制采用分簇机制，有一些节点作为簇头，它将作为一个簇的中心，簇内每个节点的数据都要通过它来转发。

2. 网络协议

因为传感器节点的计算能力、存储能力、通信能力和携带的能量有限，每个节点都只能获得局部网络拓扑信息，在节点上运行的网络协议也要尽可能简单。目前研究的重点主要集中在网络层和MAC层上。网络层的路由协议主要控制信息的传输路径。好的路由协议不但能考虑到每个节点的能耗，还要能够关心整个网络的能耗均衡，使得网络的寿命尽可能地保持长一些。目前已经提出了一些比较好的路由机制。MAC层协议主要控制介质访问，控制节点通信过程和工作模式。设计无线传感器网络的MAC层协议首先要考虑的是节省能量和可扩展性，其次要考虑的是公平性和带宽利用率。由于能量消耗主要发生在空闲监听、碰撞重传和接收到不需要的数据等方面，MAC层协议的研究也主要体现在如何减少上述三种情况，从而降低能量消耗，以延长网络和节点寿命。

3. 网络安全

无线传感器网络除了考虑上面提出的两个方面的问题外，还要考虑到数据的安全性，这主要从两个方面考虑。一个方面是从维护路由安全的角度出发，寻找尽可能安全的路由，以保证网络的安全。如果路由协议被破坏导致传送的消息被篡改，那么对于应用层上的数据包来说没有任何的安全性可言。有人已经提出了一种叫"有安全意识的路由"的方法，其思想就是找出真实值与节点之间的关系，然后利用这些真实值来生成安全的路由。另一方面是把重点放在安全协议方面，在此领域也出现了大量研究成果。在具体的技术实现上，先假定基站总是正常工作的，并且总是安全的，满足必要的计算速度、存储器容量，基站功率满足加密和路由的要求；通信模式是点到点，通过端到端的加密保证了数据传输的安全性；射频层正常工作。基于以上前提，典型的安全问题可以总结为：信息被非法用户截获、一个节点遭破坏、识别伪节点和如何向已有传感器网络添加合法的节点等四个方面。

4. 定位技术

位置信息是传感器节点采集数据中不可或缺的一部分，没有位置信息的监测消息可能毫无意义。节点定位就是确定传感器的每个节点的相对位置或绝对位置。节点定位在军事侦察、环境检测、紧急救援等应用中尤其重要。节点定位分为集中定位方式和分布定位方式。定位机制也必须要满足自组织性、鲁棒性、能量高效和分布式计算等要求。定位技术主要有基于距离的定位和与距离无关的定位两种方式。其中基于距离的定位对硬件要求较高，通常精度也比较高。与距离无关的定位对硬件要求较小，受环境因素的影响也较小，虽然误差较大，但是其精度已经足够满足大多数传感器网络应用的要求，所以这种定位技术是研究的重点。

5. 时间同步技术

传感器网络中的通信协议和应用，比如基于 TDMA 的 MAC 协议和敏感时间的监测任务等，要求节点间的时钟必须保持同步。J.Elson 和 D.Estrin 曾提出了一种简单、实用的同步策略。其基本思想是，节点以自己的时钟记录事件，随后用第三方广播的基准时间加以校正，精度依赖于对这段间隔时间的测量。这种同步机制应用在确定来自不同节点的监测事件的先后关系时有足够的精度。设计高精度的时钟同步机制是传感网络设计和应用中的一个技术难点。普遍认为，考虑精简 NTP（Network Time Protocol）协议的实现复杂度，将其移植到传感器网络中来应该是一个有价值的研究课题。

6. 数据融合

传感器网络为了有效地节省能量，可以在传感器节点收集数据的过程中，利用本地计算和存储能力将数据进行融合，取出冗余信息，从而达到节省能量的目的。数据融合可以在多个层次中进行。在应用层中，可以应用分布式数据库技术，对数据进行筛选，达到融合效果。在网络层中，很多路由协议结合了数据融合技术，以减少数据的传输量。MAC 层也能通过减少发送冲突和头部开销来达到节省能量的目的。当然，数据融合是以牺牲延时等代价来换取能量的节约的。

7.4.3 无线传感网络协议

WSN 的数据链路层和网络层都有反映自身特点的协议。在 WSN 中，数据链路层用于构建底层的基础网络结构，控制无线信道的合理使用，确保点到点或点到多点的可靠连接；网络层则负责路由的查找和数据包的传送。

1. MAC 协议

多址接入技术的一个核心问题是：对于一个共享信道，当信道的使用产生竞争时，如何采取有效地协调机制或服务准则来分配信道的使用权，这就是媒体访问控制（Medium Access Control，MAC）技术。

MAC 协议处于数据链路层，是无线传感器网络协议的底层部分，主要用于为数据的传输建立连接，以及在各节点之间合理有效地共享通信资源。MAC 协议对无线传感器网络的性能有较大的影响，是保证网络高效通信的关键协议之一。

（1）MAC 协议的设计原则

根据 WSN 的特点，MAC 协议需要考虑很多方面的因素，包括节省能源、可扩展性、网络的公平性、实时性、网络的吞吐量、带宽的利用率以及上述因素的平衡问题等，其中节省能源成为最主要的考虑因素。这些考虑因素与传统网络的 MAC 协议不同，当前主流的无线网络技术如蜂窝电话网络、Ad hoc、蓝牙技术等，它们各自的 MAC 协议都不适合 WSN。WSN 的 MAC 协议主要设计原则如下。

① 节省能量。

每个传感器节点都由电池供电，受环境和其他条件的限制，节点的电池能量通常难以进行补充。MAC 协议直接控制节点的节能问题，即让传感器节点尽可能地处于休眠状态，以减少能耗。

② 可扩展性。

WSN中的节点在数目、分布密度、分布位置等方面很容易发生变化，或者由于节点能量耗尽，新节点的加入也能引起网络拓扑结构的变化。因此MAC协议应具有可扩展性，以适应拓扑结构的动态性。

（2）MAC协议的分类

目前针对不同的传感器网络，研究人员从不同的方面提出了多种MAC协议，但目前对WSN的MAC协议还缺乏一个统一的分类方式。这里根据节点访问信道的方式，将WSN的MAC分为以下3类。

① 基于竞争的MAC协议。

多数分布式MAC协议采用载波侦听或冲突避免机制，并采用附加的信令控制消息来处理隐藏和暴露节点的问题。基于竞争随机访问的MAC协议是节点需要发送数据时，通过竞争的方式使用无线信道。

IEEE802.11 MAC协议采用带冲突避免的载波侦听多路访问（Carrier SensorMultiple Access with Collision Avoidance，CSMA/CA），是典型的基于竞争的MAC协议。在IEEE802.11 MAC协议的基础上，研究人员提出了多种用于传感器网络的基于竞争的MAC协议，例如S-MAC协议、T-MAC协议、ARC-MAC协议、Sift-MAC协议、Wise-MAC协议等。

② 基于调度算法的MAC协议。

为了解决竞争的MAC协议带来的冲突，研究人员提出了基于调度算法的MAC协议。该类协议指出，在传感器节点发送数据前，根据某种调度算法把信道事先划分。这样，多个传感器节点就可以同时、没有冲突地在无线信道中发送数据，这也解决了隐藏终端的问题。

在这类协议中，主要的调度算法是时分复用TDMA。时分复用TDMA是实现信道分配的简单成熟的机制，即将时间分成多个时隙，几个时隙组成一个帧，在每一帧中分配给传感器节点至少一个时隙来发送数据。这类协议的典型代表有DMAC协议、SMACS协议、DE-MAC协议、EMACS协议等。

③ 非碰撞的MAC协议。

以数据为中心的WSN的一个重要评价标准是实时性。基于调度算法的MAC协议由于无法完全避免冲突，网络中端到端的延时无法预测，因而无法保证实时性。非碰撞的MAC协议由于在理论上完全避免了碰撞的产生，从而可以保证实时性。

非碰撞的MAC协议通过消除碰撞来节能。好的非碰撞协议能够潜在地提高吞吐量，减少时延。非碰撞的协议主要有TRAMA和IP-MAC等。

2. 路由协议

在WSN中，路由协议主要负责路由的选择和数据包的转发。传统无线通信网络路由协议的研究重点是无线通信的服务质量，相对传统无线通信网络而言，WSN路由协议的研究重点是如何提高能量效率、如何可靠地传输数据。

（1）路由协议的设计原则

在WSN中，路由协议不仅关心单个节点的能量消耗，更关心整个网络能量的均衡消耗，这样才能延长整个网络的生存期。同时WSN是以数据为中心的，这在路由协议中表现得最为突出，每个节点没有必要采用全网统一的编址，选择路径可以不用根据节点的编址，更多的是根据感兴趣的数据建立数据源到汇聚节点之间的转发路径。路由协议的主要设计原则如下。

① 能量优先。由于 WSN 节点采用电池一类的可耗尽能源，因此能量受限是 WSN 的主要特点。WSN 的路由协议是以节能为目标，主要考虑节点的能量消耗和网络能量的均衡使用问题。

② 以数据为中心。传统的路由协议通常以地址作为节点的标识和路由的依靠；而 WSN 中大量的节点是随机部署的，WSN 所关注的是监测区域的感知数据，而不是信息是由哪个节点获取的。以数据为中心的路由协议要求采用基于属性的命名机制，传感器节点通过命名机制来描述数据。WSN 中的数据流通常是由多个传感器节点向少数汇集节点传输，按照对感知数据的需求、数据的通信模式和流向等，形成以数据为中心的信息转发路径。

③ 基于局部拓扑信息。WSN 采用多跳的通信模式，但由于节点有限的通信资源和计算资源，使得节点不能储存大量的路由信息，不能进行太复杂的路由计算。在节点只能获取局部拓扑信息的情况下，WSN 需要实现简单、高效的路由机制。

（2）路由协议的分类

到目前为止，仍缺乏一个完整和清晰的路由协议分类方法。WSN 的路由协议可以从不同的角度进行分类，这里介绍三类路由协议：以数据为中心的路由协议、分层次的路由协议、基于地理位置的路由协议。

① 以数据为中心的路由协议。这类协议与传统的基于地址的路由协议不同，是建立在对目标数据的命名和查询上，并通过数据聚合减少重复的数据传输。以数据为中心的路由协议主要有 SPIN 协议、DD 协议、Rumor 协议、Routing 协议等。

② 分层次的路由协议。层次路由也称为以分簇为基础的路由，用于满足传感器节点的低能耗和高效率通信。在层次路由中，高能量节点可用于数据转发、数据查询、数据融合、远程通信和全局路由维护等高耗能应用场合；低能量节点用于事件检测、目标定位和局部路由维护等低耗能应用场合。这样按照节点的能力进行分配，能使节点充分发挥各自的优势，以应付大规模网络的情况并有效提高整个网络的生存时间。分层次的路由协议主要有 LEACH 协议、TEEN 协议和 PEGASIS 协议等。

③ 基于地理位置的路由协议。在 WSN 的实际应用中，尤其是在军事应用中，往往需要实现对传感器节点的定位，以获取监控区域的地理位置信息，因此位置信息也被考虑到 WSN 路由协议的设计中。

基于地理位置的路由协议利用位置信息指导路由的发现、维护和数据转发，能够实现定向传输，避免信息在整个网路中的洪范，减少路由协议的控制开销，优化路径选择，通过节点的位置信息构建网络拓扑图，易于进行管理，实现网络的全局优化。基于地理位置的路由协议主要有 GPRS 协议与 GEM 协议等。

7.5 云计算技术

7.5.1 云计算技术概述

云计算（Cloud Computing）是一种新提出的计算模式。不同个人、不同机构对云计算有不同的定义。维基百科给云计算下的定义为：云计算将IT相关的能力以服务的方式提供给用户，允许用户在不了解提供服务的技术、没有相关知识以及设备操作能力的情况下，通过Internet获取需要的服务。

中国云计算网将云计算定义为：云计算是分布式计算（Distributed Computing）、并行计算（Parallel Computing）和网格计算（Grid Computing）的发展，或者说是这些科学概念的商业实现。

Forrester Research的分析师James Staten将云计算定义为：云计算是一个具备高度扩展性和管理性并能够胜任终端用户应用软件计算基础架构的系统池。

尽管不同机构有各种不同的定义，但云计算的本质基本上可以归结为以下几点。

（1）资源整合：云计算的前提，必须是将各类IT资源进行高度的整合。例如通过虚拟化技术将零散的硬件资源整合起来，成为集中的、可统一管理的硬件资源池，可以灵活地供用户分配、使用；通过软件服务平台、中间件技术整合各类软件资源，实现软件的复用及按需使用。

（2）按需服务：云计算是按需的、弹性的，用户可以根据自身需求定制合适的IT资源，可以通过自助服务的方式动态更改资源订购量，满足不断变化的IT资源需求。用户无需担心IT资源的短缺与浪费，一切资源均在云中。

（3）低成本：云计算通过资源整合、按需服务的方式实现IT资源使用率的最大化，从而大幅度降低了单位IT资源使用的成本，实现了低成本的运营与使用。

云计算的体系架构如图7-8所示。狭义云计算指IT基础设施的交付和使用模式，指通过网络以按需、易扩展的方式获得所需资源；广义云计算指服务的交付和使用模式，指通过网络以按需、易扩展的方式获得所需服务。这种服务可以是IT和软件、互联网相关，也可是其他服务。

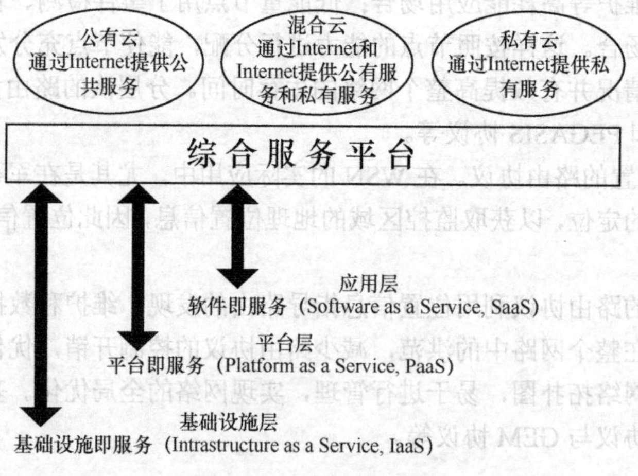

图7-8　云计算的体系架构

1．云计算的分类

云计算按服务类型分类有：基础设施云（Infrastructure Cloud）、平台云（Platform Cloud）和应用云（Application Cloud）三大类。

基础设施云为用户提供的是底层的、接近于直接操作硬件资源的服务接口。通过调用这些接口，用户可以直接获得计算和存储能力，而且非常自由灵活，几乎不受逻辑上的限制。但是，用户需要进行大量的工作来设计和实现自己的应用。

平台云为用户提供一个托管平台，用户可以将它们所开发和运营的应用托管到云平台中。但是，这个应用的开发和部署必须遵守该平台特定的规则和限制，所涉及的管理也需由该平台负责。

应用云为用户提供可以为其直接所用的应用，这些应用一般是基于浏览器的，对某一项特定的功能，应用云最容易被用户使用，因为它们都是开发完成的软件，需要进行一些定制就可以交付。但是，它们也是灵活性最低的，因为一种应用云只针对一种特定的功能，无法提供其他功能的应用。

云计算按服务方式分类有：公有云（Common Cloud）、私有云（Private Cloud）和混合云（Mixing Cloud）三大类。

公有云是由若干企业和用户共享使用的云环境。在公有云中，用户所需的服务由一个独立的、第三方云提供商提供。该云提供商也同时为其他用户服务，这些用户共享这个云提供商所拥有的资源。

私有云是由某个企业独立构建和使用的云环境。在私有云中，用户是这个企业或组织的内部成员，这些成员共享着该云计算环境提供的所有资源，该公司或组织以外的用户无法访问这个云计算环境所提供的服务。

混合云是指公有云和私有云的混合。对于信息控制、可扩展性、突发需求，以及故障转移需求来说，混合和匹配私有云和公有云是一种有效的技术途径。由于安全和控制原因，并非所有的企业信息都合适放置在公有云上，这样大部分已经应用云计算的企业将会使用混合云模式。事实上，私有云和公有云并不是各自为政，而是相互协调工作。例如，在私有云里实现利用存储、数据库和服务的处理，同时在无须购买额外硬件的情况下，在需求高峰期充分利用公有云来完成数据处理需求，以期望实现利益的最大化。

另外，混合云也为其他目的的弹性需求提供一个很好的基础，如灾难恢复。这意味着私有云把公有云作为灾难转移的平台，并在需要的时候去使用它。这是一个极具成本效应的理念。

2. 云计算的服务

（1）基础设施即服务

基础设施即服务（Infrastructure as a Service，IaaS）交付给用户的是基本的基础设施资源。用户无须购买、维护硬件设备和相关系统软件，就可以直接在基础设施即服务层上构建自己的平台和应用。基础设施向用户提供了虚拟化的计算资源、存储资源和网络资源。这些资源能够根据用户的需求进行动态分配。基础设施即服务所提供的服务都比较底层，但使用也更为灵活。

（2）平台即服务

平台即服务（Platform as a Service，PaaS）交付给用户的是丰富的云中间件资源，这些资源包括应用容器、数据库和消息处理等。因此，PaaS面向的并不是普通的终端用户，而是软件开发人员，他们可以充分利用这些开放的资源来开发定制化的应用。

PaaS 的主要优势体现在：PaaS 提供的接口简单易用；应用的开发和运行都是基于同样的平台且兼容问题较少；应用的可伸缩性、服务容量等问题已由 PaaS 负责处理而不需要用户考虑；平台提供的运用管理功能还能帮助开发人员对应用进行监控和计算。

（3）软件即服务

软件即服务（Software as a Service，SaaS）交付给用户的是定制化的软件，即软件提供方根据用户的需求，将软件或应用通过租用的形式提供给用户使用。

SaaS 的主要特征体现在三个主要方面。第一，用户不需要在本地安装该软件的副本，也不需要维护相应的硬件资源，该软件部署并运行在提供方自有的或第三方的环境中；第二，软件以服务的方式通过网络交付给用户，用户端只需要打开浏览器或某种客户端工具就可以使用服务；第三，虽然软件面向多个用户，但是每一个用户都感觉到是独自占有该服务。

7.5.2 云计算与物联网

另一个重要的理念是，云平台可以屏蔽来自于异构多源的感知信息的差异性，可以为上层应用平台提供统一的、个性化的、智慧的综合信息服务。从物联网后端的信息基础设施来看，物联网可以看做是一个基于互联网的，以提高物理世界的运行、管理、资源使用效率等水平为目标的大规模信息系统。由于物联网前端的感知层在对物理世界感应方面具有高度并发的特性，并将产生大量引发后端的信息基础设施的深度互联和跨域协作需求的事件，从而使得上述大规模信息系统表现出以下性质：

（1）不可预见性。对物理世界的感知具有实时性，会产生大量不可预见的事件，从而需要应对大量即时协同的需求。

（2）涌现智能。对诸多单一物联网应用的集成能够提升对物联网世界综合管理的水平，物联网后端的信息基础设施是产生放大效应的源泉。

（3）多维度动态变化。对物理世界的感知往往具有多个维度，并且是不断动态变化的，从而要求物联网后端的信息基础设施具有更高的适应性。

（4）大数据量和实效性。物联网中涉及的传感器信息具有大数据量、实效性的特性，对物联网后端信息处理带来诸多新的挑战。

云基础设施通过物理资源虚拟化技术，使得平台上运行的不同行业应用及同一行业应用的不同客户间的资源（存储、CPU 等）实现共享，如不必为每个客户都分配一个固定的存储空间，这样利用率较低，而是所有客户公用一个跨物理存储设备的存储池；提供资源需求的弹性伸缩，如在不同行业数据智能分析处理进程间共享计算资源，或者在单个客户存储耗尽时动态地从虚拟存储池中分配存储资源，以便用最小的资源来尽可能满足客户需求，在减少运营成本的同时提升服务质量；通过服务器集群技术，将一组服务器关联起来，使它们在外界从很多方面看起来如同一台服务器，从而改善平台的整体性能和可用性。

云平台是物联网运营平台的核心，实现了网络节点的配置和控制、信息的采集和计算功能，在实现上可以采用分布式存储、分布式计算技术，实现对海量数据进行处理，以满足大数据量和实时性要求非常高的数据处理要求。物联网运营平台架构在云计算之上，既能够降低初期成本，又解决了未来物联网规模化发展过程中对海量数据的存储、计算需求。通过基于云计算的物联网运营平台的建设，将让电信运营商从提供简单的网络传输通道转向提供物联网发展所需的计算和控制能力，从而在物联网产业链中占据主导地位。云应用可以作为物联网运营平台的一部分，也可以集成第三方行业应用，但在技术上应通过应用虚拟化技术实现多租户，让一个物联网行业应用的多个不同租户共享存储、计算能力等资源，提高资源利用率，降低运营成本，各租户之间在共享资源的同时又相互隔离，保证了用户数据的安全性。

当然，实时感应、高度并发、自主协同和涌现效应等特征决定了物联网后端信息基础设施应该具备的基本能力，我们需要有针对性地研究物联网特定的应用集成问题、体系结构及标准规范，特别是大量高并发事件驱动的应用自动关联和智能协作等问题。同时，云计算的IaaS、PaaS和SaaS的实施策略符合Internet of Service的思想，在IaaS、PaaS和SaaS的基础上，随着信息处理基础设施的发展，服务计算的重要性将显得越加重要。针对物联网需求特征的优化策略、优化方法和涌现智能也将更多地以服务组合的形式体现，并形成物联网服务的新形态。因此，云计算作为物联网应用的重要支撑，将伴随着物联网应用的不断推进而发展，智能信息服务必将是下一个伟大的变革。

7.6 物联网中间件技术

7.6.1 物联网中间件概述

中间件（Middleware）是介于应用系统和系统软件之间的一类软件，通过系统软件提供基础服务，可连接网络上不同的应用系统，以达到资源共享、功能共享的目的。中间件位于客户机服务器的操作系统之上，管理计算机资源和网络通信，是一种独立的系统软件或服务程序，分布式应用软件借助这种软件在不同的技术之间共享资源。

目前中间件并没有严格的定义。人们普遍接受的定义是，中间件是一种独立的系统软件或服务程序，分布式应用系统借助这种软件，可实现在不同的应用系统之间共享资源。人们在使用中间件时，往往是一组中间件集成在一起，构成一个平台（包括开发平台和运行平台），但在这组中间件中必需要有一个通信中间件，即中间件=平台+通信。从上面这个定义来看，中间件是由“平台”和“通信”两部分构成，这就限定了中间件只能用于分布式系统中，同时也把中间件与支撑软件和实用软件区分开来。

1．物联网中间件的作用

物联网中间件起到一个中介的作用，它屏蔽了前端硬件的复杂性，并将采集的数据发送到后端的网络。具体地讲，物联网中间件的主要作用包括如下方面。

（1）控制物联网自动识别系统按照预定的方式工作，保证自动识别系统的设备之间能够很好地配合协调，自动识别系统按照预定的内容采集数据。

（2）按照一定的规则筛选过滤采集到的数据，筛除绝大部分冗余数据，将真正有用的数据传输给后台的信息系统。

（3）在应用程序端，使用中间件所提供的一组通用应用程序接口（Application Programming Interface，API），就能够连接到自动识别系统。物联网中间件能够保证读写器与企业级分布式应用系统平台之间的可靠通信，能够为分布式环境下异构的应用程序提供可靠的数据通信服务。

2. 物联网中间件研究与应用领域

物联网中间件可以在众多领域应用，需要研究的范围也很广，既涉及多个行业，也涉及多个不同的研究方向。物联网中间件可以应用于物流、制造、环境、交通、防伪和军事等领域，研究方向包括应用服务器、应用集成架构与技术、门户技术、工作流技术、企业级应用基础软件平台体系结构、移动中间件技术等。

3. 物联网中间件的工作特点

使用物联网中间件时，即使存储物品（标签）信息的数据库软件或后端应用程序增加，或由其他软件取代，或自动识别系统读写器的种类增加时，应用端不需要修改也能处理，简化了维护工作。物联网中间件的工作特点如下。

（1）实施物联网项目的企业，不需要进行程序代码的开发，便可完成采集数据的导入工作，可极大缩短物联网项目实施的周期。

（2）当企业数据库或企业的应用系统发生改变时，只需要更改物联网中间件的相关设置，即可实现数据导入新的信息管理系统。

（3）物联网中间件可以为企业提供灵活多变的配置操作，企业可以根据实际业务需求和信息管理系统的实际情况，自行设定相关的物联网中间件参数。

（4）当物联网项目的规模扩大时，只需将物联网中间件进行相应设置便可完成数据的导入，不必再做程序代码的开发。

4. 物联网中间件的技术特征

物联网以RFID技术为基础，下面以RFID中间件为例，说明物联网中间件的技术特征。一般来说，RFID中间件具有以下技术特征，如图7-9所示。

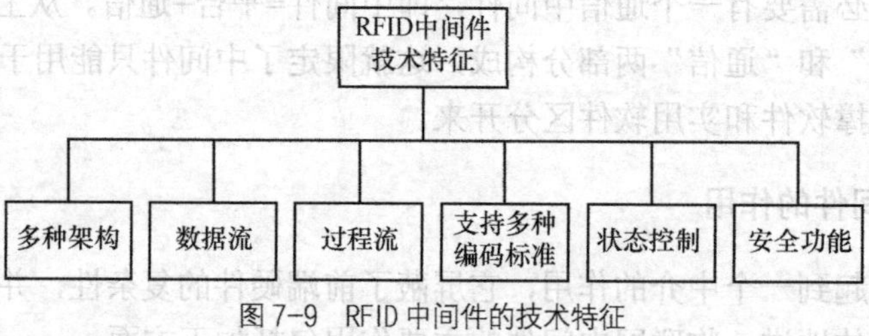

图7-9 RFID中间件的技术特征

（1）多种架构

RFID中间件可以是独立的，也可以是非独立的。独立中间件介于RFID读写器与后台应用程序之间，并且能够与多个RFID读写器以及多个后台应用程序连接，以减轻构架与维护的复杂性。非独立中间件将RFID技术纳入到现有的中间件产品中，RFID技术是现有中间件的可选子项。

（2）数据流

RFID中间件的主要目的在于将实体对象转换为信息环境下的虚拟对象，因此数据处理是RFID中间件最重要的特征。RFID中间件具有数据收集、过滤、整合与传递等特性，以便将正确的信息传递到企业后端的应用系统。在RFID中间件从RFID读写器获取大量的突发数据流或者连续的标签数据时，需要除去重复数据，过滤垃圾数据，或者按照预定的数据采集规则对数据进行校验，并提供可能的警告信息。

（3）过程流

RFID 中间件采用程序逻辑及存储再传送（Store-and-forward）的功能，来提供顺序的消息流，具有数据流设计与管理的能力。

（4）支持多种编码标准

目前国际上有关机构和组织已经提出了多种编码方式，但尚未形成统一的 RFID 编码标准。RFID 中间件应支持各种编码标准，并具有进行数据整合与数据集成的能力。

（5）状态监控

RFID 中间件还可以监控连接到系统中的 RFID 读写器的状态，并自动向应用系统汇报。该项功能十分重要，比如分布在不同地点的多个 RFID 应用系统，仅通过人工来监控读写器的工作状态是不现实的。设想在一个大型仓库里，多个不同地点的 RED 读写器自动采集系统的信息，如果某台读写器的工作状态出现错误，通过中间件及时、准确地汇报，就能够快速确定出错读写的位置。在理想情况下，中间件监控软件还能够监控读写器以外的其他设备，如监控在系统中同时应用的条码读写器或者智能标签打印机等。

（6）安全功能

通过安全模块可以完成网络防火墙的功能，以保证数据的安全性与完整性。

7.6.2 中间件的系统框架

中间件是具有一系列特定属性的“程序模块”或“服务”，并被用户集成以满足某些特定的需求。这些模块设计的初衷是能够满足不同群体对模块功能的扩展要求，而不是满足所有应用的简单集成。中间件是连接读写器和企业应用程序的纽带，它提供一系列的计算功能，在将数据送往企业应用程序之前，它要对标签数据进行过滤、汇总和计数，以压缩数据的容量。为了减少网络流量，中间件只向上层转发它感兴趣的某些事件或事件摘要。

中间件通过屏蔽各种复杂的技术细节，使技术问题简单化。具体地说，中间件屏蔽了底层操作系统的复杂性，使程序开发人员面对简单而统一的开发环境，减少了程序设计的复杂性，设计者不必再为程序在不同系统软件上的移植而重复工作，可以将注意力集中在自己的业务上，从而大大减少了技术人员的负担。

中间件采用分布式架构，利用高效可靠的消息传递机制进行数据交流，并基于数据通信进行分布式系统的集成，支持多种通信协议、语言、应用程序、硬件和软件平台。中间件作为新层次的基础软件，其重要作用是将在不同时期、不同操作系统上开发的应用软件集成起来，彼此像一个整体一样协调工作，这是操作系统和数据管理系统本身做不到的。

中间件包括读写器接口（Reader Interface）、处理模块（Processing Module）、应用接口（Application Interface）3 个部分。读写器接口负责和前端相关硬件的连接；处理模块主要负责读写器监控、数据过滤、数据格式转换、设备注册等；应用接口负责与后端其他应用软件的连接。中间件的结构框架如图 7-10 所示。

1．读写器接口的功能

市场上有多种不同的读写器，每一种读写器都有专有的接口，不同读写器接口的数据访问能力和管理能力是各不相同的。要使开发人员了解所有的读写器接口是不现实的，所以应该使用中间件来屏蔽具体的读写器接口。读写器适配层是将专有的读写器接口封装成通用的抽象逻辑接口，然后再提供给应用开发人员。读写器接口的功能如下。

（1）提供读写器硬件与中间件连接的接口。

（2）负责读写器、适配器与后端软件之间的通信接口，并支持多种读写器与适配器。

（3）能够接受远程命令，控制读写器与适配器。

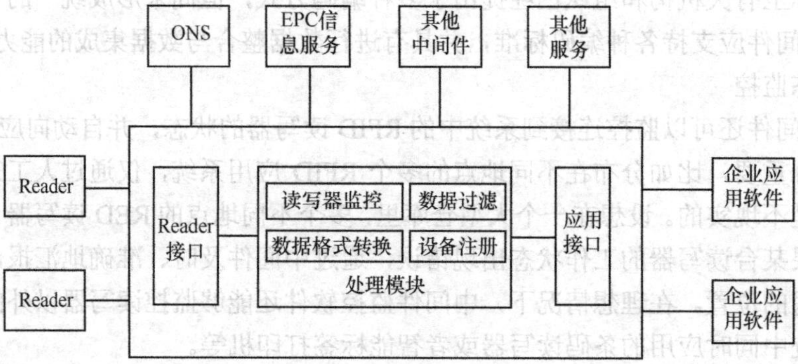

图 7-10 中间件系统结构框架

2. **处理模块的功能**

处理模块汇聚不同数据源的读取数据，并且基于预先配置的“应用层事件过滤器”进行调整和过滤，然后将经过过滤的数据送到后端系统。处理模块的功能如下。

（1）在系统管辖下，能够观察所有读写器的工作状态；

（2）提供处理模块向系统注册的机制；

（3）提供 EPC 编码和非 EPC 编码的转换功能；

（4）提供管理读写器的功能，如新增、删除、停用、群组等功能；

（5）提供过滤不同读写器接收内容的功能，并进行数据的处理。

3. **应用接口的功能**

应用接口处于中间件的顶层，其主要的目的是提供一个标准机制来注册和接受经过过滤的事件。应用接口还提供标准的 API 来配置、监控和管理中间件，并控制和管理读写器和传感器。

7.6.3 中间件的标准

中间件技术主要有 COM、CORBA、J2EE 3 个标准。目前技术比较成熟的 RFID 中间件主要是国外的产品，供应商大多数仍是传统的 J2EE 中间件的供应商，这些供应商在提供 RFID 解决方案的同时，也提供 RFID 中间件产品。目前国内公司也已涉足中间件这一领域，并已开发出拥有自主知识产权的中间件产品，并且还与国际厂商开展了积极的合作。

中间件标准的制定，有利于中间件技术的统一，有利于行业的规范发展，有利于中间件产品的市场化。

1. COM标准

COM（Computer Object Model）标准最初作为Microsoft桌面系统的构件技术，主要是为本地的对象连接与嵌入（Object Linking and Embedding，OLE）应用服务。但随着Microsoft服务器操作系统NT和DOCK的发布，COM标准通过底层的远程支持，使构件技术延伸到了应用领域。

COM标准是Microsoft提出的一种组件规范，多个组件对象可以连接起来形成应用程序，并且在应用程序运行时，可以在不重新连接或编译的情况下被卸下或换掉。

COM是一种技术标准，很多语言都可以实现，它以COM库（OLE32.D 11和OLEAut.d11）的形式提供了访问COM对象核心功能的标准接口及一组API函数，这些API函数用于实现创建和管理COM对象的功能。

2. CORBA标准

CORBA（Common Object Request Broker Architecture 公共对象请求代理体系结构）分布计算技术是公共对象请求代理体系规范，该规范是OMG（Object Management Group对象管理组织）组织以众多开发系统平台厂商提交的分布对象互操作内容为基础构建的。CORBA分布计算技术是由绝大多数分布计算平台厂商支持和遵循的系统规范技术，具有模型完整、先进，独立于系统平台和开发语言，被支持程度广泛等特点，已逐渐成为发布分布计算技术的标准。CORBA标准主要分为对象请求代理、公共对象服务、公共设施3个层次。目前与CORBA标准兼容的分布中间件产品层出不穷，其中既有中间件厂商的ORB产品，如BEAM3、IBM Component Broker等，也有分布对象厂商推出的产品，如IONAObix、OOCObacus等。CORBA标准的特性如下。

① CORBA是编写分布式对象的统一标准。这个标准与平台、语言和销售商无关。CORBA包含了很多技术，而且其应用范围十分广泛。CORBA有一个被称为IIOP（Internet Inter-ORB Protocol）的协议。它是CORBA的标准互联网协议。用户看不到IIOP，因为它运行在分布式对象通信的后台。

② CORBA中的客户通过ORB进行网络通信。CORBA中的客户通过ORB（Object Request Broker）进行网络通信，使不同的应用程序不需要知道具体通信机制也可以进行通信，这使通信变得非常容易。它负责找到对象实现服务方法调用，处理参数调用，并返回结果。

③ CORBA中的IDL定义客户端与调用对象之间的接口。CORBA中的IDL（Interface Definition Language）用来定义客户端和它们调用对象之间的接口，这是一个与语言无关的接口，定义之后可以用任何面向对象的语言实现。现在很多工具都可以实现从IDL到不同语言的映射，CORBA是面向对象的基于IIOP的二进制通信机制。

3. J2EE标准

为了推动基于Java的服务器端应用开发，Sun公司在1999年底推出了Java2技术及相关的J2EE（Java 2 Platform Enterprise Edition Java2平台企业版）规范，其中J2EE是提供与平台无关的、可移植的、支持并发行访问和安全的、完全基于Java的服务器端中间件的标准。

在J2EE中，Sun公司给出了完整的基于Java语言开发的面向企业的应用规范。其中，在分布式互操作协议上，J2EE 同时支持 RMI 和 IIOP，而在服务器端分布式应用的构造形式上，则包括了 Java Serlet，JSP（Java Server Page）、EJB 等多种形式。Java 应用程序具有“Write once，run anywhere”的特性，使得 J2EE 技术在分布式计算领域得到了快速发展。

J2EE 简化了基于构件服务器端应用的复杂性，虽然 DNA2000 也有这样的优点，但它们最大的区别在于，DNA2000 是一个产品，而 J2EE 是一个规范，不同的厂家可以实现自己的符合 J2EE 规范的产品。J2EE 是众多厂家参与制定的，它不为 Sun 公司所独有，而且它支持平台的开发，目前许多大的分布式平台厂商都公开支持与 J2EE 兼容的技术。

7.7 物联网安全技术

7.7.1 物联网的安全层次模型及体系结构

按照人们对物联网的理解，物联网是指在物理世界的实体中部署具有一定感知能力、计算能力和执行能力的嵌入式芯片和软件，使之成为“智能物体”，通过网络设施实现信息传输、协同和处理，从而实现物与物、物与人之间的互联。

考虑到物联网安全的总体需求就是物理安全、信息采集安全、信息传输安全和信息处理安全的综合，安全的最终目标是确保信息的保密性、完整性、真实性和网络的容错性。因此结合分布式连接和管理模式，物联网相应的安全层次模型如图 7-11 所示。

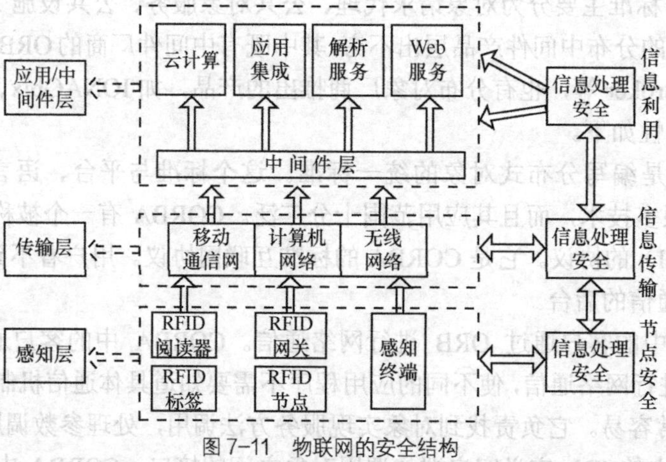

图 7-11　物联网的安全结构

在我国，物联网安全还存在各种非技术因素。目前，物联网在我国的发展表现为行业性太强，公众性和公用性不足，重数据收集、轻数据挖掘与智能处理，产业链长但每一环节规模效益不够，商业模式不清晰。物联网是一种全新的应用，要想得以快速发展一定要建立一个社会各方共同参与和协作的组织模式，集中优势资源，这样物联网应用才会朝着规模化、智能化和协同化方向发展。物联网的普及，需要各方的协调配合及各种力量的整合，这就需要国家的政策以及相关立法走在前面，以便引导物联网朝着健康稳定快速的方向发展。

物联网安全研究是一个新兴的领域，任何安全技术都伴随着具体的需求而生，因此物联网的安全研究将始终贯穿于人们的生活之中。从技术角度来说，未来的物联网安全研究将主要集中在开放的物联网安全体系、物联网个体隐私保护模式、终端安全功能、物联网安全相关法律的制定等几个方面，人们的安全意识教育也将是影响物联网安全的一个重要因素。

7.7.2 物联网感知层安全

物联网感知层的任务是实现智能感知外界信息功能，包括信息采集、捕获和物体识别，该层的典型设备包括 RFID 装置、各类传感器（如红外、超声、温度、湿度、速度等）、图像捕捉装置（如摄像头）、全球定位系统（如 GPS、北斗系统）、激光扫描仪等，其涉及的关键技术包括传感器、RFID、自组织网络、近距离无线通信、低功耗路由等。

1．传感技术及其联网安全

作为物联网的基础单元，传感器在物联网信息采集层面能否完成它的使命，成为物联网感知任务成败的关键。传感器技术是物联网技术的支撑、应用的支撑和未来泛在网的支撑。传感器感知了物体的信息，RFID 赋予它电子编码。传感网到物联网的演变是信息技术发展的阶段表征，传感技术利用传感器和多跳自组织网，协作地感知、采集网络覆盖区域中感知对象的信息，并发布给向上层。由于传感网络本身具有无线链路比较脆弱、网络拓扑动态变化、节点计算能力有限、存储能力有限、能源有限、无线通信过程中易受到干扰等特点，使得传统的安全机制无法应用传感网络中。

目前传感器网络安全技术主要包括基本安全框架、密钥分配、安全路由、入侵检测和加密技术等。安全框架主要有以数据为中心的自适应通信路由协议（SPIN）、Tiny 操作系统保密协议（Tiny Sec）、名址分离网络协议（Lisp）、轻型可扩展身份验证协议（LEAP）等。传感器网络的密钥分配主要倾向于采用随机预分配模型的密钥分配方案。安全路由技术常采用的方法包括加入“容侵策略”。入侵检测技术常常作为信息安全的第二道防线，主要包括被动监听检测和主动检测两大类。除了上述安全保护技术外，由于物联网节点资源受限，且是高密度冗余散布，不可能在每个节点上运行一个全功能的入侵检测系统（IDS），所以如何在传感网中合理地分布 IDS，有待于进一步研究。

2．RFID 安全问题

如果说传感技术是用来标识物体的动态属性，那么物联网中采用 RFID 电子标签则主要是对物体静态属性的标识，即构成物体感知的前提。RFID 是一种非接触式的自动识别技术，它通过射频信号自动识别目标对象并获取相关数据，识别工作无须人工干预。RFID 也是一种简单的无线系统，该系统用于控制、检测和跟踪物体，由一个读写器和很多应答器（电子标签）组成。

通常采用 RFID 技术的网络涉及的主要安全问题有标签本身的访问缺陷、通信链路的安全、移动 RFID 的安全。其中，标签本身的访问缺陷是指任何用户（授权以及未授权的）都可以通过合法的读写器读取 RFID 电子标签，而且标签的可重复性使得标签中数据的安全性、有效性和完整性都得不到保证；移动 RFID 的安全是指主要存在假冒和非授权服务访问问题。目前，RFID 安全性机制所采取的方法主要有物理方法、密码机制以及二者结合的方法。

7.7.3 物联网网络层安全

物联网网络层主要实现信息的转发和传送，它将感知层获取的信息传送到远端，为数据在远端进行智能处理和分析决策提供强有力的支持。考虑到物联网本身具有专业性的特征，其基础网络可以是互联网，也可以是具体的某个行业网络。物联网的网络层按功能可以大致分为接入层和核心层，因此物联网的网络层安全主要体现在两个方面。

1. 来自物联网接入方式和各种设备的安全问题

物联网的接入层将采用如移动互联网、有线网及各种无线接入技术。接入层的异构性使得如何为终端提供移动性管理以保证异构网络间节点漫游和服务的无缝移动成为研究的重点，其中安全问题的解决将得益于切换技术和位置管理技术的进一步研究。另外，由于物联网接入方式将主要依靠移动通信网络，移动网络中移动站与固定网络端之间的所有通信都是通过无线接口来传输的。然而无线接口是开放的，任何使用无线设备的个体均可以通过窃听无线信道而获得其中传输的信息，甚至可以修改、插入、删除或重传无线接口中传输的消息，达到假冒移动用户身份以欺骗网络端的目的。因此，物联网的接入层存在无线窃听、身份假冒和数据篡改等不安全的因素。

2. 来自传输网络的相关安全问题

物联网的网络核心层主要依赖于传统网络技术，其面临的最大问题是现有的网络地址空间短缺，主要的解决方法寄希望于正在推进的 IPv6 技术。IPv6 采纳 IPSec（IP Security）协议，在 IP 层上对数据包进行了高强度的安全处理，提供数据源地址验证、无连接数据完整性、数据机密性、抗重播和业务流加密等安全服务。

但任何技术都不是完美的，实际上 IPv4 网络环境中大部分安全风险在 IPv6 环境中仍将存在，而且某些安全风险随着 IPv6 新特性的引入将变得更加严重。

首先，分布式拒绝服务攻击（DDOS）等异常流量攻击仍然猖獗，甚至更为严重，以及 IPv6 协议本身机制的缺陷所引起的攻击。其次，针对域名服务器（DNS）的攻击仍将继续存在，而且在 IPv6 网络中提供域名服务的 DNS 更容易成为黑客攻击的目标。再次，IPv6 协议作为网络层的协议，仅对网络层安全有影响，其他（包括物理层、数据链路层、传输层、应用层等）各层的安全风险在 IPv6 网络中仍将保持不变。最后，采用 IPv6 替换 IPv4 需要一段时间，向 IPv6 过渡只能采用逐步演进的办法，为解决两者间互通所采取的各种措施将带来新的安全风险。

7.7.4 物联网应用层安全

物联网应用是信息技术与行业专业技术紧密结合的产物。物联网应用层充分体现了物联网智能处理的特点，其涉及业务管理、中间件、数据挖掘等技术。考虑到物联网涉及多领域、多行业，因此广域范围的海量数据信息处理和业务控制策略将在安全性方面面临巨大挑战。特别是业务控制、管理和认证机制、中间件以及隐私保护等安全问题显得尤为突出。

1. 业务控制、管理和认证

由于物联网设备可能是先部署、后连接网络，而物联网节点又无人值守，所以如何对物联网设备远程签约，如何对业务信息进行配置就成了难题。另外，庞大且多样化的物联网必然需要一个强大而统一的安全管理平台，否则单独的平台会被各式各样的物联网应用所淹没，但这样将使如何对物联网机器的日志等安全信息进行管理成为新的问题，并且可能割裂网络与业务平台之间的信任关系，导致新一轮安全问题的产生。传统的认证是区分不同层次的，网络层的认证负责网络层的身份鉴别，业务层的认证负责业务层的身份鉴别，两者独立存在。但是大多数情况下，物联网机器都是拥有专门的用途，因此其业务应用与网络通信紧紧地绑在一起，很难独立存在。

2. 中间件

如果把物联网系统和人体做比较，感知层好比人体的四肢，传输层好比人的身体和内脏，那么应用层就好比人的大脑，软件和中间件是物联网系统的灵魂和中枢神经。目前，使用最多的几种中间件系统是：CORBA、DCOM、J2EE/EJB 以及被视为下一代分布式系统核心技术的 Web Services。

在物联网中，中间件主要包括服务器端中间件和嵌入式中间件。服务器端中间件是物联业务基础中间件，一般都是基于传统的中间件（如应用服务器），加入设备连接和图形化组态展示模块的构建；嵌入式中间件存在于感知层和传输层的嵌入式设备中，是一些支持不同通信协议的模块和运行环境。中间件的特点是其固化了很多通用功能，但在具体应用中多半需要二次开发来实现个性化的行业业务需求。

3. 隐私保护

在物联网发展过程中，大量的数据涉及个体隐私问题（如个人出行线路、消费习惯、个体位置信息、健康状况、企业产品信息等），因此隐私保护是必须要考虑的一个问题。如何设计不同场景、不同等级的隐私保护，将是物联网安全技术研究的热点问题。当前隐私保护方法主要有两个发展方向：一是对等计算（P2P），通过直接交换共享计算机资源与服务；二是语义 Web，通过规范定义和组织信息内容，使之具有语义信息，能被计算机理解，从而实现与人的相互沟通。

7.7.5 物联网的安全策略

物联网作为一种多网络融合的网络，安全设计影响到各个网络的不同层次，在这些独立的网络中已实际应用了多种安全技术，特别是移动通信网和互联网的研究已经经历了较长的时间，但对物联网中的感知网络来说，由于资源的局限性，使用安全研究的难度相对较大。解决物联网安全与隐私问题的主要技术有密码技术、物联网信息安全控制技术、物联网信息安全防范技术、容侵策略和隐私保护策略等。

1. 密码技术

密码技术用以解决信息的保密及信息即使被窃取了或泄密了也不容易被识别的问题。密码技术由明文、密文、算法和密钥 4 个要素构成。明文就是原始信息，密文就是明文经加密处理后的信息，算法是明文与密文之间变换的法则，密钥是用以控制算法实现的关键信息。因此，密码技术的核心是密码算法和密钥。密码算法通常是一些公式、法则或运算关系；密钥可看做算法中的可变参数，改变了密钥也就改变了明文与密文之间对应的数据关系。加密过程是通过密钥把明文变成密文，解密过程则是通过密钥把密文恢复成明文。按密码算法所用的加、解密密钥是否相同，可分为对称密码体制和非对称密码体制。

在密钥的产生过程中，关键是随机性，要求尽可能用客观的、物理的方法产生密钥，尽可能用完备的统计方法检验密钥的随机性，使不随机的密钥序列的出现概率能够最小。密钥必须通过最安全的通路进行分配，同时随着用户的增多和通信量的增大，密钥更换越来越频繁，因此密钥需要定期更换和运用密钥自动分配机制。密钥的注入方式可以用键盘、软盘、磁卡和磁条等，在密钥的注入过程中不允许存在任何可能导致密钥泄露的残留信息。在密钥产生后需要以密文形式存储密钥。对密钥的存储方式有两种：一种是让密钥存储在密码装置中，这种方法需大量存储和频繁更换密钥，实际操作过程中十分烦琐；另一种是运用一个主密钥来保护其他密钥，可将主密钥存储在密码中，而将数量相当之多的数据加密存储在限制访问权限的密钥表中，从而既保证了密钥的安全性和保密性，又利于密钥的管理。

2．物联网信息安全控制技术

物联网信息安全控制技术主要有数字签名、鉴别技术和访问控制技术等。

（1）数字签名

书信或文件是根据亲笔签名或印章来证明其正式性。而在物联网中传递的信息是通过数字签名来验证其正确性的。数字签名必须保证接收者能核实发送者对报文的签名，发送者事后不能抵赖对报文的签名和接收者不能伪造对报文的签名。

目前，实现数字签名的方法主要有三种：一是公开密钥技术，二是利用传统密码技术，三是利用单向检验和函数进行压缩签名。1991年美国颁布了数字签名标准DSS。DSS的安全性基础是离散对数问题的困难性。数字签名一方面可以证明这条信息确实是此发信者发出的，而且事后没经过他人的改动（因为只有发信者才知道自己的私人密钥），另一方面也确保发信者对自己发出的信息负责，信息一旦发出且署名，就无法再否认这一事实。

（2）鉴别技术

鉴别技术用于证明减缓过程的合法性、有效性和交换信息的真实性，可以防止对信息进行有意篡改的主动攻击，常用的方法有报文鉴别和身份鉴别。

在对报文内容进行鉴别时，信息发送者在报文中加入一个鉴别码，并经加密后提供给对方检验。信息接收方利用约定的算法，对解密的报文进行运算，将得到的鉴别码与接收到的鉴别码进行比较，如果相符，则该报文正确；否则，报文在传送过程中已经被改动了。

身份鉴别是对用户能否使用物联网某个应用系统的鉴定，包括识别与验证。

识别是为了确认谁请求进入系统；验证是在进入者回答身份后，系统对其身份的真伪鉴别。没有验证，识别就没有可靠性。口令是一种常用的单要素验证方法。令牌（Token）是另一种身份鉴别方法，它是一种可以插入阅读器的物理钥匙或磁卡，使用者在注册时通过验证令牌来获得对计算机的访问权。还有一种利用个体属性进行生物测试的方法，它利用人的身体的一个或几个独特方面来确定用户的真实性。

（3）访问控制技术

访问控制技术是要确定合法用户对物联网系统资源所享有的权限，以防止非法用户的入侵和合法用户使用非权限内的资源。实施访问控制是维护系统安全运行、保护系统信息的重要技术手段。它包括网络的访问控制技术、服务器的访问控制技术、计算机的访问控制技术和数据文件的访问控制技术等。访问控制可以起到以下作用：保护存储在系统内信息的机密性，维护系统内信息的完整性，实现基于权限的访问机制等。访问控制的过程可以用审计的方法加以记载，审计是记录用户使用某一应用系统所进行的所有活动的过程，它通过记录违反安全访问规定的时间及用户活动，在计算机的安全控制方面起着重要作用。

3．物联网信息安全防范技术

针对物联网信息安全防范工作的相关技术主要有信息泄露防护技术、防火墙技术和病毒防治技术等。后两种技术已经在第6章介绍，在此将信息泄露防护技术做简要介绍。

在物联网应用环境中，信息的泄露为攻击者篡改标志数据提供了可乘之机。攻击者一方面可以通过破坏标签数据，使得物品服务不可使用；另一方面通过窃取标志数据，以获得相关服务或为进一步攻击做准备。瞬时电磁脉冲辐射标准（TEMPEST）是一种关于抑制电子系统非预期的电磁辐射，保证信息不泄露的标准。它的综合性很强，涉及信息的分析、预测、接收、识别、复原、测试、防护和安全评估等方面。针对物联网设备电磁辐射的防护应从多方面考虑，设备级防护和系统级防护是两种有效的技术途径。

4．容侵防御策略

无线传感器网络中的容侵路由协议设计思想是在路由中加入容侵防御策略。加入容侵防御策略后可以增加网络的健壮性，使网络具有一定的对抗攻击能力和自我修复能力，这样即使网络遭遇到一定程度的攻击仍然能够正常工作，还能自动减小受到破坏的程度。如在通信路由初始化时，就建立多路径，由基站控制路由的刷新，同时基站提供单向认证。那么，当要求修改路由协议时，就可以通过容侵防御策略来构建新的路由。

用多路径路由选择方法抵御选择性转发攻击。即使在对陷洞、虫洞和女巫攻击能完全抵御的协议里，如果被损害的节点在策略上与一个基站相似，它就有可能去发动一次选择性转发攻击。多路径路由选择能够用来抵御这类攻击，但是完全不相交的路径是很难创建的。利用多路径路由选择，允许节点动态的选择一个分组的下一个跳点，能够更进一步减少入侵者控制数据流的机会，从而可以提供更为有效的保护。

在路由设计中加入广播半径限制抵御洪泛攻击。在基于距离向量路由算法及网络分级管理策略中都提及了广播半径限制，即对每个节点都限制一个数据发送半径，使它只能对落在这个半径区域内的节点发送数据，而不能对整个网络广播。这样就把节点的广播范围限制在一定的地理区域。具体实施是可以通过设置节点最大广播半径R的参数，来制定路由机制。那么，加入广播半径限制后避免了恶意攻击者在整个网络区域内不断发送数据包，使得网络节点不得不一直处理这些数据，造成DOS和能源耗尽的攻击。这一策略可以对抗洪泛攻击，特别是Hello洪泛攻击。

在路由设计中加入安全等级策略抵御虫洞攻击和陷洞攻击。安全等级策略是使用一个安全参数来衡量路由的安全级别。考虑到物联网中能源的有限性，在路由设计中加入安全等级策略，由基站来完成监听和检测任务。这样，改进后的路由就能够具有虫洞、陷洞攻击的能力。

采用基于地理位置的路由选择协议抵御虫洞攻击和陷洞攻击。当抵御虫洞攻击和陷洞攻击两者被结合使用时，虫洞攻击的现象比较难发现，因为它们使用一条私有的、频带外的信道，下面的传感网看不见。抵御陷洞攻击的困难在于协议方面，因为它能利用被广播的信息创建一个路由选择协议，这些信息很难证实。检测虫洞攻击的有效方法是：避免路由选择竞争条件，仔细地设计路由选择协议，使这些攻击不那么有意义，基于地理位置的路由选择协议对这类攻击具有较好的抵抗力。

5．隐私保护策略

在未来的物联网应用场景中，每个人或物都可能将其所拥有的物品随时随地连接在这个网络上，它们可以被随时随地地感知，在这种环境中如何确保信息的隐私性，防止个人信息、业务信息和财产丢失或被他人盗用，将是物联网推进过程中需要突破的重大障碍之一。

（1）个人隐私保护

面向物联网的隐私保护策略应当是在加强和完善传统隐私权的保护的基础上，建立良好的网络隐私的保护体系，具体实施过程中需要开展的工作有：首先需要确定我国物联网隐私保护的相关法律法规，定义物联网隐私保护的范围与内容，从法律上明确隐私权作为独立民事权利的地位；处理好隐私权和知情权、公开权的冲突，寻求合理的一个界限。平衡个人隐私与国家社会公共利益和企业利益之间的关系，促进物联网的健康有序发展；除通过立法来保护人们的隐私权之外，还需要提高物联网应用者在应用物联网服务时的保护意识。

（2）节点安全措施

由于物联网应用场景中的前端设备通常处于无人区域，要完全保障这些设备的物理安全并不容易，但是可以采取措施以保障在这些设备被破坏的情况下，不会造成整个应用系统的毁坏。对应的技术措施有：在网络的关键位置部署冗余的传感器，能够替代已经损坏的传感器，实现网络的自愈性；在通信前对节点与节点之间的身份关系进行认证，可以通过对称密钥和非对称密钥方案来解决；同时通过限制网络的发包速度和同一数据包的重传次数，来阻止利用协议漏洞进行持续通信的方式使节点能量资源耗尽的攻击等。

（3）传输安全措施

通过使用密钥管理机制，加密传输数据可以保证通信过程的安全。该认证方案需要预置节点间的共享密钥。通过建立端到端认证机制、端到端密钥协商机制、密钥管理机制和机密性算法选取机制等措施来保证传输安全。

由于智能手机携带方便，伴随着3G手机的发展和应用，物联网应用势必会与3G手机相结合。但是在移动智能终端带给我们便利的同时，也会带来相应的安全问题在移动智能终端上安装安全控制软件，实施接入认证等途径都是有效的方法。

（4）备份库的安全机制

当黑客发现其篡改的网页很快被恢复时，往往会激发起进一步的破坏，此时备份库的安全尤为重要。网页文件的安全就转变为备份库的安全，对备份库的保护可以通过文件隐藏来实现，如通过蜜罐技术来让黑客无法找到真正的备份目录。

（5）其他安全措施

与互联网中的安全机制相似，物联网应用场景中还可以采用以下策略来保障安全：入侵检测和病毒检测；恶意指令分析和预防，访问控制及灾难恢复机制；保密日志跟跟踪和行为分析，恶意行为模型的建立；密文查询、挖掘与安全相关的数据、安全多方计算、安全云计算技术等；移动设备的可备份和恢复；移动设备识别、定位和追踪机制等。

练习题

一、填空题

1. 物联网由________部分组成，分别是________________________________。
2. 密码技术的核心是________和________。

二、多项选择题

1. 物联网感知层主要技术有（　　）。
   A. 传感器技术　B. RFID 技术　C. 二维码技术　D. ZigBee 技术
   E. 蓝牙　F. 数据挖掘
2. RFID 的组成有（　　）。
   A. 天线　B. 电子标签　C. 读写器　D. 计算机网络
3. 无线传感器网络关键技术有（　　）。
   A. 网络拓扑结构　B. 网络协议　C. 网络安全　D. 定位技术
   E. 时间同步技术　F. 数据融合
4. 云计算按服务方式分类有（　　）。
   A. 公有云　B. 应用云　C. 私有云　D. 混合云

三、名称解释

1. M2M
2. 数据挖掘

四、简答题

1. 简述物联网内涵及特点。
2. 简述路由协议的设计原则。
3. 简述质心算法。

五、综述题

1. 物联网的定义是什么，它有哪些主要特点？
2. 物联网体系结构主要包含哪三层？简述每层内容。
3. RFID 技术的组成有哪些？简述其工作原理。
4. 无线传感器网络的关键技术主要有哪几种？
5. 简述基于距离的 4 种定位方法。
6. 平台即服务（PaaS）的主要优势是什么？
7. 简述物联网中间件的技术特征。
8. 物联网信息安全控制技术有哪几种？

第8章 信息传输网

光网络作为信息传输的基础网络，备受关注。从 SDH 到 WDM 技术的发展，再到 OTN 网络的发展，以及通信业务加速向分组化的转移（即 PTN 技术的出现），同微波与卫星通信网络，共同在信息高速公路的建设中提供了高速传送多种类型宽带业务信息的能力。同时指出了自由空间激光通信具有广阔的发展和应用前景，是进一步开发移动通信的最佳方案，必将成为人类信息传输的必要手段。

8.1 传输网络的发展与演变

现代意义的通信（Telecommunications，通常称为电信）是以 1837 年美国人莫尔斯发明电报为标志的。此后贝尔发明的电话，马可尼、波波夫发明的无线电通信使电通信成为了最主要的通信方式。电信的发展经历了从基带单路传输到频带的多路传输过程。为达成更大的通信容量，人们使用的载波频率越来越高，微波通信技术应运而生并获得巨大成功。

而光波的频率比微波要高得多，理论上，利用光波作为信息载体，其潜在的通信容量是传统的电通信手段所无法比拟的。但要实现现代意义下的光通信必须解决两个最为关键的问题，一是可以高速调制的相干性很好的光源，二是低损耗的光波传输介质。在 20 世纪 70 年代，这两个问题在人们的努力下终于解决。1970 年，世界上首根可实用的通信光纤由康宁公司研制成功，其传输损耗从原来的 1 000 dB/km 降到了 20 dB/km；同年，贝尔实验室也推出了室温下可连续工作的半导体激光器，为光通信提供了实用化的光源。从此，电信进入了光纤通信时代。

在光纤通信出现之前，通信正经历从模拟向数字方向的发展。与传统的模拟通信相比，数字通信有非常明显的优势，但由于数字传输需要很大的传输带宽，而当时的通信用电缆很难满足这一要求，所以数字通信进展缓慢。在光纤通信出现后，其巨大的带宽优势足以满足数字通信在带宽方面的要求，数字通信也就迅速发展起来，而数字通信速率的进一步提高又促使人们研究更高速的光纤通信技术。可以说，光纤通信与数字通信是捆绑在一起发展壮大的。

数字光纤通信系统的结构示意图如图 8-1 所示。

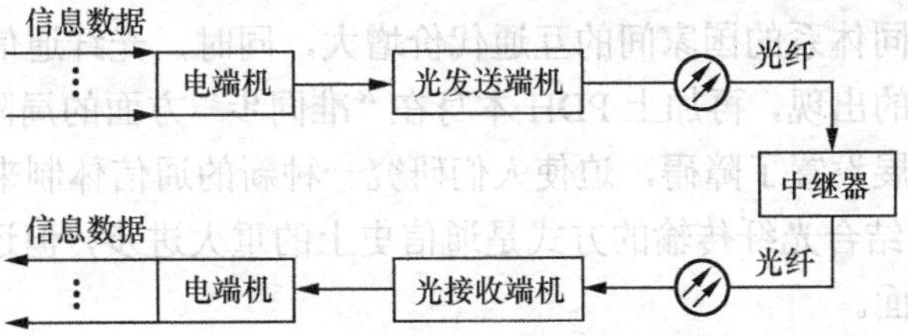

图 8–1 数字光纤通信系统示意图

图 8-1 中，电端机负责信息数据的复用、解复用，光发送/接收端机负责群路信号的电/光（E/O）、光/电（O/E）变换，光纤负责光信号的传输，中继器对光信号进行再生。

光纤通信与高速数字通信的结合看来是完美的，这是通信史上的一个重大进步。但不幸的是，最初人们似乎低估了光纤通信的能量，现在看来，虽然当时两者的发展是捆绑在一起的，但总体上，人们只赋予光纤通信一个点到点传输的功能。也就是说，数字通信的发展并没有真正将光纤通信也包含在内，而是相对独立地发展的，虽然其发展是以光纤通信的发展为前提的。

数字通信最初的发展是为电话通信服务的。语音信道的数字化、复用方式可以有很多种选择，各国关注点的不同、选择的不同也导致了数字通信体系上的差别。在数字通信系统中，传送的信号都是数字化的脉冲序列。这些数字信号流在数字交换设备之间传输时，其速率必须完全保持一致，才能保证信息传送的准确无误，这就叫做“同步”。数字传输系统中，有两种数字传输系列，一种叫做“准同步数字系列”（Plesiochronous Digital Hierarchy，PDH）；另一种叫做“同步数字系列”（Synchronous Digital Hierarchy，SDH）。

采用准同步数字序列（PDH）的系统，是在数字通信网的每个节点上都分别设置高精度的时钟，这些时钟的信号都具有统一的标准速率。尽管每个时钟的精度都很高，但总还是有一些微小的差别。为了保证通信的质量，要求这些时钟的差别不能超过规定的范围。因此，这种同步方式严格来说不是真正的同步，所以叫做“准同步”。

在以往的电信网中，多使用 PDH 设备。这种系列对传统的点到点通信有较好的适应性。而随着数字通信的迅速发展，点到点的直接传输越来越少，而大部分数字传输都要经过转接，因而 PDH 系列便不能适合现代电信业务开发的需要，以及现代化电信网管理的需要。SDH 就是适应这种新的需要而出现的传输体系。图 8-2 所示为 PDH 在发展过程中出现的分歧。

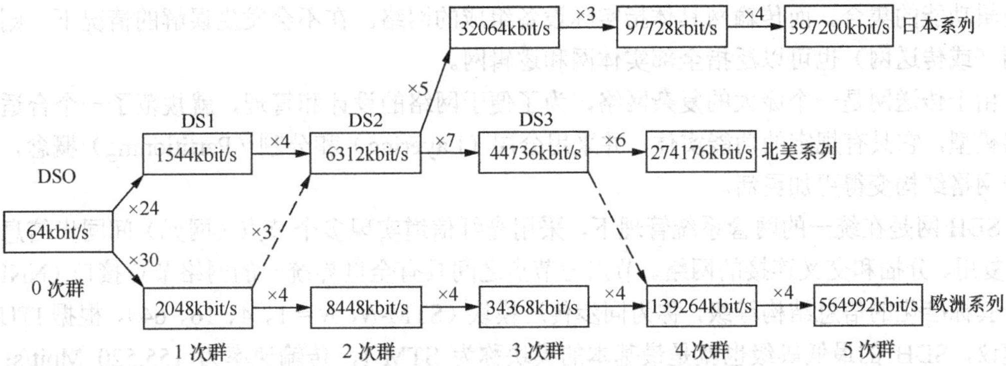

图 8–2 北美和欧洲传输速率体系（最上面是日本体系）

这种分歧使得不同体系的国家间的互通代价增大，同时，光纤通信未能与数字通信紧密结合导致了一些问题的出现，再加上PDH本身在“准同步”方面的局限性，这些问题为全球通信的进一步快速发展设置了障碍，迫使人们研究一种新的通信体制来解决这些问题。

如前所述，PDH结合光纤传输的方式是通信史上的重大进步，但还存在一些大问题，主要体现在以下几个方面。

（1）如图8-2所示，世界各国通信体系不兼容，造成国际互通困难。

（2）没有光接口方面的标准，不同厂商的光系统互通是不可能的，只能在电接口处相遇。

（3）基于点到点通信的设计使沿线上下通路代价大，需要一大批设备背靠背工作，设备利用效率低，对信号损伤大。

（4）OAM（运行、管理、维护）基于人工完成，效率低，难以适应现代通信管理的要求。

这些问题的解决有待于一种新的通信体制的出现。SDH传输体制是由PDH传输体制进化而来的，因此它具有PDH体制所无可比拟的优点，它是不同于PDH体制的全新的一代传输体制，与PDH相比在技术体制上进行了根本的变革。

最初提出这个概念的是美国贝尔通信研究所。SONET于1986年成为美国新的数字体系标准。1988年，CCITT接受了SONET的概念，并重新命名为同步数字体系（Synchronous Digital Hierarchy，SDH）。

SDH后来又经过修改和完善，成为涉及比特率、网络节点接口、复用结构、复用设备、网络管理、线路系统、光接口、信息模型、网络结构等的一系列标准，成为不仅适用于光纤，也适用于微波和卫星传输的通信技术体制。

8.2 SDH传送网

一个电信网有两大基本功能群，一类是传送（Transport）功能群，它可以将任何通信信息从一个点传递到另一些点。另一类是控制功能群，它可实现各种辅助服务和操作维护功能。所谓传送网就是完成传递功能的手段，当然传送网也能传递各种网络控制信息。实际应用中还经常遇到另一个术语——传输（Transmission），人们往往将传输和传送相混淆，两者的基本区别是描述的对象不同，传送是从信息传递的功能过程来描述，而传输是从信息信号通过具体物理介质传输的物理过程来描述。因而，传送网主要指逻辑功能意义上的网络，即网络的逻辑功能的集合。而传输网具体指实际设备组成的网络。在不会发生误解的情况下，则传输网（或传送网）也可以泛指全部实体网和逻辑网。

由于传送网是一个庞大的复杂网络，为了便于网络的设计和管理，就规范了一个合适的网络模型，它具有规定的功能实体，并采用分层（Layering）和分割（Partitioning）概念，从而使网格结构变得更加灵活。

SDH网是在统一的网管系统管理下，采用光纤信道实现多个节点（网元）间同步信息传输、复用、分插和交叉连接的网络。节点与节点之间具有全世界统一的网络节点接口（NNI），有一套标准化的信息结构等级，称为同步传送模块（STM-N，N = 1、4、16、64），根据ITU-T的建议，SDH的最低等级也就是最基本的模块称为STM-1，传输速率为155.520 Mbit/s；4个STM-1同步复接组成STM-4，传输速率为4 × 155.52 Mbit/s = 622.080 Mbit/s；16个STM-1组成STM-16，传输速率为2488.320 Mbit/s，64个STM-1组成STM-64，传输速率为9953.280

Mbit/s，另外 Sub STM-1 传输速率为 51.84Mbit/s 用于微波和卫星传输。

STM-*N* 采用了块状帧结构，允许安排丰富的开销（附加）比特用于网络的管理，每个节点都有统一的标准光接口，实现了不同厂家设备在光路上的互连；它的基本网元有终端复用器（TM）用于将低/高速率的码流复接/分接成高/低速率的码流，分插复用器（Add/Drop Multiplexes，ADM）用于在高速率码流中取出/插入低速率的码流，数字交叉连接设备（Digital Cross－Conned equipment，DXC）用于同等速率码流之间的交换等；能够承载多种速率的业务如现存的 PDH 速率体系、ATM（异步转移模式），IP（IP 分组）和 FDDI 等；采用网管软件对网络进行配置和控制，使新功能和新特性的增加比较方便，适用于将来业务的发展。

SDH 网典型的网络结构是环形网，主要的两个网元是 ADM 和 DXC，图 8-3 所示是两个环形网通过 DXC 互连。

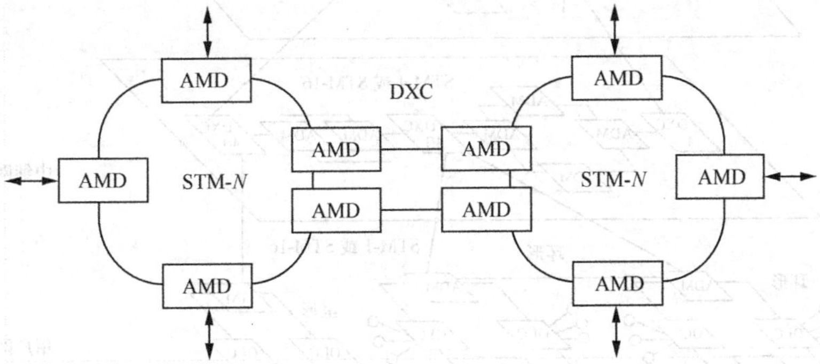

图 8-3　SDH 典型的环形网结构

8.2.1　SDH 传送网的网络结构

我国的 SDH 网络结构可分为 4 个层面，如图 8-4 所示。最高层面为长途一级干线网，主要省会城市及业务量较大的汇接节点城市（例如徐州等）装有 DXC4/4，其间由高速光纤链路 STM-16 组成，形成了一个大容量、高可靠的网孔形国家骨干网结构，并辅以少量线形网。由于 DXC4/4 也具有 PDH 体系的 140 Mbit/s 接口，因而原有 PDH 的 140 Mbit/s 和 565 Mbit/s 系统也能纳入统一管理的长途一级干线网中。

第二层面为二级干线网，主要汇接节点装有 DXC4/4 或 DXC4/1，其间由 STM-4 组成，形成省内网状或环形骨干网结构，并辅以少量线性网结构。由于 DXC4/1 有 2Mbit/s、34Mbit/s 或 140Mbit/s 接口，因而原来 PDH 系统也能纳入统一管理的二级干线网，并具有灵活高度电路的能力。

第三层面为中继网（即长途端局与市话端局之间以及市话局之间的部分），可以按区域划分为若干个环，由 ADM 组成速率为 STM-4/STM-16 的自愈环，也可以是路由备用方式的两节点环。这些环具有很高的生存性，又具有业务量疏导功能。环形网主要是复用段转换环方式，究竟是四纤还是二纤取决于业务量和经济性。环间由 DXC4/1 沟通，完成业务量疏导和其他管理功能。同时也可以作为长途网与中继网之间以及中继网和用户网之间的关口网元或接口，还可以作为 PDH 与 SDH 之间的关口网元。

最低层面为用户网，又称接入网。由于处于网络的边界处，业务容量较低，且大部分业务量汇集于一个节点（端局）上，因而通道转换环和星形网都十分适合于该应用环境，所需设备除 ADM 外还有光用户环路载波系统（OLC）。速率同 STM-1/STM-4，接口可以为 STM-1 光/电接口，PDH 体系的 2Mbit/s、34Mbit/s 或 140Mbit/s 接口，普通电话用户接口，小交换机接口，2B + D 或 30B+D 接口以及城域网接口等。

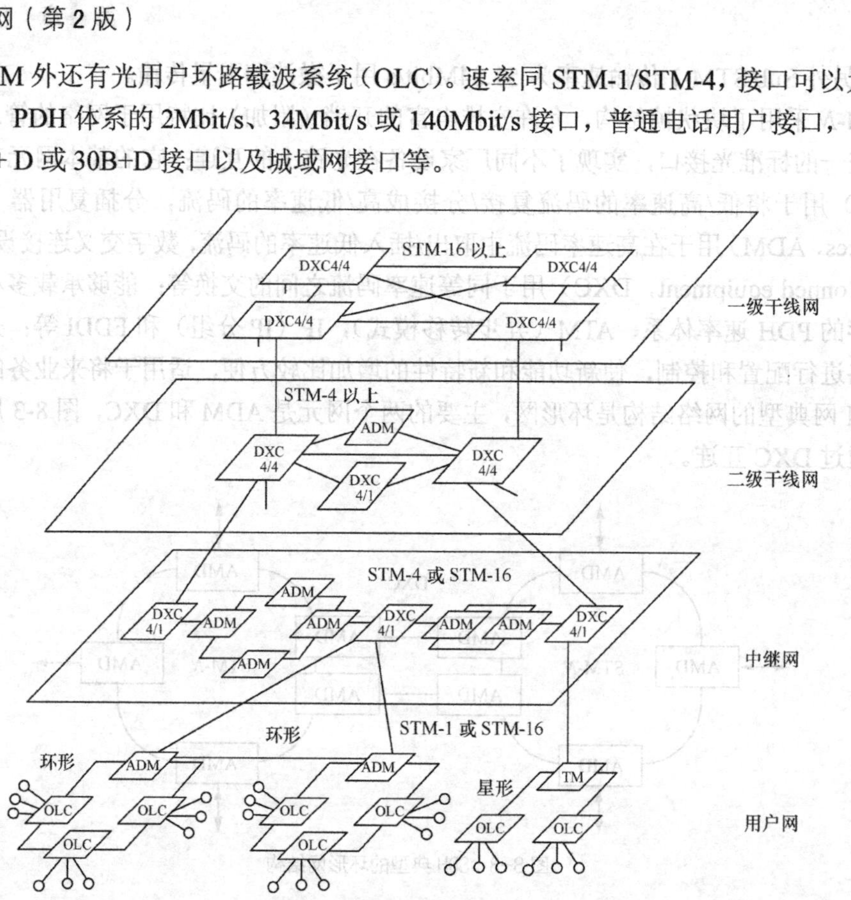

图 8-4 我国的 SDH 网络结构

我国 SDH 网的主要设备有以下 4 类。

（1）STM-1/STM-4/STM-16 线路终端设备和线路中继设备。光接口速率为 155 Mbit/s 或 622 Mbit/s 或 2.5 Gb/s，线路终端设备的支路接口速率主要为 2 Mbit/s，（140/155）Mbit/s 电接口或 155 Mbit/s 光接口。

（2）数字交叉连接设备。一种是长途网用的 DXC4/4，接口速率为（140/155）Mbit/s，内部交叉连接速率为 VC-4，采用空分交换网络。另一种是 DXC4/1，接口速率为（140/155）Mbit/s、34 Mbit/s、2 Mbit/s，内部交叉连接速率通常为 VC-12/VC-3/VC-4 等级，最大拥有不少于 32 个（140/155）Mbit/s 端口或等效容量的 2 Mbit/s 端口。

（3）光用户环路载波系统。光接口速率为 155 Mbit/s 或 622 Mbit/s，用户接口能适应多种业务，包括电话、用户小交换机、2 Mbit/s、34 Mbit/s、140 Mbit/s、155 Mbit/s、2B+D、30B+D、基带数据以及城域网（IEEE802.6）等。

（4）网络管理系统。包括能管理普通 SDH 的网元管理系统、专门管理 DXC 的网络管理系统以及管理全网的网络管理系统。

传统的 PDH 光缆数字线路系统是一个自封闭系统，光接口是专用的，外界无法接入。而同步光缆数字线路系统是开放系统，任何厂家的任何网络单元都能在光路上互通，即具备横向兼容性。显然，这要求光同步传输网的物理层光接口和电接口具有完整而严格的规范。

在原理上，SDH 信号既可以用电方式传输，又可以用光方式传输。然而，采用电气方式来传输高速SDH信号有很大局限性，一般仅限于短距离和较低速率的传输，而采用光纤做传输手段可以适应从低速到高速、从短距离到长距离等十分广泛的应用场合。为了简化横向兼容系统的开发，可以将众多的应用场合按传输距离和所用技术归纳为3种最基本的应用场合，即局内通信、短距离局间通信和长距离局间通信。这样，需要对这3种应用场合规范3套光接口参数即可。再考虑采用电缆作传输介质的应用场合，则共有4类不同的应用场合。

为了便于应用，将上述3种采用光纤的应用场合分别用不同代码来表示。第一个字母表示应用场合，用字母I表示局内通信，S表示短距离局间通信，L表示长距离局间通信。字母后面的第一位数字表示STM的等级，例如数字4表示STM-4等级。第二位数字表示工作窗口和所用光纤类型，0或者1表示标称工作波长为1 310 nm，所用光纤为G.652光纤；2表示标称工作波长为1 550 nm，所用光纤为G.652光纤和G.654光纤；3表示标称工作波长为1 550 nm，所用光纤为G.653光纤。下面分别就上述4种不同的应用场合作简要介绍。

（1）长距离局间通信（光接口）。长途通信一般指局间再生段距离为40km以上的场合。系统既可以工作于1 310 nm窗口，又可以工作于1 550 nm窗口。若工作于1 310 nm窗口，则只使用G.652光纤。若工作于1 550 nm窗口，则G.652，G.653和G.654光纤均可使用。一般G.654光纤主要用于海底光缆通信或那些需要超长再生段距离的场合。所用光源可以为高功率多纵模激光器（MLM），也可以是单纵模激光器（SLM），取决于工作波长、速率和所用光纤类型等因素。

（2）短距离局间通信（光接口）。短距离通信一般指局间再生段距离为15 km左右的场合，主要适用于市内局间通信和用户网环境。工作波长区可以是1 310 nm窗口，也可以是1 550 nm窗口。但由于传输距离较近，从经济角度出发，建议两个窗口都只用G.652光纤。所用光源可以是MLM，也可以是低功率SLM。

（3）局间通信（光接口）。局间通信一般传输距离为几百米、最多不超过2km。传输系统的局内设备之间的互连由电缆担任。由于电缆的传输衰减随频率升高而迅速增加，因而随着传输速率的增加，传输距离越来越短，已不能适应使用要求。光纤的传输衰减基本与频率无关，而且衰减值很低，可以大大延伸传输距离。此外，采用光纤做局内通信还可以基本免除电磁干扰，避免低电位差造成的问题。由于传输距离不超过2 km，系统只需工作在1 310 nm窗口，并采用G.652光纤即可。所用光源根据要求不同，低功率MLM或发光二极管（LED）均可使用。

（4）电接口。电接口只适用于STM-1等级，所用传输介质为同轴电缆，此时网络单元之间的最大传输距离为70 m。对于更高的速率，由于技术经济原因，不再提供电接口。

表8-1所示总结了上述3种采用光纤的光接口分类、应用代码、光纤类型和典型传输距离。

表8-1　　　　光接口分类

应　用	局内通信	局间通信				
		短距离		长距离		
光源标称波长/nm	1310	1310	1550	1310	1550	
光纤类型	G.652	G.652	G.652	G.652	G.652 G.654	G.653

续表

应　用	局内通信	局 间 通 信				
		短 距 离		长 距 离		
传输距离/km	≤2	15		40	60	
STM-1	1-1	S-1.1	S-1.2	L-1.1	L-1.2	L-1.3
STM-4	1-4	S-4.1	S-4.2	L-4.1	L-4.2	L-4.3
STM-16	1-16	S-16.1	S-16.2	L-16.1	L-16.2	L-16.3

8.2.2 SDH自愈网

1．网络生存性

随着科学和技术的发展，现代社会对通信的依赖性越来越大，通信网络的生存性已成为至关紧要的问题。近几年来，一种称为自愈网（Self-healing network）的概念应运而生。所谓自愈网就是无需人为干预，网络就能在极短的时间内从失效故障中自动恢复所携带的业务，使用户感觉不到网络已出了故障。其基本原理就是使网络具备替代传输路由并重新确立通信的能力。自愈网的概念只涉及重新确立通信，而不管具体失效元器件的修复或更换，后者仍需人工干预才能完成。

2．自愈网的类型和原理

按照自愈网的定义可以有多种手段来实现自愈网，各种自愈网都需要考虑下面一些共同的因素：初始成本、要求恢复的业务量的比例、用于恢复任务所需的额外容量、业务恢复的速度、升级或增加节点的灵活性、易于操作运行和维护等。下面分别介绍各种具体的实现方法。

（1）线路保护倒换。最简单的自愈网形式就是传统PDH系统采用的线路保护倒换方式。其工作原理是当工作通道传输中断或性能劣化到一定程度后，系统倒换设备将主信号自动转至备用光纤系统传输，从而使接收端仍能接收到正常的信号而感觉不到网络已出了故障。这种保护方式的业务恢复时间很快，可短于50 ms，它对于网络节点的光或电的元部件失效故障十分有效。但是，当光缆被切断时（这是一种经常发生的恶性故障），往往是同一缆芯内的所有光纤（包括主用和备用）一起被切断，因而上述保护方式就无能为力了。

进一步的改进是采用物理的路由备用。这样，当主通道路由光缆被切断时，备用通道路由上的光缆不受影响，仍能将信号安全地传输到对端。这种路由备用方法配置容易、网络管理很简单、仍保持了快速恢复业务的能力。但该方案需要至少双份的光纤光缆和设备，而且通常备用路由往往较长，因而成本较高。此外，该保护方法只能保护传输链路，无法提供网络节点的失效保护，因此主要适用于点到点应用的保护。对于两点间有稳定的较大业务量的场合，路由备用线路保护方法仍不失为一种较好的保护手段。

（2）环形网保护。将网络节点连成一个环形可以进一步改善网络的生存性和成本。网络节点可以是DXC，也可以是ADM，但通常环形网节点用ADM构成。利用ADM的分插能力和智能构成的自愈环是SDH的特色之一，也是目前研究工作十分活跃的领域。

自愈环结构可以划分为两大类，即通道倒换环和复用段倒换环，后者在北美称为线路倒换环。对于通道倒换环，业务量的保护是以通道为基础的，倒换与否按离开环的每一个别通道信号质量的优劣而定，通常利用简单的通道 AIS 信号来决定是否应进行倒换。对于复用段倒换环，业务量的保护是以复用段为基础的，倒换与否按每一对节点间的复用段信号质量的优劣而定。当复用段出问题时，整个节点间的复用段业务信号都转向保护环。通道倒换环与复用段倒换环的一个重要区别是前者往往使用专用保护，即正常情况下保护段也在传递业务信号，保护时隙为整个环专用。而后者往往使用公用保护，即正常情况下保护段是空闲的，保护时隙由每对节点共享。据此又分为专用保护环和公用保护环。当然，复用段倒换也可以使用专用保护，但比通道倒换无明显优点。

如果按照进入环的支路信号与由该支路信号分路节点返回的支路信号方向是否相同来区分，又可以将自愈环分为单向环和双向环。正常情况下，单向环中所有业务信号按同一方向在环中传输（例如顺时针或逆时针）；而双向环中，进入环的支路信号按一个方向传输，而由该支路信号分路节点返回的支路信号按相反的方向传输。

如果按照一对节点间所用光纤的最小数量来区分，还可以划分为二纤环和四纤环。

按照上述各种不同的分类方法可以区分出多种不同的自愈环结构。通常，通道倒换环主要工作在单向二纤方式，近来双向二纤方式的通道倒换环也开始应用，并在某些方面显示一定的优点。而复用段倒换环既可以工作在单向方式；又可以工作在双向方式；既可以二纤方式，又可以四纤方式。实用化的结构主要是双向方式：下面我们以四个节点的环为例，介绍 4 种典型的实用自愈环结构。

① 二纤单向通道倒换环。单向环通常由两根光纤来实现，一根光纤用于传递业务信号，称 S 光纤，另一根光纤用于保护，称 P 光纤。单向通道倒换环使用“首端桥接，末端倒换”结构，如图 8-5（a）所示。业务信号和保护信号分别由光纤 S1 和 Pl 携带。例如在节点 A，进入环以节点 C 为目的地的支路信号（AC）同时馈入发送方向光纤 S1 和 Pl，即所谓双馈方式（1+1 保护）。其中 S1 光纤按顺时针方向将业务信号送至分路节点 C，P1 光纤按逆时针方向将同样的支路信号送至分路节点 C。接收端分路节点 C 同时收到两个方向来的支路信号，按照分路通道信号的优劣决定选哪一路作为分路信号。正常情况下，以 S1 光纤送来的信号为主信号。同理，从 C 点插入环以节点 A 为目的地的支路信号（CA）按上述同样方法送至节点 A，即 S1 光纤所携带的 CA 信号（旋转方向与 AC 信号一样）为主信号在节点 A 分路。

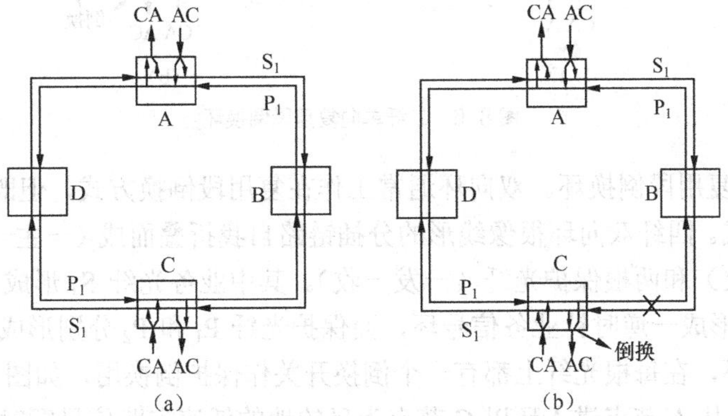

图 8-5 二纤单向通道倒换环

当 BC 节点间光缆被切断时，两根光纤同时被切断，如图 8-5（b）所示。在节点 C，由于从 A 经 S1 光纤来的 AC 信号丢失，按通道选优准则，倒换开关将由 S1 光纤转向 P1 光纤，接收由 A 节点经 P1 光纤而来的 AC 信号作分路信号，从而使 AC 间业务信号仍得以维持，不会丢失。故障排除后，开关返回原来位置。

近来，二纤双向通道环也已开始应用，其中 1+1 方式与单向通道倒换环基本相同，只是返回信号沿相反方向返回而已。其主要优点是在无保护环或线形应用场合下具有通道再用功能，从而使总的分插业务量增加。1∶1 方式需要使用 APS 字节协议，但可以用备用通路传额外业务量，可选较短路由，易于查找故障。最主要的是由 1∶1 方式可以进一步演变发展成 M∶N 双向通道保护环，由用户决定只对某些重要业务实施保护，无需保护的通道可以在节点间重新再用，从而大大提高了可用业务容量。缺点是需要由网管系统进行管理，保护恢复时间大大增加。

② 二纤单向复用段倒换环。这种环形结构中节点在支路信号分插功能前的每一高速线路上都有一保护倒换开关，如图 8-6 所示。在正常情况下，低速支路信号仅仅从 S_1 光纤进行分插，保护光纤 P_1 是空闲的。

当 BC 节点间光缆被切断，两根光纤同时被切断，与光缆切断点相邻的两个节点 B 和 C 的保护倒换开关将利用 APS 协议执行环回功能，如图 8-6（b）所示。在 B 节点，S_1 光纤上的高速线路信号（AC）经倒换开关从 P_1 光纤返回，沿逆时针方向经 A 节点和 D 节点仍然可以到达 C 节点，并经 C 节点倒换开关环回到 S_1 光纤并落地分路。其他节点（指 A 和 D）的作用是确保 P_1 光纤上传的业务信号在本节点完成正常的桥接功能，畅通无阻地传向分路节点。这种环回倒换功能能保证在故障状况下仍维持环的连续性，使低速支路上的业务信号不会中断。故障排除后，倒换开关返回其原来位置。

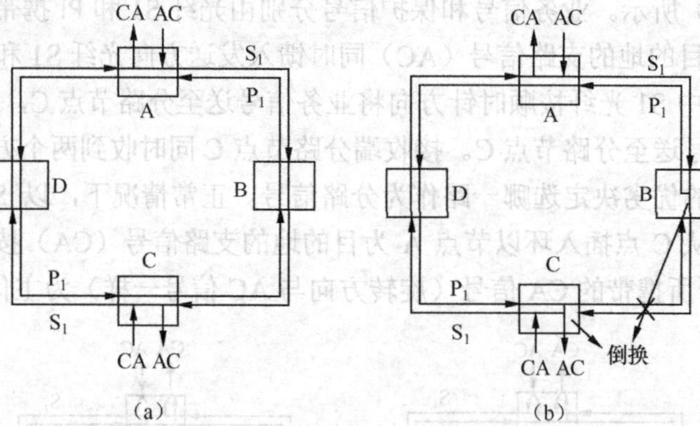

图 8-6　二纤单向复用段倒换环

③ 四纤双向复用段倒换环。双向环通常工作在复用段倒换方式，但既可以有四纤方式，又可以有二纤方式。四纤双向环很像线形的分插链路自我折叠而成（一主一备），它有两根业务光纤（一发一收）和两根保护光纤（一发一收）。其中业务光纤 S_1 形成一顺时针业务信号环，业务光纤 S_2 形成一逆时针业务信号环，而保护光纤 P_1 和 P_2 分别形成与 S_1 和 S_2 反方向的两个保护信号环，在每根光纤上都有一个倒换开关作保护倒换用，如图 8-7（a）所示。

正常情况下，从 A 节点进入环以 C 节点为目的地的低速支路信号顺时针沿 S_1 光纤传输，而由 C 节点进入环，以 A 节点为目的地的返回低速支路信号则逆时针沿 S_2 光纤传回 A 节点，保护光纤 P_1 和 P_2 是空闲的。

当 BC 节点间光缆被切断，四根光纤全部被切断。利用 APS 协议，B 和 C 节点中各有两个倒换开关执行环回功能，从而得以维持环的连续性，如图 8-7（b）所示。在 B 节点，光纤 S_1 和 P_1 沟通，光纤 S_2 和 P_2 沟通。C 节点也完成类似功能。其他节点确保光纤 P_1 和 P_2 上传的业务信号在本节点完成正常的桥接功能，其原理与前述二纤单向复用段倒换环类似。故障排除后，倒换开关返回原来位置。

在四纤环中，仅仅节点失效或光缆切断才需要利用环回方式进行保护，而设备或单纤故障可以利用传统的复用段保护倒换方式。

④ 二纤双向复用段倒换环。由图 8-7 可见，在光纤 S_1 上的高速业务信号的传输方向与光纤 P_2 上的保护信号的传输方向完全相同。如果利用时隙交换（TSI）技术，可以使光纤 S_1 和光纤 P_2 上的信号都置于一根光纤（称 S_1/P_2 光纤）。此时，S_1/P_2 光纤的一半时隙（例如时隙 1～M）用于传业务信号，另一半时隙（时隙 M + 1～N，其中 MC≤N/2）留给保护信号。同样 S_2 光纤和 P_1 光纤上的信号也可以利用时隙交换技术置于一根光纤（称 S_2/P_1 光纤）上。这样，在给定光纤上的保护信号时隙可用来保护另一根光纤上的反向业务信号，即 S_1/P_2 光纤上的保护信号时隙可保护 S_2/P_1 光纤上的业务信号，而 S_2/P_1 光纤上的保护信号时隙可保护 S_1/P_2 光纤上的业务信号。于是，四纤环可以简化为二纤环[9]。

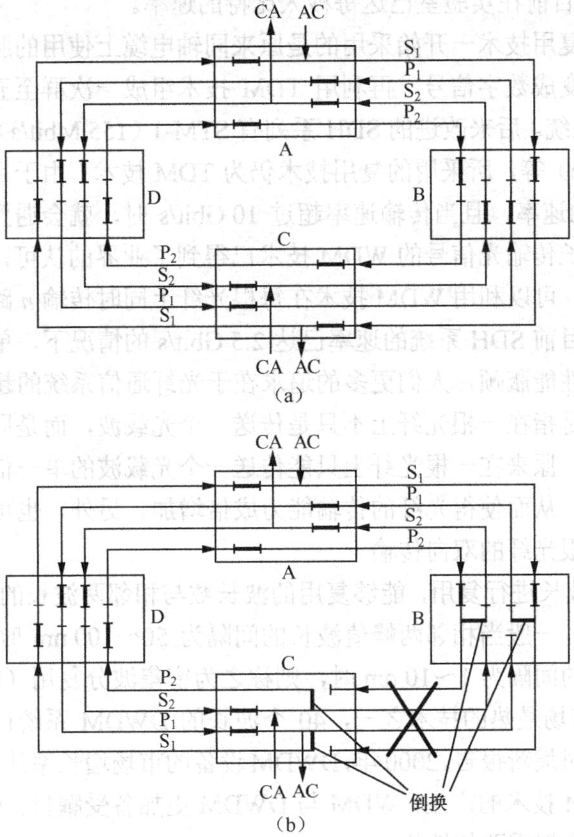

图 8-7 四纤双向复用段倒换环

当 BC 节点间光缆被切断，两根光纤也全被切断时，与切断点相邻的 B 节点和 C 节点中的倒换开关将 S_1/P_2 光纤与 S_2/P_1 光纤沟通。利用时隙交换技术，可以将 S_1/P_2 光纤和 S_2/P_1 光纤上的业务信号时隙移到另一根光纤上的保护信号时隙，从而完成保护倒换作用。例如，S_1/P_2光纤的业务信号时隙1～M可以转移到S_2/P_1光纤上的保护信号时隙M+1～N。当故障排除后，倒换开关将返回其原来位置。由于一根光纤同时支持业务信号和保护信号，因而二纤环无法进行传统的复用段倒换保护。

复用段倒换环中，如果实施交叉连接的节点失败，则相邻节点实施环回时，对于需要交叉连接的通道可能发生错连现象，因此节点必须有压制功能，从而降低了保护能力，这是复用段倒换环的缺点。

8.3 WDM光网络

波分复用（WDM）技术的最早使用是在美国，20世纪80年代建设的被称为“东北走廊”的光缆干线工程就采用了WDM技术。WDM技术既可以用在光纤的某一波长窗口内，也可用在不同的波长窗口。20世纪90年代由于时分复用（TDM）技术的迅速发展及其技术的简单实用，在光通信领域占据了主导地位，因此WDM技术发展得并不迅速，直到1995年后才进入了发展的旺盛期。朗讯公司率先推出了 8 × 2.5 Gbit/s 系统，而后 Ciena 公司推出了16 × 2.5 Gbit/s 系统。目前在实验室已达每秒太比特的速率。

光纤通信系统的复用技术一开始采用的是原来同轴电缆上使用的脉冲编码调制（PCM）方式，先把模拟信号变成数字信号，再利用TDM技术组成一次群至五次群等，这种系统就是我们所称的PDH系统。后来改进的SDH系列有STM-1（155 Mbit/s），STM-4（622 Mbit/s）和STM-16（2.5 Gbit/s）等，所采用的复用技术仍为TDM技术。由于目前电时分复用技术已大多使用2.5 Gbit/s的速率，且当传输速率超过10 Gbit/s时，就会遇到一些困难。目前在一根光纤上利用多个波长传输光信号的WDM技术已得到了业界的认可，并被认为是光纤通信系统的主要发展技术。可以利用WDM技术在每根光纤上同时传输n路光载波，从而使其容量迅速扩大n倍。在目前SDH系统的速率已达2.5 Gbit/s的情况下，单通路的传输速率已不再是现代通信系统的性能瓶颈，人们更多的追求在于光纤通信系统的超大容量和宽频带。

所谓波分复用，是指在一根光纤上不只是传送一个光载波，而是同时传送多个波长不同的光载波。这样一来，原来在一根光纤上只能传送一个光载波的单一信道变为可传送多个不同波长光载波的信道，从而使得光纤的传输能力成倍增加。另外，也可以利用不同波长沿不同方向传输来实现单根光纤的双向传输。

WDM是对多个波长进行复用，能够复用的波长数与相邻两波长的间隔有关：间隔越小，复用的波长数就越多。一般当相邻两峰值波长的间隔为50～100 nm时，称为WDM系统。而当相邻两峰值波长的间隔为1～10 nm时，则称之为密集波分复用（DWDM）系统。

DWDM是目前市场最热的技术之一，40个波长的DWDM系统已经进入商用阶段。根据波士顿一家咨询公司最新报告，2000年，DWDM设备的市场增长率达到了65%。随着IP over WDM、IP over DWDM技术的产生，WDM与DWDM更加备受瞩目。WDM及DWDM在建设中的全光网上必然占据重要的地位。

8.3.1 WDM系统优点

WDM技术之所以在近几年得到迅猛发展，是因为它具有下述优点。

1．超大容量传输

WDM 系统的传输容量十分巨大。由于 WDM 系统的复用光通路速率可以为 2.5 Gbit/s、10Gbit/s 等，而复用光信道的数量可以是 4、8、16、32，甚至更多，因此系统的传输容量可达到 300～400Gbit/s。而这样巨大的传输容量是目前的 TDM 方式根本无法做到的。目前，（8～32）× 2.5 Gbit/s 和 16 × 10 Gbit/s 的 WDM 系统已经达到商用水平，而 132 × 10 Gbit/s 的 WDM 系统也已有报道。

2．节约光纤资源

对于单波长系统而言，每个 SDH 系统都需要一对光纤，而对于 WDM 系统来讲，不管有多少个 SDH 分系统，整个复用系统只需要一对光纤就够了。例如，对于 16 个 2.5 Gbit/s 系统来说，单波长系统需要 32 根光纤，而 WDM 系统仅需要两根光纤。节约光纤资源这一点对于市话中继网络也许并非十分重要，但对于系统扩容或长途干线来说就显得非常可贵。

3．各通路透明传输、平滑升级扩容

只要增加复用光通路数量与设备，就可以增加系统的传输容量以实现扩容，而且扩容时对其他复用光通路不会产生不良影响。所以 WDM 系统的升级扩容是平滑的，而且方便易行，从而最大限度地保护了建设初期的投资。WDM 系统的各复用通路是彼此相互独立的，所以各光通路可以分别透明地传送不同的业务信号，如语音、数据和图像等，彼此互不干扰，这给使用者带来了极大的便利。

4．充分利用成熟的 TDM 技术

以 TDM 方式提高传输速率虽然在降低成本方面具有巨大的吸引力，但面临着许多因素的限制，如制造工艺、电子器件工作速率的限制等。据分析，TDM 方式的 10 Gbit/s 光传输设备已非常接近目前电子器件的工作速率极限，再进一步提高速率是相当困难的，（至少目前的技术水平如此）。而 WDM 技术则不然，它可以充分利用现已成熟的 TDM 技术，相当容易地使系统的传输容量达到 80 Gbit/s 水平，从而避开开发更高速率 TDM 技术（10 Gbit/s 以上）所面临的种种困难。目前 TDM 方式的 2.5 Gbit/s 光传输技术已十分成熟，WDM 可以把几个甚至几十个 2.5 Gbit/s 的光传输系统作为复用通路进行复用，使传输容量呈几倍甚至几十倍地增加，达到 10 Gbit/s、20 Gbit/s、40 Gbit/s、80 Gbit/s，甚至更高水平。而目前用 TDM 方式达到如此高的传输容量几乎是不可能的。

5．利用掺饵光纤放大器实现超长距离传输

掺饵光纤放大器（EDFA）具有高增益、宽带宽、低噪声等优点，在光纤通信中得到了广泛的应用。EDFA 的光放大范围为 1 530～1 565 nm，但其增益曲线比较平坦的部分是 1 540～1 560 nm，它几乎可以覆盖整个 WDM 系统的 1 550 nm 工作波长范围。所以用一个带宽很宽的 EDFA 就可以对 WDM 系统的各复用光通路的信号同时进行放大，以实现系统的超长距离传输，避免每个光传输系统都需要一个光放大器的情况。WDM 系统的超长传输距离可达到数百公里，因此可以节省大量中继设备，降低成本。

6. 对光纤的色散无过高要求

对于 WDM 系统来讲，不管系统的传输速率有多高、传输容量有多大，它对光纤色度色散系数的要求基本上就是单个复用通路速率信号对光纤色度色散系数的要求。例如，20 Gbit/s（8 × 2.5 Gbit/s）的 WDM 系统对光纤色度色散系数的要求就是单个 2.5 Gbit/s 系统对光纤色度色散系数的要求，一般的 G.652 光纤都能满足。但 TDM 方式的高速率信号却不同，其传输速率越高，传输同样距离所要求的光纤色度色散系数就越小。以目前敷设量最大的 G.652 光纤为例，用它直接传输 2.5 Gbibs 速率的光信号是没有多大问题的，但若传输 TDM 方式 10 Gbit/s 速率的光信号，就对系统的色度色散等参数提出了更高的要求，同时对光纤的偏振模色散值也提出了较高的要求。

7. 可组成全光网络

全光网是未来光纤传送网的发展方向。在全光网络中，各种业务的上下、交叉连接等都是在光路上通过对光信号进行调制来实现的，从而消除了 E/O 转换中电子器件的瓶颈。例如，在某个局站可根据需求用光分插复用器（OADM）直接上、下连接几个波长的信号，或者用光交叉连接设备（OXC）对光信号直接进行交叉连接，而不必像现在这样首先进行 O/E 转换，然后对电信号进行上、下或交叉连接处理，最后再进行 E/O 转换，把转换后的光信号输入到光纤中进行传输。WDM 系统可以与 OADM、OXC 混合使用，以组成具有高度灵活性、高可靠性、高生存性的全光网络，以适应宽带传送网的发展需要。

8.3.2 WDM 系统的构成及标称波长

1. WDM 系统的基本构成

WDM 系统的基本构成主要有两种形式，即双纤单向和单纤双向。双纤单向传输如图 8-8（a）所示，单向 WDM 是指一根光纤只完成一个方向光信号的传输，反方向的光信号由另一光纤完成。即在发送端将载有各种信息的、具有不同波长的已调光信号 λ_1，λ_2，…，λ_n 通过光复用器组合在一起，并在同一根光纤中沿着同一方向传输，由于各个光信号是调制在不同的光波长上的，因此彼此间不会相互干扰。在接收端通过光解复用器将不同波长的光信号分开，完成多路光信号的传输任务。因此，同一波长可以在两个方向上重复利用。

单纤双向是指光通路同时在一根光纤上向两个不同的方向传输，如图 8-8（b）所示。所用波长相互分开，因此这种传输允许单根光纤携带全双工通路。与单纤单向 WDM 相比，单纤双向 WDM 系统可以减少光纤和线路放大器的数量。但双向 WDM 设计比较复杂，必须考虑多通道干扰（MPI）、光反射的影响，另外还需考虑串音、两个方向传输功率电平数值、光监控信道（OSC）传输和自动功率关断等一系列问题。

从目前来看，大部分公司都是采用双纤单向系统。单纤双向 WDM 系统只适用于光缆相对比较紧张的情况，目前只有北电公司采用了这种技术。单纤双向在干线中应用的机会并不多，因为它只适用于光纤芯数极少的地区，而通常干线的芯数都在 24 芯以上。这种技术适合在一些边远地区采用，而边远地区的业务量似乎尚不能达到 $n \times 2.5$ Gbit/s 的超高速容量，真正实施的可能是 622 Mbit/s 或 155 Mbit/s 系统的简单两波分或类似系统。

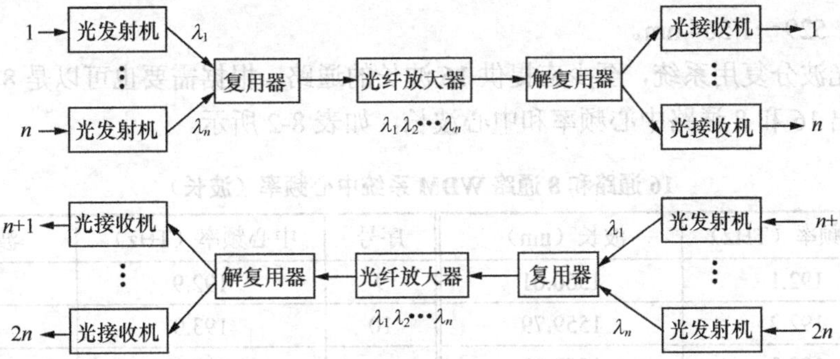

（a）双纤单向传输

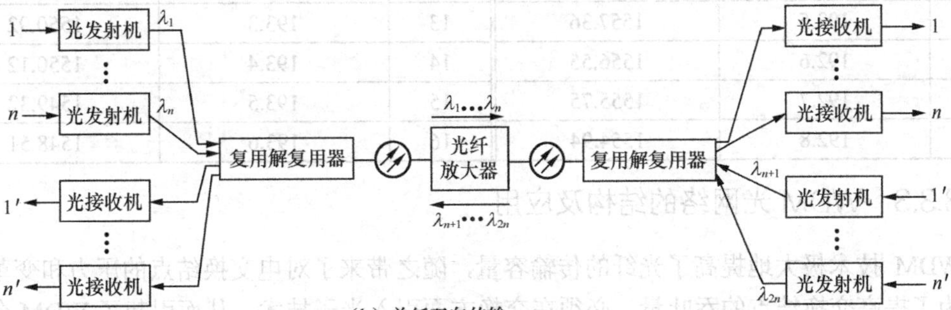

（b）单纤双向传输

图 8-8 WDM 系统基本构成的两种形式

对于单纤双向系统，当光纤芯数可以满足要求时，最好仍采用双纤单向 WDM 系统，只有在那些光纤芯数极少的地区才有必要考虑采用单纤双向系统。

目前，WDM 技术仍处于快速发展阶段，许多厂商的 32 × 2.5 Gbit/s 系统都陆续投入商用。另外，n × 10 Gbit/s 的 WDM 技术发展也很快，我们目前制订的规范仅仅对当前引进和建设的 16(8) × 2.5 Gbit/s WDM 系统的参数进行了具体规定，而对于 16 通路以上的 WDM 系统的光接口参数还没有规范。但是许多普遍性原则，如 WDM 分层结构、光接口分类、保护以及安全要求等，在多通路 WDM 系统中仍适用。另外，有关方面也会加快 32 × 10 Gbit/s(2.5 Gbit/s) 和其他拓扑结构的 WDM 系统（如 WDM 环网）的标准化，以满足国内迅速发展的 WDM 技术的要求。

2．WDM 光网络的标称波长

在光波分复用系统中，是以波长来表述其通路的，如 λ_1～λ_8 即为 8 通路，有 8 个波长，称为标称中心波长或标称中心频率。各通路间的频率间隔一般有 50 GHz、100 GHz、200 GHz 等。随着间隔的不同，标称中心频率和标称中心波长也不同。

通路间隔：主要是指在光波分复用系统中两相邻通路间的标称波长（频率）之差。通路间隔可以均匀相等，也可以不等，我们这里介绍的是均匀等间隔的系统。

标称中心波长：在光波分复用系统中，每个信号通路所对应的中心波长称为标称中心波长或称为标称中心频率。目前，国际上一般以 193.1THz 为参考频率，标称波长为 1552.52 nm。目前所开发的光纤工作在 1 310 nm 和 1 550 nm 窗口，世界上研究的 NZ-DSF 非零色散移位光纤，其工作波长可移至 1 520 nm 或 1 570 nm。在实验室实验的 2.64 Tbit/s 的光波分复用系统总带宽达 1 529～1 564 nm。

实用的光波分复用系统，至少应提供 16 波长的通路，根据需要也可以是 8 通路、4 通路等。下面列出 16 和 8 通路中心频率和中心波长，如表 8-2 所示。

表 8-2　16 通路和 8 通路 WDM 系统中心频率（波长）

序号	中心频率（THz）	波长（nm）	序号	中心频率（THz）	波长（nm）
1	192.1	1560.61	9	192.9	1554.13
2	192.2	1559.79	10	193.0	1553.33
3	192.3	1558.98	11	193.1	1552.52
4	192.4	1558.17	12	193.2	1551.72
5	192.5	1557.36	13	193.3	1550.92
6	192.6	1556.55	14	193.4	1550.12
7	192.7	1555.75	15	193.5	1549.32
8	192.8	1554.94	16	193.6	1548.51

8.3.3 WDM 光网络的结构及应用

WDM 技术极大地提高了光纤的传输容量，随之带来了对电交换结点的压力和变革的动力。为了提高交换结点的吞吐量，必须在交换方面引入光子技术，从而引起了 WDM 全光通信的研究。WDM 全光通信网是在现有的传送网上加入光层，在光上进行分插复用（OADM）和交叉连接（OXC），目的是减轻电结点的压力。由于 WDM 全光网络能够提供灵活的波长选路能力，又称为波长选路网络（Wavelength Routing Network）。

基于 WDM 和波长选路的全光网络及其与单波长网络的关系，如图 8-9 所示。

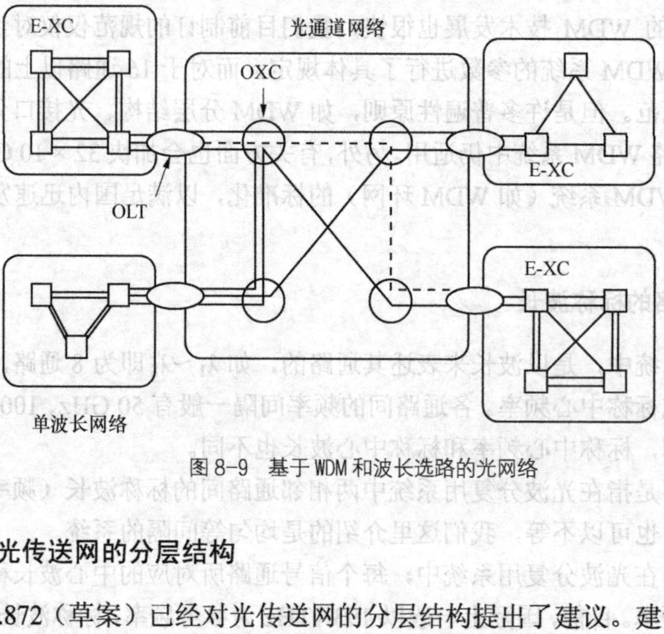

图 8-9　基于 WDM 和波长选路的光网络

1．WDM 光传送网的分层结构

ITUT 的 G.872（草案）已经对光传送网的分层结构提出了建议。建议的分层方案是将光传送网分成光通道层（OCH）、光复用段层（OMS）和光传输段层（OTS）。与 SDH 传送网相对应，实际上是将光网络加到 SDH 传送网分层结构的段层和物理层之间，如图 8-10 所示。

由于光纤信道可以将复用后的高速数字信号经过多个中间结点，不需电的再生中继，直接传送到目的结点，因此可以省去 SDH 再生段，只保留复用段，再生段对应的管理功能并入到复用段结点中。为了区别，将 SDH 的通道层和段层称为电通道层和电复用段层。

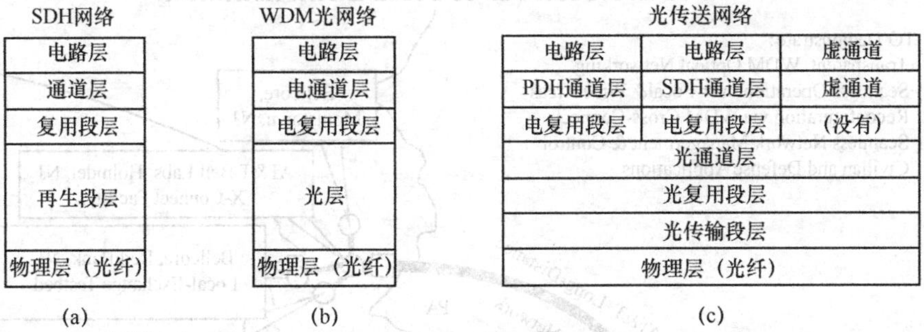

图 8-10 光传送网的分层结构

光通道层为不同格式（如 PDH 565 Mbit/s，SDH STM-N，ATM 信元等）的用户信息提供端到端透明传送的光信道网络功能，其中包括：为灵活的网络选路重新安排信道连接；为保证光信道适配信息的完整性处理光信道开销；为网络层的运行和管理提供光信道监控功能。光复用段层为多波长信号提供网络功能，其中包括：为灵活的多波长网络选路重新安排光复用段连接；为保证多波长光复用段适配信息的完整性处理光复用段开销；为段层的运行和管理提供光复用段监控功能。

光传输段层为光信号在不同类型的光媒质（如 G.652，G.653，G.655 光纤）上提供传输功能，包括对光放大器的监控功能。

WDM 光网络的结点主要有两种功能，即光通道的上下路功能和交叉连接功能，实现这两种功能的网络元件分别是光分插复用器（OADM）和光交叉连接器（OXC）。

2. WDM 光网络的实际应用

为了加深对 WDM 光网络的了解，我们简单地介绍一下美国的 MONET 网。MONET 是“多波长光网络”的简称，该项目是由 AT&T，Bell core 和朗讯科技发起的，参加单位有 Bell 亚特兰大、南 Bell 公司、太平洋 Telesis，NSA（美国国家安全局）和 NRL（美国海军研究所）。MONET 试验网包括三个部分：MONET New Jersey 网、Washington，D.C.网和连接两个地区的多波长长途光纤链路，如图 8-11 所示。在 New Jersey 是以 AT&T Bell Labs 为中心的星形网，在 Washington，D.C.是三结点的环形网。该网络在 1 560 nm 附近复用了 20 个 WDM 信道，单信道速率有 3 种，即 1.2 Gbit/s，2.5 Gbit/s 和 10 Gbit/s。在网络中还使用了可调谐激光器和可调谐波长转换器等单元器件。

该网络的试验目标是把网络结构、先进技术、网络管理和网络经济结合在一起，实现一种高性能的、经济的和可靠的多波长网络，最后将该网扩展为全国网。

支持 MONET 观点的人认为，未来的通信网是分层的。基础层是基于 WDM 的光层，用于支持电层的业务传送，该层由透明的、可以重新配置的和完全受网管控制的光网络单元构成；光层之上的层是电层，可能是 SDH 或 ATM 等电传送信号；最上层是应用层。为此，MONET 项目定义和开发了一组 MONET 网络单元。例如，WTM（波长终端复用器）、WADM（波长分插复用器，即 OADM）、WAMP（多波长放大器）、WSXC（波长固定交叉连接器）和 WIXC（波长可变交叉连接器）。

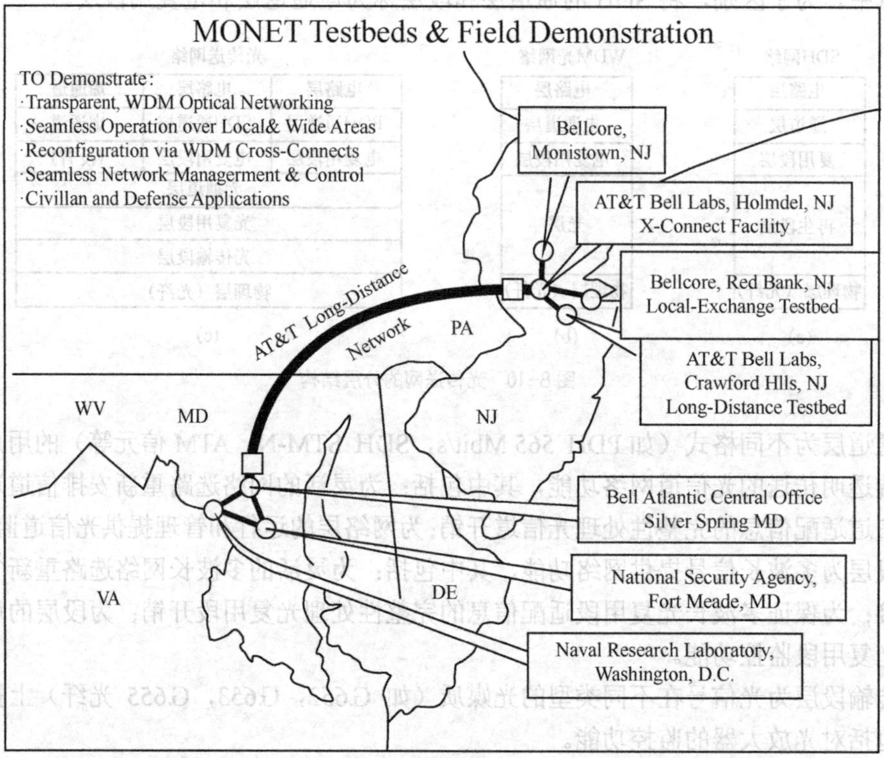

图 8-11 美国的 MONET

8.4 PTN 分组传送网

分组传送网（PTN）支持多种基于分组交换业务的双向点对点连接通道，具有适合各种粗细颗粒业务、端到端的组网能力，提供了更加适合于 IP 业务特性的“柔性”传输管道；点对点连接通道的保护切换可以在 50 ms 内完成，可以实现传输级别的业务保护和恢复；继承 SDH 技术的操作、管理和维护机制，具有点对点连接的完整 OAM，保证网络具备保护切换、错误检测和通道监控能力；完成了与 IP/MPLS 多种方式的互连互通，无缝承载核心 IP 业务；网管系统可以控制连接信道的建立和设置，实现了业务 QoS 的区分和保证，灵活提供 SLA 等优点。

8.4.1 PTN 分组传送网关键技术

目前业务网正处在发展转型时期，在电信业务 IP 化趋势推动下，传送网承载的业务从以 TDM 为主向以 IP 为主转变。未来的市场需要一种能够有效传递分组业务，并提供电信级 OAM 和保护的分组传送技术。在这样的需求驱动下，业界开始提出分组传送网 PTN 的概念，打造一个适合分组业务为主的传送网。就实现方案而言，在目前的网络和技术条件下，总体来看可分为以太网增强技术和传输技术结合（MPLS）两大类，前者以 PBB-TE 为代表，后者以

T-MPLS为代表。当然，作为分组传送演进的另一个方向——电信级以太网（Carrier Ethernet，CE）也在逐步的推进中，这是一种从数据层面以较低的成本实现多业务承载的改良方法，相比PTN在全网端到端的安全可靠性方面及组网方面还有待进一步改进。

1. PBT技术

面向连接的具有电信网络特征的以太网技术——PBT最初在2005年10月提出，PBT主要具有以下技术特征：基于MAC-in-MAC，但并不等同于MAC-in-MAC、使用运营商MAC（Provider MAC）加上VLAN ID进行业务的转发、基于VLAN关掉MAC自学习功能，避免广播包的泛滥，重用转发表丢弃一切在PBT转发表中查不到的数据包。

PBT希望基于现有城域以太网体系构架达到电信级运营要求，在电信级保护、可管理性、扩展性方面均有发展，也能提供低于50 ms的恢复时间、以太网连接由网管系统进行配置等功能，同时运营商MAC对用户不可见，骨干网不需处理用户MAC，业务更安全；此外I-SID（I-TAG）突破VLAN ID的限制，可支持16 M（24-bit）的业务实例。但由于多了一层MAC封装的硬件，代价必然升高，且对POS支持的效率低在初期会是一个值得考虑的问题。在标准方面不成熟，产业支持少也是一个影响其应用的关键因素。从行业情况来看，个别厂家的路由器/交换机已支持PBT，在国外网络中已有应用。这种技术适合于已有大规模城域以太网，以以太网为业务主体的运营环境。

2. T-MPLS技术

T-MPLS（Transport，MPLS）是一种面向连接的分组传送技术，在传送网络中，将客户信号映射进MPLS帧利用MPLS机制（例如标签交换、标签堆栈）进行转发，同时它增加传送层的基本功能，例如连接和性能监测、生存性（保护恢复）、管理和控制面（ASON/GMPLS）。总体上说，T-MPLS选择了MPLS体系中有利于数据业务传送的一些特征，抛弃了IETF（Internet Engineering Task Force）为MPLS定义的繁复的控制协议族，简化了数据平面，去掉了不必要的转发处理。

T-MPLS从面向连接的分组传送角度扩展出发，通过上述一些机制使其达到电信级运营要求，包括在电信级保护、可管理性、扩展性方面考虑完善，如提供低于50 ms的恢复时间；分级、分段的电路级管理，类似SDH的OAM；基于MPLS的帧及转发机制，对包括POS等接口的支持较好。但总体看来此技术的相应产业支持还不够成熟。在应用场景上适合基于TDM业务为主向IP化演进的运营环境。

3. PTN典型技术比较

PTN可以看作二层数据技术的机制简化版与OAM增强版的结合体。在实现的技术上，两大主流技术PBT和T-MPLS都将是SDH的替代品而非IP/MPLS的竞争者，其网络原理相似，都是基于端到端、双向点对点的连接，并提供中心管理、在50 ms内实现保护倒换的能力；两者之一都可以用来实现SONET/SDH向分组交换的转变，在保护已有的传输资源方面，都可以类似SDH网络功能在已有网络上实现向分组交换网络转变。

总体来看，T-MPLS着眼于解决IP/MPLS的复杂性，在电信级承载方面具备较大的优势；PBT着眼于解决以太网的缺点，在设备数据业务承载上成本相对较低。标准方面，T-MPLS

走在前列；PBT 即将开展标准化工作。芯片支持程度上，目前支持 Martini 格式 MPLS 的芯片可以用来支持 T-MPLS，成熟度和可商用度更高。在现实中的应用以及其对成本和收入的影响将会是判断它们是否成功的最终条件，现在判断谁会胜出还为时尚早。

4．PTN 解决方案

PTN 产品为分组传送而设计，其主要特征体现在如下方面：灵活的组网调度能力、多业务传送能力、全面的电信级安全性、电信级的 OAM 能力、具备业务感知和端到端业务开通管理能力、传送单位比特成本低。

为了实现此目标，同时结合应用中可能出现的需求，需要重点关注 TDM 业务的支持能力、分组时钟同步、互连互通问题。

（1）TDM 业务的支持方式。在对 TDM 业务的支持上，目前一般采用端到端伪线仿真（Pseudo Wire Emulation Edge-to-Edge，PWE3）的方式，目前 TDM PWE3 支持非结构化和结构化两种模式，封装格式支持 MPLS 格式。

（2）分组时钟同步。分组时钟同步需求是 3G 等分组业务对于组网的客观需求，时钟同步包括时间同步、频率同步两类。在实现方式上，目前主要有如下三种：同步以太网、TOP（Timing Over Packet）方式、IEEE 1588v2。

（3）互连互通问题。PTN 是从传送角度提出的分组承载解决方案。技术可以革命，网络只能演进。运营商现网是庞大的 MSTP 网络，MSTP 节点已延伸到城域的各个角落。PTN 网络必须要考虑与现网 MSTP 的互通。互通包括业务互通、网管公务互通两个方面。

目前在商用化方面来看，鉴于标准、产业成熟度、关键问题的解决进度等问题，各个厂商在标准、产品等方面虽然都投入了不少精力，但总的来说，推出解决方案和成熟产品的企业并不是太多，实际商用的并不多。

8.4.2 PTN 优化演进方案实例

传送网是网络业务开展的基础，一个具备快速灵活调度和对业务网络具有良好适应能力的传送网，往往会在业务快速部署和降低网络运营成本方面起到关键作用。

业务需求是通信网络发展的驱动力，图 8-12 展示了传送网的发展与变革过程。

频分复用（Frequency Division Multiple，FDM）是将多路信号经过高频载波信号调制后在同一介质上传输的复用技术，即 FDM 是利用不同的频率使不同的信号同时传送而互不干扰。历史上，电话网络曾使用 FDM 技术在单个物理电路上传输若干条语音信道。在其后电话系统所使用的传输方式中，时分多路复用（Time Division Multiplexing，TDM）逐步替代了 FDM 技术。

在数字通信发展的初期，大量的数字传输系统都是准同步数字体系（Plesiochronous Digital Hierarchy，PDH），PDH 设备在业务接口侧提供 2 Mbit/s（或 1.5 Mbit/s）的基群接口。虽然被称作是光的处理，但基本上是电信号层的处理。随着数字交换的引入，光通信技术的发展带动的长距离、大容量数字电路的建设以及网络控制和宽带数字综合业务发展的需要，暴露出了 PDH 一些固有弱点，如存在的开销太少、上下链路困难和固定时损伤而难以实现 E5 速率上的异步复用等。

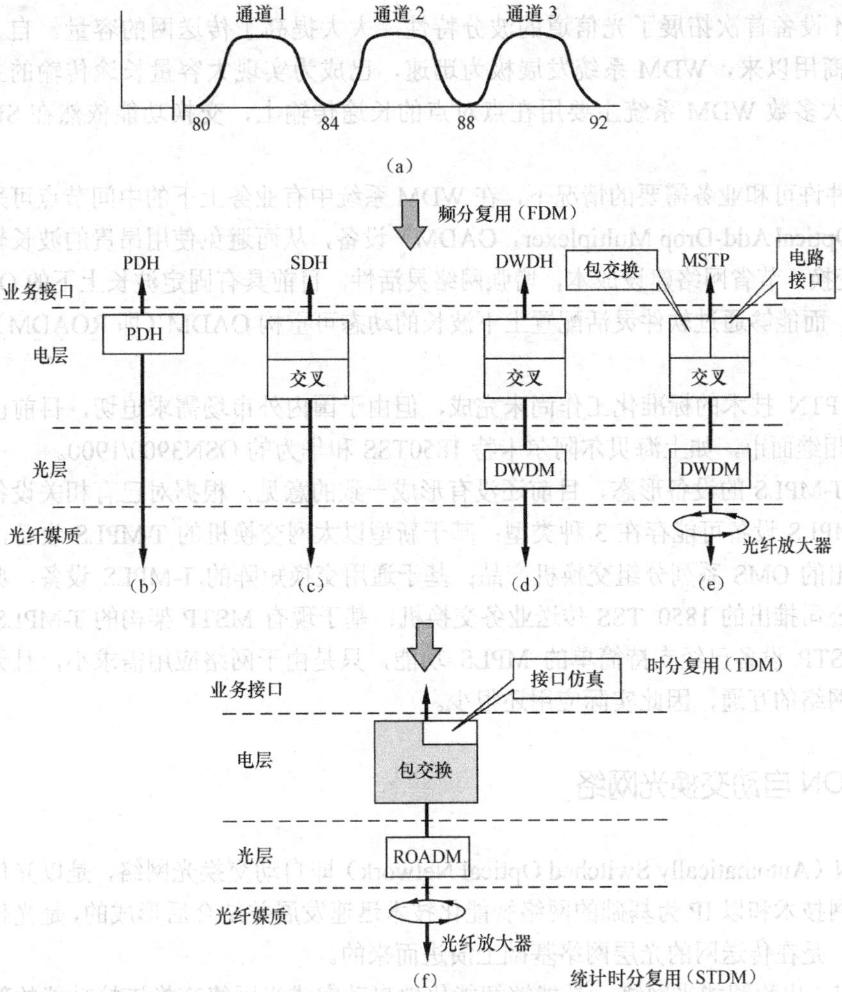

图 8–12 传送网的发展与变革

随着光纤通信技术和大规模集成电路的高速发展，1986 年，美国提出了一种以光纤通信为基础的同步光纤网（Synchronous Optical Net，SONET）概念，作为现代化通信网的基本结构。1988 年，ITU-T 对 SONET 概念进行了修改，重新将其命名为同步数字体系（Synchronous Digital Hierarchy，SDH），使之成为不仅适用于光纤通信、也适合于微波类传输的体制。自 20 世纪 90 年代开始，SDH 设备通过同步性能的改善，首次提供了灵活的业务颗粒（如虚容器 VC-12 和虚容器 VC-4）调度能力，传送网的组网和保护功能得到了充分的发挥。因而，SDH 技术作为传送网主体技术，以其特有的优势在传送网中占据了绝对主导地位，为通信业务的发展发挥了巨大作用。

而对通信业务的加速数据化和 IP 化以及多样化的业务环境，SDH 技术加强了支撑数据业务的能力并向多业务平台发展，形成 SDH 多业务平台（Multi-Service Transport Platform，MSTP）作为 SDH 设备的演进。MSTP 主要改善了用户接口一侧，而内核一侧仍然是电路结构。因此，可以说 MSTP 技术 IP 化的程度不够彻底。随着 TDM 业务的相对萎缩及“全 IP 环境”的逐渐成熟，传送设备要从“多业务的接口适应性”转变为“多业务的内核适应性”。

WDM 设备首次拓展了光信道的波分特性，大大提高了传送网的容量。自 20 世纪 90 年代中期商用以来，WDM 系统发展极为迅速，已成为实现大容量长途传输的主流手段。但现阶段大多数 WDM 系统主要用在点对点的长途传输上，交换功能依然在 SDH 电层上完成。

在条件许可和业务需要的情况下，在 WDM 系统中有业务上下的中间节点可采用光分插复用器（Optical Add-Drop Multiplexer，OADM）设备，从而避免使用昂贵的波长转换器进行光-电-光变换，节省网络建设成本，增强网络灵活性。目前具有固定波长上下的 OADM 已经广泛商用，而能够通过软件灵活配置上下波长的动态可重构 OADM（即 ROADM）也开始步入市场。

虽然 PTN 技术的标准化工作尚未完成，但由于国内外市场需求迫切，目前已有一系列 PTN 产品相继面市，如上海贝尔阿尔卡特 1850TSS 和华为的 OSN3900/1900。

对于 T-MPLS 的设备形态，目前还没有形成一致的意见，根据对已有相关设备的分析和归纳，T-MPLS 设备可能存在 3 种类型：基于新型以太网交换机的 T-MPLS 设备，如爱立信公司新推出的 OMS 系列分组交换机产品；基于通用交换矩阵的 T-MPLS 设备，典型产品是阿尔卡特公司推出的 1850 TSS 传送业务交换机；基于现有 MSTP 架构的 T-MPLS 设备，目前部分 MSTP 设备已经支持简单的 MPLS 功能，只是由于网络应用需求小，且无法实现与 IP/MPLS 网络的互通，因此实际应用还很少。

8.5 ASON 自动交换光网络

ASON（Automatically Switched Optical Network）即自动交换光网络，是以光传输为基础的光层组网技术和以 IP 为基础的网络智能化技术迅速发展并结合后形成的，是光传送网与智能化结合，是在传送网的光层网络基础上演进而来的。

ASON，也称智能光网络，是能够智能化地自动完成光网络交换连接功能的新一代光传送网络。自动交换连接是指在网络资源和拓扑结构的自动发现的基础上，调用动态智能选路算法，通过分布式信令处理和交互，建立端到端的按需路由连接，同时提供可行的且可靠的保护恢复机制，实现在故障情况下连接的自动重构。

8.5.1 ASON 网络结构

ASON 在传统的传送网中引入动态交换控制的概念不仅是几十年来传送网概念的重大历史性变革，也是传送网技术的一次重要突破。ASON 网络结构的核心特点是支持向光网络动态申请带宽资源，可以根据网络中业务分布模式动态变化的需求，通过信令系统或者管理平面自主地去建立或者拆除光通路，而不需要人工干预。采用自动交换光网络技术之后，原来复杂的多层网络结构可以变得简单化和扁平化，光网络层可以直接承载业务，避免了传统网络中业务升级时受到的多重限制。ASON 的优势集中表现在其组网应用的动态、灵活、高效和智能等方面。因此可以说支持多粒度、多层次的智能，提供多样化、个性化的服务是 ASON 的核心特征。

ASON 的总体功能构架模型如图 8-13 所示，涉及 3 个部分，传送平面（TP：Transport Plane）、控制平面（CP：Control Plane）和管理平面（MP：Management Plane），各平面之间

通过相关接口相连，其中控制平面是ASON中最具有特色的部分。此外还包括用于控制和管理通信的数据通信网（DCN：Data Communication Network）。

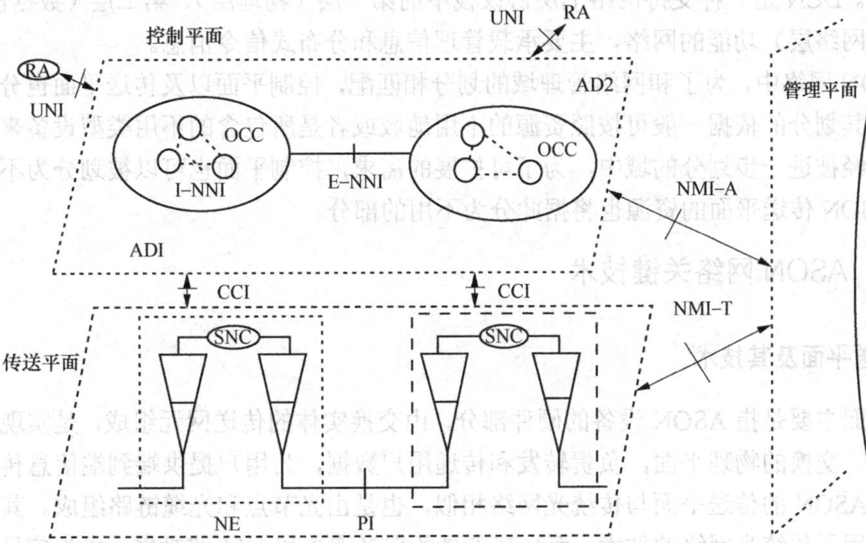

UNI：用户网络接口　CCI：连接控制接口　NNI：网络节点接口　NE：网络网元
OCC：光连接控制器　AD：管理域　NMI-T：网络管理T接口　NMI-A：网络管理A接口
I-NNI：内部NNI　E-NNI：外部NNI　RA：请求代理　SNC：子网连接　PI：物理接口

图8-13 ASON功能结构模型

（1）传送平面（TP）

TP在两个地点之间提供单向或双向的端到端用户信息传送，也可以提供控制和网络管理信息的传送，它由一系列的传送实体组成，是业务传送的通道，完成光信号传输、复用、配置保护倒换和交叉连接等功能，并保证所传光信号的可靠性。具体实现时可以采用光电光方式、全光方式或混合方式。

（2）控制平面（CP）

CP主要面向客户业务，完成呼叫控制和连接控制功能，即负责对一个连接请求进行接收、发现、寻路、建立和释放等，通过信令的交互完成对传送平面的控制。控制平面由提供路由和信令定功能的一组控制元件组成，并由一个信令网支撑，其功能构件可以划分为资源发现、协议以及信令系统，可以动态地交换光网络的拓扑信息、路由信息以及其他控制信令，实现光通路的动态建立和拆除，以及网络资源的动态分配，还能在连接出现故障时对其进行保护恢复。

（3）管理平面（MP）

MP主要面向网络管理者，执行传送平面、控制平面以及整个系统的管理功能，包括性能管理、故障管理、安全管理、计费管理，它同时提供在这些平面之间的协同操作。管理平面的重要特征是管理功能的分布化和智能化，其中网络资源的智能化将集中在业务层上，而光学资源的管理则将通过一个由业务层和光传输层所共享的控制平面提供。ASON的管理平面与控制平面是互为补充的，可以实现对网络资源的动态配置、性能检测、故障以及路由规划等功能。

（4）数据通信网（DCN）

DCN 为传送平面、控制平面和管理平面内部以及三者之间的管理信息和控制信息通信提供传送通路。DCN 是一种支持网络七层协议栈中的第一层（物理层）、第二层（数据链路层）和第三层（网络层）功能的网络，主要承载管理信息和分布式信令消息。

在 ASON 网络中，为了和网络管理域的划分相匹配，控制平面以及传送平面也分为不用的自治域，其划分的依据一般可按照资源的不用地域或者是所包含的不用类型设备来操作。但即使在已经被进一步划分的域中，为了可扩展的需求，控制平面也可以被划分为不同的路由区域，ASON 传送平面的资源也将据此分为不用的部分。

8.5.2 ASON 网络关键技术

1．传送平面及其技术

传送平面主要是指 ASON 设备的硬件部分，由交换实体的传送网元组成，是实现连接的建立、拆除、交换的物理平面，负责转发和传递用户数据，为用户提供端到端信息传递，并传送开销。ASON 的传送平面与传统光网络相似，也是由光节点和光缆链路组成。其中光缆链路部分延用了传统光网络的技术，而光节点具备交叉连接和上/下路功能，成为信号的交叉连接点、业务分插的交汇点、网络管理系统的切入点、信号功率的放大点和传输中的数字信号的再生点等，其中的核心部分是大容量交叉矩阵模块，具体实现时可以采用光电光方式（如光电转换后的大规模电交叉芯片）、全光方式（如光交叉连接器和光分插复用器）或光电混合方式等。ASON 的传送平面在一定程度上继承了现有传送网络的关键技术。目前制约 ASON 传送平面发展的主要瓶颈集中在节点交换技术，在现阶段，光电光方式能够满足目前的业务需求，随着业务量的不断增加和传输技术的不断进步，全交换已经逐步走向商用。

2．控制平面及其关键技术

控制平面是 ASON 的核心部分，也是 ASON 与传统静态光网络的最大不同之处。控制平面主要完成呼叫控制和连接控制，具有动态路由连接、自动业务和资源发现、状态新型分发、通道建立连接和通道连接管理等功能。它包括一系列信令和路由协议，不仅为用户连接建立提供服务，还要对底层网络进行控制。这些功能的实现需要路由、信令、自动发现、资源管理和接口等一系列的关键技术。

（1）路由技术

路由技术是 ASON 的核心技术之一，也是区别于传统光网络的重要特征。路由机制直接影响到 ASON 连接建立和恢复的方式、网络本身的可扩展性等性能。

① ASON 的路由特点。

与传统的 IP 网络相比，ASON 在路由方面有许多不同之处，主要表现在以下几个方面。

a．连接的建立方式不同。在传统的 IP 网络里，数据包的转发是基于逐跳进行的、面向无连接的方式，基于 ASON 技术的城域智能业务应用研究不需要事先建立连接；而在基于电路交换的光网络中，数据的交换是基于端到端、面向连接的方式，需要事先建立连接。另外，在 IP 网络中，每个路由器根据 IP 数据包中的目的地址进行独立的路由选择，而且为了防止错误路由或路由循环，每个节点必须使用相同的网络拓扑数据库和路由算法；与之相反，在光网络中，在请求建立连接时就给出了路由的选择路径，并且在传送连接建立请求时不会影响已有的业务。

b. 路由协议的不同特点。由于光网络中的路由协议并不直接参与数据平面的交换，因此可以认为其不影响业务，这就使得光网络的路由协议可以非常灵活地包含各种新的信息。事实上，任何有助于路由计算或业务区分的信息都可以包含在路由协议中，这些信息可以采用标准的信息格式，也可以是专用的。

c. 控制和传送通道的分离。在光网络里，一个端到端连接或光通道必须基于可用的网络拓扑和资源来显式建立。光网络里的路由协议被用来更新网络拓扑和资源状态信息，但不涉及数据转发。在光网络中，拓扑和资源状态错误将影响到一个新连接是否能建立，但不会使现存的连接丢失，因此，在光网络里，任何潜在的有助于路由选择的信息应该包括在链路状态广播信息中。IP 数据包和光网络路由的另一个区别是控制平台和数据平台拓扑的分离，不像 IP 数据包网络，其控制平台嵌在同样的数据信道里（即在带内传送控制指令），光网络实现了数据和控制域的更大的分离。通常，控制信息以带外方式携带，如通过一个时分复用电路或一个光监控信道。

② 分层路由。

ASON 引入层次化的路由结构，使得运营商能够屏蔽内部的网络细节，提高网络安全性，并且可以任意配置内部网络结构。同时各个层次上使用的路由协议是独立的。

运营商之间既可以采用路由协议（如 E-BGP）实现互通，也可以通过双方的协定和规则以其他的某种方式进行互联。在最低层的路由域内部，已经成熟的 IP 路由协议（如 OSPF 和 IS-IS）都可以使用。第二外部层次（运营商内部的层次化网络结构）是 ASON 路由体系结构中的特殊部分，也是分层路由结构中的关键部分，其分层多域的结构使得传统的路由协议（如基于 OSPF 和基于 ATM 的 PNNI）都无法满足要求，OIF 基于 OSPF 并吸收了 PNNI 的分层思想制定了域间路由协议（DDRP），可以满足分层路由的需要。

③ 动态路由和波长分配。

在传统的基于电路交换的电话网中，只涉及为连接请求建立路由的问题，而在 ASON 网络中，在给定一个连接请求后，需要为之建立路由并在路由上分配波长，这通常被称为路由和波长分配问题（RWA）。针对不同的业务特性和连接请求方式，RWA 问题分为静态光路连接和动态光路连接问题，简称静态和动态 RWA 问题。如果网络中的连接请求是预先知道的，只需为这些连接计算路由和分配波长，而且计算可以是离线的，即不需要实时的计算，这类称为静态 RWA 问题；如果网络中连接请求是动态到达，而且连接在保持一定的时间后才拆除，因而光路径的建立和拆除也是动态的，即要求实时计算路由和分配波长，这类称为动态 RWA 问题。对于静态 RWA，其解决的核心是波长优化问题；对于动态 RWA，其解决的核心问题是连接请求的阻塞性能。

④ 动态路由选择及波长分配算法。

路由选择从整体上讲可以划分为基于全网信息和基于局部信息两种方式。所谓基于全网信息是指做出路由决策的节点维护着全网每一条链路的资源信息。这种方式既可适用于集中式控制的网络，也可适用于分布式控制的网络。基于全网信息的路由策略是基于端到端的通路来选择路由的，而基于局部信息的路由方式是以逐跳方式确定路由的。与基于全网信息的路由策略相比，基于局部信息的路由策略更为灵活，具有很强的可扩展性，但其缺点是连接建立的时间较长，信令过程比较复杂。目前，基于全网信息的路由方式是一种较为成熟的路由策略。这种策略中的算法分为以下几种。

a．固定路由（Fixed Routing，FR）。典型的算法包括最短路径算法（Dijkstra 或 Floyed）。

b．固定备选路由（Fixed Alternate Routing，FAR）。

c．备选路由（Alternate Routing，AR）。典型的波长分配算法包括随机分配（RWA，Random Wavelength Assignment）、首次命中（FF，First Fit）、相对容量损失（RCL，Relative Capacity Loss）、最小影响（LI，Least Influence）、相对最小影响（RLI，Relative Least Influence）算法。

（2）信令技术

在传统的电话网、ISDN、ATM 等网络中，都有信令的概念。在 SDH 和 WDM 中，主要依靠网管实现连接的调度，信令作用并不明显。随着用户对带宽需要的持续增加、对于快速灵活的业务分配和对资源的有效管理的需求变得越来越迫切，就需要一个更加完善的控制信令系统以适应将来的技术和网络的发展。

信令技术的核心是对连接的管理，ITU-T 在构建 ASON 的体系时，提出了分布式呼叫和连接管理（DCM）的概念，致力于制定 ASON 网络中的网元通过互相通信而建立光通道的标准信令协议。G.7713.1、G.7713.2、和 G.7713.3 分别给出基于 PNNI、 GMPLSRSVP-TE 和 GMPLSCR-LDP 协议实现的 DCM 信令。

（3）自动发现技术

自动发现是自动交换光网络的主要特征之一，它是指光网络中的节点通过一定的协议实现对网络资源包括拓扑资源和业务资源的自动识别。具体说来，自动发现负责完成物理端口映射、邻接关系绑定、检测错连线路、业务能力通告等功能，自动发现过程是光网络启动过程中首要的关键过程，是实现分布式网络中信令和路由功能的重要基础。

（4）链路资源管理技术

ASON 的资源管理涵盖的内容非常广泛，从广义上讲，从邻居的自动发现到数据链路的连通性测试，再到整个网络的利用率考虑，都属于光网络资源管理的内容。具体来说，可分为两方面的内容，邻接资源管理和整个网络的资源管理。邻接资源管理通常是指在物理上直接相连的邻接节点之间的资源发现和链路资源管理等策略，可以实现相邻节点之间的相互发现，建立并维护控制通道，实现本地数据通道 ID 和远端数据通道 ID 的映射关系，并就链路的管理和绑定策略达成一致，使用本地策略动态分配和释放网络资源，能够支持光路的动态配置；而整个网络的资源管理则从整体角度出发，旨在提高光网络的效率和生存性能力。

目前，各标准组织都在积极制定相关的标准建议，对资源管理进行定义和实现。ITU-T 的 G.7716 定义了 ASON 链路资源的管理规范，目前只定义了链路资源管理器 LRM 的功能描述与 LRM 相关的信息流。LRM 负责 SNPP 链路的管理，包括 SNPP 链路连接的分配和回收，提供拓扑和状态信息。IETF 在 GMPLS 中所建议的链路管理协议 LMP 是一种运行于两个相邻节点间对 TE 链路进行管理的协议。该协议可以被用于维持控制信道的连通性、校验数据信道的物理连通性、改变和同步链路特性信息、抑制下游告警以及在透明非透明网络中为保护和恢复进行链路故障定位等过程。而光互联论坛 OIF 开发的 UNI 标准中，通过扩展了 LMP 来实现 UNI 接口上的资源管理功能。

（5）接口技术

ASON 的接口是网络中不同的功能实体之间的连接渠道，它规范了两者之间的通信规则。

不同的平面通过不同的接口连接，同一平面内部的不同功能区域也使用不同类型的接口连接。用户网络接口UNI和网络节点接口NNI技术是ASON网络实现自动交换的关键技术，也是ASON网络区别于现有光网络的重要特征之一。

ASON定义了UNI、NNI、CCI、NMI、PI等多种标准网络接口。在控制平面内，ASON由许多管理域AD组成，不同管理域之间通过外部网络节点接口ENNI相连；每个管理域内部又包括多个信令网元，这些网元之间通过内部网络节点接口INNI相连。上层用户节点的客户请求则通过用户网络接口UNI和管理域内的信令网元相连。在传送平面内，ASON由许多传送网元组成，传送网元之间通过物理接口PI相连。控制平面和传送平面之间是通过连接控制接口CCI相连，管理平面则分别通过NMI-A和NMI-T与控制平面和传送平面相连，实现管理平面与控制平面及传送平面之间功能的协调。

① 用户网络接口（UNI）。用户网络接口（UNI）是客户网络和光层设备之间的信令接口，客户设备通过该项接口动态地请求获取、撤销和修改具有一定特性的光带宽资源，其多样性要求光层接口必须满足多样性，既能够支持多种网元类型，还要满足自动交换网元的要求，即要支持业务发现和邻居发现等自动发现功能，以及呼叫控制、连接控制和连接选择功能。

② 网络节点接口（NNI）。网络节点接口（NNI）又分为内部网络节点接口（I-NNI）和外部网络节点接口（E-NNI）。I-NNI是在一个自治域内部或者在有信任关系的多个自治域中的控制实体间的双向信令接口；E-NNI是在不同自治域中控制实体间的双向信令接口。为了能够自动建立连接，NNI需要支持资源发现、连接控制、连接选择和连接路由寻径等功能。

③ CCI、NMI-A、NMI-T接口。在ASON体系结构中，控制平面和传送平面之间通过CCI连接，而管理平面则通过NMI-A和NMI-T分别与控制平面和传送平面连接，3个平面通过3个接口实现信息的交互。

CCI是智能光网络控制平面与传送平面的接口，通过它可传送连接控制信息，建立光交换机端口之间的连接。CCI中的交互信息主要分成两类，从控制节点到传送平面网元的交换控制命令和从传送网元到控制节点的资源状态信息。运行于CCI之间的接口信令协议必须支持以下基本功能：增加和删除连接、查询交换机端口状态、向控制平面通知一些拓扑信息。通用交换管理协议（GSMP）是目前实现CCI的一个比较合适的协议，但GSMP主要适用于ATM或帧中继，而针对GSMP扩展目前仍在讨论中。CCI毕竟还是一个网元内部的接口，因此在现阶段，对各设备制造商而言，也可以采用各自的专有协议来实现CCI。NMI-A和NMI-T的作用是实现管理平面对控制平面和传送平面的管理，接口中的信息主要是相应的网络管理信息。

3．管理平面及其关键技术

管理平面负责所有平面间的协调和配合，完成传送平面和整个系统的维护功能。管理平面为网络管理者提供对设备的管理能力。除了基本功能外，需具备分布式的域间网络管理能力，光层保持路由管理、端到端性能监控、保护与恢复及资源分配策略管理等。在ASON网络中，管理平面的部分管理功能被控制平面接管。虽然有了控制平面的自动网络管理，但是对于网络运营者来说，他们仍然希望得到一种能够监控、管理控制平面行为的系统，因此ASON的管理相对于传统的光网络管理有了一些新的特点。

（1）管理与控制相分离

ASON控制平面的实质是控制与管理相分离。传统的光网络管理是一个集中控制的系统，其管理操作和控制操作是合二为一的，管理系统最核心的工作是进行设备和连接的配置。ASON体系结构将控制功能从传统的管理系统中分离出来，转由控制平面来承担，并通过标准信令接口实现开放的控制。网络拓扑发现、连接建立和拆除都由控制平面自动完成，ASON的管理平面不直接或很少直接控制传送设备，仅从控制平面得到相关的控制信息，完成一些辅助性的配合工作，从这个角度看，管理平面的任务减轻了。由于加入了控制平面，除了需要对传送平面进行管理，还需要对控制平面进行管理，从这个角度看，管理平面的管理任务增加了。

（2）资源竞争问题

控制平面和管理平面同时对传送网络资源进行管理，可能产生资源竞争问题，需要设计传送网络资源抢占机制及冲突解决机制。

（3）从设备管理到面向连接和业务的管理

传统的光网络管理系统的主要目标是完成基本的设备管理和网络管理功能。一般情况下，网络管理系统是针对运营商子网的网络管理而言的，各设备厂商之间很难实现统一的网络层管理功能。全网的业务指配需要对连接经过的所有子网分别进行逐段的配置。而ASON可以提供一个在全网范围内的传送平面和控制平面的集成视图，实现跨区域的端到端业务指配，同时，ASON能够以一种动态的方式提供客户网络之间的连通性，实现按需带宽服务、光虚拟专用网等灵活的业务。

因此ASON管理平面的工作重点由原来的设备管理和控制，更多地转向了连接和动态业务的管理。在ASON中3种类型的连接满足了不同的网络业务需求和用户要求，是自动交换光网络的一大特色，因此，在传统的网管5大功能的基础上，连接管理作为网络重要的管理功能之一被增加进来，用于实现对不同类型连接的管理和维护。网管系统可以针对不同用户的业务需求定制服务等级协议（SLA），提供与之相适应的策略管理，从而确保业务的服务质量。

（4）标准化的管理接口互通

传统的光传送网的网络管理在不同厂商设备的子网之间很难做到互通，由于不同厂家设备实现的差异和管理接口的复杂度太大，使得实现标准化统一管理的目标难以实现。ASON是一个开放的网络，要求节点设备在各个层面的接口均能实现标准化的互操作。由于实现了标准化的信令控制接口，使得跨越多个子网的连接控制成为可能，也为网络管理接口的标准化和互通创造了条件。

4．数据通信网DCN

在ASON网络中，在控制平面和管理平面都需要数据通信网络来传递信息。控制平面内需要信令通信网（SCN）在网络控制器组件间传递管理信息和信令信息，管理平面还需要管理通信网（MCN）来传送TMN单元间的管理信息，这两者都可以通过通信网络来实现。需要重点指出的是，基于的GMPLS的ASON网络的控制平面和管理平面可以在逻辑层面和物理层面上都实现分离，这两个平面都通过DCN网络来承载。DCN的功能可以通过多种技术方式实现，例如电路交换、包交换LAN、ATM和SDH。

在 ASON 网络中，DCN 网络由网络节点的数据通信功能模块和控制信道组成。控制信道是在网络节点之间，以及穿越 UNI 传送控制消息的通信信道。控制消息包括信令消息、路由消息、控制维护协议消息、如邻居和业务发现等。

DCN 可以在不同的拓扑上支持 MCN 和 SCN，包括线性、环形、网状网和星型结构，物理链路可以是 ECC 或以太网。通常情况下，DCN 网络拓扑结构的特点是两个网元之间存在多条不同的路径，这样做的目的是提供 MCN 和 SCN 的可靠性和生存性。

在控制平面内，ASON 需要信令通信网（SCN）来传送各控制单元间的信令信息。需要指出的是，DCN 在 OSI 七层模型中实现的是物理层、数据链路层、网络层的三层功能，对上层应用来说，DCN 是透明的。而且 DCN 网络的多种应用中，可以有不同级别的分离。这种分离取决于 DCN 的网络设计、网络规模、链路容量、安全性要求和性能要求，运营商进行网络设计时可以选择不同级别的分离。比如说，可以在同一 IP 网络上支持 MCN、SCN 和其他应用，但是它们在网络层上是分离的；还可以在不同的物理网络上支持 MCN、SCN 和其他应用。一个实际的网络组成包含了三个部分：用户网络部分、域内部分和域间部分。网状拓扑结构使用 ECC，LAN 和专线连接 ASON 网元。用户网络部分和域间部分的拓扑依赖于双方达成的协议，可以有一条或多条连接。

5. ASON 的网络特点

ASON 的特点就在于它在网络中引入了控制平面，使用接口、协议以及信令系统，直接在光纤网络上导入以 IP 为核心的智能控制技术。ASON 可以动态地交换光网络的拓扑信息、路由信息以及其他控制信息，实现了光通道的动态建立和拆除，以及网络资源的动态分配。控制平面可以说是整个自动交换光网络的核心部分，ASON 控制技术的应用带来了许多新的网络特征，提供了更多的网络功能，其中，最主要的新特点包括：

（1）呼叫和连接过程

ASON 中接的建立是通过信令的交互自动完成的，这也是与传统光网络相比最为突出的特点之一。在 ASON 中，一条通路的建立需要先后经过两个过程：呼叫和连接，这类似于电话连接的建立过程。呼叫过程主要进行用户接入权限的认证；连接过程主要实现资源的预留和分配。也可以认为，连接过程是包含在呼叫过程中的一个子过程，只有连接建立过程结束，呼叫过程才完成。

（2）实用自动资源发现机制

自动资源发现技术是ASON的一大特色，它是指网络能够通过信令协议实现网络资源（包括拓扑资源和服务资源）的自动识别。这对于网络来说是一项相当重要的功能，它使得 ASON 网元（NE）或者终端系统（如 ASON 网络的客户）能确定它们是否正确地相互连接，并可确定通过这些连接能提供什么样的业务，这就为实现分布式连接管理中的路由和信令功能迈出了重要的第一步。

（3）网络生存性技术的新特征

由于智能控制功能的引入，使得 ASON 的生存性技术与传统的光网络相比有了更为突出的特点。高效、灵活、可靠的保护与恢复能力成为了 ASON 所必须具备的重要特征之一。

8.6 微波与卫星通信网

8.6.1 数字微波通信网

微波通信是一种先进的通信方式，它利用微波来携带信息，通过电波空间同时传送若干相互无关的信息，并且还能进行再生中继。它具有传输容量大、长途传输质量稳定、投资少、建设周期短和维护方便等特点，得到了广泛的应用。而建立在微波通信和数字通信基础上的数字微波通信，同时具有数字通信和微波通信的优点，更是受到各国的普遍重视。因此数字微波中继通信、光纤通信和卫星通信一起被称为现代通信传输的三大主要手段。

我国的数字微波通信研究始于20世纪60年代。在20世纪60年代开始为起步阶段，研制出了小、中容量数字微波通信系统，并很快投入了应用，调制方式以四相相移键控（QPSK）为主，并有少量设备使用了八相相移键控（8PSK）调制。20世纪80年代，我国数字微波通信的单波道传输速率上升到140Mbit/s，调制方式一般采用正交幅度调制16QAM，同时自适应均衡、中频合成和空间分集接收等高新技术开始出现。20世纪80年代后期至今，随着同步数字序列（SDH）在传输系统中的推广应用，数字微波通信进入了重要的发展时期。目前，单波道传输速率可达300Mbit/s以上，为了进一步提高数字微波系统的频谱利用率，同波道交叉极化传输、多重空间分集接收和无损伤切换等技术得到了使用。这些新技术的使用将进一步推动数字微波中继通信系统的发展。

根据所传输基带信号的不同，微波通信又分为两种制式。用于传输频分多路—调频（FDM-FM）基带信号的系统叫做模拟微波通信系统；用于传输数字基带信号的系统叫做数字微波通信系统。后者又进一步分为PDH微波和SDH微波通信两种体制。SDH微波通信系统是今后微波通信系统发展的主方向。

不管是模拟微波通信还是数字微波通信，其微波通信最基本的特点可以概括为6个字："微波、多路、接力"。"微波"是指工作频段宽，它包括了分米波、厘米波和毫米波三个频段，可容纳较其他频段多得多的话路。微波频率高，波长短，易制成高增益微波天线。此外，微波通信的可靠性和稳定性可以做得很高，因为基本不受天电干扰、工业干扰和太阳黑子变化的影响。"多路"是指微波通信的通信容量大，即微波通信设备的通频带可以做得很宽。"接力"是目前广泛使用于视距微波的通信方式。

近些年来，由于通信技术的发展及通信设备的数字化，数字微波设备与模拟微波设备相比，在微波设备中占有绝对大的比重。而数字微波除了具有上面所说的微波通信的普遍特点外，还具有数字通信的特点：

（1）抗干扰性强，整个线路噪声不累积；

（2）保密性强，便于加密；

（3）器件便于固态化和集成化，设备体积小、耗电少；

（4）便于组成综合业务数字网（ISDN）。

数字微波的主要缺点是要求传输信道带宽较宽，因而产生了频率选择性衰落，其抗衰落技术比模拟微波中相应的技术要复杂。

8.6.2　卫星通信网

卫星通信是指利用人造地球卫星作为中继站转发或反射无线电波，在两个或多个地球站之间进行的通信。由于作为中继站的卫星处于外层空间，这就使卫星通信方式不同于其他地面无线电通信方式，而属于宇宙无线电通信的范畴。通信卫星按其结构可分为无源卫星和有源卫星。按其运转轨道可分为运动卫星（非同步卫星）和静止卫星（同步卫星）。目前，在通信中应用最广泛的是有源静止卫星。所谓静止卫星就是发射到赤道上空 35 800 km 附近圆形轨道上的卫星，它运行的方向与地球自转的方向相同，绕地球一周的时间，即公转周期恰好是 24 h，和地球的自转周期相等，从地球上看去，如同静止一般。由静止卫星作中继站组成的通信系统称为静止卫星通信系统或称同步卫星通信系统。图 8-14 所示为一个简单的卫星通信系统。

由图 8-14 可知，地球站 A 通过定向天线向通信卫星发射的无线电信号，首先被卫星的转发器接收，经过卫星转发放大和变换后，再由卫星天线转发到地球站 B，当地球站 B 接收到信号后，就完成了从 A 站到 B 站的信息传递过程。从地球站发射信号到通信卫星所经过的通信路径称为上行线路。同样，地球站 B 也可以向地球站 A 发射信号来传递信息。

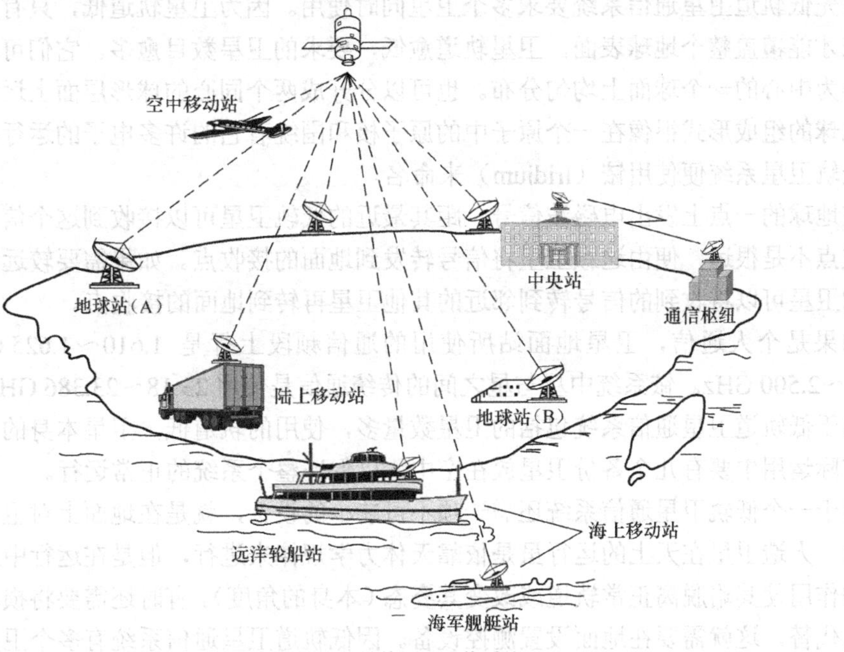

图 8-14　简单的卫星通信系统

与其他通信手段相比，卫星通信的主要优点是：

（1）通信距离远，且费用和通信距离无关；

（2）工作频段宽，通信容量大，适用于多种业务传输；

（3）通信线路稳定可靠，通信质量高；

（4）以广播方式工作，具有大面积覆盖能力，可以实现多址通信和信道的按需分配，因而通信灵活机动；

（5）可以自发自收进行监测。

静止卫星通信也存在某些不足：

（1）两极地区为通信盲区，高纬度地区通信效果不佳；

（2）卫星发射和控制技术比较复杂；

（3）存在日凌中断现象；

（4）有较大的信号延迟和回波干扰；

（5）卫星通信需要有高可靠、长寿命的通信卫星；

（6）卫星通信要求地球站有大功率发射机、高灵敏度接收机和高增益天线。

总而言之，卫星通信有优点，也存在一些缺点。这些缺点与优点相比是次要的，而且有的缺点随着卫星通信技术的发展，已经得到或正在得到解决。

8.6.3 低轨道卫星通信网

低轨道卫星通信的提出是相对于地球同步卫星通信而言，它距地面 500～1 500 km。如果低于 500 km，地球受到大气及电离层的影响，就会降低卫星的使用寿命。目前一般同步卫星的使用寿命是 12～15 年，而低轨道卫星的寿命约在 5～8 年。

首先低轨道卫星通信系统要求多个卫星同时使用。因为卫星轨道低，只有用多个卫星组织起来才能覆盖整个地球表面。卫星轨道愈低，要求的卫星数目愈多。它们可在地球之外，以地心为中心的一个球面上均匀分布。也可以分开成两个同心的球形层面上运行。这种卫星群与地球的组成形式很像在一个原子中的原子核和围绕着它的许多电子的运行状态，所以有一个低轨卫星系统便使用铱（lridium）来命名。

在地球的一点上发出电磁波信号，距其最近的低轨卫星可以接收到这个信号。如果指定的接收点不是很远，便由这颗卫星将信号转发到地面的接收点。如果需要较远距离的传输，最近的卫星可以将收到的信号转到邻近的其他卫星再转到地面的接收点。

如果是个人通信，卫星地面站所使用的通信频段上行是 1.610～1.625 GHz，下行是 2.4853～2.500 GHz。铱系统中星与星之间的传统通信是使用 23.18～23.386 GHz 频带。

由于低轨道卫星通信系统包括的卫星数量多，使用的轨道低，卫星本身的寿命较短，所以在实际运用中要有几个备份卫星放在空中，以保证整个系统的正常运行。

对于一个低轨卫星通信系统还需一项不可缺少的设备，就是在地面上对卫星的测量及控制系统。人造卫星在天上的运行虽是依靠天体力学规律来进行，但是在运行中难免会受到意外力的作用使其略脱离正常轨道或改变其姿态（本身的角度）。有时还需要将损坏的星用备份的星来代替，这就需要在地面设置测控设备。因低轨道卫星通信系统有多个卫星同时运转，地面测控系统尤为重要。

下面介绍两个低轨道卫星通信系统，即铱系统及 Globalstar 系统。

1. 铱系统

铱系统是提出最早的低轨道卫星通信系统，也是最早实现使用的系统，建设这个系统估计总费用为 44 亿美元。

在铱系统中所使用的卫星是由一个方柱形的主体，两片方形太阳能电源板，三片斜向地面长方形与地通信的天线板组成。在方柱形主体内部装置有与地面通信的无线电收发设备及与星间通信的设备。此外有校正卫星位置及方向的控制设备及其所需用的燃料、电源设备等，太阳能电源使用砷化钛材料的光电池，将所接到的太阳能转化为电能供应卫星使用。

在卫星发射前，每个卫星的全部设备缩装成一个 4.5 m 长每边为 1.0 m 的三角柱体，连同控制卫星所使用的燃料总的重量为 690 kg。在发射时如果使用强推力的发射火箭，每次可以将多个卫星同时发送到距地面 780 km 的天空。如果使用俄罗斯的 Proton 火箭，可以一次发射 7 枚卫星，美国的 Delta 型火箭每次可以发射 5 枚卫星，中国的长征二号火箭每次可以发射两枚卫星。

铱系统由 66 颗卫星组成，它们均匀分布在 6 条距地面 780 km 的轨道上。这些轨道与赤道成 86.4° 交角均匀地排列在地球表面上空。这样在任何时间，任何地点在地球上空附近都有卫星工作。铱系统中另有 6 颗卫星在空中备用。这样，在地面任何一点都可以和铱系统中最近的一颗卫星通信。当第一颗卫星远离之后，它邻近的第二颗卫星会接替上来通信。若是较远程的通信，将需要用几个卫星进行接力通信。

铱系统在美国的业务总部设在 Lansolown，VA 在夏威夷及加拿大有对卫星的测控系统。目前，铱系统已在 29 个国家中注册使用。

2. Globalstar 低轨道卫星通信系统

Globalstar 系统（以下简称 G 系统）是比铱系统进行得晚一些的低轨道卫星通信系统。在系统设计及卫星方面与铱系统有所不同。从整个系统看，在 G 系统中首先是减少了运行的卫星数量。卫星的高度从铱系统的 780 km 提高到 1 414 km，这样使每个卫星照射地球的面积加大，从而减少在系统中所需卫星的总数目。再从业务上考虑，在地球南北纬度 70° 以上的地区，居住密度低，通信业务也较少。在这方面也可以减少系统中所需的卫星数目。G 系统由 48 颗星组成，在卫星数量上比铱系统减少了 30%。这 48 颗卫星平均分配到 8 条轨道上，轨道的间距是 45°，与地球赤道间的斜角是 52°。

在 G 系统中所使用的每颗卫星发射重量是 450 kg，而铱卫星重量是 690 kg，亦即 G 卫星在重量上比铱卫星减少了 35%。这样就降低了卫星的造价及发射卫星所需的费用。在 G 系统中所用卫星削减了星间的通信功能和卫星在转发中的信号处理功能，这自然也减轻了在卫星上的供电功能。在 G 系统中卫星所装的两个太阳能电池板所供的电功率只有 1100 瓦，这比每个地球同步卫星所需要的 12 000 瓦就节省多了。预计 G 系统所需费用为 26 亿美元，约是铱系统的 60%。

在 G 系统中为补偿卫星上设备的减少，需要增加地面的设备点（网关）。因星与星间缺少通信设备，对于较远程的通信，可以先将信号送上距地面发射点最近的卫星，这个卫星将信号转到地面一处网关，该网关将信号再发送到一个较远的卫星，最后转到较远的地面接收点。对于在星上减少了信号处理设备问题，可以先自地面发射点将信号送上卫星，由卫星将原信号转回到地面的一个网关，这个网关将处理好的信号再送上天空的卫星（就是前次用的卫星），再将处理好的信号转到地面接收点。

8.6.4 宽带多媒体卫星移动通信系统

1. 系统结构

近年来IP和多媒体技术在卫星通信中的应用已成为一个研究热点。ITU－R早在1999年4月在日内瓦举行了会议，在会议上IP和多媒体技术在卫星中的应用作为新技术课题提案获得了通过，这对宽带卫星移动通信系统的发展具有重要的影响。参加会议的有关人士认为，IP很有可能成为未来的主要通信网络技术，大有取代目前占主导地位的ATM技术的势头。IP数据包通过卫星传输的可用度和性能目标与ATM建议要求是不同的。关键技术包括卫星IP网络结构如何支持卫星IP运行的网络层和传输层协议的性能要求，IP层协议可以加强卫星链路性能的更高层协议需要做什么样的潜在改善，IP保密安全协议及相关问题对卫星链路的要求将产生什么影响。这种技术若能实现与地面IP网络的兼容，将影响卫星通信业务的变革。

2. 移动管理

在无线ATM移动性目标管理方面，目前已解决了ATM终端用户在大楼或校园内的实时移动的管理问题，实验的移动距离从数米到数百米，数据速率为2～24 Mbit/s，频段为2.4 GHz或5 GHz。但是，含有ATM交换机的子网整体的移动性管理至今未能解决。一个新的移动管理目标是在全球卫星与收信机间通信的特定环境下实现网络段的移动管理。这一目标可以发展为未来全球非GEO宽带卫星ATM系统的移动管理目标。目前有专家提议将ATM的专用网络节点接口（PNNI）V.1协议扩展为一个支持网络段移动的有关定位管理和路由的建议。

3. 星上处理

在星上设备小型化方面，人们提出使用FPGA（现场可编程门阵列）。最新的FPGA具有先进的封装技术、抗辐射能力和现场可编程能力，在工程上容易实现星上处理硬件的高度小型化，而且速度较快，利于大批量生产。但目前所使用的抗辐射FPGA，其选通时间较难匹配，并且SRAMFPGA的容量较小，读写速度也不够快。

4. 多址技术和调制技术

为了提高宽带移动卫星通信系统的容量和业务质量，必须发展新的传输技术和调制技术。近年来CDMA多址技术和OFDM（正交频分复用）多载波调制方式受到通信产品制造商的重视。由于CDMA技术具有联合信道估计和消除干扰的特点，因此采用此技术可实现多用户接收机的多用户检测功能，有利于通过消除干扰来提高系统容量。OFDM的难点是它对系统的同步要求，特别是突发状态下传输的符号时间恢复问题，常规的同步算法不能用于具有快衰减特性以及突发传输要求的NON-GEO卫星信道。看来在宽带卫星移动通信系统中采用ATM与CDMA以及OFDM相结合的方式将是较为理想的方式。

5. 信道编码

宽带卫星系统要求在较差的信道误码率情况下传输高速数据，这就要求有高效率的信道编/解码技术，以满足各类多媒体业务QoS的要求。而宽带多媒体业务因为质量要求的不同，故信道编码将要求采用速率可变的差错控制编码。另外，应充分利用信源和信道的联合编码，以便在提高系统整体性能的同时尽量降低解码技术的复杂性。

总之，今后的卫星通信系统技术将会有更进一步的发展，通信卫星的应用范围也将扩展，其前景非常广阔。

8.7 自由空间激光通信（FSO）

自从1960年红宝石激光器的出现，使得许多学科的发展都得到极大地促进，而其在通信领域的表现尤为突出。激光具有良好的单色性、方向性、相干性及高亮度性等特点，正是光通信所需的理想光源。将激光用于通信的想法随之产生，从此掀开了现代光通信史上崭新的一页，经过近50年的努力，各项基本技术有了很大的发展，在当今的信息传递中占有非常重要的地位。

激光通信是利用激光光束作为信息载体来传递信息的一种通信方式，和传统的电通信一样，光通信可分为有线光通信和无线光通信两种形式。有线光通信就是近二、三十年来迅猛发展起来的以光导纤维作为传输媒质的光纤通信，目前已成为高速有线信息传输的骨干，具有了相当的规模，正在逐步取代传统的电缆通信。但必须有安装光缆用的各种基本敷设条件，当遇到恶劣地形条件时，工程施工难度大，建设周期长，费用高。

无线光通信也称自由空间激光通信，它不使用光纤等导波介质，直接利用激光在大气或外太空中进行信号传递，可进行语音、数据、电视、多媒体图像的高速双向传送，不仅包括深空、同步轨道、低轨道、中轨道卫星间的光通信，还包括地面站的光通信，是目前国际上的一大研究热点，世界上各主要技术强国正投入大量人力和物力来争夺这一领域的技术优势。

根据其使用情况，无线激光通信可分为：点对点、点对多点、环形或网格状通信。而从光可以有一定穿透能力的介质来看，光在自由空间的传播介质有近地面大气层、远离地面的深空和水三种，因此，根据其传输信道特征则又可分为：大气激光通信、星际（深空）激光通信和水下激光通信。按传输信道特征，目前研究开发的范畴可划分如下：

- 自由空间激光通信（FSO）
  - 近空激光通信
    - 地面
    - 水下
  - 深空激光通信
    - 地面与卫星
    - GEO与GEO间
    - LEO与LEO间
    - GEO与LEO间

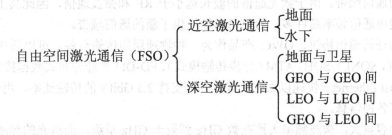

现代社会信息的日益膨胀，使信息传输容量剧增，现行的无线微波通信出现频带拥挤，资源缺乏现象，开发大容量、高码率的无线激光通信是未来空间通信发展的主要趋势，和光纤通信对常规电缆通信的逐步替代相类似，有关专家认为，无线激光通信是今后发展卫星高码率通信的最佳解决方案，在商业上，未来的“无线”激光通信将提供一个立体的交叉光网络，在大气层内外和外太空卫星上形成庞大的高速率、大容量的通信，再与地面的光纤通信网相连接，提供未来所需的各种通信业务需求。

8.7.1 FSO 的特点及发展状况

1. FSO 的特点

自由空间光通信是以激光为传输载体以大气为传输媒介的通信方式，与传统的通信方式相比较，FSO 主要的优点如下。

（1）架设灵活便捷，FSO 可以翻越山头，以及在江、河、湖、海上进行通信，可以完成地对空、空对空等多种光纤通信无法完成的通信任务。因此 FSO 对于解决最后 1 公里的宽带接入，对于应用于企业和校园网络，以及作为光纤冗余链路、无线临时传输手段等，有着极大的应用价值。

（2）微米级的波束发散角和稳定的方向。波束发散角与波长成正比。激光通信的工作波长一般在微米量级或更小，而 RF 和微波通信的波长范围在数十米到亚厘米之间。因此，激光通信的光束发散角与 RF 和微波通信相比至少小 3～4 个数量级，大约在 10 微弧度左右。这在军事应用上具有非常重要的意义，因为捕捉这么窄的光束是非常困难的，从而大大提高了军事通信的保密性。

（3）设备对电源量需求很低，只需几伏，采用本地供电，并且供电方式多种多样。

（4）非常轻小的天线尺寸和系统结构。天线尺寸与工作波长有关，波长越短，所需的天线就越小。由于激光通信的波长远小于 RF 和微波通信的波长，在同样功能和条件下，激光通信的天线尺寸远小于 RF 和微波通信的天线尺寸。因此，激光通信系统的重量和体积相对就显得非常轻小。这有利于激光通信在各种航天器上的应用，尤其是在小卫星上的应用。

（5）高数据传输率。对激光脉冲进行调制解调后，激光通信可以提供高达 10 Gbps（每秒吉比特位）量级的数据传输率，远远高于目前 RF 及微波通信传输速度。

（6）低发射功率，高接收功率。对于接收端而言，有效接收功率与波束发散角的平方成反比。由于激光通信的波束发散角远小于 RF 和微波通信，因此在距离相同的情况下，较之 RF 和微波通信，激光通信可以用更小的发射功率获得更高的接收功率。

（7）新的通信频带。由于激光通信的波长远小于 RF 和微波通信，因此其工作频率比目前拥挤的无线电通信频率高许多，为信息传输提供了新的通信频带。

（8）适用任何通信协议，OWC 产品作为一种物理层的传输设备，可以适应任何通信协议，如 SONET，SONET/SDH，ATM（异步传输模式）、FD-DI（光纤分布式数据接口）、Ethernet（以太网）、Fast Ethernet（快速以太网）等，并可支持 2.5 Gbit/s 的传输速率，用于传输数据、声音和影像等各种信息。

（9）传输容量大，微波频率大致在数 GHz 到数十 GHz 量级，而激光的频率大致在数百 THz 量级，比微波高 3～5 个数量级，因而可以得到高得多的数据传输速率。

（10）经济性强。没有任何设计、勘察、工程和线路费等附加费用，较其他如卫星站、短波和光缆等手段每兆比特的传输费用更为经济。

从上述的特点可以看出，激光通信在科学研究和军事领域有着极为重要的应用，而它在商业上的应用前景更为广泛，潜力也更为巨大。在当今信息社会中，对于各种各样的通信网络和信息传输工具（如 INTERNET、电话、电视等）来说，低的数据传输率和越来越拥挤的通信频带已成为阻碍其发展的难以逾越的瓶颈。而激光通信所提供的高达 10 Gbps 级的数据传输率和新的通信频带，是彻底、全面解决上述问题的希望所在。

同时，FSO也存在着一些缺点：

（1）FSO受天气状况、地形条件、外来物的影响较大，难以实现全天候、超视距的通信，因此在工程设计中应考虑足够的系统冗余量，以保证系统的可靠性；

（2）FSO通信的传输距离近，目前最远的大气应用距离为5 km。但这种通信距离不具备实用性，无法保证通信的全天候，最佳的通信距离应该是2 km以下；

（3）误码性能不及光纤通信，虽然无线激光通信的长期误码率能达到10^{-9}，但由于大气是变参信道，会使无线激光通信系统偶尔产生10^{-6}的误码率，但相比于微波通信而言还是可以接受的。

2. FSO的发展状况

从激光出现至今，大气激光通信技术的发展大致经过了高峰—低谷—复苏三个阶段。60～70年代，研究高峰期，人们对激光在通讯方面的巨大潜在应用充满了兴趣，成为无线光通信发展史上最辉煌的时期，国际上掀起了研究大气激光通信机的高潮。1961年美国贝尔试验室和休斯公司分别用红宝石激光器和氦-氖激光器作了大气通信实验，60年代中期，CO_2激光器和Nd:YAG激光器的发明，使大气激光通信又向前迈进了一步，尤其是CO_2激光器。它发射的波长为10.6 μm，正好处于大气信道传输的低损耗窗口，逐渐成为大气激光通信的主要候选光源。与此同时，光调制技术和探测技术也得到了一定的发展。由于当时技术条件的限制，此时的大气激光通信系统受气候条件的影响很大，只能在晴好及小雨天气下进行短距离的通信，遇到大雾大雨等恶劣天气则无法通信，此外，由于受大气湍流影响，通信质量也很不稳定，因而其应用场合大受限制，无法推广。70～80年代，衰落期。进入70年代后，随着低损耗光纤的问世和光纤通信的迅猛发展，人们对大气激光通信逐渐失去了兴趣甚至有人指出走大气激光通信的道路是一条死胡同，根本走不通，它便在轰轰烈烈的光纤通信研究热潮中逐渐消退。到了80年代中后期，国际国内大部分从事激光大气通信技术研究的单位相继停止了对它的进一步研究，近20年来，该项技术没有取得多大进展，大气激光通信的发展步入了低谷。但由于其良好的保密性及在军方的巨大潜在应用，少数几个财力雄厚的国家特别是军方没有放弃它。进入90年代后，随着大功率半导体激光器器件的研制成功、激光技术、光电探测等关键技术和日益完善与成熟，以及空间通信需求的日益增加，无线光通信重新唤起了人们的热情，在探索大容量、高数码通信的研究中大气激光通信技术悄然复苏并逐渐走向实用化。1988年，巴西AVIBRAS宇航公司研制出一种便携式半导体激光大气通信系统，其外形如一架双筒望远镜，在上面安装了激光二极管和麦克风，将一端对准另一端即可通信，通信距离1 km，如果将光学天线固定下来，通信距离可达15 km。1989年美国FARANTI仪器公司研制出一种短距离、隐藏式大气激光通信系统。1990年，美国又成功试验了一种适合特种战争和低强度战争需要的紫外光波通信系统，通信距离2～5 km。与此同时，俄罗斯进行的激光大气通信系统技术的实用化研究也取得实质性进展，半导体激光大气通信系统在一定的视距内有效地实现全天候通信是完全可能的。近年来，美国、日本、英国等国家相继推出了一些大气激光通信系统产品，比如美国Terra公司的一系列大气光通信产品，日本佳能的无线光通信系统等，1999年末朗讯公司在深圳首届高交会上首先发表了一个短距离激光无线多媒体通信系统样机（采用1 550 nm激光）。2000年悉尼奥运会期间，美国的Terabeam与

IacentTechnology 合作，在水上中心与演播中心之间建立了 8 波道的无线数据通信链路，运行期间始终保持畅通，效果良好。2001 年 8 月，Terabeam 又成功地为 MicrosoftCorporation 年度员工大会提供了无线数据传输服务。

国内从事 OWC（Optical Wireless Communication）技术研究和产品开发的单位主要有华中科技大学、电子科技大学、哈尔滨工业大学、南京大学、上海光机所、信息产业部第 34 研究所和广东工业大学等。2001 年 4 月激光大气通信机在广西桂林研制成功。该通信机以半导体激光器为光源，用两套设备构成点对点无线通信系统，可传输多种速率的数据和图像，直线视距全天候通信距离达 4 千米，该激光大气通信机具有体积小、组网灵活、无电磁干扰、可靠性强等特点。2003 年 1 月上海光机所信息光学实验室研制成功的无线激光通信系统。该系统具有双向高速传输和自动跟踪功能，兼有体积小重量轻的特点。

我国卫星间光通信研究与欧、美、日相比起步较晚。国内开展卫星光通信的单位主要有哈尔滨工业大学（系统模拟和关键技术研究）、清华大学（精密结构终端和小卫星研究）、北京大学（重点研究超窄带滤波技术）和电子科技大学（侧重于 APT 技术研究）。目前已完成了对国外研究情况的调研分析，进行了星间光通信系统的计算机模拟分析及初步的实验室模拟实验研究，大量的关键技术研究正在进行，与国外相比虽有一定的差距，但近些年来在光通信领域也取得了一些显著的成就。

2002 年哈尔滨工业大学成功地研制了国内首套综合功能完善的激光星间链路模拟实验系统，该系统可模拟卫星间激光链路瞄准、捕获、跟踪、通信及其性能指标的测试。所研制的激光星间链路模拟实验系统的综合功能、卫星平台振动对光通信系统性能的影响及对光通信关键单元技术的攻关研究有创新性，其技术水平为国内领先，达到国际先进水平，目前该项研究已进入工程化研究阶段。上海光机所研制出了点对点 155 M 大气激光通信机样机，该所承担的“无线激光通信系统”项目也在 2003 年 1 月份通过了验收，该系统具有双向高速传输和自动跟踪功能，其传输速率可达 622 Mbit/s，通信距离可以达到 2 km，自动跟踪系统的跟踪精度为 0.1mrad，响应时间为 0.2 s。中科院成都光电所于 2004 年在国内率先推出了 10 M 码率、通信距离 300 m 的点对点国产激光无线通信机商品。桂林激光通信研究所也在 2003 年正式推出 FSO 商品，最远通信距离可达 8 km，速率为 10～155 M。武汉大学于 2006 年在国内首先完成 42 M 多业务大气激光通信试验，2007 年 3 月又在国内率先完成全空域 FSO 自动跟踪伺服系统试验，这为开发机载、星载激光通信系统和地面带自动目标捕获功能的 FSO 系统创造了条件。近几年，在光无线通信系统设计、以太网光无线通信、USB 接口光无线通信、大气激光传输、大气光通信收发模块和信号复接/分接技术等方面都取得了多项成果。

3. FSO 的前景

虽然光纤技术正得到不断地推广使用，但随着高速本地环路网络互联需求地不断增长，实施光纤网络遭遇到的布线难与成本高的问题日益突出。FOS 技术既能提供类似于光纤的速率，又不需在频谱这样的稀有资源方面有很大的初始投资，因此备受关注也是理所当然的。据统计，即使在通信发达的美国，几乎 90%的办公大楼与业务提供商之间也没有光纤连接，因为用光纤连接是非常昂贵的。根据 AirFiber 公司的分析，在美国，如采用 OWC 的网络结构配置，每大楼的成本约为 2 万美元，平均链路长度为 55 米，最长为 200 米，只需 2～3 天就能安装完毕。相反，如用光纤连接大楼，则每大楼需 5～20 万美元，通常需要 4～12 个月才能连通。因此，与光纤线路相比，OWC 系统不仅安装方便、建设迅速，而且成本低，大约是光纤到大楼成本的 1/10-1/3。到目前为止，OWC 已被多家电信运营商应用于商业服务网络。与过去的激光大气通信有很大的不同，目前 OWC 是具有高度发达的光纤通信技术平台，引入望远镜式光学天线后以大气为传输介质，应用目标是 5km 内的视距通信。作为与现有光纤通信系统和网络兼容的光通信技术，应用于宽带接入网、城域网、企业网、校园网、军用战术通信网、应用通信系统、光纤通信的延伸系统（在通过江河、海岛与大陆、海岛与海岛等应用中），可以利用和移植现有的光放大、波分复用、全光插分复用和交叉连接等技术，是光纤通信的补充。相比较而言，FSO 最适宜用来组建高速本地网或用作现有光纤网络的备份。我国电信、移动、联通、网通、铁通、吉通等传统和新兴电信运营商，除了电信有接入网以外，包括电信在内都没有可支持高清晰度视频的宽带接入网和城域网，而城域网和接入网是电信运营商向全社会提供电信服务必备通道和聚集利润的漏斗，必然会被高度重视，宽带接入网和城域网的建设高潮将在 HDTV 等宽带信息业务的驱动下于近期到来，FSO 在宽带接入网和城域网建设中将会有广阔的市场前景。FSO 的另外一个大市场是没有光纤连接的中小企业。我们有理由相信兼有光通信和无线通信优势的 OWC 技术会有迷人的广阔前景。

8.7.2 FSO 的工作原理

无线光通信系统通常是由两台激光通信机构成的通信系统，它们相互向对方发射被调制的激光脉冲信号（声音或数据），接收并解调来自对方的激光脉冲信号，实现双工通信。图 8-15 所示的是一台激光通信机的原理框图。由图 8-15 可见，本系统可传递语音以及进行计算机间数据通信。受调制的信号通过功率驱动电路使激光器发光，这样载有语音信号的激光通过光学天线发射出去。接收是另一端的激光通信机通过光学天线将收集到的光信号聚到光电探测器上，将这一光信号转换成电信号，再将这一光信号放大，用阈值探测方法检出有用信号，再经过解调电路滤去基频分量和高频分量，还原出语音信号，最后通过功放经耳机接收，完成语音通信。当开关 K 掷向下时，可传递数据，进行计算机间通信，这相当于一个数字通信系统。它由计算机、接口电路、调制解调器、大气传输信道等几部分组成，其基本模式如图 8-15 中相关部分所示。

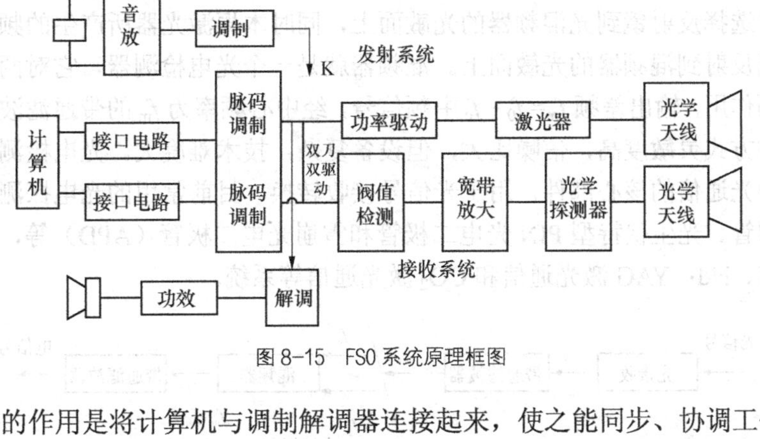

图 8-15 FSO 系统原理框图

接口电路的作用是将计算机与调制解调器连接起来，使之能同步、协调工作。调制器的作用是把二进制脉冲变换成或调制成适宜在信道上传输的波形通信使激光器发光，其目的是在不改变传输结果的条件下，尽量减少激光器发射总功率。解调是调制的逆过程，它是把接收的已调制信号进行反变换，恢复出原数字信号送到接口电路。同步系统是数字通信系统中的重要组成部分之一，其作用是使通信系统的收、发端有统一的时间标准，使接收端和发送端步调一致。

1. 激光器

激光器用于产生激光信号，并形成光束射向空间。激光器的好坏直接影响通信质量及通信距离，对系统整体性能的影响很大，因而对它的选择是非常重要的。建议采用大光腔 GaAs－AlGaAs 激光器。该激光器具有体积小、重量轻、结构简单、抗震动、易调整、寿命长等优点。

2. 调制器和调制方式

调制就是把信号叠加到载波上。调制器是一种电光转换器，它使输出光束的某个参数（强度、频率、相位、偏振等）随电信号变化，完成光的调制过程。调制方式有内调制和外调制两种。把被信息信号调制了的电信号直接加到光源上，使光源发出随信息信号变化的光信号称为内调制。把调制元件（如光电晶体等）放到光源之外，使被信息信号调制了的电信号加到调制晶体上，当光束通过晶体后，其光束中的某个参数（强度、频率、相位、偏振等）随电信号变化而变化，从而成为载有信息的光信号称为外调制。无论是外调制还是内调制，每一种调制方法都有各种不同的调制形式，主要有脉冲调幅、脉冲调宽和脉冲调频。此外直接调制还有脉码调制，外调制中有振幅调制、频率调制、脉码调制、偏振调制等。

3. 光接收系统

光接收是把从远处传来的已被调制的光信号通过光学接收透镜汇聚、滤波器滤波、光电探测器进行光电转换的过程。接收方法有直接检测接收和外差检测接收。直接检测接收是利用光学系统和光电探测器把光学信号直接转换成电信号的过程，它是一种简单而实用的接收方式，如砷化镓激光通信就是直接检测接收，缺点是灵敏度低，信噪比小。外差检测接收的原理与无线电波的外差检测接收相似，如图 8-16 所示。光学系统接收到频率为 f_c 的光信号，经滤波器和有选择反射镜到光混频器的光敏面上，同时本振激光器所产生的频率为 f_0 的激光通过反射镜也反射到混频器的光敏面上。混频器就是一个光电检测器，它对两束叠加的光波起检测和混频作用，输出差频 $f_m=f_0-f_c$ 中频信号，经中心频率为 f_m 的带通滤波器还原成电信号。这种接收方式灵敏度高，信噪比大，但设备复杂，技术难度大。光电检测器（或光电探测器）也是激光通信的核心部件，用于光信号接收转换。目前常用的光电探测器有光电子发射型光电倍增管、光生伏特型 PIN 光电二极管和雪崩光电二极管（APD）等，它们可用于半导体激光通信、Nd：YAG 激光通信和 CO_2 激光通信等系统。

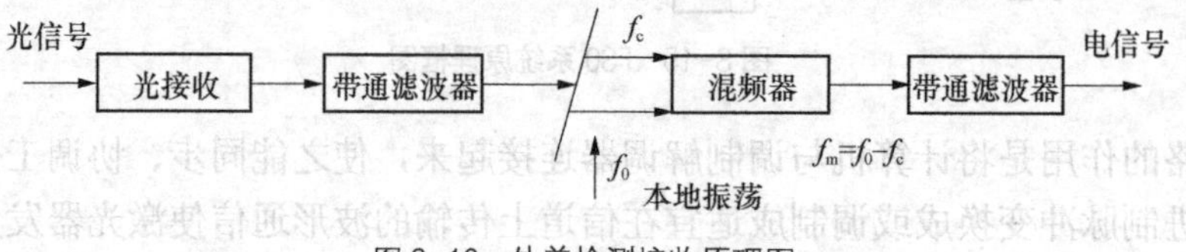

图 8-16 外差检测接收原理图

4. **大气传输技术**

激光在大气中传输受气候条件影响很大，即光在传输时强度衰减很快，这主要是由于大气的气体分子和大气气溶胶分子的“散射”和“吸收”造成的。大气中使光的性质受到影响的主要因素是 CO_2、氧、烟、灰尘、水滴、冰片等。在较低的大气层中大部分水份以水滴、雾和水蒸气的形式集合起来，占大气体积的 4%，同时光的传播也受到天气的影响，它使大气能见度变差。大气对激光强度的衰减程度，据统计，传输损耗对雨是 3～8 dB/km，对雾是 3～10 dB/km，对雪是 3～20 dB/km。不同波长的激光在大气中的吸收衰减也不同。克服大气对通信的影响是大气激光通信研究的主要内容之一。

下面列出一些减少激光在大气中传输损失、增加通信距离的办法和措施：

（1）采用处于大气窗口的波长较长的激光器作为光源进行通信；

（2）提高激光器的输出功率；

（3）提高光电探测器的灵敏度，降低自身的噪声，以求探测更微弱的信号；

（4）研制能同时沿几个方向进行传输的通信装置；

（5）设立多个中继站，在通信传输线路中设立一个或多个中继站，中继站可将变弱的信号放大再转发出去，以保证当信号到达时有足够的强度；

（6）升高通信发射机和接收机的位置，使之高出地面 60～100 m，可以克服雾等气候的影响，进行远距离通信。

8.7.3 FSO 的应用

从古人的烽火台传递信息到现在的 SONET/SDH，以及到将来的光孤子通信和全光通信，人类的光通信历史可谓源远流长。但无线光通信技术作为一种光通信技术，却只有三十多年的研究历史。初期，由于光学器件制造成本较高，无线光通信的研究仅限于星际通信和国防通信领域。近年来，由于光通信器件制造技术的飞速发展，使无线光通信设备的制造成本大大下降，人们才又逐渐开始了无线光通信的民用研究。

FSO 是一种无需光纤的通信手段，它是现代光纤通信的有利补充，具有以下特点：

（1）快速链路部署。由于无需埋设光纤，施工周期大大缩减，通常只需要几个小时便可以完工。这对于电信运营商来讲，无疑是快速抢占市场的最佳选择。

（2）拥有光纤传输的性能。理论上，无线光通信的传输带宽与光纤通信的传输带宽相同。只是光纤通信中的光信号在光纤介质中传输，无线光通信的光信号在空气介质中传输。因此也有人把无线光通信技术称为虚拟光纤通信技术。

（3）无线光通信产品作为一种物理层的传输设备，可以不依赖于任何协议。

（4）与微波无线通信相比，无线光通信产品不需要申请频率使用权。目前世界各厂商提供的设备多工作于红外频带，该频带有相当丰富的频谱资源，且在全世界范围内均不受管制，这为无线光通信技术的灵活应用提供了有利条件。

（5）传输保密性好。因为它的波束很窄，是不可见的，很难在空中发现一条业务链路。同时，这些波束又非常定向，是对准某一接收机的，如想截接，就需要用另一部接收机在视距内对准发射机，还需要知道如何接收信号，这是很难做到的。即使被截接，用户也会发现，因为链路被中断了。因此，FSO 比通常的无线系统安全得多。

1．FSO在局域网连接中的应用

在校园网、小区网或大企业的内部网建设中，经常会碰到这样一种情况：马路对面的新建大楼急需接通，可挖路许可权却迟迟不能得到批准或者根本就无法取到。这时候无线光通信技术便可以大显身手。如图8-17所示。其中，SNMP（简单网络管理器为可选项）无线光通信设备配备标准RJ45接口或光接口，且对协议透明，可以非常方便地完成局域网的连接。

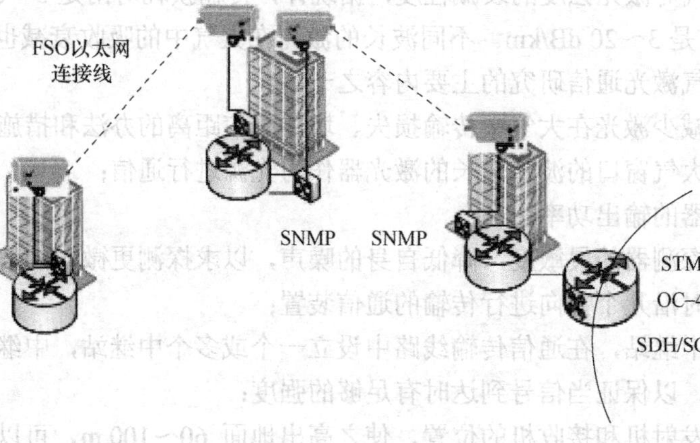

图8-17　局域网的延伸

美国LightPointe公司针对于不同的应用场合，开发了三种系列的产品，可用于不同的网络层次中：FlightLite及FlightPath系列带宽从10 M～1.25 G，可以解决Access Layer（接入层）的应用。例如，当一个小区的一处居民楼离控制中心较远时，采用无线光通信的接入方案能很好的解决该处居民楼的联网问题。FlightSpectrum产品系列可解决Core Layer（核心层）的应用。通常情况下核心层要保证数据通信的快速，所以需要较高的带宽，FlightSpectrum系列产品很好地解决了相距较远（1～4KM）较高带宽（155M～2.5G）要求的应用。

2．FSO在城域、边缘网建设中的应用

随着社会经济的飞速进步，城市建设的步伐和力度也在不断加大，城市的覆盖面积也在不断增加。早在几年前，各大运营商在抢占通信市场的时候，纷纷着手建设自己的基础网络设施。目前，城域网的建设可谓日新月异，通信带宽可达10 G，已基本上能够满足数据通信的需求。随着城市的发展，以往的郊区也逐渐被纳入到城市中心来，如何高效、低成本的实现城域网的扩展，快速占领新市场，越来越成为各大电信运营商关注的问题。图8-18所示为一种采用无线光通信技术的解决方案。在这种方案中，无线光通信技术集中展现了高带宽的魅力，这种连接方式可以满足城市边缘网通信中对数据通信带宽的需求。因为它具有建设周期短，投入小的特点，已被欧美一些电信运营商采用。

3．FSO在最后一公里接入中的应用

由于接入Internet的需求不断增长，越来越多的公司、团体、个人要求加入Internet，但由于各种实际原因例如公路开挖，敏感地区对微波使用的限制，很多接入没有方案解决，无线光通信输入的诞生为运营商抢占市场提供了一种可行的解决方案。如图8-19所示。

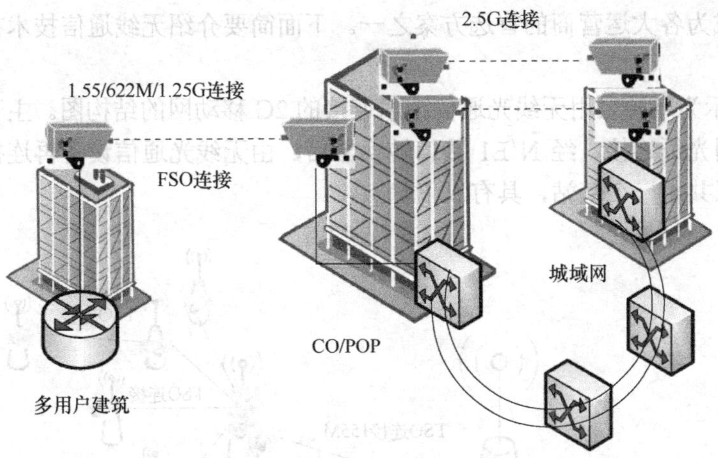

图 8-18　城域网的建设及扩展

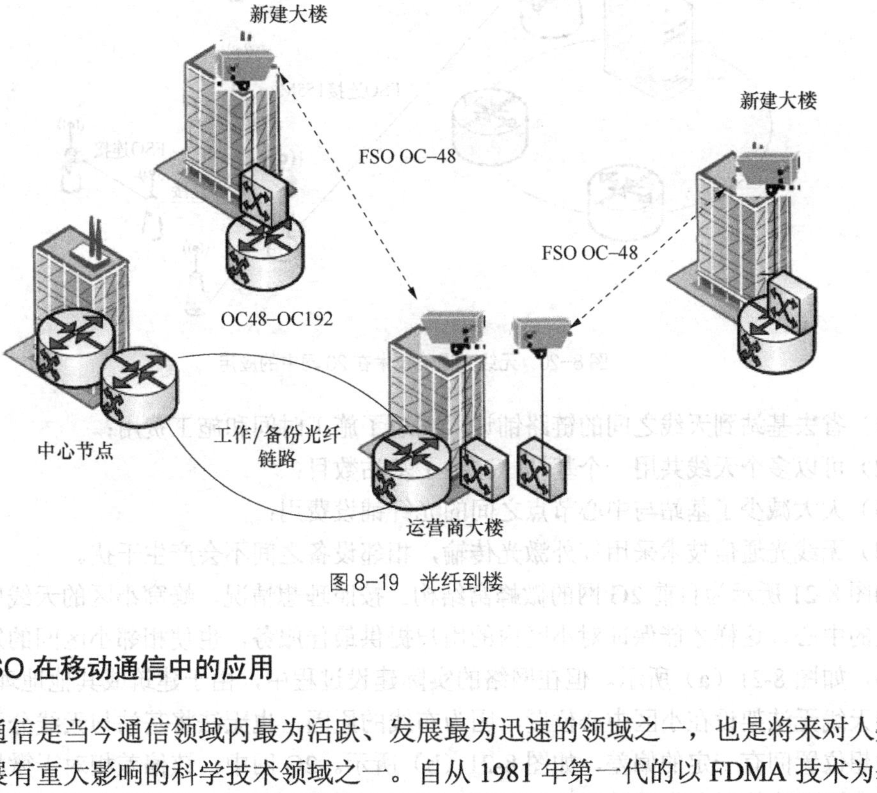

图 8-19　光纤到楼

4．FSO 在移动通信中的应用

移动通信是当今通信领域内最为活跃、发展最为迅速的领域之一，也是将来对人类生活和社会发展有重大影响的科学技术领域之一。自从 1981 年第一代的以 FDMA 技术为基础的模拟通信系统建立使用以来，移动通信技术组建演变为以 TDMA 技术为基础的第二代数字蜂窝移动通信。目前，随着移动电话用户的迅猛增长和移动数据业务的推广，无线网络需要具有更高的带宽和容量。现有的第二代移动通信系统已不能满足这一要求，从而使 3G（第三代移动通信技术）成为当今电信业的热点。如何充分地利用现有资源，在最低投入、最快速度的情况下实现从现有的第二代网络（2G）向第三代网络（3G）平滑过渡，成为移动网络运营商最为关注的问题。

无线光通信技术作为一种接入技术，因为其自身的特点和在施工、带宽、成本等方面的优点，已逐渐成为各大运营商的首选方案之一。下面简要介绍无线通信技术在移动网建设中的应用。

图 8-20 所示为一种采用无线光通信技术连接的 2G 移动网的结构图。主干网到距离最近的天线之间采用光纤连接，经 N′E1 接口转换器后，由无线光通信设备再连接到其他天线，所有的天线可以共用一个基站，具有以下优点：

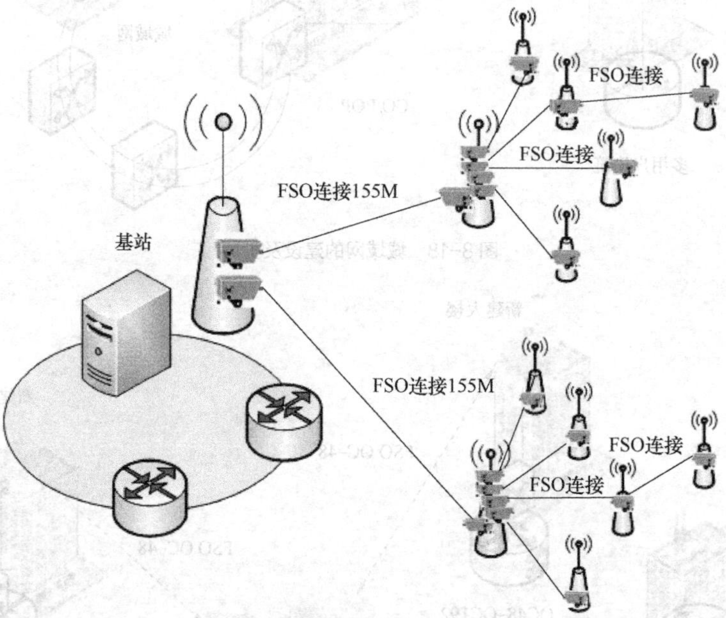

图 8-20　无线光通信技术在 2G 网中的应用

（1）省去基站到天线之间的链路铺设，缩短了施工时间和施工费用；

（2）可以多个天线共用一个基站，减少了基站数目；

（3）大大减少了基站与中心节点之间的光纤铺设费用；

（4）无线光通信技术采用红外激光传输，相邻设备之间不会产生干扰。

如图 8-21 所示为目前 2G 网的微蜂窝结构。按照理想情况，蜂窝小区的天线应架设在蜂窝小区的中心，这样才能保证对小区内的用户提供最佳服务，也使相邻小区间的发射干扰降为最小，如图 8-21（a）所示。但在网络的实际建设过程中，由于建筑或其他地理条件原因，基站和天线无法架设在小区中心位置，因为布线的原因，也无法将基站与天线分开，天线往往与理想位置间有一定的偏差，如图 8-21（b）所示。2G 网中，该偏差相对于微蜂窝直径较小，造成的影响并不十分明显。在 2G 网向 3G 网过渡的过程中，微蜂窝的设计直径变小，网格结构变细（根据业务量的多少，微微蜂窝的半径可能会小到 500 米）。这时天线的偏离便会对通信质量造成较大的影响。无线光通信技术的引入为解决这一问题带来了方便。如图 8-21（c）所示，由于基站和天线之间采用无线光通信设备连接，基站位置可保持不变，而将天线移动到网格中心。运营商只需作很小的投入便可以完成天线的架设。

实际上，无线光通信技术作为一种宽带接入技术，在目前的通信市场中有极为广阔的应用，据 Strategis Group 预测，无线光通信设备的全球市场到 2005 年，将会上升到 20 亿美元。

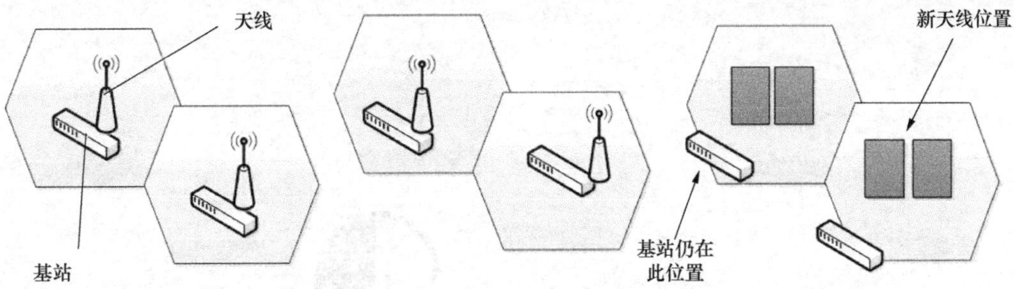

(a) 2G网天线的理想位置　　(b) 2G网天线的实际位置　　(c) 3G网解决方案

图 8-21 微蜂窝结构的天线架设

练习题

一、填空题

1．SDH 传送网的分层模型由________组成。

2．我国 SDH 网的主要设备有________。

3．光传送网可以从垂直方向划分为________。

4．微波通信最基本的特点是________。

5．ASON 具备的________平面是传统 SDH 不能提供的。

6．FSO 是利用_______作为信息载体，________为传输媒质来传递信息的一种通信方式。

二、简答题

1．引入 SDH 的原因是什么？与 PDH 相比，SDH 的优点是什么？

2．说明传送网和传输网的不同。

3．简述光分插复用器的功能。

4．WDM 技术的优势是什么？

5．说明 WDM 光传送网监控和管理的特点。

6．说明 PTN 的特点及其关键技术。

7．简述数字微波通信系统的优缺点。

8．简述卫星通信系统的发展趋势。

9．从功能上划分，ASON 由哪些平面组成？

10．FSO 关键技术有哪些？

三、综述题

1．简述信息传输网的发展过程。

2．简述 ASON 的优势。

3．简述 FSO 的主要应用领域。

第9章 宽带IP网

随着 Internet 的迅速普及，网络上开展的业务已经从以数据业务为主，发展到多种业务并存，新的网络应用层出不穷，传统的 IP 网络已经不能适应现状。新的适应综合业务发展的宽带网络是整个网络发展的必然趋势。

9.1 宽带 IP 网产生的原因

Internet 在它诞生的时候，主要是用于实时性不高的数据业务。随着通信技术的不断发展，人们越来越多的希望数据网络能够提供更多的多媒体业务，能够将实时性要求高的语音、视频业务也纳入到 Internet 中。新一代宽带通信网络将成为新一代电信的明显特征，宽带 IP 网络技术应运而生。宽带 IP 网络产生的原因主要有以下几个方面。

（1）用户数量急剧增长。Internet 的规模现每月增长 10%左右，业务量每 6～9 个月翻一番。新增网络用户的速度超过以往任何一种通信技术。业务的发展也越来越多的向综合业务发展，特别是即时通信、网络游戏、网络视频业务发展迅速。网络购物已经成为众多网民购物的首选。

（2）业务带宽呈指数增长。除了用户数量指数增长外，业务带宽也呈现指数增长态势。2000 年，中国网络国际出口带宽为 2,799 Mbit/s，截至 2009 年底，我国的网络国际出口带宽为 866 367 Mbit/s。10 年间，业务带宽增长了近 310 倍。

（3）业务内容综合化。Internet 提供的服务正在向着业务内容综合化的方向发展，而 TCP/IP 最初是为提供非实时数据业务而设计的。为了使 IP 网络不仅能传送非实时的数据信息，而且还能传送实时多媒体数据信息，国际标准化组织起草并完成的一些用于 IP 实时通信的标准以及服务质量方面的标准，如实时传输协议/实时传输控制协议（RTP/RTCP）、资源预留协议（RSVP）、IP 多播技术以及 H.323 建议等，也进一步促进了宽带 IP 网的产生。

（4）传统 IP 网络不能保证服务质量。IP 是一个无连接协议，采用的是“尽最大能力传输”的工作方式，在这种方式下所有的业务是没有服务质量（QoS）保证的。对于网络中的语音、视频业务这是不能忍受的。

除了上述的几点外，网络规模扩大导致路由器寻址时跳数过多，传输时延增大，网络性能下降；目前所使用的 IPv4 协议对灵活的路由器限制、安全性能的不足等原因都促使宽带 IP 网络的产生与发展。

9.2 宽带数据交换技术

在第6章提到针对网络性能与与网络规模之间的矛盾，主要有3种解决的方法。但这3种方法不能有效地解决综合业务的实现以及提供服务质量等问题。这些问题的解决需要有新的交换技术及传输技术。

IP技术具有良好的扩展性及很强的适应性，是目前Internet中广泛使用的网络通信协议，而ATM、SDH技术具有高速、大容量以及能够提供很好的QoS的能力，将IP技术与这两种技术的结合将给整个Internet的性能带来很大的提高。

9.2.1 IP交换

IP交换是在第三层上进行的交换技术，它是Ispilon公司提出的专门用于在ATM网上传送IP分组的技术。它是将第三层的路由选择功能与第二层的交换功能结合起来，在下层通过ATMPVC虚电路建立连接，上层运行TCP/IP。

流是IP交换的基本概念，流是从ATM交换机输入端口输入的一系列有先后关系的IP包，它将由IP交换机控制器的路由软件处理。

IP交换的核心是把输入的数据分为下述两种类型。

（1）持续期长、业务量大的用户数据流，包括文件传输协议（FTP）、远程登录（Telnet）、超文本传输协议（HTTP）数据、多媒体音频、视频等数据。这些用户数据流，在ATM交换机硬件中直接交换（即快速通道）；可以在ATM交换机中交换时利用ATM交换机硬件的广播和组播能力。

（2）持续期短、业务量小、呈突发分布的用户数据流，包括域名服务器（DNS）查询、简单邮件传输协议（SMTP）数据、简单网络管理协议（SNMP）查询等。这些用户数据流，可通过IP交换机控制器中的IP路由软件传输，采用逐跳（hop-by-hop）和存储转发方法，省去了建立ATMVCC的开销。这种传输方式也称为慢速通信。

1. IP交换机的组成

IP交换机是IP交换的核心，它由IP交换控制器和ATM交换机组成，如图9-1所示。

（1）IP交换控制器。IP交换控制器是系统的控制处理器。交换控制器既实现传统路由器的IP选路和转发功能，也能完成对ATM交换机的控制，当IP交换机之间进行通信时，还能标记IP交换机之间的数据流，即传递分配标记信息和将标记与特定IP流相关联的信息，从而实现基于流的第二层交换。

（2）ATM交换机。ATM交换机硬件保持原状，去掉ATM高层信令和控制软件，用一个标准的IP路由软件来取代，同时支持GSMP，用于接受IP交换控制器的控制。

2. IP交换机的工作原理

IP交换机通过传统的IP方式和通过ATM交换机的直接交换方式来实现IP分组的传输。其工作过程可分为4个阶段，如图9-2所示。

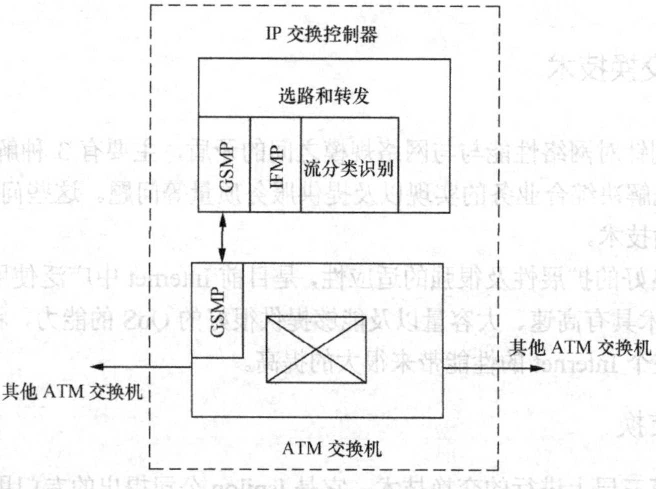

图 9-1　IP 交换机的结构

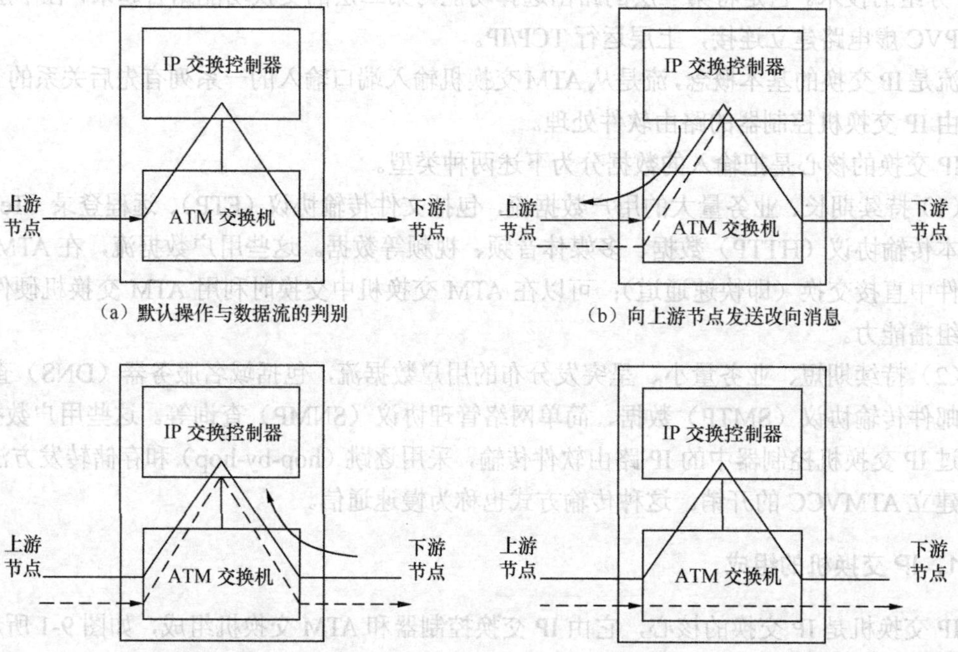

图 9-2　IP 交换机的工作过程

（1）默认操作与数据流的判别。在系统开始运行时，输入端口输入的业务流是封装在信元中的传统 IP 数据包，该信元通过默认通道传送到 IP 交换机，由 IP 交换控制器将信元中的信息重新组合成为 IP 数据分组，按照传统的 IP 选路方式在第三层上进行存储转发，在输出端口上再被拆成信元在默认通道上进行传送。同时，IP 交换控制器中的流分类识别软件对数据流进行判别，以确定采用何种技术进行传输。对于连续、业务量大的数据流，则建立 ATM 直通连接，进行 ATM 交换式传输；对于持续时间短的、业务量小的数据流，则仍采用传统的 IP 存储转发方式。

（2）向上游节点发送改向消息。当需要建立 ATM 直通连接时，则从该数据流输入的端口上分配一个空闲的VCI，并向上游节点发送IFMP的改向消息，通知上游节点将属于该流的IP数据分组在指定端口的VC上传送到IP交换机。上游IP交换机收到IFMP的改向消息后，开始把指定流的信元在相应VC上进行传送。

（3）收到下游节点的改向消息。在同一个IP交换网内，各个交换节点对流的判识方法是一致的，因此IP交换机也会收到下游节点要求建立ATM直通连接的IFMP改向消息，改向消息含有数据流标识和下游节点分配的VCI。随后，IP交换机将属于该数据流的信元在此VC上传送到下游节点。

（4）在ATM直通连接上传送分组。IP交换机检测到流在输入端口指定的VCI上传送过来，并收到下游节点分配的VCI后，IP交换控制器通过GSMP消息指示ATM控制器，建立相应输入和输出端口的入出VCI的连接，这样就建立起ATM直通连接，属于该数据流的信元就会在ATM连接上以ATM交换机的速度在IP交换机中转发。

3. IP交换的特点

（1）将输入的用户业务按数据流的概念分为两大类，节省了建立ATM虚电路的开销，提高了效率。

（2）只支持IP，同时它的效率依赖于具体用户业务环境。对于大多数业务是持续期长、业务量大的用户数据，能获得较高的效率。但对于大多数持续期短、业务量小、呈突发分布的用户数据业务，IP交换的效率大打折扣，一台IP交换机只相当于一台中等速率的路由器。

9.2.2 标记交换

1. 标记交换的基本概念

标记交换是Cisco公司推出的一种传统路由器与ATM技术相结合的多层交换技术。在标记交换中，每一个进入交换网的数据分组都会被附加一个短小的标记，所有的数据分组的转发均根据标记来完成。由于标记短小，因而可以大大提高分组的传输速率和转发的效率。

（1）标记交换的基本概念

标记是一个长度较短且固定的数字，该数字本身与网络层地址（如IP地址）并无直接关系，且只具有本地意义，因此不同的标记交换机可以使用相同的标记。标记交换是一种不依赖于链路层协议的技术，这个特性使得标记交换技术相对于IP交换有很大的适用范围。

标记是存放在标记信息库中。标记信息库用于存放标记传递的相关信息，这些信息包括输入端口号、输出端口号、输入标记、输出标记、目的网段地址等。

标记交换中的数据分组是IP分组，因此标记交换所面对的业务不同于其他数据通信中常用的面向连接，而是无连接业务。

（2）标记交换网络的网络组成

标记交换网络包含3个成分：标记边缘路由器（TER）、标记交换机和标记分发协议（TDP），如图9-3所示。

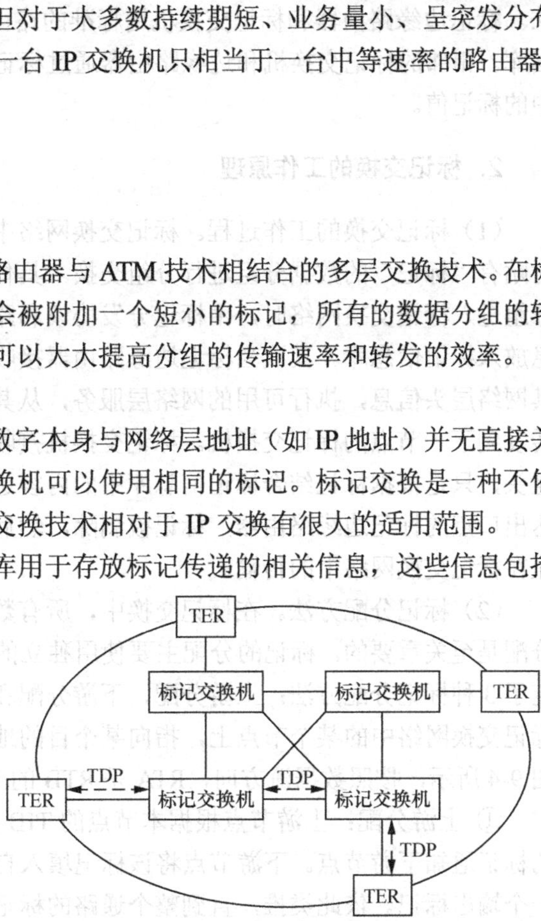

图9-3 标记交换网的网络结构

标记边缘路由器位于标记交换网络的边缘。含有完整3层功能，它们检查到来的分组，在转发给标记交换网络前打上适当的标记，当分组退出标记交换网络时删去该标记。此外，由于具有完整的第三层功能，标记边缘路由器还可应用增值的3层服务，如安全、记费和QoS分类等。标记边缘路由器使用标准的路由协议（OSPF、BGP）来创建转发信息库（FIB），根据转发信息库的内容，使用标记分发协议（TDP）向相邻的设备分发标记。标记边缘路由器的能力可通过Cisco软件的一个附加特性来实现，不需要特别的硬件，原有的路由器或三层交换机可通过软件升级具有标记边缘路由器的功能。

标记交换机是标记交换网络的核心。负责根据标记来转发数据分组。除了标记交换外，还支持完整的第三层路由或第二层功能。标记交换由两个部分组成：传递元件和控制元件。

① 传递元件：传递元件可以看作是标记交换机中的标记交换器。根据标记交换分组中携带的标记信息与标记交换信息库（TIB）中保留的标记信息，进行将数据分组在输入端口上获得的标记替换为输出端口上分配的标记，进而完成数据分组的传递。

② 控制元件：控制元件负责产生标记，并负责维护标记的一致性。它可以使用单独的标记分发协议或利用现有的控制协议携带相关信息，实现标记分发和标记的维护。控制元件采用模块化结构，每个模块支持一种特定的选路功能。

标记分发协议提供了标记交换机和其他标记交换机或标记边缘路由器交换标记信息的方法。标记边缘路由器和标记交换机用标准的路由协议（如BGP、OSPF）建立它们的路由数据库。相邻的标记交换机和边缘路由器通过标记分发协议彼此分发存贮在标记信息库（TIB）中的标记值。

2．标记交换的工作原理

（1）标记交换的工作过程。标记交换网络中进行的只是“标记”的交换，根据“标记”对贴有“标记”的数据分组进行分组交换。具体的工作过程如下：首先当一个要转发的数据分组进入标记交换网络时，由标记分发协议和路由协议建立路由和标记映射表，并将标记信息放入标记信息库。其次当标记边缘路由器接收到需要通过标记交换网络的数据分组，分析其网络层头信息，执行可用的网络层服务，从其路由表中给该分组选择路由，打上标记然后转发到下一节点的标记交换机。标记交换机接收到加有标记的数据分组时，不再分析数据分组头，只是根据标记结合标记信息库中的内容进行快速的交换。最后加有标记的数据分组到达出口点的标记边缘路由器，标记被剥除，然后把数据分组交给上层应用，从而完成数据分组在标记交换网络中的传输。

（2）标记分配方法。在标记交换中，所有数据分组的交换都是基于标记的，因此标记的分配是至关重要的。标记的分配主要使用独立的标记分发协议（TDP）来完成。在TDP中规定了3种标记分配方法：上游分配、下游分配和下游按需分配。所谓的上游和下游是指站在标记交换网络中的某个节点上，指向某个目的地址的路由方向称为下游，反之称为上游。如图9-4所示，按照数据流方向，RTA是RTB的上游，RTC是RTB的下游。

① 上游分配：上游节点根据本节点的TIB分配一个输出标记，然后通过TDP将所分配的标记通知下游节点。下游节点将该标记填入自己的TIB中后，按照路由表中的信息，分配一个输出标记。依此类推，直到整个通路的标记交换设备建立起相应的TIB。也就是说标记交换网的节点根据上游节点的输出标记确定本节点的输入标记，然后根据TIB确定输出标记。

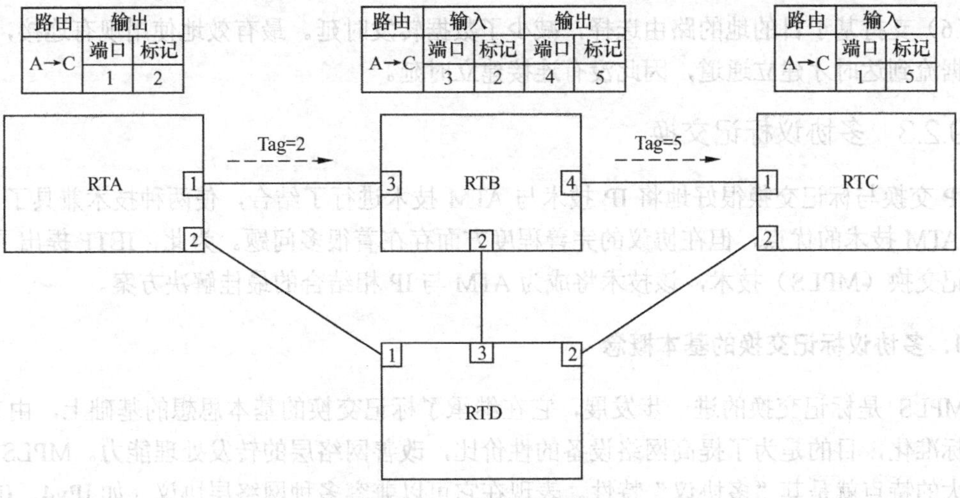

图 9-4 上游分配示意图

② 下游分配：下游节点根据本节点的 TIB 分配一个输入标记，然后通过 TDP 将所分配的标记通知上游节点。上游节点将该标记填入自己的 TIB 中后，按照路由表中的信息，分配一个输入标记。依此类推，直到整个通路的标记交换设备建立起相应的 TIB。也就是说标记交换网的节点根据下游节点的输入标记确定本节点的输出标记，然后根据 TIB 确定输入标记。

③ 下游按需分配：下游按需分配与下游分配过程相似，所不同的是只在上游节点提出标记分配请求的时候，下游节点才分配标记。

3 种分配方式中每个节点的 TIB 至关重要。对于节点中的 TIB 有两种管理方式。一种称为单接口 TIB，另一种称为单节点 TIB。在第 1 种方式中，一个接口配置一个 TIB，所有接口的 TIB 相互独立，所有的标记只在本接口或本段有效，跟节点的其他接口无关。这时标记的选择只需考虑本接口的使用情况，使用上游分配和下游分配均可。在第 2 种管理方式下，一个节点只设一个 TIB，所有接口使用的标记均取自该 TIB。在这种情况下，只能使用下游分配而不能使用上游分配。

3. 标记交换的特点

标记交换的本质特点并没有脱离传统的路由器技术，只是在一定程度上将数据的传送由路由方式转变为交换方式，从而提高了传送效率。具体的特点如下。

（1）与 IP 交换不同，标记交换不是基于数据流驱动，而是采用基于拓扑结构的控制驱动，即在数据流传输之前预先建立二层的直通连接，并将选路拓扑映射到直通连接上。

（2）标记交换不依赖于链路层协议，二层技术可以使用 ATM 技术，还可以使用其他二层技术，如帧中继、以太网等。

（3）标记交换支持路由信息层次化结构，并通过分离内部路由和外部路由，来扩展现有网络的规模，使网络具有较强的扩展能力和可管理性。

（4）具有一定的服务质量保证。标记交换提供两种机制来保证服务质量。其一是将业务进行分类，通过资源预留协议（RSVP）为每种业务申请相应的服务质量等级。其二是若需要特殊质量保证的业务则需要申请专用标记虚电路，提供端到端的业务质量保证。

（5）具有支持多媒体应用中所需的 QoS 和组播能力，但组播需要预先配置，灵活性较差。

（6）支持基于目的地的路由选择，减少了数据转发时延。最有效地使用现有连接，无须在数据流到达时才建立通道，因此没有连接建立时延。

9.2.3 多协议标记交换

IP 交换与标记交换很好地将 IP 技术与 ATM 技术进行了结合，使两种技术兼具了 IP 技术与 ATM 技术的优点，但在协议的完善程度方面存在着很多问题。为此，IETF 提出了多协议标记交换（MPLS）技术，该技术将成为 ATM 与 IP 相结合的最佳解决方案。

1. 多协议标记交换的基本概念

MPLS 是标记交换的进一步发展，它在继承了标记交换的基本思想的基础上，由 IETF 进行标准化，目的是为了提高网络设备的性价比，改善网络层的转发处理能力。MPLS 的一个最大的特点就是其“多协议”特性。表现在它可以兼容多种网络层协议（如 IPv4、IPv6、IPX），同时还支持多种数据链路层协议（如 ATM、PPP、Ethernet、SDH、DWDM 等）。它的另一个特点是采用面向连接的工作方式，而传统的 IP 网络采用的是无连接的工作方式。

（1）MPLS 的网络结构。MPLS 的网络是指运行 MPLS 协议的交换节点构成的区域，如图 9-5 所示，由标记边缘路由器（LER）和标记交换路由器（LSR）组成。通过标记协议（LDP）在节点间完成标记信息的发布。同时节点间依旧需要运行路由协议（如 OSPF、BGP 等），来获取网络拓扑信息，进而根据这些信息决定第三层转发时的下一跳地址或第二层转发时交换路径的建立。

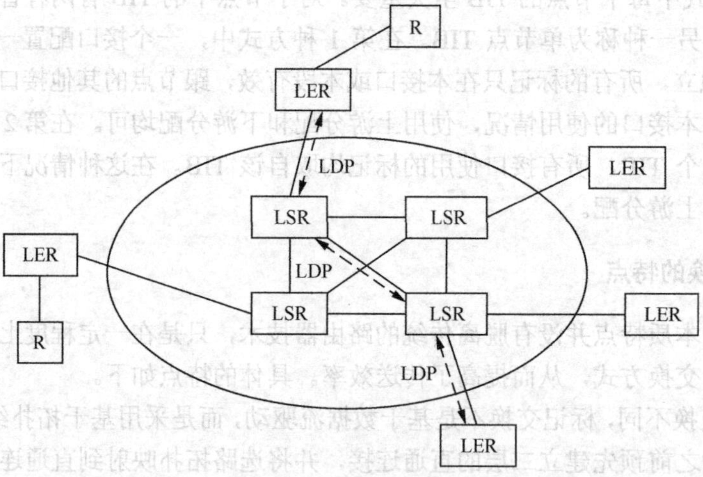

图 9-5 MPLS 的网络结构

标记边缘路由器（LER）：是一个位于 MPLS 交换网络边缘的转发分组的传统路由器。它分析 IP 包头，决定相应的传送级别，与 MPLS 内部的标记交换机通信交换与标记相关的信息。

标记交换路由器（LSR）：是负责第三层转发分组和第二层标记分组的设备，是 MPLS 的基本构成单元。

标记分配协议（LDP）。LDP 是一个单独的 MPLS 控制协议，它用于 LSR 之间信息的交换，使得对等的 LSR 针对一个特定标记的数值达成一致。每个 LSR 关联它们标记信息库中的入口标记与一个对应的出口标记。

（2）MPLS 的封装。MPLS 引入了一种层次化结构路由的新概念，层次化结构对于提高网络的可扩展性是非常重要的。要介绍该内容之前先对 MPLS 标记格式及封装作一扼要的说明。

① 标记的格式：一个标记的格式依赖分组封装所在的介质。例如，ATM 封装的分组（信元）采用 VPI/VCI 数值作为标记，而帧中继采用 DLCI 作为标记。对于那些没有内在标记结构的介质封装，则采用一个特殊的数值填充。

② 标记交换的封装：标记交换是一种支持多协议的技术，它可以在多种链路协议上运行。当标记交换以 ATM 或帧中继作为其链路层协议时，就借用 ATM 和帧中继的封装，标记也相应地采用 VPI/VCI 或 DLCI。但当标记交换的链路层是 FDDI、Ethernet 或 PPP 时，因为它们原有的格式中完全不具备标记信息，必须加上额外的封装，标记交换采用的是被称为“Shim”的格式的封装。在采用层次化路由时，一个 Shim 会拥有多个标记栈条目，这被称为“标记栈”。Shim 位于第二层和第三层之间，因而可以应用于任何链路层协议之上。

③ MPLS 的封装：为了能够在数据包中携带标记栈信息，需要在封装中引入栈字段。MPLS 为底层的链路规定了不同的封装格式。在 MPLS 专用的环境中，也就是在以太网和点到点这样的链路上采用“Shim”封装。“Shim”位于第三层和第二层协议头之间，与两层协议无关，因而被称为通用 MPLS 封装。MPLS 的封装及标记栈格式如图 9-6 所示。在图 9-6 中，通用 MPLS 封装包括栈标识符 S、TTL（生存期）、CoS（业务等级）等字段。

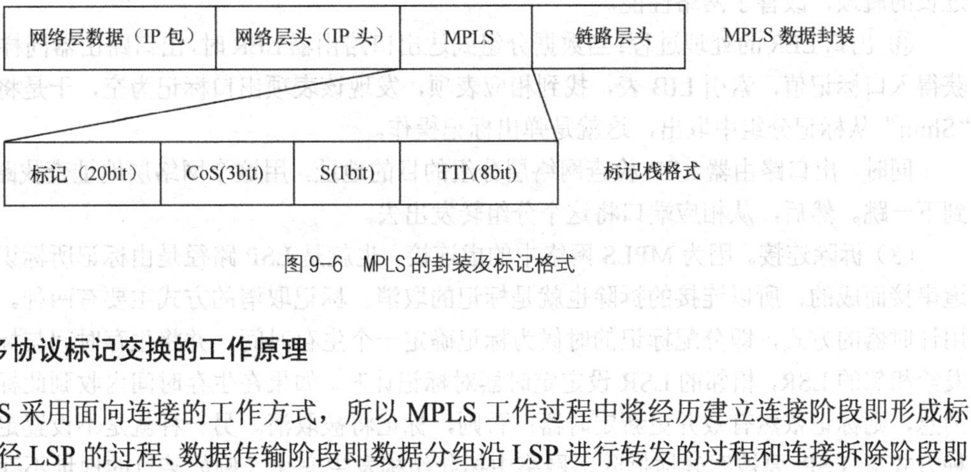

图 9-6 MPLS 的封装及标记格式

2. 多协议标记交换的工作原理

MPLS 采用面向连接的工作方式，所以 MPLS 工作过程中将经历建立连接阶段即形成标记交换路径 LSP 的过程、数据传输阶段即数据分组沿 LSP 进行转发的过程和连接拆除阶段即通信结束或发生故障异常时释放 LSP 的过程。

（1）建立连接。MPLS 网络中的各 LSR 要在路由协议的控制下，分别建立路由表。MPLS 技术中常用的路由协议为 OSPF 和 BGP。

MPLS 技术在标记分配协议的控制下，在路由表的作用下，由 LSR 进行标记分配，LSR 之间进行标记分发，分发的内容是具有相同特性的数据分组与标记的映射关系，从而通过标记的交换建立起针对某一相同特性的数据分组的标记交换式路径。

分发的内容被保存在标记信息库（LIB）中，LIB 类似于路由表，记录与某类流相关的信息，如输入端口、输入标记、流标识（例如目的网络地址前缀、主机地址等）、输出端口、输出标记等内容。LSP 的建立实质上就是在 LSP 的各个 LSR 的 LIB 中，记录某类流在交换节点的入出端口和入出标记的对应关系。

（2）数据传输。MPLS 网络的数据传输采用基于标记的转发机制，其工作过程有以下几个步骤。

① 入口 LER 的处理过程：当数据流到达入口 LER 时，入口 LER 需完成 3 项工作，将数据分组映射到 LSP 上；将数据分组封装成标记分组；将标记分组从相应端口转发出去。

入口 LER 的封装操作就是在网络层分组和数据链路层头之间加入“Shim”垫片，如图 9-7 所示。“Shim”实际上是一个标记栈，其中可以包含多个标记，标记栈这项技术使得网络层次化运作成为可能，在 MPLS VPN 和流量工程中有很好的应用。

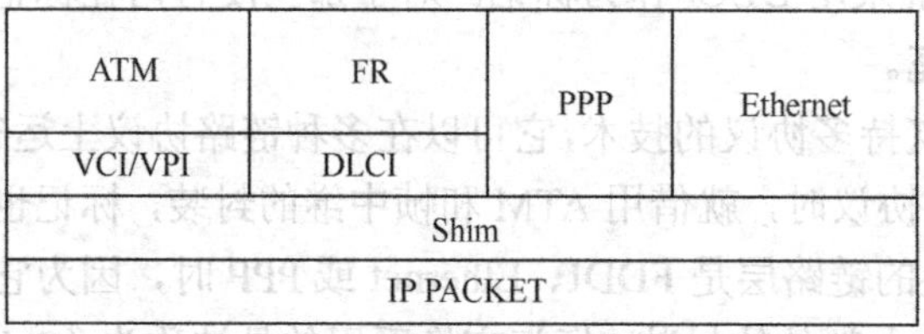

图 9-7 入口 LER 的封装操作

② LSR 的处理过程：LSR 从“Shim”中获得标记值，用此标记值索引 LIB 表，找到对应表项的输出端口和输出标记，用输出标记替换输入标记，从输出端口转发出去。对于采用标记栈的情况，只对栈顶标记进行操作。

由于在核心 LSR 上对分组转发不必检查分析网络层分组中的目的地址，不需要进行网络层的路由选择，仅需通过标记即可实现数据分组的转发。这一点极大地简化了分组转发的操作，提高了分组转发的速度，从而实现了高速交换，突破了传统路由器交换过程复杂、耗时过长的瓶颈，改善了网络性能。

③ 出口LER的处理过程：当数据分组到达出口路由器LER时，出口路由器同样从“Shim”获得入口标记值，索引 LIB 表，找到相应表项，发现该表项出口标记为空，于是将整个垫片“Shim”从标记分组中取出，这就是弹出标记操作。

同时，出口路由器 LER 检查网络层分组的目的地址，用这个网络层地址查找路由表，找到下一跳。然后，从相应端口将这个分组转发出去。

（3）拆除连接。因为 MPLS 网络中的虚连接，也就是 LSP 路径是由标记所标识的逻辑信道串接而成的，所以连接的拆除也就是标记的取消。标记取消的方式主要有两种。一种是采用计时器的方式，即分配标记的时候为标记确定一个生存时间，并将生存时间与标记一同分发给相邻的 LSR，相邻的 LSR 设定定时器对标记计时。如果在生存时间内收到此标记的更新消息，则标记依然有效并更新定时器；否则，标记将被取消。另一种就是不设置定时器，这种方式下 LSP 要被明确地拆除，网络中拓扑结构发生变化（例如某目的地址不存在或者某 LSR 的下一跳发生变化等）或者网络某些链路出现故障等原因，可能促使 LSR 通过 LDP 取消标记，拆除 LSP。

3. MPLS 的特点

根据上述对 MPLS 技术的介绍，可以看出 MPLS 具有如下特点。

（1）兼容多种网络层协议（如 IPv4、IPv6、IPX），同时支持多种数据链路层协议（如 ATM、PPP、Ethernet、SDH、DWDM 等）。

（2）与标记交换相同使用标记作为标识，通过路由表寻找下一跳地址，时延减少，适应于高速中继，如 STM-4，STM-16 和 STM-64。

（3）MPLS 采用 VC 融合的机制，同一终点的多个 VC 可以汇集成为一个 VC，从而节省了 VCI 的资源。

（4）简化了 ATM 与 IP 的集成技术，使 L2 和 L3 技术有效地结合起来，降低了成本，保护了用户的前期投资。

（5）MPLS 网络中标记栈的使用将庞大的路由表变得很小，极大地改善了路由扩展能力。

（6）MPLS 网络能够提供数据、语音、视频相融合的能力，并根据业务提供相应的 QoS。

9.2.4 弹性分组环

以太网具有很好的扩展性，能够支持动态带宽共享且成本低，结构简单，因此成为局域网中的主流技术。但以太网固有的可靠性差，不能提供服务质量保证，以及为了防止数据包的循环而设置的 802.1d 协议使得网络的自愈时间达到 40 s 以上，这些缺点使得以太网不适用于城域网或广域网。而 SDH 环网的自愈时间仅为 50 ms，而且可以根据业务提供相应的服务质量，但由于 SDH 网络是针对承载流式业务进行优化，采用静态分配链路资源的策略，对承载具突发特性的业务并不优化。因此，人们希望有一种新的技术出现，既能利用以太网的动态带宽共享程度好，结构简单的特点，又能将网络的自愈时间提高到 50 ms，针对不同的业务能够提供不同的服务质量，于是产生了弹性分组环（RPR）技术。

IEEE 在 2004 年 6 月 22 日公布了弹性分组环（RPR）的官方标准 IEEE 802.17。RPR 技术是一种新型的环网技术，具有良好的冗余能力和故障恢复能力，从而使其具有很好的弹性，针对承载突发性业务进行了优化并保留对承载流式业务的支持，能有效地传送基于分组的业务流量。该技术适合于数据、语音以及视频应用，有希望成为新一代城域网的主流标准。

1. RPR 的工作原理

如图 9-8 所示，RPR 系统是由两个独立的、方向相反的单向环组合成的双环结构。一个单向环由一系列相连的节点组成，每个节点具有相同的数据速率，但可能具有不同的延时特性。RPR 环上的节点数最多为 255 个，最长距离为 2 000 km，数据传输速率可达 10 Gbit/s。

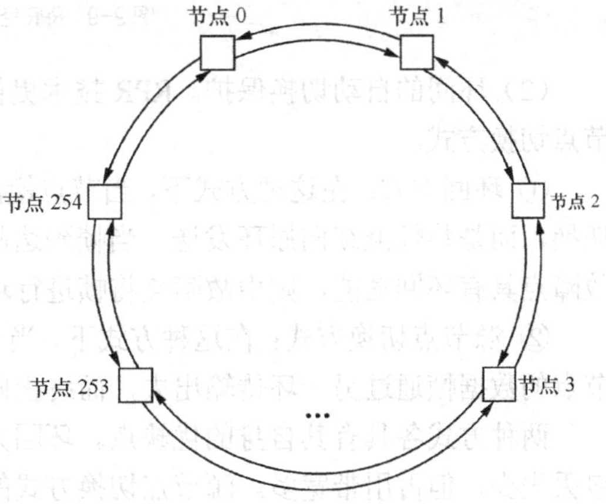

图 9-8 RPR 双环结构图

正常情况下两个环同时工作，当一个环发生故障时则由另一个环承担所有帧的传输。环网上的节点共享带宽，不需要进行电路指配。利用公平控制算法环网上的各个节点能够自动地完成带宽协调。每个节点都有一个环形网络拓扑图，都能将数据发送到光纤子环上，送往目的节点。两个子环都可作为工作通道。为了防止光纤或节点故障发生时导致链路中断，利用保护算法来消除相应的故障段。

环中传送的帧类型可以包括单播帧、多播帧和组播帧。单播帧与多播帧及组播帧的处理方式是不相同的。单播帧由目的节点将数据帧接收并将其从环网上删除。多播帧及组播帧采用广播方式在环网中传输一周后，由源节点将其从环网上删除，同时为了防止帧在网上的无限循环，帧结构中还设置了TTL字段，帧每经过一个节点，TTL值减1，当TTL值为0时，收到该帧的任意节点都将其从网上删除。

2. RPR的特点

结合上面介绍的RPR的工作原理可以看到RPR拥有以下的一些特点。

（1）传输带宽的有效利用。首先，正常情况下两个环都作为工作通道，大大节约了光纤资源。同时还保留了当出现环网故障时作为备份通道的特性。其次，在RPR中利用空间重用技术实现同一环上同时传输多个数据帧或不同环同一跨距上传输不同数据帧。如图9-9所示。

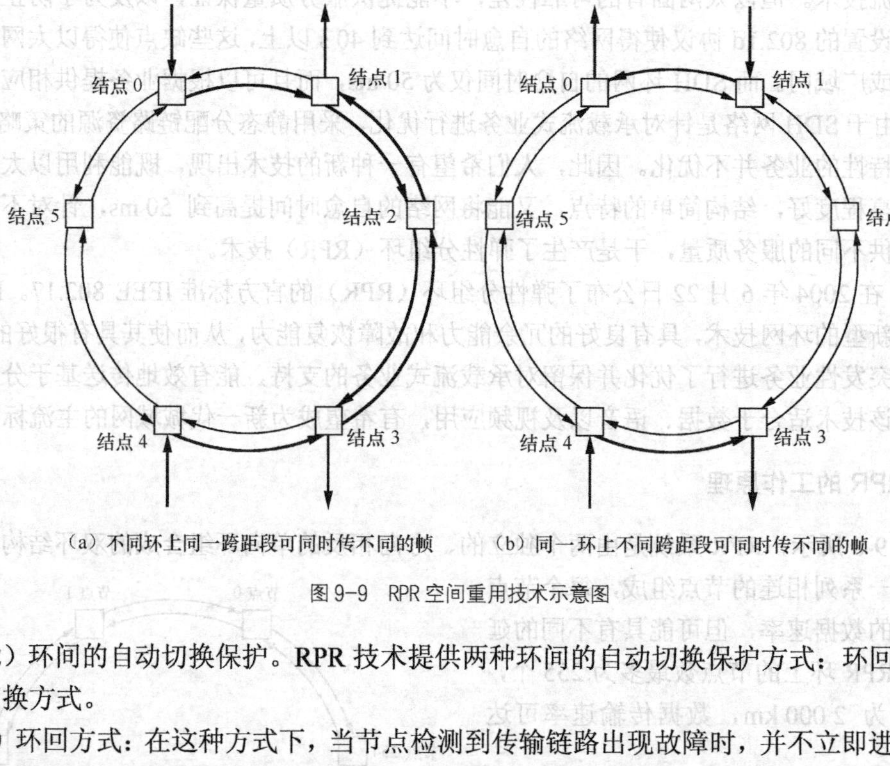

（a）不同环上同一跨距段可同时传不同的帧　（b）同一环上不同跨距段可同时传不同的帧

图9-9 RPR空间重用技术示意图

（2）环间的自动切换保护。RPR技术提供两种环间的自动切换保护方式：环回方式和源节点切换方式。

① 环回方式：在这种方式下，当节点检测到传输链路出现故障时，并不立即进行环保护切换，而是将帧继续向原环发送。当帧到达故障点（设备故障或传输介质故障）时，若此时故障点具有环回功能，则由故障点将帧进行环回，通过另一环进行传输。

② 源节点切换方式：在这种方式下，当节点检测到传输链路出现故障时，立即将进入本节点的数据帧通过另一环传输出去，而终止向故障环的数据帧发送。

两种方式各具有其自身的优缺点。环回方式在故障点具有环回功能时，结构简单，数据包丢失少，但占用带宽多。源节点切换方式的优缺点正好与环回方式相反。无论哪种方式，其切换时间均能达到50 ms。

（3）可靠的服务质量保证。RPR环网上的节点针对业务动态分配带宽，工作、业务、统计、复用共享带宽，不需要进行电路型的预指配。支持3种业务类型：A类、B类和C类。

A类：保证信息速率（CIR）业务，需要固定分配带宽。这种业务支持有保证的带宽、低时延、低时延抖动的应用，适合语音、视频、电路仿真业务的应用。对于这类业务RPR采用预留带宽的方式予以保证。

B类：支持有保证信息速率（CIR）和附加信息速率（EIR）。其中，CIR需要预分配带宽，而EIR并不预指派带宽而是通过公平算法动态获取带宽。B类业务对时延抖动要求低于A类，但仍然有指标要求。适合多种企业级的业务应用。对于这类业务中的有最低保证速率的业务采用带宽预留的方式，而对于附加流量，则自动参与公平算法。

C类：尽力传送业务。不分配带宽，不能保证数据传送速率、也不保证严格的时延抖动指标，适合IP业务的应用。对于这类业务则完全参与动态的带宽分配算法。

（4）自动拓扑发现。这个功能是RPR中各项主要功能的基础。在RPR中可以实现即插即用，RPR通过拓扑发现协议精确识别网中各节点以及节点间链路的状态及配置情况。每个节点都有一个拓扑数据库，共同维护整个环网的拓扑结构。在新节点加入，节点发生故障或删除时，节点将自动发送TP（Topology and Protection TP）帧。环上其他节点接收到这些帧并修改自己的拓扑数据库，一旦拓扑收敛，则当前拓扑立即生效。

9.3 宽带IP网络的传输技术

宽带IP网络的传输技术主要有3种：IP Over ATM，IP Over SDH和IP Over WDM。

9.3.1 IP Over ATM

ATM同时具有传统电信网络的实时性好、业务控制能力强的优点，以及具有传统分组交换网络动态数据业务支持范围广、适应能力强的优点。但由于其复杂的维护管理以及较高的费用，因此并不能取代现有的电信网络和计算机网络。目前在高速主干网方面，ATM占优势，而在局域网方面已经与各种应用相结合的领域，则是IP技术占有优势。因此，将ATM与IP技术相结合成为网络领域研究的重要课题。

表9-1所示为ATM技术与IP技术的特性比较，通过比较可以看出IP技术和ATM技术各有优缺点，若将两者结合起来，即将IP路由的灵活性和ATM交换的高效性结合起来，将给网络发展带来很大的推动。

表9-1　　IP与ATM的特性比较

特性	连接方式	最小信息单位	交换方式	路由方向	组播	QoS	成本	发展推动力
IP	无连接	可变长度分组	数据报方式	双向	多点到多点	没有，尽力而为	低	市场驱动
ATM	面向连接	53 byte	ATM方式	单向	点到多点	有，按业务提供	高	技术驱动

1. IP与ATM相结合的模型

实现ATM与IP相结合的基本思路是通过IP进行选路，利用ATM技术建立面向连接的传输通道，将IP封装在ATM信元中，IP分组以ATM信元形式在信道中传输和交换，从而使IP分组的转发速度提高到了交换的速度。目前有两种模式：集成模型和重叠模型。

（1）集成模型

集成模型的核心思路是：将ATM层看成IP层的对等层，把IP层的路由功能与ATM层的交换功能结合起来，使IP网络获得ATM的选路功能。在该模型中只使用IP地址和IP选路协议，不使用ATM地址与选路协议，即具有一套地址和一种选路协议，因此也不需要地址解析功能。通过另外的控制协议将三层的选路映射到二层的直通交换上。集成模型通常也采用ATM交换结构，但它不使用ATM信令，而是采用比ATM信令简单的信令协议来完成连接的建立。

集成模型将三层的选路映射为二层的交换连接，变无连接方式为面向连接方式，使用短的标记替代长的IP地址，基于标记进行数据分组的转发，因而速度快。其次集成模型只需一套地址和一种选路协议，不需要地址解析协议，将逐跳转发的信息传送方式变为直通连接的信息传送方式，因而传送IP分组的效率高。但它只采用IP地址和IP选路协议，因此与标准的ATM融合较为困难。

集成模型的实现技术主要有：Ipsilon公司提出IP交换（IP Switch）技术、Cisco公司提出的标记交换（Tag Switch）技术和IETF推荐的多协议标记交换（MPLS）技术。这些技术已在本章9.2节介绍。

（2）重叠模型

重叠模型的核心思路是：IP运行在ATM之上，IP选路和ATM选路相互独立，系统中运行两种选路协议：IP选路协议和ATM选路协议，IP的路由功能仍由IP路由器来实现。通过地址解析协议（ARP）实现介质访问控制（MAC）地址与ATM地址或IP地址与ATM地址的映射。

重叠模型使用标准的ATM论坛/ITU-T的信令标准，与标准的ATM网络及业务兼容。利用这种模型构建网络不会对IP和ATM双方的技术和设备进行任何改动，只需要在网络的边缘进行协议和地址的转换。但是这种网络需要维护两个独立的网络拓扑结构、地址重复、路由功能重复，因而网络扩展性不强、不便于管理、IP分组的传输效率较低。

重叠模型的实现方式主要有：Internet网络工程部（1ETF）推荐的IPOA、ATM Forum推荐的LAN仿真（LANE）和多协议MPOA等。下面我们就对采用重叠模型的IP OVER ATM作简要的介绍。

2. IP Over ATM的工作原理

IP Over ATM简称为IPOA，是早期利用ATM网络传输IP数据包的一种解决方案。在这种方案中，ATM作为IP的低层数据链路层，而应用层还是基于传统的IP。由于ATM网中没有广播功能，因此，传统的广播地址解析协议（ARP）被基于客户/服务器模式的ATM ARP协议所取代，同时将ATM网络分割成不同的逻辑IP子网(LIS)，每一个LIS中设置一个ATM ARP服务器（由ATM统一编址），负责本LIS中IP地址与ATM地址的映射。LIS之间通信仍需通过路由器来完成。

由于IPOA只是将ATM作为IP的低层数据链路层，因此其工作过程与IP网络中的工作过程类似，但在寻址及数据传输过程中稍有不同。

首先，要完成主机IP地址与ATM地址的映射。主机首次接入一个LIS时，先与该LIS中的ATM ARP服务器建立一个ATM虚连接，当ATM ARP服务器检测到新的连接后，向主机发送反向的ATM ARP（1n ATM ARP）请求，询问主机的IP和ATM地址，然后利用主机的应答信息建立ATM ARP服务器中的地址对应表，为随后的数据通信以及当其他客户需要通过ATM ARP请求作地址解析提供服务，到此主机完成了LIS的接入任务。为了保持IP—ATM地址映射表的有效性，ATM ARP服务器应定期对主机进行 1n ATM ARP 询问来更新服务器中地址映射表。ARP服务器与主机之间的连接可以通过PVC，也可以采用SVC方式。

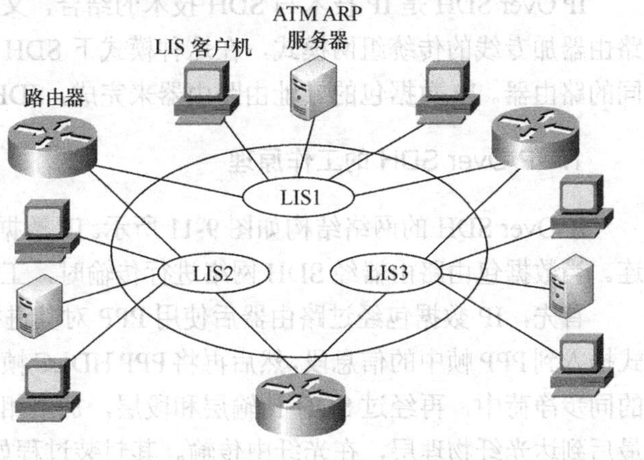

图9-10 IP Over ATM网络结构示意图

其次，当两个节点要进行数据传输时，分以下两种情况考虑，如图9-10所示。

（1）两个节点位于同一LIS。源IP节点利用地址解析ATM ARP得到对方的ATM地址，启动ATM信令建立到对方的虚连接。然后将IP数据包按照AAL5封装为ATM信元，通过建立好的VC传送到终点。目的主机接收到ATM信元后，拆掉封装，将数据传送到对应的高层实体，实现同一LIS中两个IP主机间的通信。

（2）两个节点位于不同的LIS（以两个LIS连接同一个路由器为例）。首先，源节点向它所在LIS中的ATM ARP服务器发出服务请求，以查询相应路由器的地址，然后建立源IP节点与路由器间的VC。在收到源IP节点发出的数据包后，路由器根据目的地址结合路由器内的路由列表，向目的IP节点所在LIS的ATM ARP服务器发出地址解析请求，以查询目的节点的地址，在此基础上建立路由器与目的IP节点间的VC，并转发数据包。在这个过程中需要建立两个VC，以实现两个IP站点经路由器的虚连接。对于数据来说，则经历了从IP数据包到ATM信元，再到IP数据包的转换。当源与目的节点间需通过多个路由器时，其转发过程类似，寻址过程由路由器来完成。

3. IP Over ATM的优缺点

通过对IP Over ATM工作原理的描述，可以得出传统的IP Over ATM具有如下的优缺点。

（1）优点：

① 由于ATM技术本身能提供QoS保证，因此可利用此特点提高IP业务的服务质量；

② 具有良好的流量控制均衡能力以及故障恢复能力，网络可靠性高。

（2）缺点：

① 由于ATM本身技术复杂，导致整个系统结构复杂，开销大；

② 各LIS间不能进行直接通信，需借助于网桥或路由器，因而存在传输瓶颈和附加传输时延问题。

9.3.2 IP Over SDH

SDH主要应用在通信网的主干网络上，具有容量大，成本较低，可靠性高和稳定性好等特点，将它与 IP 技术结合将能极大地提高 IP 网络的传输性能。

IP Over SDH 是 IP 技术与 SDH 技术的结合，又称为 Packet Over SDH（POS）。其实质是路由器加专线的传统组网模式，在这种模式下 SDH 网络作为 IP 数据网的传输网络，连接不同的路由器。IP 数据包的寻址由路由器来完成，SDH 网为 IP 数据包提供点到点的链路连接。

1. IP Over SDH 的工作原理

IP Over SDH 的网络结构如图 9-11 所示。IP 数据网络通过路由器与 SDH 网络的 ADM 相连。当数据包由路由器经 SDH 网络进行传输时，工作过程如下。

首先，IP 数据包经过路由器后使用 PPP 对其进行封装，把 IP 数据包按照 HDLC 的帧格式插入到 PPP 帧中的信息段，然后再将 PPP HDLC 帧由 SDH 通道层的业务适配器映射到 SDH 的同步净荷中，再经过 SDH 传输层和段层，加上相应的开销，把净荷装入一个 SDH 帧中，最后到达光纤物理层，在光纤中传输。其封装过程如图 9-12 所示。

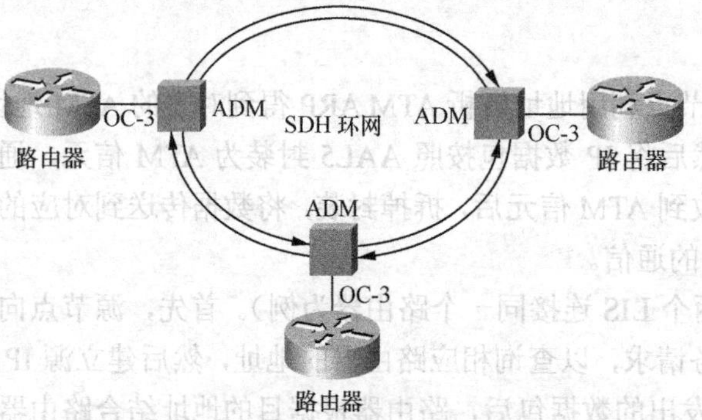

图 9-11 IP Over SDH 网络结构示意图

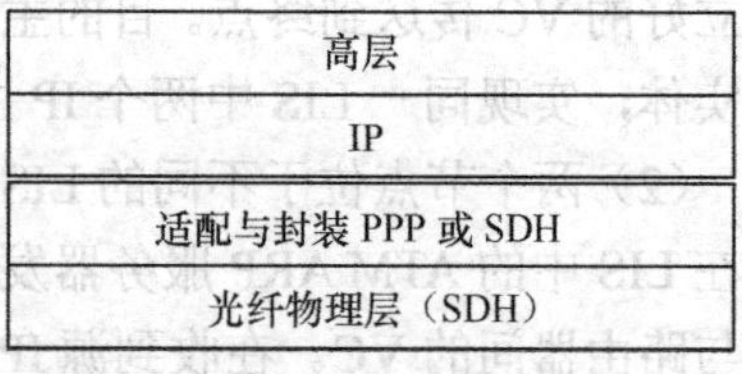

图 9-12 IP Over SDH 封装过程

在 IP/PPP/HDLC/SDH 中，使用的基于 HDLC 的帧定界协议存在一些问题，主要表现在用户使用 HDLC 帧时，需要监视每一个输入、输出字节。当用户数据字节的编码与标志字节相同时，需要进行填充/去填充操作，这种填充/去填充操作使实现变得复杂，引起带宽管理问题。为此，朗讯公司提出了简化数据链路协议 SDL。SDL 协议可使用户对同步或异步传送的可变长的 IP 数据包进行高速定界，可适用于 OC-48/STM-16 以上速率的 IP Over SDH。SDL 的帧格式如图 9-13 所示，SDL 帧由数据字段长度指示符、QoS 字段、CRC 字段、用户数据字段等部分组成。

数据字段长度指示符（16 bit）	QoS（4 bit）	CRC（4 bit）	用户数据字段（可变长度）

图 9-13 SDL 帧格式

（1）数据字段长度指示符：16bik，用来指示数据字段的长度。

（2）QoS 字段：4bik，用于支持 QoS 和复用功能。

（3）CRC 字段：4bik，用来校验 SDL 帧头。

（4）用户数据字段：长度可变，用来承载用户数据。

SDL 协议主要应用于点到点的 IP 传送，可以用于任何类型的数据包（如 IPv4、IPv6 等）。

与 HDLC 相比，SDL 更容易应用于高速链路，并且可能提供链路层的 QoS。

由于 IP Over SDH 是以 SDH 作为 IP 业务的传输承载平台，因此 IP Over SDH 可以使用的 2 Mbit/s、45 Mbit/s、155 Mbit/s、622 Mbit/s 甚至 2.5 Gbit/s 以上的接口。在采用 IP Over SDH 的数据网络中影响网络传输速度的因素主要是由路由器的性能来决定。

2. IP Over SDH 的优缺点

（1）优点

① 直接将 IP 数据包映射到 SDH 帧中，简化了 IP 网络体系结构，降低了运行费用，提高了数据传输效率。

② 保留了 IP 网的无连接特性，易于兼容各种不同的技术体系和实现网络互联，适应性强。

③ 充分利用 SDH 技术所带来的自愈时间短，网络可靠性高等特点。

（2）缺点

① 仅对 IP 业务提供好的支持，不适用于多业务平台。

② 不能像 IP Over ATM 技术那样提供较好的服务质量保障（QoS）。

9.3.3 IP Over DWDM

IP Over DWDM 是将 IP 技术与密集波分复用（DWDM）技术相结合的一种宽带 IP 骨干网技术。DWDM 是基于光纤的密集波分复用技术，而光纤能够提供非常宽的网络带宽，因此，IP Over DWDM 能够极大地扩展现有的网络带宽，最大限度地提高线路利用率，为 Internet 上开展更多的多媒体业务提供一个良好的网络平台。

1. IP Over DWDM 的基本概念及工作原理

密集波分复用（DWDM）是波分复用（WDM）的一种，是在一根光纤中同时传输多个波长光信号的光波复用技术。在第 8 章已经就其概念及工作原理进行了介绍。IP Over DWDM 也称为光 Internet，是由高性能的 DWDM 设备以及高性能路由器或三层交换机组成的数据通信网。其实质就是利用密集波分复用技术将三层 IP 数据包直接映射到光路上进行传输，省去了 ATM 层和 SDH 层，是一个真正的数据链路层数据网，可以通过指定波长作旁路或直通连接。由于使用了指定的波长，结构更灵活，并具有向光交换和全光选路结构转移的可能。

构成 IP Over DWDM 网络的部件有：激光器、光纤、光放大器、DWDM 光耦合器、光分插复用器（OADM）、光交叉连接器（OXC）、光转发器、高速路由器等。IP Over DWDM 的网络结构如图 9-14 所示，图中 IP Over DWDM 环网中路由器通过光分插复用器（OADM）、DWDM 终端复用器、ATM 交换机或 SDH 网络的 ADM 相连。不同的 DWDM 环网间通过光交叉连接设备（OXC）互连。OADM 允许不同光网络的不同波长信号在不同的地点分插复用。整个网络支持传统的语音、ATM、SDH、IP 等多种业务。

IP Over DWDM 网络体系结构从上而下可分为 IP 层和光层，如图 9-15 所示。IP 层产生 IP 数据包，并负责对 IP 数据包的封装、分组定界、差错检测、服务质量控制等。光层又分为光通道子层、DWDM 光复用段子层和 DWDM 光传输段子层。光通路子层负责为多种形式的用户提供端到端的透明传输，包括数字客户适配、带宽管理和接续确认等功能。DWDM 光复用段子层负责提供同时使用多波长传输光信号的能力，包括带宽复用、线路故障分段、保护切换及传送网维护功能等。DWDM 光传输段子层负责提供使用多种不同规格光纤来传输信号的能力，包括高速传输和光放大器故障分段等功能。

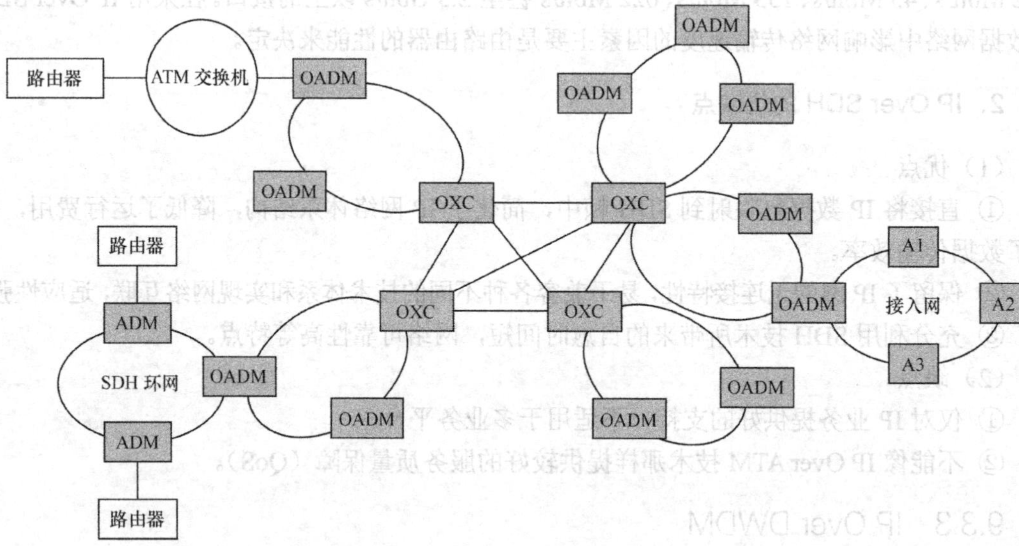

图 9-14 IP Over DWDM 网络结构示意图

目前，数据包在 IP Over DWDM 网络中传输时采用的帧格式主要有以下两种。

（1）SDH 帧格式。若网络中采用 SDH 再生设备和转发器时，来自路由器的 IP 分组必须装放在 SDH 帧内。此种格式下报头载有信令和足够的网络管理信息，便于网络管理。但比较而言，在路由器接口上针对 SDH 帧的拆装分割处理耗时，影响网络吞吐量和性能，且采用 SDH 帧格式的转发器和再生器造价昂贵。

图 9-15 IP Over DWDM 网络体系结构图

（2）吉比特以太网帧格式。目前，在局域网中主要采用吉比特以太网帧结构。此种格式下报头包含的网络状态信息不多，但由于没有使用一些造价昂贵的再生设备，因而成本相对较低。由于使用的是“异步”协议，故对抖动和定时不像 SDH 那样敏感，只要控制好，就不会有明显的分组丢失。另外，吉比特以太网设备成本也较低。

2. IP Over DWDM 的优缺点

（1）优点

① 充分利用光纤的带宽资源，极大地提高了带宽和相对传输速率。

② 对传输码率、数据格式及调制方式透明，可传送不同码率的 ATM、SDH 和吉比特以太网格式的业务。

③ 不仅可与现有通信网络兼容，还可以支持未来宽带业务网及进行网络升级，具有可推广性和高度生存性等特点。

（2）缺点

① WDM 系统的网络管理应与所传输信号的网管分离，但在光域上加上开销和光信号

的处理技术还不完善，从而导致WDM系统的网络管理尚不成熟。

② 目前，WDM系统的网络拓扑结构只基于点对点方式，还未形成“光网”。

练习题

一、填空题

1. IP交换机由________和________组成。
2. MPLS支持的数据链路层协议有________________________________。
3. IP与ATM结合的模型有________和________两类。
4. IP Over SDH网中，路由器通过________与SDH网相连。

二、名词解释

1. 空间重用
2. MPLS
3. 标记

三、简答题

1. 简述RPR的工作原理。
2. 简述IP Over DWDM的工作过程。

四、综述题

试比较3种宽带数据交换技术的优缺点。

第10章 用户接入网

随着各种通信业务的迅速发展，用户不仅要求利用电话业务，还要求接入计算机数据、传真、电子邮政、图像、有线电视等多媒体服务，解决如何将多种业务综合传送到用户的方法就是建设宽带用户接入网。

10.1 接入网的定义

国际电联电信标准化部门（ITU-T）关于接入网的框架建议（G.902）和我国的接入网体制描述了接入网功能结构、接入类型、业务节点及网络管理接口等相关内容，使接入网有了一个较为公认的定义。根据 G.902 建议和我国的接入网体制，接入网是由有业务节点接口（SNI）和相关用户网络接口（UNI）组成的，为传送电信业务提供所需承载能力的系统，经 Q 接口进行配置和管理。

1. 接入网的定义

从整个电信网的角度，可以将全网划分为公用电信网和用户驻地网（Customer Premises Network，CPN）两大块，其中 CPN 属用户所有，故通常电信网指公用电信网部分。公用电信网又可划分为三部分，即长途网（长途端局以上部分）、中继网（即长途端局与市话局之间以及市话局之间的部分）和接入网（即端局至用户之间的部分）。目前国际上倾向于将长途网和中继网合在一起称为核心网（Core Network，CN）或转接网（Txansit Network，TN），相对于核心网的其他部分则统称为接入网（Access Network，AN）。接入网主要完成将用户接入到核心网的任务。可见，接入网是相对核心网而言的，接入网是公用电信网中最大和最重要的组成部分。图 10-1 所示的是电信网的基本组成，从图中可清楚地看出接入网在整个电信网中的位置。

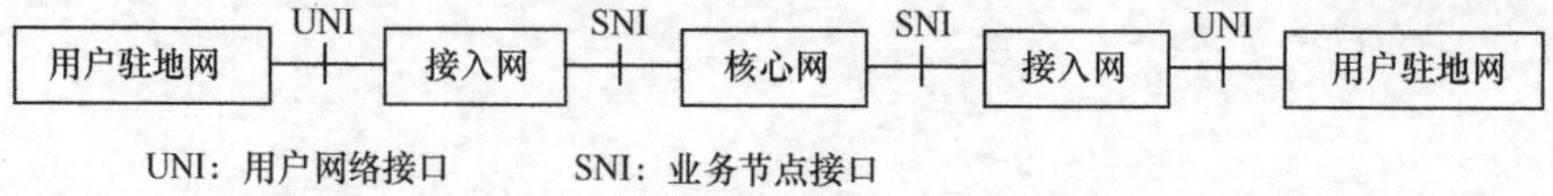

图 10-1 电信网的基本组成

按照 ITU-T G.902 的定义，接入网（AN）是由业务节点接口（Service Node Interface，SNI）

和相关用户网络接口（User Network Interface，UNI）之间的一系列传送实体（诸如线路设施和传输设施）所组成的，它是一个为传送电信业务提供所需传送承载能力的实施系统。接入网可以经由 Q3 接口进行配置和管理。

2．接入网的定界

在电信网中，接入网的定界如图 10-2 所示。接入网所覆盖的范围可由三个接口来定界，即网络侧经由（业务节点接口 SNI）与业务节点（Service Node，SN）相连，用户侧经由 UNI 与用户相连，管理侧经 Q3 接口与电信管理网（Telecommunications Management Network，TMN）相连。

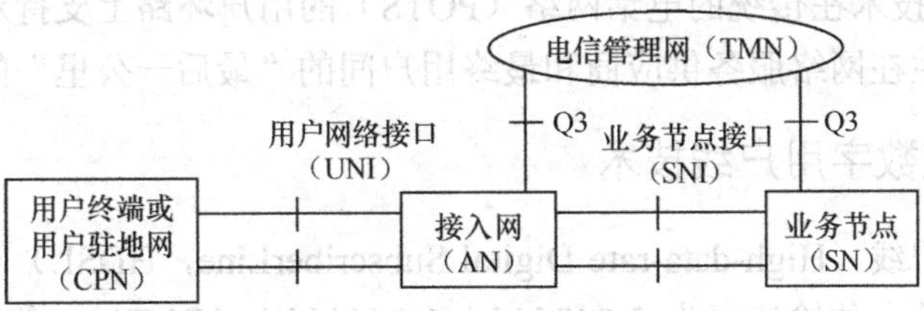

图 10-2 接入网的定界

业务节点（SN）是提供业务的实体，可提供规定业务的业务节点有本地交换机、租用线业务节点或特定配置的点播电视和广播电视业务节点等。

业务节点接口（SNI）是接入网（AN）和业务节点（SN）之间的接口。如果 AN-SNI 侧和 SN-SNI 侧不在同一个地方，可以通过透明传送通道实现远端连接。通常，接入网（AN）需要支持大量的 SN 接入类型，SN 主要有下面三种情况：仅支持一种专用接入类型；可支持多种接入类型，但所有接入类型支持相同的接入承载能力；可支持多种接入类型，而且每种接入类型支持不同的承载能力。按照特定 SN 类型所需要的能力，以及根据所选接入类型、接入承载能力和业务要求，可以规定合适的 SNI。支持单一接入的标准化接口主要有提供综合业务数字网（Integrated Service digital Network，ISDN）基本速率（2B+D）的 V1 接口和一次群速率（30B+D）的 V3 接口。支持综合接入的接口目前有 V5 接口，包括 V5.1 和 V5.2 接口。

用户网络接口（UNI）是用户和网络之间的接口。在单个 UNI 的情况下，ITU-T 所规定的 UNI（包括各种类型的公用电话网和 ISDN 的 UNI）应该用于接入网中，以便支持目前所提供的接入类型和业务。

接入网与用户间的 UNI 接口能够支持目前网络所能提供的各种接入类型和业务，但接入网的发展不应限制在现有的业务和接入类型。通常，接入网对用户信令是透明的，不作处理，可以看作是一个与业务和应用无关的传送网。通俗地看，接入网可以认为是网路侧 V（或 Z）参考点与用户侧 T（或 Z）参考点之间的机线设施的总和，其主要功能是复用、交叉连接和传输，一般不含交换功能（或含有限交换功能），而且应独立于交换机。

接入网的管理应纳入电信管理网（TMN）范畴，以便统一协调管理不同的网元。接入网的管理不但要完成接入网各功能块的管理，而且要完成用户线的测试和故障定位。

10.2 xDSL 接入网

在有线接入网中，常用的传输介质包括双绞线、同轴电缆、光缆等几种。目前大部分接入网仍是铜缆，而且这种状况还将持续相当长的时间。与此同时，用户对宽带业务的需要不断增长，使现有用户环路所承受的压力越来越大。在这种形势下，便产生了许多基于铜缆的接入网新技术。

数字用户线路（Digital Subscriber Line，DSL）是以双绞线铜缆（即电话线）为传输介质的点对点传输技术。DSL 技术包含几种不同的类型，它们通常称为 xDSL，其中 x 将用标识性字母代替。DSL 技术在传统的电话网络（POTS）的用户环路上支持对称和非对称传输模式，解决了经常发生在网络服务供应商和最终用户间的"最后一公里"的传输瓶颈问题。

10.2.1 高速数字用户线技术

高速率数字用户线（High-data-rate Digital SubscriberLine，HDSL）利用两对双绞线实现数据的双向对称传输，传输速率为 2 048 kbit/s/1 544 kbit/s（E1/T1），使用 24 美国线缆规程（American Wire Gauge，AWG）双绞线（相当于 0.51 mm）时传输距离可以达到 3.4 km，可以提供标准 E1/T1 接口和 V.35 接口。因为 HDSL 的传送速率刚好与 T1 管线的速率相匹配，所以北美本地电信局在可能的情况下、使用该技术提供本地接入 T1 业务。

（1）HDSL 技术特点

① 可在现成的无加感线圈的双绞铜线对上以全双工方式传输 1.544 Mbit/s 和 2.048 Mbit/s 数据信息。

② HDSL 采用先进的电子技术，具备有 DSP 的超大规模专用 IC 芯片，可以均衡各种频率的线路衰减，并且使用了回波抵消技术来减少串音，比一般的调制解调器更具有适应性。

③ HDSL 具有可靠的传输特性，能够在 2 对线 HDSL 系统中的 1 对铜双绞线上实现高达 768 kbit/s 的双向高速传输速率，其吞吐量为基本 ISDN 的 6 倍。

④ HDSL 信号同其他数字信号和普通电话信号互不干扰。

（2）HDSL 的优点

① 不需要加装中继器及其他相应的设备。

② 不必拆除线对原有桥接配线。

③ 不需要仔细挑选线对，或把各 T_1/E_1 线对安排在不同的屏蔽束内。

④ 提高了运行可靠性和传输质量。

总之，使用 HDSL 系统可以降低工程的初期投资及安装维护成本，施工工期大大缩短，铺设一条 T_1/E_1 线路只需要几天时间，可向用户及时提供服务。

（3）HDSL 的应用

HDSL 的应用范围很广，可以应用于公用网和专用网。HDSL 技术的一个关键特点就是提供对称的带宽，即上行和下行速率是一样的，这使得它们在那些需要对称速率的环境下能够得到最广泛的应用。也就是说，HDSL 技术更适合于商业应用，常见的 HDSL 的应用有以下几种。

① 企业的综合业务。企业需要综合的语音和数据业务。对于中小企业来说，HDSL 为它

们提供了一个经济实用的解决方案。

② 专用 T1 线路。它用来连接到企业所在地的视频会议线路或者帧中继/ATM 线路。

③ 视频会议系统。对于 HDSL 来说，能够进行高质量的视频会议数据传输。

④ 局域网互连。HDSL 的对称带宽可支持较远距离的企业局域网进行互连。

⑤ 居家办公（SOHO）。对于居家办公来说，由于要经常上传一些文件，因此 HDSL 就成为一种合适的选择。

综上所述，HDSL 技术以它较高的传输速率和较远的传输距离，解决了企业网中的一些不便敷设光缆的边远地区与企业网的连接问题，越来越受到人们的关注。当然，在企业网中，目前主要还是以光纤网络为骨干网络，采用以太网技术为主流技术，HDSL 技术作为一种辅助手段和补充技术，使得企业计算机网络系统更加完善。在企业计算机网络系统的建设中，HDSL 技术以其经济实用的特点，已成为企业计算机网络系统不可缺少的一部分。

10.2.2 第二代 HDSL——HDSL2

尽管现在铜原料的价格可能很低，但安装新型铜设施的成本却比原来高。这就意味着电信公司必须尽可能地利用其现有的铜制基础设施。使用 1 对线对于厂家来说可以得到直接的好处。在这种背景下便产生了 HDSL2。

HDSL2 是在 HDSL 技术的基础上开发出的第二代高速率数字用户线，可以在单对铜双绞线上实现 T1/E1 传输。它主要是由美国 ANSITIEI1.4 委员会在 ADC 通信公司、Adtran 公司、Levelone 公司和 Pair Gain 技术公司等设备商的支持下研制开发的。

对于大多数电话公司来说，利用其现有的铜基础设施的解决办法是采用高比特率数字用户线路（HDSL）或更新的两线（HDSL2）。作为一种广泛采用的对称 DSL 服务，HDSL 能够在两条双绞线上提供全面的 T1 服务，即实现双向 1.5Mbit/s 传输。与此相比，HDSL2 只使用 1 条双绞线就提供了相同水平的服务。所以中小型企业有望看到电信公司使用 HDSL2 作为 T1 的替代技术，它将实现更经济的部署。

通过将线路编码从 2B1Q 变成具有频谱整形功能的 TC PAM 后，HDSL2 不仅提供在载波服务环路上使用一个铜线对的全面 T1 服务，而且还能够消减由于和其他的 DSL 共存而产生的噪音。由于它只使用两条线，所以 HDSL2 消耗的铜资源只有 4 线的 HDSL 的一半。

当然，HDSL2 也可以使电信公司利用现有铜设施部署高速数据服务。这意味着服务提供商不必投入时间和资金用光缆来替换铜线，特别是对于那些已经向铜设施投入巨额资金并且需要不断升级服务的地方，HDSL2 无疑是最好的解决方案。

另外，与 HDSL 一样，HDSL2 的端到端延时必须小于 500 μs。换句话说，带宽和延迟效应（导线的传播延迟和 HDSL 成帧的处理延迟）加在一起必须小于 0.5 ms。为了减小延迟，可通过减小 HDSL2 语音通信时的远端回波来实现。如果需要在“普通”HDSL 中的一对线上运行全速率的 T1 或 E1，可以采用的一种方法就是在 HDSL 帧中加入一些前向纠错（Forward Error Correction，FEC）控制。这些额外的比特既可以在 HDSL 帧中检测到一些错误，也可以纠正一些错误。然而，在 HDSL2 设备中加入 FEC 功能会增加端到端延时。

10.2.3 非对称数字用户线技术

非对称数字用户线（Asymmetric Digital Subscriber Line，ADSL）是 xDSL 系列中应用比

较成熟的一种。ADSL 是一种通过现有普通电话线为家庭、办公室提供宽带数据传输服务的技术。其最远传输距离可达 3～5 km，下行传输速率最高可达 6～8 Mbit/s，上行最高 768 kbit/s，速度比传统的 56 kbit/s 模拟调制解调器快 100 多倍，这也是传输速率达 128 kbit/s 的窄带 ISDN 所无法比拟的。

（1）ADSL 技术特点

① ADSL 技术可以充分利用现有的电话线网络，在线路两端加装 ADSL 调制解调器，为用户提供高宽带服务。安装 ADSL 也极其方便快捷。在现有的电话线上安装 ADSL，除了在用户端安装 ADSL 调制解调器外，不用对现有线路做任何改动。ADSL 设备随用随装，无须进行严格业务预测和网路规划，施工简单，时间短，系统初期投资小。

② ADSL 能够在现有的普通电话线上提供高达 1.5～9.0 Mbit/s 的高速下行速率，远高于 ISDN 速率；而上行速率为 16 kbit/s～1 Mbit/s，传输距离达 3～5 km。这种技术固有的非对称性非常适合于 Internet 浏览，因为浏览 Internet 网页时往往要求下行信息比上行信息的速率更高。

③ 改进的 ADSL 具有速率自适应功能。这样就能在线路条件不佳的情况下，通过调低传输速率来实现"始终接通"。

④ ADSL 可以与普通电话共存于一条电话线上，在一条普通电话线上接听、拨打电话的同时也可进行 ADSL 传输，两者互不影响。

⑤ 用户通过 ADSL 接入宽带多媒体信息网和 Internet，同时可以收看影视节目，举行一个视频会议，以很高的速率下载文件，还可以在这同一条电话线上使用电话而又不影响以上所说的其他活动。

随着 ADSL 技术的发展，"ADSL 论坛"及一些标准机构正将 ADSL 速率提高到 52 Mbit/s，甚至 155Mbit/s，即高速 ADSL 技术（VADSL），用于接入网中最后一段的连接。依据不同的接入距离，VADSL 技术的下行速率可达 13 Mbit/s、26 Mbit/s、52 Mbit/s 及 155 Mbit/s，上行速率可达 1.5～2 Mbit/s。但其传输距离只有 100 m（155 Mbit/s）～1 km（13 Mbit/s），只能为用户提供最后一段的接入，或用于局域网内的连接。

（2）基于 ADSL 技术的接入参考模型

基于 ADSL 技术的宽带接入网模型主要由局端设备和用户端设备组成，包括局端设备（DSL Access Multiplexer，DSLAM）、用户端设备、语音分离器、网管系统。局端设备与用户端设备完成 ADSL 频带的传输、调制解调，局端设备还完成多路 ADSL 信号的复用，并与骨干网相连。语音分离器是无源器件，停电期间普通电话可照样工作，它由高通和低通滤波器组成，其作用是将 ADSL 频带信号与语音频带信号合路与分路。这样，ADSL 的高速数据业务与语音业务就可以互不干扰。基于 ADSL 技术的接入参考模型如图 10-3 所示。

（3）ADSL 技术的应用

① Internet 快速接入，直行速率达 7.1 Mbit/s，比普通电话线快 200 倍，更可以在公司局域网内集体使用。

② 视频点播（Video On Demand，VOD）、网上游戏、交互电视、网上购物等宽带多媒体服务。

③ 远程 LAN 接入、远地办公室、远程医疗、远程教学、远地可视会议、体育比赛现场传送等。

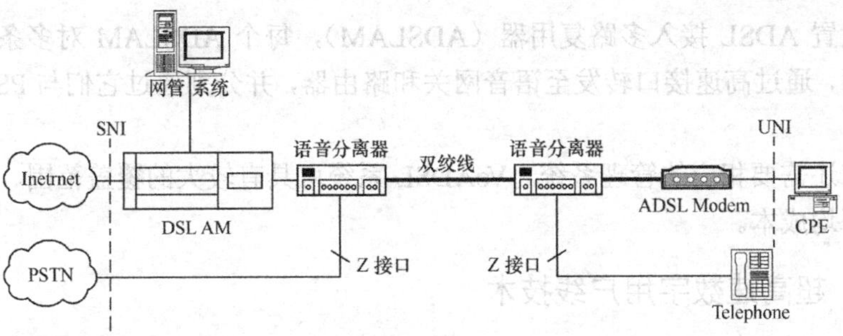

图 10-3 基于 ADSL 技术的接入参考模型

10.2.4 VoADSL 技术

ADSL 的一个最新发展趋势是 DSL 系统承载语音（Voice over ADSL，VoADSL 或 VoDSL）。其基本思路是在用户侧增加一个网关设备，又称综合接入设备，与 DSL 线路相连，同时作为电路交换和分组交换的转换设备，可以在原模拟语音业务不变的情况下，再提供 8～20 条数字语音通路，还能提供以太网接口乃至 Home PNA 和机顶盒接口。该技术的出现更加强化了 ADSL 对小企业应用的性能价格比优势，并对 ISDN 业务造成巨大冲击。VoADSL 已不仅是一项新的传送技术，还将可能成为中小企业的主要分组语音技术。

VoADSL 有以下多种传输方案：

（1）Voice -over Bit-Pipe of ADSL；

（2）Voice over STM over ADSL；

（3）Voice over ATM over ADSL；

（4）Voice over IP over ATM over ADSL；

（5）Voice ever IP over STM over ADSL。

VoADSL 中的一个突出问题是时延问题，例如 IP 或 ATM 的分组时延、ADSL 中 Bit-Pipe 同步过程产生的传输时延等，这些时延有的已获解决，有的尚待解决。

VoADSL 的接入方案示例如图 10-4 所示。该方案在用户侧设置了综合接入设备 IAD，每个 IAD 向用户提供 48 条数字语音线或多个模拟 POTS 端口，还可提供一个以太网接口和机顶盒接口。

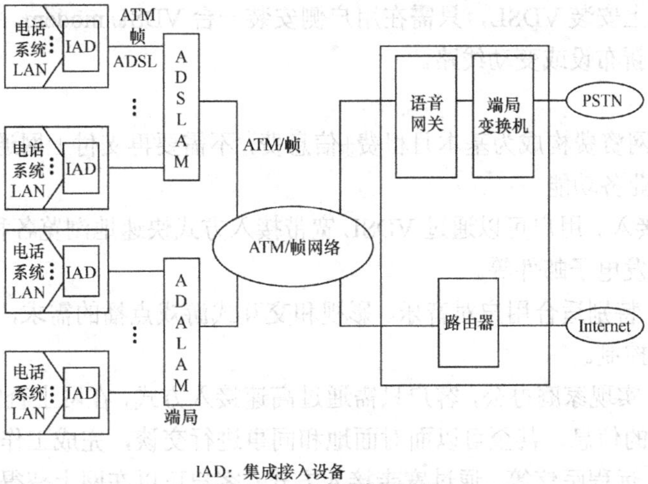

图 10-4 VoAOSL 接入方案示例

在端局设置 ADSL 接入多路复用器（ADSLAM），每个 ADSLAM 对多条用户线送来的信号进行复用，通过高速接口转发至语音网关和路由器，并分别通过它们与 PSTN 和 Internet 相连。

VoADSL 还需要相应的管理系统。VoADSL 系统可具有较大的覆盖范围、较大的承载容量和较低的平均成本。

10.2.5 超高速数字用户线技术

鉴于现有 ADSL 技术在提供图像业务方面的带宽十分有限以及经济上的成本偏高的弱点，人们又进一步开发出了一种称为超高速数字用户线（VDSL）的系统。VDSL 技术类似于 ADSL，但是它所传输的速率几乎要比 ADSL 高 10 倍。VDSL 速率大小取决于传输线的长度，最大下行速率可达 55 Mbit/s，上行速率可达 19.2 Mbit/s。此技术可在较短的距离上提供极高的传输速率。

（1）VDSL 的技术特点。

① 高速传输

VDSL 下行速率的大小取决于传输线的长度，目前最大下行速率为 51～55 Mbit/s，长度不超过 300 m，13 Mbit/s 以下的速率可传输距离为 1.5 km 以上。这样的传输速率可扩大现有铜线传输容量达 400 倍以上。一般下行速率为 13～55 Mbit/s，传输距离不超过 1.5 km。目前可提供 10 Mbit/s 上、下行对称速率。

② 上网、打电话互不干扰

VDSL 数据信号和电话音频信号以频分复用原理调制于各自频段互不干扰。您上网的同时可以拨打或接听电话，避免了拨号上网时不能使用电话的烦恼。

③ 独享带宽、安全可靠

VDSL 利用中国电信深入千家万户的电话网络，先天形成星形结构的网络拓扑构造，骨干网络采用中国电信遍布全城全国的光纤传输，您独享 10 Mbit/s 带宽，信息传递快速可靠安全。

④ 安装快捷方便

在现有电话线上安装 VDSL，只需在用户侧安装一台 VDSL modem。最重要的是，你无需为宽带上网而重新布设或变动线路。

⑤ 价格实惠

VDSL 业务上网资费构成为基本月租费+信息费，不需要再支付上网通信费（即电话费）。

（2）VDSL 的业务功能

① 高速数据接入。用户可以通过 VDSL 宽带接入方式快速地浏览各种互连网上的信息、进行网上交谈、收发电子邮件等。

② 视频点播。特别适合用户对音乐、影视和交互式游戏点播的需求，还可根据用户的个性化需要进行随意控制。

③ 家庭办公。实现家庭办公，客户只需通过高速接入方式，在网上查阅自己企业（单位）信息库中您所需要的信息，甚至可以面对面地和同事进行交谈，完成工作任务。

④ 远程教学、远程医疗等。通过宽带接入方式，客户可以在网上获得图文并茂的多媒体信息，或与老师、医生进行随时交流、探讨。

10.3 光纤接入网

光纤接入网是指采用光纤传输技术的接入网，一般指本地交换机与用户之间采用光纤或部分采用光纤通信的接入系统。按照用户端的光网络单元（ONU）放置的位置不同又划分为FTTC（光纤到路边）、FTTB（光纤到楼）、FTTH（光纤到户）等。因此光纤接入网又称为FTTx接入网。

光纤接入网的产生，一方面是由于Internet的飞速发展促进了市场迫切的宽带需求，另一方面得益于光纤技术的成熟和设备成本的下降，这些因素使得光纤技术的应用从广域网延伸到接入网成为可能，目前基于FTTx的接入网已成为宽带接入网络的研究、开发和标准化的重点，并将成为未来接入网的核心技术。

10.3.1 光纤接入网概述

1．光接入网的参考配置和功能结构

光接入网（OAN）为共享相同网络侧接口并由光传输系统所支持的接入链路群，有时称之为光纤环路系统（FITL）。从系统配置上可以分为无源光网络（PON）和有源光网络（AON），如图10-5所示。

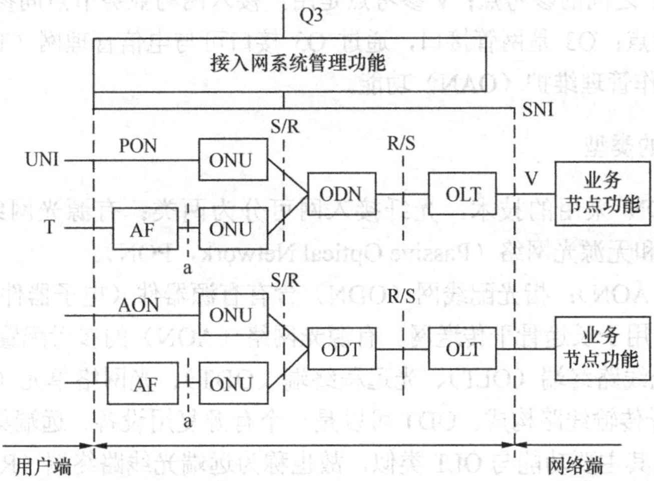

ODN-光配线网络 OLT-光线路终端 ONU-光网络单元 ODT-光远程终端
UNI-用户网络接口 SNI-业务节点接口 AF-适配功能 S-光发送参考点
R-光接收参考点 V-与业务节点间的参考点 T-与用户终端节点间的参考点
a-AF与ONU间的参考点

图10-5 光纤接入网的功能参考配置

下面介绍几个主要功能结构的作用。

（1）光线路终端：光线路终端（OLT）为光接入网提供至少一个与本地交换机的接口。OLT可以直接设在本地交换机处，也可以设置在远端，与远端集中器或复用器接口，分离交换和非交换业务，管理来自光网络单元的信令和监控信息，为ONU及本身提供维护和供给功能。其功能框图如图10-6所示。

（2）光配线网：光配线网（ODN）为OLT和ONU提供光传输手段，完成光信号功率的分配。ODN是由无源光器件（诸如光纤光缆、光连接器、光分路器和波分复用器等）组成的纯无源光配线网，其拓扑结构一般为树形、星形及总线型。

（3）光网络单元：光网络单元（ONU）提供用户侧通往ODN的光接口。其网络侧是光接口，而用户是电接口，因此光网络单元需有光/电和电/光转换功能，还要完成对语音信号的数/模和模/数转换、复用、信令处理和维护管理功能。ONU的结构功能框图如图10-7所示。

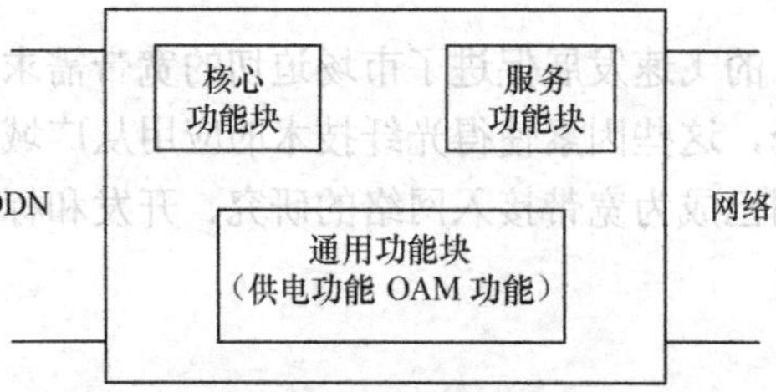

图10-6 OLT功能框图

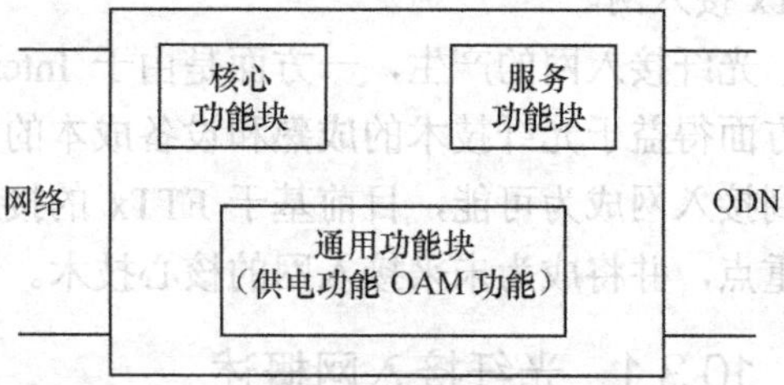

图10-7 ONU功能框图

（4）适配功能：适配功能（AF）为ONU和用户设备提供适配功能，具体物理实现既可以包含在ONU内，也可以完全独立。以FTTC为例，ONU与基本速率NT1（相当于AF）在物理上是分开的。当ONU与AF独立时，AF还要提供在最后一段引入线上的业务传送功能。

图10-16中，发送参考点S是紧靠在发送机（ONU或OLT）光连接器前的光纤点；a参考点是ONU与AF之间的参考点；V参考点是用户接入网与业务节点间参考点；T参考点是用户网络接口参考点；Q3是网管接口，通过Q3接口可与电信管理网（TMN）相连，TMN实施对OAN的操作管理维护（OAN）功能。

2．光接入网的类型

一般按照ODN采用的技术，光纤接入网可分为两类：有源光网络（Active Optical Network，AON）和无源光网络（Passive Optical Network，PON）。

有源光网络（AON）：指光配线网（ODN）含有有源器件（电子器件、电子电源）的光网络。该技术主要用于长途骨干传送网。有源光网络（AON）的参考配置见图10-16中的下半部分，主要由光线路终端（OLT）、光远程终端（ODT）、光网络单元（ONU）、适配功能单元（AF）和光纤传输线路构成。ODT可以是一个有源复用设备、远端集线器（HUB），也可以是一个环网，其主要功能与OLT类似，故也称为远端光线路终端（ROLT）。

无源光网络（PON）指ODN不含有任何电子器件及电子电源，ODN全部由光分路器（Splitter）等无源器件组成，不需要贵重的有源电子设备。无源光网络（PON）的参考配置见图10-16中的上半部分，从业务节点接口（V接口）到用户网络接口（T接口）称为无源光接入链路。

AON与PON的主要区别在于PON对各种业务是透明的，易于升级扩容，便于维护管理，缺点是OLT和ONU之间的距离和容量受到限制。AON的传输距离和容量大大增加，易于扩展带宽，运行和网络规划的灵活性大，不足之处是有源设备需要供电、机房等。如果综合使用两种网络，优势互补，就能接入不同容量的用户。

目前，用户网光纤化的途径主要有两个：在现有电话铜缆用户网的基础上，引入光纤传输技术改造成光接入网；在现有有线电视（CATV）同轴电缆网的基础上，引入光纤传输技术使之成为光纤/同轴混合网（HFC）。

10.3.2 有源光网络

根据接入网室外传输设施中是否含有源设备，光纤接入网（OAN）又可以划分为无源光网络（PON）和有源光网络（AON）。本节主要介绍有源光网络的基本概念。

有源光网络（AON）或称有源光纤接入网，是指从局端设备到用户分配单元之间均用有源光纤传输设备，即光电转换设备、有源光电器件以及光纤等。目前有代表性的 AON 有光纤用户环路载波，灵活接入系统，以及 PDH/SDH 的 IDLC 接入网。

光纤用户环路载波采用光纤作为传输介质，应用脉冲编码调制（PCM）技术和光纤传输技术在一对光纤上复用数百路到上千路电话、ISDN 基本业务和数据等多种业务。光纤用户环路载波与 V 接口技术，特别是与 VS 接口相结合可以降低接入网的成本。

灵活接入系统是在光纤用户环路载波基础上发展起来的一种光纤接入方式，可采用星形，也可采用点对点方式。灵活接入系统也可传输多种业务，与光纤用户环路系统不同的是，它所复用的业务种类与路数可以由网络来设置，因此有“灵活”之说。

数字同步体系（Synchronos Digital Hierarchy，SDH）已经广泛应用于长距离传输系统，并且正在逐步地取代准同步数字系列（PDH）。如果单从技术角度考虑，SDH 技术当然也可用于接入网。构成 SDH 接入网的，主要有光纤环路、分插复用（ADM）设备和数字交叉连接（DXC）设备等。这种 SDH 接入网主要有以下几个优势。

（1）兼容性强 SDH 的各种速率接口都有标准规范，在硬件上保证了各供应商设备互连互通，为统一管理打下了基础。

（2）完善的自愈保护能力，增加网络可靠性借助 SDH 的大容量、高可靠性，可组成传输与接入的混合网。AN 除承载接入业务外，还可承载 GSM 基站、交换机中断等其他业务，降低了整个电信网络的投资。

（3）面向网络发展的升级能力，目前的接入网建设一般 155Mbit/s 速率就能满足需要，但是随着电话普及率的提高及宽带化需求，内置 SDH 标准化结构可灵活扩展升级。

（4）网络操作、维护、管理功能（OAM）大大加强 SDH 帧结构中定义丰富的管理维护开销字节，方便了维护、管理，由此建立的管理维护系统很容易实现自动故障定位，可以提前发现和解决问题，降低维护成本。

（5）有利于向宽带接入发展，SDH 利用虚容器（VC）的特点可映射各级速率的 PDH，而且能直接接入 ATM 信号，为向宽带接入发展提供了一个理想的平台。

但是在现阶段，因为 SDH 的设备复杂，成本很高，所以由于经济上的原因使之在接入网中只能应用到主干段这一级，而难以再继续向用户靠近，满足光纤到家庭的应用要求，这就使得这项技术很难在未来 FTTH（光纤到户）的应用中成为主流。

10.3.3 无源光网络

虽然目前有源和无源两种网络均在发展，但多数国家和国际电联电信标准化部门（ITU-T）更注重推动 PON 的发展，ITU-T 第 15 研究组已于 1996 年 6 月通过了第一个有关 PON 的国际建议 G.982，因此相比较而言，无源光网络的发展前景会更好一些，也就受到了更多的关注。

无源光网络（PON）的一个重要应用是传送宽带图像业务（特别是广播电视）。这方面尚无任何国际标准可用，但已形成一种趋势，即使用 1 310 nm 波长区传送窄带业务，而使用 1 550 nm 波长区传送宽带图像业务（主要是广播电视业务）。

原因是 1 310/1 550 nm 波分复用（WDM）器件已很便宜，目前 1 310 nm 波长区的激光器已很成熟，价格便宜，适于经济地传送急需的窄带业务；另一方面，1 550 nm 波长区的光纤损耗低，又能结合使用光纤放大器，因而适于传送带宽要求较高的宽带图像业务。

具体的传输技术主要是：频分复用（FDM）、时分复用（TDM）和密集波分复用（DWDM）。

图 10-8 所示为使用 1 310/1 550 nm 两波长 WDM 器件来分离宽带和窄带业务的 TDM+FDM+WDM 无源光网络结构，其中 1 310 nm 波长区传送 TDM 方式的窄带业务信号，1 550 nm 波长区传送 FDM 方式的图像业务信号。

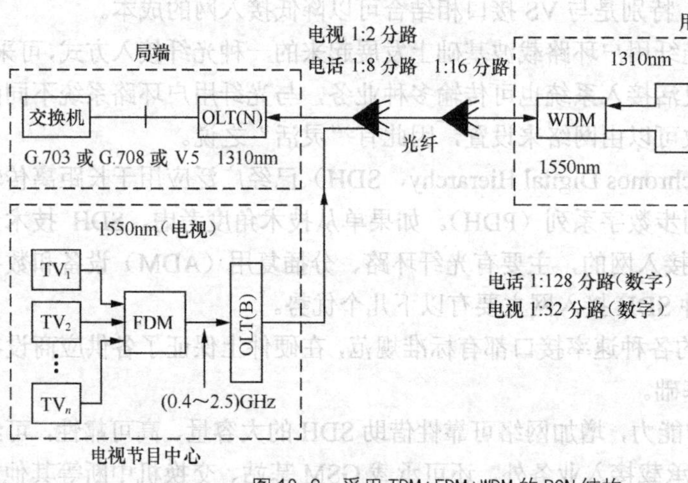

图 10-8 采用 TDM+FDM+WDM 的 PON 结构

图 10-9 所示为使用 1 310/1 550 nm 两波长 WDM 器件来分离宽带和窄带业务的 TDM+WDM 无源光网络结构，与图 10-8 所示不同之处在于先将电视信号编码为数字信号，再用 TDM 方式传输。

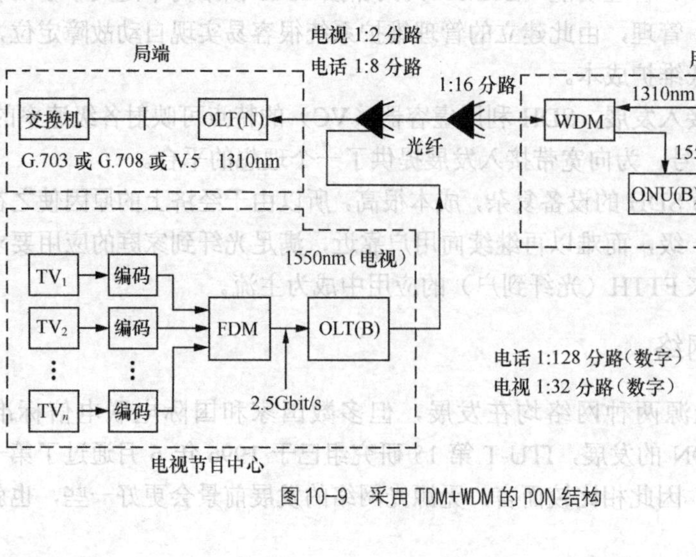

图 10-9 采用 TDM+WDM 的 PON 结构

PON 具有以下技术优势。

（1）理想的光纤接入网无源纯介质的光分配网络对传输技术体制的透明性，使之成为未来光纤到户（FTTH）、光纤到办公室（FTTO）、光纤到大楼（FTTB）最理想长远的解决方案。

（2）低成本树形分支结构，多个 ONU 共享光纤介质使系统成本低。纯介质网络，彻底避免了电磁和雷电影响，使维护运营成本大为降低。

（3）高可靠性局端至远端用户间没有有源器件，使可靠性较有源光纤接入网大大提高。

10.3.4 光电混合接入网

混合接入网是指接入网的传输介质采用光纤和同轴电缆混合组成。混合接入网主要有三种方式：光纤/同轴电缆混合（HFC）方式、交换型数字视像（Switched Digital Video，SDV）方式以及综合数字通信和视像（Integrated Digital communication and Video，IDV）方式。

1. 光纤/同轴电缆混合方式

（1）HFC 系统的组成与原理

光纤/同轴电缆混合方式（HFC）是有线电视（CATV）网和电话网结合的产物，是目前将光纤逐渐推向用户的一种较经济的方式。20 世纪 80 年代以来开始在角天线的基础上，建起有线电视（CATV）系统，并在近年来得到了飞速发展。CATV 系统的主干线路用的是光纤，在 ONU 之后，进入各家各户的最后一段线路大都利用原来共用天线电视系统的同轴电缆，但这种光纤加同轴电缆的 CATV 方式仍是单向分配型传输，不能传输双向业务。

HFC 技术的工作原理如图 10-10 所示。局端把视像信号和电信信号混合在一起，利用光载波，将信号从前端通过光纤馈线网传送至靠近用户的光节点上，光信号经过 ONU 恢复为原来的电信号，然后用同轴电缆分别送往各个住户的网络接口单元（Network Interface knit，NIU），每一个 NIU 服务于一个家庭。NIU 的作用是将整个电信号分解为电话、数据和视像的信号后，再送到各个相应的终端设备。对模拟视像信号来说，用户可利用现有电视机而无须外加机顶盒就可以接收模拟电视信号了。

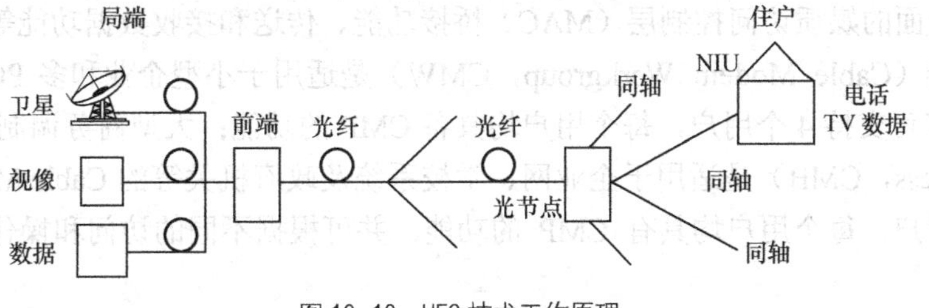

图 10-10 HFC 技术工作原理

HFC 是一种副载波调制（SCM）系统，是以（电的）副载波去调制光载波，然后将光载波送入光纤进行传输。HFC 的最大特点是技术上比较成熟，价格比较低廉，同时可实现宽带传输，能适应今后一段时间内的业务需求而逐步向光纤到家（FTTH）过渡。无论是数字信号还是模拟信号，只要经过适当的调制和解调，都可以在该透明通道中传输，有很好的兼容性。

（2）在 HFC 上实现双向传输，需要从光纤通道和同轴通道这两方面来考虑。

① 从前端到光节点这一段光纤通道中，上行回传可采用空分复用（SDM）和波分复用

（WDM）两种方式。

② 从光节点到住户这段同轴电缆通道，其上行回传信号要选择适当的频段。这个频段必须与下行的频段分开，各位于不同的频谱上，实行频分复用（FDM）方式。如图 10-11 所示的是低分割方案中的一个例子，其上行信号占用 5～42 MHz 频段。还有中分割方案，上行信号占用 5～108 MHz 频段；高分割方案，上行信号占用 5～174 MHz。从前端到光节点这一段光纤通道中，上行回传可采用空分复用（SDM）和波分复用（WDM）这两种方式。对于 WDM 来说，通常是采用 1 310 nm 和 1 550 nm 这两个波长，较为方便。

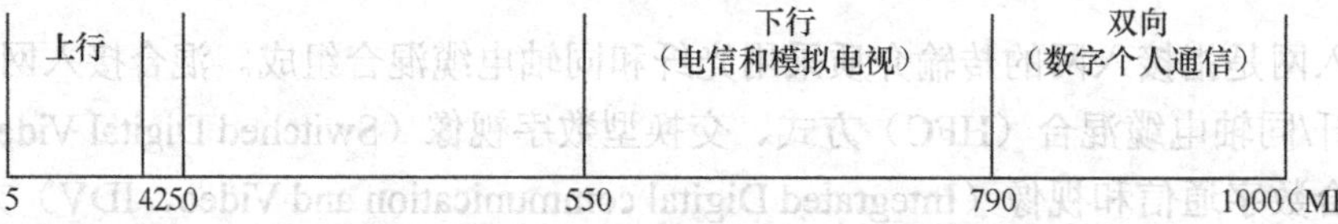

图 10-11　HFC 的频谱分配方案之一（低分割方式）

从通信的角度看，上行信号占用的频带太窄，不利于对称型双向传输。面对宽带综合信息越来越大的需求，特别是当 Internet 进入 HFC 时，突发式和长延时的上行信号增多，因此，拓展上行带宽就成了无法回避的需求。这时可以考虑用以下两种对策解决。

① 频率搬移方法：比如接往同一光节点的 4 个分路，每个分路用户回传信号都是 5～42 MHz，除了其中一个分路的频谱为 5～42 MHz 外，其他三个分路频谱可以分别为 50～100 MHz，100～150 MHz 和 150～200 MHz。这就可以使 4 个分路的回传信号互不重叠。

② 采用 CDMA 技术：把来自用户的上行频道信号进行码分多址（CDMA）方式扩频编码，使各用户虽然共用 5～42 MHz 频谱，但彼此用相应的不同编码来区分。

HFC 要进行数据传输，关键是通过电缆调制解调器（Cable Modem）来实现。Cable Modem 是专门为在 CATV 网上开发数据通信业务而设计的用户接入设备，是有线电视网络与用户终端之间的转接设备。Cable Modem 传输速率比传统的电话 Modem 传输速率可高出 100～1000 倍。为适应各个层次的需要，Cable Modem 主要有 CMP，CMW 和 CMB 三种类型。个人用户电缆调制解调器（Cable Modem Personal，CMP）是适用于个人用户的 Cable Modem，具有即插即用、全面的媒质访问控制层（MAC）桥接功能、传送和接收数据功能等；小型企业电缆调制解调器（Cable Modem Workgroup，CMW）是适用于小型企业和多 PC 家庭的 Cable Modem，最多可支持 4 个用户，每个用户均具备 CMP 的功能；大型商务调制解调器（Cable Modem Business，CMB）是适用于企业网、学校系统及政府机关等的 Cable Modem，可连接成千上万个用户，每个用户均具有 CMP 的功能，并可根据不同的访问和操作安全性要求实现保护功能。

2．交换型数字视像方式

HFC 接入网主要是为住宅用户提供视像（以模拟视像业务为主）宽带业务的一种接入网方式，特别适合于单向、模拟的有线电视传送。为了进一步适用于双向数字、通信等业务迅速发展的需要，出现了交换型数字视像（Switched Digital Video，SDV）方式。实际上，SDV 是将 HFC 与 FTTC 结合起来的一种组网方式。它是由一个 FTTC 数字系统与一个单向的 HFC 有线电视系统重叠而成。SDV 主干传输部分采用共缆分纤的 SDM（空分复用）方式，分别传送双向数字信号（包括交换型数字视像和语音）和单向模拟视像信号。上述两种信号在设置于路边的 ONU 中分别恢复成各自的基带信号；从 OND 出来以后，语音信号经双绞线送往用户，数字和模拟视像信号经同轴电缆送往用户；同时，ONU 由同轴电缆负责供电。

SDV 不是一种独立的系统结构，而是 FTTC + HFC 的一种合并起来应用的方式，其基本技术和系统结构是无源光网络（PON）；同时，SDV 也不是一种全数字化系统，而是数字和模拟兼容系统；SDV 也不单传送视像，还可以同时传送语音和数据。

在 SDV 中，是用 FTTC 来传送所有交换式数字业务（包括语音、数据和视像），而用 HFC 来传送单向模拟视像节目的网络基础设施同时向 FTTC 的 DNU 供电。这种结构实际上是由两套基本独立的系统组成的。SDV 结构原理图如图 10-12 所示。

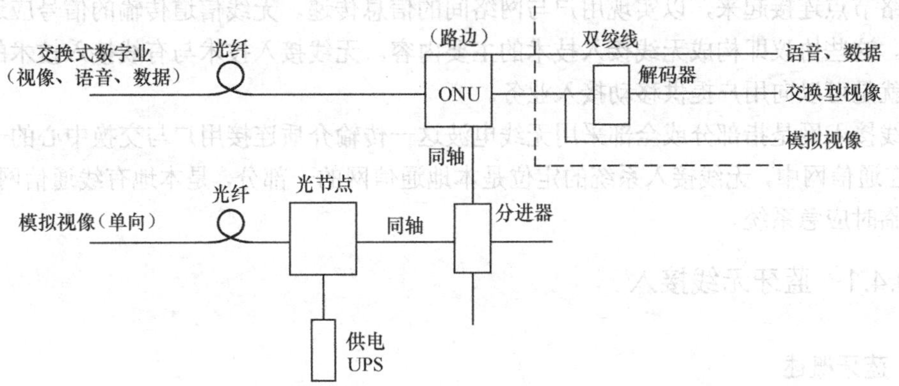

图 10-12 SDV 结构原理图

图 10-12 中的光纤实际上是一个以 ATM 化的 BPON（Broadband PON）为基础的 FTTC。信号到达 ONU 后，与来自 HFC 网的模拟视像信号按频分复用方式结合在一起，其中，SDV 信号为基带调制信号（占低频段），模拟视像信号占高频段。上述这些频分复用信号经由同轴电缆传送给用户终端，其中模拟视像射频（Radio Frequency，RF）电视信号直接送往模拟电视接收机即可；SDV 信号需要经过解码器转换为标准摸拟即信号频谱后，才能为模拟电视接收机所接收。图 10-23 下面的光纤是单向 HFC，只用来传送模拟视像。这种结构的好处在于：一是可以免去传输双向视像业务所带来的一系列麻烦，网络大大简化；二是利用同轴电缆总线给 ONU 提供 RF 模拟视像信号的同时，也解决了 ONU 供电问题。这两点恰好是一般 FTTC 结构的所难达到的。

3. 综合数字通信和视像（IDV）方式

从上面的讨论可知，国际上新开发的 SDV 技术是将电信、视像数字传输和视像模拟传输综合在一起，这既保持了数字传输质量高的优点，又保留了当前视像以模拟传输的现实情况，还可能适应将来交互式数字化视像发展，并具有交换等多种功能，是一种比较先进和有广泛应用前景的技术。根据我国国情，采用并推广综合数字通信和视像（IDV）全业务网接入系统是可行的。

IDV 方式的基本原理与 SDV 方式的原理近似，它是在 ATM 技术还未成熟推广之前，所采用的一种过渡方式。其中，CATV 仍然是以模拟视像方式采用 AM-VSB 技术，通过光纤利用电/光（E/O）和光/电（O/E）变换器进行传输，其他数字信号工作过程与 SDV 相似。

IDV 可以将传送 59 路以上模拟视像节目的 AM-VSB 接入系统和采用 VS 标准接口的数字环路载波（DLC）或无源光网络（PON）接入系统综合在两根光纤上组成全业务网（Full Service Network，FSN）。建成 IDV 全业务网以后，如果 ATM 技术已经成熟，可将 IDV 系统升级为 SDV，原有的系统大部分设施仍可利用，很容易升级为最先进的全业务网接入，故 IDV 全业务网接入是未来先进网络的重要基础。

10.4 无线接入技术

无线接入技术（也称空中接口）是无线通信的关键问题。它是指通过无线介质将用户终端与网络节点连接起来，以实现用户与网络间的信息传递。无线信道传输的信号应遵循一定的协议。这些协议即构成无线接入技术的主要内容。无线接入技术与有线接入技术的一个重要区别就是可以向用户提供移动接入业务。

无线接入网是指部分或全部采用无线电波这一传输介质连接用户与交换中心的一种接入技术。在通信网中，无线接入系统的定位是本地通信网的一部分，是本地有线通信网的延伸、补充和临时应急系统。

10.4.1 蓝牙无线接入

1. 蓝牙概述

蓝牙是由爱立信（Ericsson）、国际商用机器（IBM）、英特尔（Intel），诺基亚（Nokia）和东芝（Toshiba）5 家公司于 1998 年 5 月共同提出开发的一种全球通用的无线技术标准，这些公司又联合其他一些公司成立了蓝牙特殊利益小组（SIG），负责开发无线协议规范并设定交互操作的需求。蓝牙技术的支持者很多，现在的 S1G 组织已发展到拥有 3000 多个企业成员。

蓝牙是实现语音和数据无线传输的开放性规范，工作在 2.4 GHz 的 ISM 频段，主要用于在笔记本计算机、移动电话以及其他移动设备（如打印机、数码相机、高品质耳机等）之间建立一种小型、经济、短距离的无线链路，从而方便、快速地实现各类设备之间的通信。蓝牙技术的本质是设备间的无线连接，主要用于通信与信息设备，如手机、掌上计算机、笔记本计算机等。近年来，在电声行业中也开始使用蓝牙技术。

蓝牙设备组网时最多可以有 256 个蓝牙单元设备连接起来组成微微网（Piconet），其中一个主设备单元和 7 个从设备单元处于工作状态，而其他设备单元则处于待机模式。微微网络可以重叠交叉使用，从设备单元可以共享。由多个相互重叠的微微网可以组成分布网络（Scatternet）。蓝牙可以提供电路交换和分组交换两种技术，以适应不同场合的应用。在同步工作状态下，一个组数据包可以占用一个或多个时隙；最多可达 5 个蓝牙同时在异步条件下支持话音和数据传输。

蓝牙技术的主要特点包括：

（1）采用跳频技术。数据包短，抗信号衰减能力强；

（2）采用快速跳频和前向纠错方案以保证链路稳定，减少同频干扰和远距离传输时的随机噪声影响；

（3）使用 2.4 GHz 的 ISM 频段，无须申请许可证；

（4）可同时支持数据、音频、视频信号；

（5）采用 FM 调制方式，降低设备的复杂性。

2．蓝牙的体系结构

（1）蓝牙的无线射频单元

蓝牙的无线射频单元即其无线收发器，它集成了蓝牙技术的工作程序，被设计成一块尺寸大约为 9 mm×9 mm 的 IC 芯片，可方便地嵌入到各种数码设备中，应用非常广泛。

蓝牙采用跳频扩频技术，蓝牙 1.0 技术规范所规定的蓝牙传输速率为 1 Mbit/s（实际传输速率在 432 kbit/s～721 kbit/s 不等），未来的蓝牙版本将达到 2 Mbit/s。蓝牙工作于全球统一的 ISM 频段（2.4 GHz），无需申请许可证。与其他工作在 2.4 GHz 频段上的系统相比，蓝牙采用了快跳频和短分组技术，减少了同频干扰，数据包更短，因而也更加稳定和可靠。蓝牙的跳频收发器采用了二进制调频（FM）技术，不仅能够较好地抑制干扰和防止信号衰落，也降低了设备的复杂性。

蓝牙系统的天线发射功率符合 FCC 关于 ISM 波段的要求。发射功率可增加到 100 mW。系统的最大跳频速率为 1 600 跳/s，在 2.480 GHz 之间采用 79 个 1 MHz 带宽的频点。蓝牙系统的设计通信距离为 0.1～10 m，发射功率也可以延长至 100 m。

（2）蓝牙的连接控制单元

蓝牙的连接控制单元是数字信号处理的硬件部分，又称为基带控制器或链路控制器，用于实现基带协议和其他底层连接规程。

在差错控制方面，蓝牙的基带控制器采用 3 种检纠错方式。

① 1/3 前向纠错编码（Forward Error Correction，FEC）。

② 2/3 前向纠错编码。

③ 自动请求重传（ARQ）。

采用 FEC 信道纠错编码技术能够抑制长距离链路的随机噪声影响，减少数据重发次数。但在无差错环境中，FEC 方式产生的无用检验位降低了数据吞吐量，因此，业务数据是否采用 FEC，应视需要而定。

分组报头含有重要的连接信息和纠错信息，始终采用 1/3FEC 方式进行保护性传输。

ARQ 方式用于在数据发送后的下一时隙给出确认的数据传输，返回 ACK 意味着头信息校验及循环冗余校验都正确，否则将返回 NAK。

（3）蓝牙基带协议

蓝牙基带协议是电路交换与分组交换的结合。在被保留的时隙中可以传输同步数据包，每个数据包以不同的频率发送。一个数据包名义上占用一个时隙，但实际上可以占用 5 个时隙。蓝牙可以支持异步数据信道，可以同时进行多达 3 个的同步语音信道，还可以用一个信道同时传送异步数据和同步语音。每个语音信道支持 64 kbit/s 同步语音链路。异步信道可以支持一端最大速率为 721 kbit/s，而另一端速率为 57.6 kbit/s 的不对称连接，也可以支持 43.2 kbit/s 的对称连接。

（4）蓝牙基带技术的连接方式

蓝牙基带技术的连接方式主要有两种：无连接（ACL）方式主要用于分组数据传输；面

向连接（SCO）方式主要用于语音传输。

在同一微微网中，不同的主从设备可以采用不同的连接方式；在一次通信中，连接方式可以任意改变。每一连接方式可支持16种不同的分组类型，其中控制分组有4种，是SCO和ACL通用的分组，两种连接方式均采用时分双工（TDD）通信。SCO为对称连接，支持限时话音传送，主从设备无需轮询即可发送数据。SCO的分组既可以是话音也可以是数据，当发生中断时，只有数据部分需要重传。ACI是面向分组的连接，它支持对称和非对称两种传输流量，也支持广播信息。在ACI方式下，主设备控制链路带宽，负责从设备带宽的分配；从设备按轮询发送数据。

（5）蓝牙系统的网络拓扑结构

蓝牙系统支持点对点或点对多点通信。几个相互独立、以特定方式连接在一起的微微网构成分布式网络，各微微网由不同的跳频序列来区分。在同一微微网中，所有的用户均用同一跳频序列同步。

（6）蓝牙的认证与加密

蓝牙技术的认证与加密服务由连接层提供。认证采用“口令—应答”方式，在连接过程中，可能需要一次或两次认证，或者无需认证。认证对任何一个蓝牙系统都是重要的组成部分，它允许用户自行添加可信任的蓝牙设备。例如，用户可以只允许自己的笔记本计算机才能同自己的手机进行通信。蓝牙系统采用流密码加密技术，便于硬件实现，密钥长度可以是40位或64位，密钥由高层软件管理。蓝牙安全机制的目的在于提供适当级别的保护，如果用户有更高级别的保密要求，可以使用有效的传输层和应用层安全机制。

蓝牙特殊利益组织（SIG）花了相当多的时间来开发安全模式作为连结层级的保护机制，如128位加密算法、装置认证以及授权等，但是如果要达到最高的信任要求，应用开发商或者IT组织必须在连结层级安全上增加应用安全，以便实现端对端的保护。由于蓝牙系统通信距离短（通常不超过10 m），而且有自动电力调节机制来限制信号半径，因此想进行远程拦截并不容易。

蓝牙装置可以与经过认证的一方进行双边连接，或者是永久性连接（配对联机，Pai-ring），但这样一来受信赖的一方就不需要每次都要经过认证流程（比如耳机与电话之间），这是蓝牙安全最弱的一个环节。配对联机使用装置上的蓝牙地址（由制造商设置的固定地址）与个人ID号码（PIN）来创建一个连接锁钥。在配对过程中，黑客有可能会猜中过于简短的PIN，进而得知连接锁钥，并窃听一切对话，或者是捏造一个装置添加到配对中。

（7）蓝牙技术的链路管理

链路管理器（LM）软件实现链路的建立、认证及链路配置等。链路管理器可发现其他的链路管理器，并通过连接管理协议（LMP）建立通信联系。链路管理器利用链路控制器（LC）提供的服务实现上述功能。链路控制器的服务项目包括：接收和发送数据，请求设备号，查询链路地址，认证、协商并建立连接方式，确定分组的帧类型、设置监听方式，设置保持方式，以及设置休眠方式等。

（8）蓝牙技术的软件结构

蓝牙设备应具有互操作性。对于某些设备，从无线电兼容模块和空中接口，直到应用层协议和对象交换格式，都要实现互操作性；对另外一些设备（如头戴式设备等）的要求则宽松得多。蓝牙计划的目标就是要确保任何带有蓝牙标记的设备都能进行互操作。软件的互操作性始于链路级协议的多路传输、设备和服务的发现，以及分组的分段和重组。蓝牙设备必须能够彼此识别，并通过安装合适的软件识别出彼此支持的高层功能。互操作性要求采用相同的应用层协议栈。不同类型的蓝牙设备（如IC、手持设备、头戴设备、蜂窝电话等）对兼容性有不同的要求，用户不能奢望头戴式设备内含有地址簿。蓝牙的兼容性是指它具有无线电兼容性，有话音收发能力及发现其他蓝牙一设备的能力，更多的功能则要由手机、手持设备及笔记本计算机来完成。为实现这些功能，蓝牙软件架构将利用现有的规范，如OBEX、vCard/vCalendar、HID（人性化接口设备）及TCP/IP等，而不是再去开发新的规范。设备的兼容性要求能够适应蓝牙规范和现有的协议。

蓝牙系统的软件结构将实现以下功能：配置及诊断、蓝牙设备的发现、电缆仿真、与外围设备的通信、音频通信及呼叫控制，以及交换名片和电话号码等。

3. 蓝牙技术的通信过程

在微微网建立之前，所有设备都处于就绪（STANDBY）状态。在该状态下，未连接的设备每隔1.28 s监听一次消息，设备一旦被唤醒，就在预先设定的32个跳频频率上监听信息。虽然跳频数目因地区而异，但绝大多数国家和地区都采用32个跳频频率。

连接进程由主设备初始化。如果一个设备的地址已知，就采用页信息（Page rnes-sage）建立连接；如果地址未知，就采用紧随页信息的查询信息（Wquiry message）建立连接。查询信息与页信息类似，主要用来查询地址未知的设备（如公用打印机、传真机等），但需要附加一个周期来收集所有的应答。在初始页状态（Page seated）主设备在16个跳频频率上发送一串相同的页信息给从设备，如果没有收到应答，主设备就在另外的16个跳频频率上发送页信息。主设备到从设备的最大时延为两个唤醒周期（2.56 s），平均时延为半个唤醒周期（0.64 s）。

在微微网中，无数据传输的设备会自动转入节能工作状态。主设备可将从设备设置为保持方式（HOLD mode），此时只有内部定时器工作；从设备也可以要求转入保持方式。设备由保持方式转出后，可以立即恢复数据传输。连接几个微微网或管理低功耗器件（如温度传感器）时，通常使用保持方式。监听方式（SNIFF mode）和休眠方式（PARK made）是另外两种低功耗工作方式。在监听方式下，从设备监听网络的时间间隔增大，其间隔大小视应用情况由编程确定；在休眠方式下，设备放弃了MAC地址，仅偶尔监听网络同步信息和检查广播信息。各节能方式的节电效率由高到低依次为：体眠方式→保持方式→监听方式。

10.4.2 IEEE802.11连接技术

1. IEEE 802.11标准概述

无线局域网从20世纪90年代出现以来市场的增长一直缓慢，并没有出现厂家期望的无线网络市场应用的热潮。这个问题主要的原因是传输的速率较低且价格昂贵，特别是没有统一标准使得各个厂家的设备缺乏兼容性。

对那些拥有适应较低数据速率的应用软件和足够的费用开支来保证购买无线连接设备的用户来说，1997年之前，唯一的选择是安装专用硬件来满足要求。结果，许多组织拥有专用无线网络，为此不得不替换硬件和软件以适应IEEE802.11的标准。标准缺乏成为困扰无线网络的主要问题。针对标准缺乏的现状，1991 年，IEEE 成立了 802.11 工作组，由 Victor Hayes 担任工作组主席，经过 7 年的努力，1997 年 IEEE 开发了第一个国际认可局域网（W 的无线 LAN）标准：IEEE 802.11。

IEEE 802.11 标准的制定对于 WLAN 的发展具有非常重要的作用，主要有以下几个方面。

（1）设备互操作性。使用 IEEE 802.11 标准，可以使多厂家设备之间具备互操作性。这意味着可以从 Cisco 购买一个符合 IEEE 802.11 标准的 AP，而从 Lucent 购买无线网卡。标准增强了价格的竞争，使公司能以更低的研究和发展经费开发 WLAN 组件，同时也使一批较小的公司能够开发无线网络组件。设备的互操作性避免了对某一个厂家设备的依赖性。例如，如果没有标准，那么一个拥有非标准专有网络的公司就得购买在该公司网络上运行的设备，而其他公司设备不能在该公司的网络上运行。有了 IEEE 802.11 标准以后，选用任何符合 IEEE 802.11 标准的设备，将具备更大的选择性。

（2）产品的快速发展。IEEE 802.11 标准受到无线网络专家严格的论证和检测，开发者可以大胆采用该标准来开发无线网络。因为制定标准的专家组已经倾注了大量的时间和精力消除了在执行应用技术上的障碍，利用该标准可以使厂家少走学习专门技术的弯路，这大大减少了开发产品的时间。

（3）便于升级，保护投资。利用标准的设备有助于保护投资，可以避免专有产品将来被新产品代替后造成系统的损失。WLAN 的变革类似于 IEEE 802.3 以太网。开始时以太网的标准为 110 Mbit/s，采用同轴电缆，后来 IEEE 802.3 工作组增加了双绞线、光纤作为传输介质，速度提高到 100 Mbit/s 和 1 000 Mbit/s，几年时间使标准得到了完善和提高。正如 IEEE 802.3 标准那样，无线网络标准也有未来的升级和产品更新问题，采用 IEEE 802.11 标准可以保护在网络基础结构上的安排和投资。所以，当性能更高的无线网络技术出现时，如 IEEE 802.11b 等，IEEE 802.11 将毫无疑问能确保从目前的无线 LAN 上稳定迁移。

（4）价格的降低。昂贵的设备价格一直困扰着 WLAN 行业，但是，当更多的厂家和终端用户都采用 IEEE 802.11 标准时，价格就会大幅下降。其中一个原因是厂家将不再需要发展和支持低质量的专有组件以及制造和配套设备的开支。这与以前 IEEE 802.3 标准的有线网络相似，经历了一个价格迅速降低的过程，无线网络设备也将有一个价格降低的过程。

2. IEEE 802.11 逻辑结构

IEEE 802.11 标准的逻辑结构如图 10-13 所示，每个站点所应用的 IEEE 802.11 标准的逻辑结构包括一个单一 MAC 层和多个 PHY 中的一个。

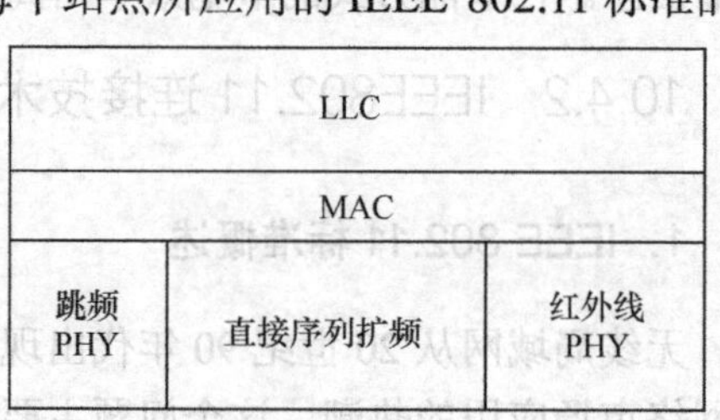

图 10-13 IEEE 802.11MAC 层支持三个分离的 PHY

（1）IEEE 802.11 MAC 层

MAC 层在 LLC 层的支持下为共享介质物理层提供访问控制功能（如寻址方式、访问协调、帧校验序列生成的检查，以及 LLC PDU 定界等）。IEEE 802.11 标准 MAC 层采用 CSMA/CA（载波侦听多址接入/冲突检测）协议控制每一个站点的接入。

（2）IEEE 802.11 物理层

1992 年 7 月，IEEE 802.11 工作组决定将无线局域网的工作频率定为 2.4 GHz 的 ISM 频段，用直接序列扩频和跳频方式传输。因为 2.4 GHz 的 ISM 频段在世界大部分国家已经放开，无需无线电管理部门的许可。

1993 年 3 月，IEEE 802.11 标准委员会接受建议，制定一个直接序列扩频物理层标准。经过多方讨论，直接序列物理层规定两个数据速率：

① 利用差分四相相移键控（DQPSK）调制的 2 Mbit/s；

② 利用差分二相相移键控（DBPSK）调制的 1 Mbit/s。

在 DSSS 中，将 2.4 GHz 的频宽划分成 14 个 22 MHz 的信道，邻近的信道互相重叠，在 14 个信道内只有 3 个信道是互相不覆盖的，数据就是从这 14 个频段中的一个进行传送而不需要进行频道之间的跳跃。在不同的国家信道的划分是不相同的。

与直接序列扩频相比，基于 IEEE 802.11 的跳频 PHY 利用无线电从一个频率跳到另一个频率发送数据信号。跳频系统按照跳频序列跳跃，一个跳频序列一般被称为跳频信道。如果数据在某一个跳频序列频率上被破坏，系统必须要求重传。

IEEE 802.11 委员会规定跳频 PHY 层利用 GFSK 调制，传输的数据速率为 1 Mbit/s。该规定描述了已在美国被确定的 79 个信道的中心频率。

红外线物理层描述了采用波长为 850～950 nm 的红外线进行传输的无线局域网，用于小型设备和低速应用软件。

3. IEEE 802.11 拓扑结构

IEEE 802.11 标准有以下 4 种拓扑结构：

① 独立基本服务集（Independent Basic Service Set，IBSS）网络；

② 基本服务集（Basic Service Set，BSS）网络；

③ 扩展服务集（Extend Service Set，ESS）网络；

④ ESS（无线）网络。

这些网络使用一个基本组件，IEEE 802.11 标准称之为基本服务集（BSS），它提供一个覆盖区域，使 BSS 中的站点保持充分的连接。一个站点可以在 BSS 内自由移动，但如果它离开了 BSS 区域内就不能够直接与其他站点建立连接了。

（1）IBSS 网络

IBSS 是一个独立的 BSS，它没有接入点作为连接的中心。这种网络又叫做对等网或者非结构组网（Ad Hoc），网络结构如图 10-14 所示。

这种方式连接的设备互相之间都直接通信而不用经过一个无线接入点来和有线网络进行连接。在 IBSS 网络中，只有一个公用广播信道，各站点都可竞争公用信道，采用 CSMA/CA MAC 协议。

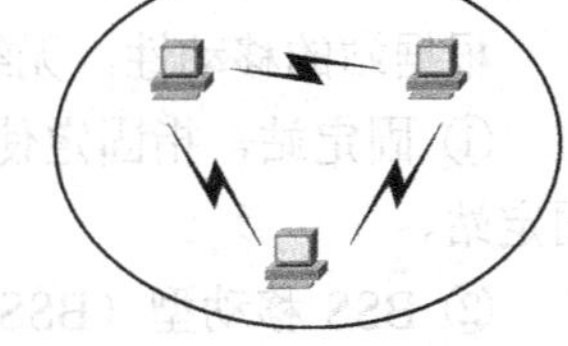

图 10-14 对等网

这种结构的优点是网络抗毁性好、建网容易且费用较低。但当网络中用户数（站点数）过多时，信道竞争成为限制网络性能的要害。并且为了满足任意两个站点可直接通信，网络中站点布局受环境限制较大。因此，这种拓扑结构适用于用户相对较少的工作群网络规模。IBSS 网络对于不需要访问有线网络中的资源，而只需要实现无线设备之间互相通信的环境中特别有用，如宾馆、会议中心或者机场。

（2）BSS网络

在BSS网络中，要求有一个无线接入点充当中心站，所有站点对网络的访问均由其控制。这样，当网络业务量增大时网络吞吐性能及网络时延性能的恶化并不剧烈。由于每个站点只需在中心站覆盖范围之内就可与其他点站通信，故网络中站点布局受环境限制亦小。此外，中心站为接入有线主干网提供了一个逻辑接入点。

BSS网络拓扑结构的弱点是抗毁性差，中心点的故障容易导致整个网络瘫痪，并且中心站点的引入增加了网络成本。在实际应用中，WLAN往往与有线主干网络结合起来使用。这时，无线接入点充当无线网与有线主干网的转接器。

（3）ESS网络

为了实现跨越BSS范围，IEEE 802.11标准中规定了一个ESS LAN，也称为Infrastructure模式，如图10-15所示。该配置满足了大小任意、大范围覆盖网络需要。在该网络结构中，BSS是构成无线局域网的最小单元，近似于蜂窝移动电话中的小区，但和小区有明显的差异。

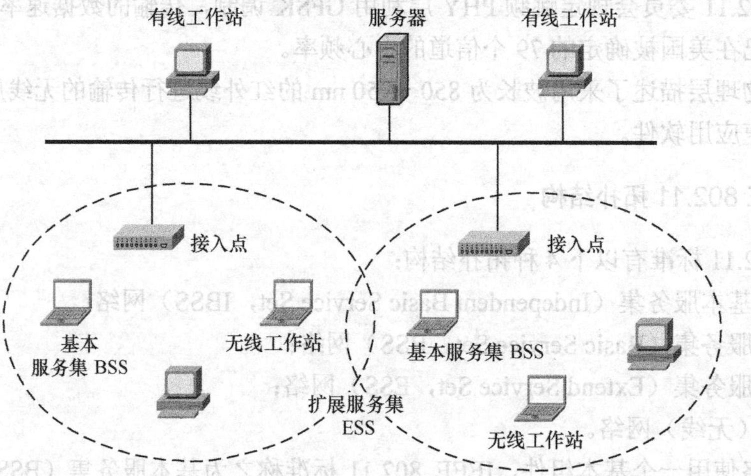

图10-15 ESS网络

在Infrastructure模式中，无线网络有多个和有线网络连接的无线接入点，还包括一系列无线的终端站。一个ESS是由两个或者多个BSS构成的一个单一子网。由于很多无线的使用者需要访问有线网络上的设备或服务（如文件服务器、打印机、Internet连接），他们都会采用这种Infrastructure模式。

根据站的移动性，无线局域网中的站点可以分为以下三类。

① 固定站，指固定使用的计算机和在局部BSS内移动的站点，有线局域网中的站均为固定站。

② BSS移动型（BSS-transition），指站点从ESS中的一个BSS移动到相同ESS中的另一个BSS。

③ ESS移动型（ESS-transition），指站点从一个ESS中的一个BSS移动到另一个ESS中的一个BSS。这种站像移动电话一样，在移动中也可保持与网络的通信，是有线局域网没有的，如掌上型计算机、车载计算机等。

IEEE 802.1.1标准支持固定站和BSS移动站两种移动类型，但是当进行ESS移动时不能继续保证连接。

IEEE 802.11 标准定义分布式系统为通过 AP 在 ESS 内不同 BSS 之间相互连接，即移动站点在一个网段内。当站点在 ESS 之间移动时，此时需要重新设置 IP 地址，或者采用下面两种方法。

① 使用 DHCP。在高层打开 DHCP 服务，每一个站点选择自动获得 IP 地址。

② 移动 IP。在 IPv6 协议中支持移动 IP，在高层需要使用 IPv6 协议。

IEEE 802.11 标准没有规定分布式系统的构成，因此，它可能是符合 IEEE802 标准的网络，或是符合非标准的网络。如果数据帧需要在一个非 IEEE 802.11LAN 间传输，那么这些数据帧格式要和 IEEE 802.11 标准定义的相同，它们可以通过一个称为入口（portal）的逻辑点进出，该入口在现存的有线 LAN 和 IEEE802.11 LAN 之间提供逻辑集成。当分布式系统被 IEEE 802 型组件（如 IEEE802.3 以太网）或 IEEE 802.5（令牌环）集成时，该入口集成在 AP 内。

（4）ESS（无线）网络

无线方式的 ESS 网络如图 10-16 所示。这种方式与 ESS 网络相似，也是由多个 BSS 网络组成，所不同的是网络中不是所有的 AP 都连接在有线网络上，而是存在 AP 没有连接在有线网络上。该 AP 和距离最近的连接在有线网络上的 AP 通信，进而连接在有线网络上。

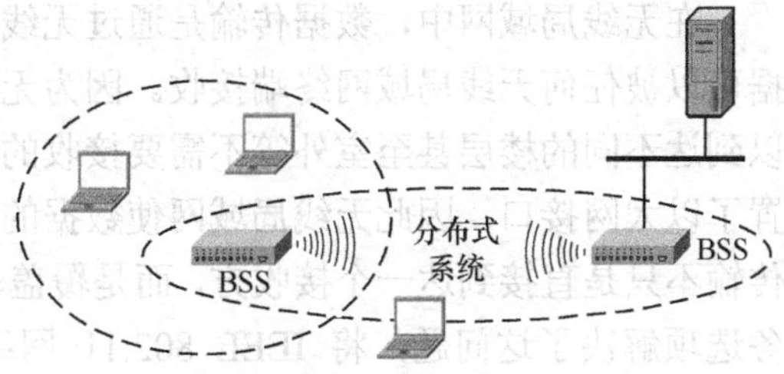

图 10-16 ESS（无线）网络

当一个地区有 WLAN 的覆盖盲区，且在附近没有有线网络接口时，此时采用无线的 ESS 网络可以增加覆盖范围。但是需要注意的是，当前大部分的 AP 不支持无线的 ESS 网络，只有一部分支持该功能。

4．IEEE 802.11 服务

IEEE 802.11 标准给 LLC 层在网络中两个实体间要求发送 MSDU（MAC 服务数据单元）的服务下了定义。MAC 层执行的服务分为站点服务和分布式系统服务两种类型。

（1）站点服务

IEEE 802.11 标准定义的站点服务为各站点所提供的功能。站点可以是 AP，可以是安装有无线网卡的笔记本计算机，也可以是装有 CF 网卡的手持式设备，如 PDA 等。为了发挥必要的功能，这些站点需要发送和接收 MSDU 以及保持较高的安全标准。

① 认证：因为无线 LAN 对于避免未经许可的访问来说，物理安全性较低，所以 IEEE802.11 规定了认证服务以控制 LAN 对无线连接相同层的访问。所有 IEEE 802.11 站点，不管它们是独立的 BSS 网络还是 ESS 网络的一部分，在与另一个想要进行通信的站点建立连接（IEEE 802.11 术语称结合）之前，都必须利用认证服务。执行认证的站点发送一个管理认证帧到一个相应的站点。

IEEE 802.11 标准详细定义了两种认证服务。

- 开放系统认证（open system authentication）是 IEEE 802.11 默认的认证方式。这种认证方式非常简单，分为两步：首先，想认证另一站点的站点发送一个含有发送站点身份的认证管理帧；其次，接收站发回一个提醒它是否识别认证站点身份的帧。
- 共享密钥认证（shared key authentication）。这种认证先假定每个站点通过一个独立于

IEEE 802.11 网络的安全信道，已经接收到一个秘密共享密钥，然后这些站点通过共享密钥的加密认证，加密算法是有线等价加密（WEP）。

这种认证使用的标识码称为服务组标识符（Service Set IDentifier，SSID），它提供一个最底层的接入控制。一个 SSID 是一个无线局域网子系统内通用的网络名称，它服务于该子系统内的逻辑段。因为 SSID 本身没有安全性，所以用 SSID 作为允许/拒绝接入的控制是危险的。接入点作为无线局域网用户的连接设备，通常广播 SSID。

② 不认证：当一个站点不愿与另一个站点连接时，它就调用不认证服务。不认证是发出通知，而且不准对方拒绝。站点通过发送一个认证管理帧（或一组到多个站点的帧）来执行不认证服务。

③ 加密：有线局域网是通过局域网接入到以太网的端口来管理的，在有线局域网上的数据传输是通过线缆直接到达特定的目的地。除非有人切断线缆中断传输，否则是不会危及安全的。

在无线局域网中，数据传输是通过无线电波在空中广播的，因此在发射机覆盖范围内数据可以被任何无线局域网终端接收。因为无线电波可以穿透天花板、地板和墙壁，所以它可以到达不同的楼层甚至室外等不需要接收的地方。安装一套无线局域网好像在任何地方都放置了以太网接口，因此无线局域网使数据的保密性成为真正关心的问题。因为无线局域网的传输不只是直接到达一个接收方，而是覆盖范围内所有终端。IEEE 802.11 提供了一个加密服务选项解决了这问题，将 IEEE 802.11 网络的安全级提高到与有线网络相同的程度。IEEE 802.11 规定了一个可选择的加密称为有线对等加密，即 WEP。WEP 提供一种无线局域网数据流的安全方法。WEP 是一种对称加密，加密和解密的密钥及算法相同。WEP 应达到两个目标。

- 接入控制。防止未授权用户接入网络，他们没有正确的 WEP 密钥。
- 加密。通过加密和只允许有正确 WEP 密钥的用户解密来保护数据流。该加密功能应用于所有数据帧和一些认证管理帧，可以有效地降低被窃听的危险。

（2）分布式系统服务

分布式系统服务 IEEE 802.11 标准定义的分布式系统服务为整个分布式系统提供服务功能。为保证 MSDU 正确传输，提供的分布式系统服务主要有以下几种。

① 结合服务：所谓结合服务，就是指每个站点与 AP 建立连接，站点在通过分布式系统传输数据之前必须首先通过 AP 调用结合服务。结合服务通过 AP 将一个站点映射到分布式系统。每个站点只能与一个 AP 连接，而每个 AP 却可以与多个站点连接。结合是每一个站点进入无线网络的第一步。

② 分离服务：当站点离开网络或 AP 用于其他方面需要终止连接时需要调用分离服务。分离服务就是指每一个站点与无线网络断开连接，站点或 AP 可以调用分离服务终止一个现存的结合。结合是一种标志信息，因此，任何一方都不能拒绝终止。

③ 分布式服务：一个站点每次发送 MAC 帧经过分布式系统时都要利用分布式服务。IEEE802.11 标准没有指明分布式系统如何发送数据。分布式服务仅向分布式系统提供足够的信息去判明正确的目的地 BSS。

④ 集成服务：集成服务使得 MAC 帧能够通过分布式系统和一个非 IEEE 802.11 LAN 间的入口发送。集成功能执行所有必须的介质和地址空间的变换，具体情况依据分布式系统而

实施，而且不在 IEEE 802.11 标准的范围之内。

⑤ 重新结合服务：重新结合服务（reassociation service）能使一个站点改变它当前的结合状态，也就是通常说的漫游功能。当一个站点从一个 AP 到另一个 AP 的覆盖范围时，可以从一个 BSS 移动到另一个 BSS。当多个站点与同一个 AP 保持连接时，重新结合还能改变已确定结合的结合属性。移动站点总是启动重新结合服务。

在 IEEE 802.11 中，由 MAC 层负责解决客户端工作站和访问接入点之间的连接。当一个 IEEE 802.11 客户端进入一个或者多个接入点的覆盖范围时，它会根据信号的强弱以及包错误率来自动选择一个接入点进行连接（这个过程就是加入一个基本服务集 BSS，即结合）。一旦被一个接入点接受，客户端就会将发送接收信号的频道切换为接入点的频道。在随后的时间内，客户端会周期性地轮询所有的频道以探测是否有其他接入点能够提供性能更高的服务。如果它探测到了的话，它就会和新的接入点进行协商，然后将频道切换到新的接入点的服务频道中。

这种重新协商通常发生在无线工作站移出了它原连接的接入点的服务范围，信号衰减后，其他的情况还发生在建筑物造成的信号变化或者仅仅由于原有接入点中的拥塞。在拥塞的情况下，这种重新协商实现了"负载平衡"的功能，它将能够使整个无线网络的利用率达到最高点。

这个动态协商连接的处理方式使网络管理员可以将无线网络覆盖范围扩大，这是通过在这些地区布置多个覆盖范围重叠的接入点来实现的。

10.4.3 ZigBee 技术

1. ZigBee 技术概述

Zigbee 是 IEEE802.15.4 协议的代名词，根据这个协议规定的技术是一种短距离、低功耗的无线通信技术。这一名称来源于蜜蜂的八字舞，由于蜜蜂（bee）是靠飞翔和"嗡嗡"（zig）地抖动翅膀的"舞蹈"来与同伴传递花粉所在方位信息，也就是说蜜蜂依靠这样的方式构成了群体中的通信网络。

ZigBee 联盟是一个高速增长的非盈利业界组织，成员包括各国著名半导体生产商、技术提供者、代理生产商以及最终使用者。该组织成员正制定一个基于 IEEE 802.15.4 协议的，可靠、高性价比、低功耗的网络应用规格。

简单地说 ZigBee 是一种高可靠的无线数据传输网络，类似于 CDMA 和 GSM 网络。ZigBee 数据传输模块类似于移动网络基站。通信距离从标准的 75 m 到几百米、几千米，并且支持无限扩展。ZigBee 是一个由多达 65 000 个无线数据传输模块组成的一个无线数据传输网络平台，在整个网络范围内，每一个 ZigBee 网络数据传输模块之间可以相互通信。

简单的点到点、点到多点通信（目前有很多这样的数据传输模块），包装结构比较简单，主要由同步序言、数据、循环冗余校验（CRC）等组成。ZigBee 是采用数据帧的概念，每个无线帧包括了大量无线包装，包含了大量时间、地址、命令、同步等信息，真正的数据信息只占很少部分，而这正是 ZigBee 可以实现网络组织管理、实现高可靠传输的关键。同时，ZigBee 采用了介质访问控制（MAC）技术和直接序列调制（Direct Sequence Spread Spectrum，DSSS）技术，能够实现高可靠、大规模网络传输。

ZigBee 定义了两种物理设备类型：全功能设备（Full Function Device，FFD）和精简功能设备（Reduced Function Device，RFD）。一般来说，FFD 支持任何拓扑结构，可以充当网络协调器，能和任何设备通信；RFD 通常只用于星形网络拓扑结构中，不能完成网络协调器功能，且只能与 FFD 通信，两个 RFD 之间不能通信，但它们的内部电路比 FFD 少，只有很少或没有消耗能量的内存，因此实现相对简单，也更利于节能。

在交换数据的网络中，有三种典型的设备类型：协调器、路由器和终端设备。一个 ZigBee 由一个协调器节点、若干个路由器和一些终端设备节点构成。设备类型并不会限制运行在特定设备上的应用类型。

协调器用于初始化一个 ZigBee 网络，它是网络中的第一个设备。协调器节点选择一个信道和一个网络标识符（PAN ID），然后启动一个网络。协调器节点也可以用来在网络中设定安全措施和应用层绑定。协调器的角色主要是启动并设置一个网络。一旦这一工作完成，协调器以一个路由器节点的角色运行（甚至去做其他事情）。由于 ZigBee 网络的分布式的特点，网络的后续运行不需要依赖于协调器的存在。

路由器的功能有：允许其他设备加入到网络中；多跳路由；协助电池供电的终端子设备的通信。路由器需要存储那些去往子设备的信息，直到其子节点醒来并请求数据。当一个子设备要发送一个信息，子设备需要将数据发送给它的父路由节点。此时，路由器就要负责发送数据，执行任何相关的重发，如果有必要还要等待确认。这样，自由节点就可以继续回到睡眠状态。有必要认识到的是，路由器允许成为网络流量的发送方或者接收方。由于这种要求，路由器必须不断准备转发数据，它们通常要用干线供电，而不是使用电池。如有某一工程不需要电池来给设备供电，那么可以将所有的终端设备作为路由器来使用。

一个终端设备并没有维持网络的基础结构的特定责任，所以它可以自己选择是休眠还是激活。终端设备仅在向它们的父节点接收或者发送数据时才会激活。因此，终端设备可以用电池供电来运行很长一段时间。

与移动通信的 CDMA 或 GSM 网络不同的是，ZigBee 网络主要是为工业现场自动化控制数据传输而建立的，因此它必须具有简单、使用方便、工作可靠、价格低的特点。移动通信网络主要是为语音通信而建立，每个基站价值一般都在百万元人民币以上，而每个 ZigBee“基站”却不到 1 000 元人民币。每个 ZigBee 网络节点不仅本身可以作为监控对象。例如其所连接的传感器直接进行数据采集和监控，还可以自动中转别的网络节点传过来的数据资料。除此之外，每一个 ZigBee 网络节点（FFD）还可以在自己信号覆盖的范围内，和多个不成单网络的孤立子节点（RFD）无线连接。

ZigBee 采用的是自组织网络。ZigBee 在网络模块的通信范围内，通过彼此自动寻找，很快就可以形成一个互联互通的 ZigBee 网络。而且，由于成员的移动，ZigBee 彼此间的联络还会发生变化。因而，ZigBee 网络模块可以通过重新寻找通信对象，确定彼此间的联络，对原有网络进行刷新。

ZigBee 网络采用的是动态路由。所谓动态路由，是指网络中数据传输的路径并不是预先设定的，而是传输数据前通过对网络当时可利用的所有路径进行搜索，分析它们的位置关系以及远近，然后选择其中的一条路径进行数据传输。例如，路径的选择可以使用“梯度法”，即先选择路径最近的一条通道进行传输，如传不通，再使用另外一条稍远的通路进行传输，以此类推，直到数据送达目的地为止。在实际的传感和控制现场，预先确定的传输路径随时都有可能发生变化，或者因为各种原因路径被中断了，或者因为过于繁忙不能进行及时传送。动态路由可以很好地解决这个问题，从而保证数据的可靠传输。

ZigBee 网络层支持三种网络拓扑结构：星状（star）结构、簇状（cluster tree）结构和网状（mesh）结构。其中，簇状结构和网状结构都是属于点对点的拓扑结构，它们是点对点拓扑结构的复杂化形式。三种结构如图 10-17 所示。

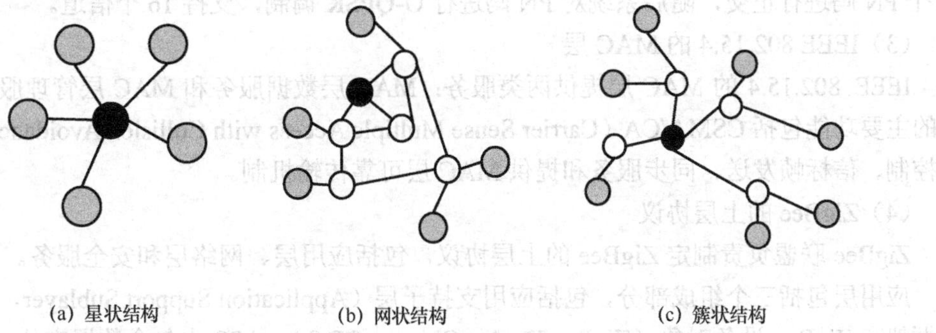

图 10-17 ZigBee 的组网形式

2. ZigBee 协议规范

ZigBee 网络节点要进行相互的数据交流，就要有相应的无线网络协议。ZigBee 协议的基础是 IEEE 802.15.4，但 IEEE 802.15.4 仅是处理物理层（PHY）和媒体接入层（MAC）的协议。ZigBee 联盟扩展了上述协议的范围，对 ZigBee 的网络层（NWK）协议和应用程序编程接口（API）进行了标准化。

（1）ZigBee 的协议架构

ZigBee 采用了 IEEE 802.15.4 制定的物理层和媒体接入层作为 ZigBee 技术物理层和媒体接入层，ZigBee 联盟在此基础上又建立了它的应用层和应用层框架。其中，IEEE 802.15.4 标准符合开发系统互联模型（OSI），应用层架构包括应用支持子层（APS）、ZigBee 设备对象（ZDO）和制造商所定义的应用对象。ZigBee 的协议架构如图 10-18 所示。

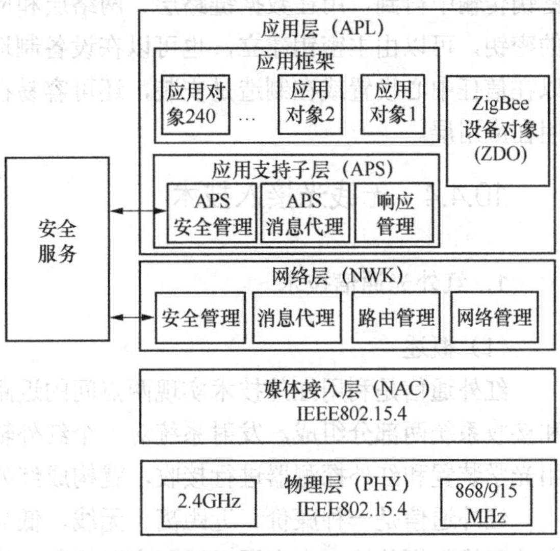

图 10-18 ZigBee 的协议架构

（2）IEEE 802.15.4 的物理层

IEEE 802.15.4 的物理层提供两种服务：物理层数据服务和物理层管理服务。物理层的主要功能包括无线收发信机的开启和关闭、能量检测（ED）、链路质量指标（LQI）、信道评估（CCA）和通过物理媒体收发数据包。

IEEE 802.15.4 定义了两种物理层。一种工作频段为 868/915 MHz，系统采用直接序列扩频、双向频移键控（BPSK）和差分编码技术，868 MHz 频段支持 1 个信道，915 MHz 支持 10 个信道。另一种物理层工作频段为 2.4 GHz，在每个符号周期，被发送的 4 个信息比特转化为一个 32 位的伪随机（PN）序列，共有 16 个 PN 码对应于这 4 个比特的 16 种变化，这 16 个 PN 码进行正交，随后系统对 PN 码进行 O-QPSK 调制，支持 16 个信道。

（3）IEEE 802.15.4 的 MAC 层

IEEE 802.15.4 的 MAC 层提供两类服务：MAC 层数据服务和 MAC 层管理服务。MAC 层的主要功能包括 CSMA/CA（Carrier Sense Multiple Access with Collision Avoidance）信道访问控制、信标帧发送、同步服务和提供 MAC 层可靠传输机制。

（4）ZigBee 的上层协议

ZigBee 联盟负责制定 ZigBee 的上层协议，包括应用层、网络层和安全服务。

应用层包括三个组成部分，包括应用支持子层（Application Support Sublayer，APS）、应用框架和 ZigBee 设备对象（ZigBee Device Object，ZDO）。APS 内包含数据实体（APSDE）和管理实体（APSM），其中 APSDE 为网络中的两个或更多的应用实体之间提供数据通信，APSME 负责应用层的安全服务、绑定设备并维护应用层信息库。APS 的接口包括应用层与上层的接口、与网络层的接口、APSDE 与 APSME 之间的接口。应用框架中厂家最多可以定义 240 个独立的应用对象，编号为 1～240，端点号 0 用于对 ZDO 的数据接口，端点号 255 用于对所有应用对象的广播数据接口，端点 241～254 保留。ZDO 负责初始化 APS、网络层和安全服务、设备和业务发现、安全管理、绑定管理等功能。

ZigBee 的网络层主要实现节点加入或离开网络、接收或抛弃其他节点、路由查找及传送数据等功能。ZigBee 支持簇状、网状型网络拓扑结构。

在安全服务方面，ZigBee 引入了信任中心概念，负责分配安全密钥。ZigBee 中定义了三种密钥，分别是网络密钥、链路密钥和主密钥。网络密钥可以在设备制造时安装，也可以在密钥传输中得到，用在数据链路层、网络层和应用层中。链路密钥是在两端设备通信时共享的密钥，可以由主密钥建立，也可以在设备制造时安装，链路密钥应用在应用层。主密钥可以在信任中心设置或在制造是安装，还可容易在用户访问的数据，如密码口令等，主密匙应用在应用层。

10.4.4 无线光接入技术

1. 红外光通信技术

（1）概述

红外通信是利用红外技术实现两点间的近距离保密通信和信息转发。它一般由红外发射和接收系统两部分组成。发射系统对一个红外辐射源进行调制后发射红外信号，而接收系统用光学装置和红外探测器进行接收，就构成红外通信系统。

红外通信是一种廉价、近距离、无线、低功耗、保密性强的通信方案，主要应用于近距离的无线数据传输，也有用于近距离无线网络接入。随着红外线接口的速度不断提高，使用红外线接口和电脑通信的信息设备也越来越多。红外线接口是使用有方向性的红外线进行通讯，由于它的波长较短，对障碍物的衍射能力差，所以只适合于短距离无线通讯的场合，进行“点对点”的直线数据传输，因此在小型的移动设备中获得了广泛的应用。例如笔记本电脑、PDA、移动电话之间或与电脑之间进行数据交换，电视机、空调器的遥控等。

（2）特点

保密性强，信息容量大，结构简单。红外通信技术适合于低成本、跨平台、点对点高速数据连接，尤其是嵌入式系统。其主要应用有：设备互联、信息网关。设备互联后可完成不同设备内文件与信息的交换。信息网关负责连接信息终端和互联网。

① 通过数据电脉冲和红外光脉冲之间的相互转换实现无线的数据收发。

② 它主要是用来取代点对点的线缆连接。

③ 新的通信标准兼容早期的通信标准。

④ 小角度（30度锥角以内），短距离，点对点直线数据传输，保密性强。

⑤ 传输速率较高，4 M 速率的 FIR 技术已被广泛使用，16 M 速率的 VFIR 技术已经发布。

⑥ 不透光材料的阻隔性，可分隔性，限定物理使用性，方便集群使用：红外线技术是限定使用空间的。在红外不传输的过程中，遇到不透光的材料，如墙面。它就会反射，这一特点，确定了每套设备之间，可以在不同的物理空间里使用。

⑦ 无频道资源占用性，安全特性高：红外线利用光传输数据的这一特点确定了它不存在无线频道资源的占用性，且安全性特别高。在限定的空间内使用进行窃听数据可不是一件容易的事。

⑧ 优秀的互换性，通用性。因为采用了光传输，且限定物理使用空间。红外线发射和接收设备在同一频率的条件下，可以相互使用。

⑨ 无有害辐射，绿色产品特性：科学实验证明，红外线是一种对人体有益的光谱，所以红外线产品是一种真正的绿色产品。此外，红外线通信还有抗干扰性强，系统安装简单，易于管理等优点。

红外数据通信技术的缺点：

⑩ 受视距影响其传输距离短，且传播受天气的影响；

⑪ 要求通信设备的位置固定；

⑫ 其点对点的传输连接，无法灵活地组成网络等。

（3）技术标准

IrDA1.0 标准简称 SIR（Serial Infrared，串行红外协议），它是基于 HP-SIR 开发出来的一种异步的、半双工的红外通信方式，它以系统的异步通信收发器（Universal Asynchronous Receiver/Transmitter，UART））依托，通过对串行数据脉冲的波形压缩和对所接收的光信号电脉冲的波形扩展这一编解码过程（3/16EnDec）实现红外数据传输。SIR 的最高数据速率只有 115.2 kbps。在 1996 年，发布了 IrDA1.1 协议，简称 FIR（Fast Infrared，快速红外协议），采用 4PPM（Pulse Position Modulation，脉冲相位调制）编译码机制，最高数据传输速率可达到 4 Mbps，同时在低速时保留 1.0 标准的规定。之后，IrDA 又推出了最高通信速率在 16 Mbps 的 VFIR（Very Fast Infrared）技术，并将其作为补充纳入 IrDA1.1 标准之中。

IrDA 标准都包括三个基本的规范和协议：红外物理层连接规范 IrPHY（Infrared Physical Layer LinkSpecification）、红外连接访问协议 IrLAP（Infrared Link Access Protoco1）和红外连

接管理协议 IrLMP（Infrared Link Management Protoco1）。IrPHY 规范制订了红外通信硬件设计上的目标和要求；IrLAP 和 IrLMP 为两个软件层，负责对连接进行设置、管理和维护。在 IrLAP 和 IrLMP 基础上，针对一些特定的红外通信应用领域，IrDA 还陆续发布了一些更高级别的红外协议，如 TinyTP、IrOBEX、IrCOMM、IrLAN、IrTran-P 和 IrBus 等。

（4）基本原理

红外通信是利用 950 nm 近红外波段的红外线作为传递信息的媒体，即通信信道。发送端将基带二进制信号调制为一系列的脉冲串信号，通过红外发射管发射红外信号。接收端将接收到的光脉转换成电信号，再经过放大、滤波等处理后送给解调电路进行解调，还原为二进制数字信号后输出。常用的有通过脉冲宽度来实现信号调制的脉宽调制（PWM）和通过脉冲串之间的时间间隔来实现信号调制的脉时调制（PPM）两种方法。简而言之，红外通信的实质就是对二进制数字信号进行调制与解调，以便利用红外信道进行传输；红外通信接口就是针对红外信道的调制解调器。

（5）应用及展望

目前，符合红外通信标准要求的个人数字数据助理设备、笔记本计算机和打印机已推向市场，然而红外通信技术的潜力将通过个人通信系统（pcs）和全球移动通信系统（gsm）网络的建立而充分显示出来。例如，诺基亚公司最近宣布它与加拿大的 ast 公司签订了提供无线通信系统的合同，将这一技术产品投放市场，并在加拿大产业界目前许可经营的 pcs 数字通信基础设施上运行。

由于红外连接本身是数字式的，所以在笔记本计算机中不需要调制解调器。便携式 pc 机有一个任选的扩展插槽，可插入新式 pcs 数据卡。pcs 数据卡配电话使用，建立和保持对无线 pcs 系统的连接；扩展电缆的红外端口使得在 pcs 电话系统和笔记本计算机之间容易实现无线通信。

由于 pcs、数字电话系统和笔记本计算机之间的连接是通过标准的红外端口实现的，所以 pcs 数字电话系统可在任何一种 pc 机上使用，包括各种新潮笔记本计算机以及手持式计算机，以提供红外数据通信。而且，由于该系统不要求在计算机中使用调制解调器，所以过去不可能维持高性能 pc 卡调制解调器运行所需电压的手持式计算机，现在也能以无线方式进行通信。

红外通信标准的开发者还在设想在机场和饭店等地点使用步行传真机和打印机，在这些地方，掌上计算机用户可以利用这些外设而勿需电缆。银行的 ATM（柜员机）也可以采用红外接口装置。

预计在不久的将来，红外技术将在通信领域得到普遍应用，数字蜂窝电话、寻呼机、付费电话等都将采用红外技术。红外技术的推广意味着掌上计算机用户不用电缆连接的新潮即将到来。

2．紫外光通信

（1）概述

自由空间光通信技术（FSO）在近十年来越来越多地吸引了人们的注意。FSO 技术不占用无线电频率资源，抗电磁干扰能力强，保密性好，安装便捷，使用方便，在接入网和军事领域已获得较多的应用。当前的自由空间光通信系统的工作波长大都采用红外光波段（一般

0.85 μm 和 1.55 μm 波长较为常用），这种通信系统要求空间通信链路上没有任何障碍物，且要求信道具有相当的能见度。即使在满足了这样的前提下，系统建立通信之前仍必须进行光学捕获、跟踪、对准（ATP），然后才能实现正常的通信。这使得系统使用中经常会出现意想不到的困难和不便，并且其通信性能受天气状况影响较大，难以实现全天候通信。

为弥补红外无线光通信系统的不足，近年来，另一种使用紫外光为工作波长的无线光通信技术逐渐引起人们的关注。无线紫外光通信也可以认为是一种自由空间光通信形式。紫外光的波长较短，根据瑞利散射的原理，紫外光可以通过在大气中的光散射实现全方位通信，而无须在开通前进行对准。虽然大气信道对紫外光同样有不利影响，但是只要选择合适的工作波长，比如在日盲区紫外波段，就可以有效规避噪声，获得性能较好的通信效果。可以这么认为无线紫外光通信系统不仅保持了 FSO 通信方式所具有的方便、保密、抗干扰等特点，同时又克服了红外无线光通信系统需要对准及受天气影响较大的缺点。

（2）特点

① 保密性高

a. 低分辨率：紫外光是不可见光，肉眼很难发现紫外光源的存在；紫外光通过大气散射向四面八方传播信号，因而很难从散射信号中判断出紫外光源的所在位置。

b. 低窃听率：由于大气分子、悬浮粒子的强吸收作用，紫外光信号的强度按指数规律衰减，这种强度衰减是距离的函数，因此可根据通信距离的要求来调整系统的发射功率，使其在非通信区域的辐射功率减至最小，使敌方难以截获。

② 环境适应性强

a. 防自然干扰：由于日盲区的存在，近地面日盲区紫外光噪声很小；另外，大气散射作用使得近地面的紫外光均匀分布，在信号接收端反映为以直流为主的电平信号，可利用滤波的方式去除这些背景信号。

b. 防人为干扰：由于系统的辐射功率可根据通信距离要求减至最小，敌方很难在远距离对本地紫外光通信发射系统进行干扰；其它常规通信干扰对紫外光通信是无效的。

③ 全方位全天候性

a. 全方位：紫外光的散射特性使紫外光通信系统能以非视距方式传输信号，从而能适应复杂的地形环境，克服了其他自由光通信系统必须工作在视距通信方式的弱点。

b. 全天候：日盲区的太阳紫外辐射强度在近地面十分微弱，无论白天还是夜晚都不会有太大的“噪声”干扰。地理位置、季节更替、气候变化、能见度等因素的影响和太阳辐射一样，都可以看成是一种可忽略的背景“噪声”。

④ 灵活机动，可靠性高

a. 灵活机动：紫外光通信平台在地面上可采用车载式，空中可采用机载式，海上可采用舰载式，可实现网络移动式通信，克服了传统有线或无线通信需要铺设电缆和基站的缺点，能跟随部队快速机动，适应瞬息万变的战场环境。

b. 可靠性高：传统通信方式的电缆或基站一旦被摧毁将会导致通信彻底中断，对于战场环境，将是无法接受的；紫外光信号在战场上很难被侦测到，作为攻击目标的可能性小。即使被破坏，由于其机动性强，可使用备份设备，快速抢通战时通信系统。

（3）紫外光大气传输特性

紫外光通信基于两个相互关联的物理现象：一是大气层中的臭氧对波长在 200 nm～

280 nm 的紫外光有强烈的吸收作用，这个区域被叫做日盲区，到达地面的日盲区紫外光辐射在海平面附近几乎衰减至零；另一现象是地球表面的日盲区紫外光被大气强烈散射。日盲区的存在，为工作在该波段的紫外光通信系统提供了一个良好的通信背景。紫外光在大气中的散射作用使紫外光的能量传输方向发生改变，这为紫外光通信奠定了通信基础，但吸收作用带来的衰减使紫外光的传输限定在一定的距离内。紫外光通信是基于大气散射和吸收的无线光通信技术。它的基本原理是以日盲区的光谱为载波，在发射端将信息电信号调制加载到该紫外光载波上，已调制的紫外光载波信号利用大气散射作用进行传播，在接收端通过对紫外光束的捕获和跟踪建立起光通信链路，经光电转换和解调处理提取出信息信号。紫外光通信特别适用于复杂环境下近距离抗干扰保密通信。

（4）工作原理

紫外光通信系统一般由发射系统和接收系统组成，其中发射系统将信源产生的原始电信号变换成适合在信道中传输的信号；接收系统从带有干扰的接收信号中恢复出相应的原始信号。发射系统由信源模块、调制模块、驱动电路和紫外光源等组成，其工作过程如下：调制模块采用特定的调制方式将信源模块产生的电信号做调制变换，再通过发端驱动电路使紫外光源将调制信息随紫外载波发送出去；接收系统由紫外探测器、预处理电路、解调模块和信宿模块组成：其工作过程和发射系统刚好相反，紫外探测器捕捉并收集紫外光信号，对其进行光电转换，收端预处理电路对电信号进行放大、滤波等，解调模块将原始信息恢复出来送至信宿模块。

（5）通信方式

紫外光通信系统有两种通信方式：视距通信（Line of Sight）和非视距通信。与传统的自由空间光通信一样，紫外光通信可以以视距方式进行通信，遵循“信号强度按指数规律衰减，与距离的平方成反比”的规律。而紫外光特有的非视距通信方式是由于大气分子和悬浮粒子的散射作用，紫外光在传输过程中产生的电磁场使大气中的粒子所带的电荷产生振荡，振荡的电荷产生一个或多个电偶极子，辐射出次级球面波。由于电荷的振荡与原始波同步，所以次级波与原始波具有相同的电磁振荡频率，并与原始波有固定的相位关系，次级球面波的波面分布和振动情况决定散射光的散射方向。因此，散射在大气中紫外光信号与光源保持了相同的信息。

（6）军事应用

紫外光通信技术既可以补足传统光通信不能进行非视距通信，受气候影响严重的缺陷，也可以弥补传统无线及有线通信需要部署线路和基站等灵活性差的不足，是一种极具发展潜力的通信军事手段。

① 可用于超低空飞行的直升机小队进行不间断的内部安全通信。使用紫外光通信系统的每架飞机都装备有一套收发系统，发射机以水平方向辐射光信号，接收机则面朝天安装，以收集散射到其视野区内的紫外光信号，从而使全小队的飞机都可收到相同的通信信号。

② 可用于改进舰载飞机的起飞导引系统。航母飞行甲板通信系统同时沟通指挥塔台与所有飞机之间的通信。光发射机可安装在航母的舰桥上，以水平方式向甲板辐射紫外光信号，每架飞机上装有一台小型接收机，面朝天安装，以收集散射在大气层中的导航数据。光发射机发出的紫外光具有散射和同播特性，能照射整个飞行甲板，这样飞机可以自由移动，并能同时接收数据。

紫外光通信技术是一种新兴的通信系统，是利用紫外光在大气中的散射来进行信息传输的一种新型通信模式。由于其可以实现非视距、短距离的抗干扰、抗截获能力强的特点，特别适合于军事应用中，是满足战术通信要求的理想手段。但是对于紫外光通信系统的研究还处于初级阶段，特别是国内在这方面的研究不多，还没有形成成型的系统，因此迫切需要进一步的研究。

3. 可见光通信

可见光通信技术是一种在白光LED发明和应用以后发展起来的新兴的无线光通信技术，LED不但能进行照明，并且能够应用于无线光通信系统中，从而满足了室内绿色节能网络通信的需求。它是利用半导体LED响应速度快的发光响应特性，将信号调试到LED可见光上进行传输，使可见光通信与LED照明相结合，构建出LED照明通信两用基站灯，也为光通信提供了一种全新的宽带接入方式，和传统的照明光源进行相比，白光LED因为响应时间短，所以具有高速调制的特性，基于白光LED室内可见光通信系统，可以实现照明通信两重使用。与传统的红外和无线电通信相比，白光技术具有功耗低、寿命长、尺寸小、绿色环保，同时具有调制性能好、响应灵敏度高、无电磁干扰和无需申请频谱资源等优点。

可见光通信技术是以LED为载体的新兴光无线通信技术。作为一种全新的高速数据接入模式，与传统的射频通信和其他光无线通信相比有以下主要特点。

（1）可见光通信技术具有安全、高速、宽频谱、投资低等特点。有光的地方就有网络的特点，让室内信号更加稳定，安全性能也更高，室内的网络电脑信息不会泄露到室外，在对电磁信号敏感的医院等环境中也能自由使用。可以利用现有的照明线路实现通信，几乎不需再新建基础设施。当前实验室可见光通信实时传输速率已在米级距离上达到了每秒500兆比特，离线传输速率也已达到了每秒10吉比特。也就是用LIFI技术下载一部1 GB的电影，只需0.2秒的时间。绿色环保因为不存在电磁干扰，因此辐射小，对人体无害。

（2）可见光通信技术的应用领域广泛，市场前景巨大。可见光通信技术广泛渗透于室内导航、智能交通等多个领域，是目前国际上少有的产业关联度高、带动能力强、应用领域广的前沿尖端技术。据国际权威机构统计，未来可见光通信技术应用的产业规模可达万亿级别。

可见光通信的缺点也是明显存在的。

（1）VLC是依赖光的直线传播来传输信息的，所以当光被阻挡时，信号就会中断。

（2）移动终端可以从固定的光发射端接收信息，但数据信息的回传则不易实现。

（3）LED灯珠带宽很窄，约20 MHz，而且有很强的非线性效应。

（4）LED的调制带宽有限。

（5）可见光通信室内信道存在多径效应。

可见光通信技术本身也有其局限性，因此更多的是作为一种对现有的无线通信方式的补充，而并不是要取代其他无线技术，它有助于释放频谱空间，能够在一些特定的场所发挥比Wi-Fi等无线通信方式有更好的作用和效率。Li-Fi虽然优点多多，却也会面临诸多技术难题。比如：受限的LED调制带宽、LED器件的非线性效应、可见光通信室内信道的多径效应等。

除此之外，探测器也不是专为可见光波段设计，蓝光不是最敏感频段。所以在材料、器件、封装、模块等方面都需要做一系列研究。所以可见光通信的研究可能需要我们从以下几个方面做起。

（1）高调制带宽的 LED 光源。目前商用白光 LED 的调制带宽有限，只有 3～50 MHz。这是因为白光 LED 设计的初衷是用于照明，而并非用于通信，其结电容很大，限制了调制带宽。因此，在保证大功率输出的前提下，开发出具有更高调制带宽的 LED 光源，将极大地促进可见光通信的发展。

（2）LED 的大电流驱动和非线性效应补偿技术。在可见光通信系统中，LED 的工作电流较大，需要进行大电流驱动，而 LED 的非线性效应则会使可见光信号发生畸变。因此在实际使用中需要合理地控制偏置电压、信号动态范围、信号带宽等参数，并且根据 LED 的非线性传输曲线的特征有意识地对调制信号进行预畸变处理等，以提高调制效率，提升传输容量。

（3）光源的布局优化。在可见光通信系统中，白光 LED 光源需要同时实现室内照明和通信的双重功能，而单个 LED 的发光强度比较小，因此在实际系统中光源应采用多个 LED 组成的阵列。LED 阵列的布局是影响可见光通信系统性能的重要因素之一。一方面，为了满足室内照明的要求，首先要考虑室内照明度的分布；另一方面，为了保证通信的性能，还需要考虑室内信噪比的分布，避免盲区和阴影的出现。一般来说，LED 的数目越大，室内的照明度越高，系统接受到的光信号的功率也越大，但由不同路径造成的符号间干扰也越严重。因此，在对可见光通信系统的研究中，应对 LED 阵列进行合理的布局。此外，对于不同的室内环境，如模型，实现快速的智能布局也是可见光通信研究中需解决的关键问题。

（4）光学 MIMO 技术。与射频系统相似，通过采用多个发射和接收单元的并行传输可以提高可见光通信的性能。此外需要指出的是，一个典型的室内照明方案需要采用白光 LED 阵列来满足一定的照明度，这恰好使 MIMO 技术更具有吸引力。

（5）光学 OFDM 技术。为了在有限带宽的条件下实现高速传输速率，OFDM 成为了一个极具吸引力的高频谱效率的调制技术。OFDM 技术为信道色散提供了一个简单的解决方法，而且可以完全在数字域实施，它将信道的可用带宽划分为许多个子信道，利用子信道间的正交性实现频分复用，并可以在子载波上通过对比特和功率的分配来实现信号传输对信道条件的调节适应。由于降低了子载波的传输速率，延长了码元周期，因此具有优良的抗多径效应性能；此外 OFDM 还可以使不同用户占用互不重叠的子载波集，从而实现下行链路的多用户传输。

（6）高灵敏度的广角接收技术。室内光通信系统大多数工作在直射光条件下，当室内有人走动或者在直射通道上有障碍物时，将会在接收机处形成阴影效应，影响通信性能，甚至出现通信盲区，使通信无法继续。而采用大视场的广角光学接收系统可以解决这一问题，其大视场角的特性可以保证同时接收直射和散射光信号，这样就避免了“阴影”和“盲区”现象的发生。同时，室内光通信系统采用 MIMO 技术要求接收机能够接收到发端 LED 光源阵列发出的光信号，以解析出多个独立的通信信道。这也需要接收光学系统具有大视场特性。

（7）消除码间干扰的技术。在室内可见光通信系统中，LED 光源通常由多个发光 LED 阵列组成，为了达到较好的照明和通信效果，防止“阴影”影响，一个房间通常要安装多个 LED 光源。由于 LED 单元分布位置的不同以及墙面的反射、折射及散射，不可避免的产生码间干扰，极大降低了系统的性能。自适应均衡技术以及前面提到的 OFDM 技术已经在高速无线通信中得到了广泛的应用。在可见光通信系统中，也可以采用这些方式降低符号间干扰。目前，应用于可见光通信的均衡和 OFDM 技术的研究已经成为可见光通信研究中的热点。

（8）可见光通信与现有网络的融合接入技术。目前，全球已经开展了光纤到户的工作，并取得很大的进展。光纤到户后，可为单用户提供 300 Mbit/s 的下行带宽，在此网络带宽下，目前的微波无线低频段广播覆盖的频谱资源不够，无法满足如此高的带宽需求，因此，在最后 10 m 距离内的高速接入将成为宽带通信的瓶颈。可见光波段位于 380～780 nm，属于新频谱资源。室内可见光通信由于具有诸多优点，已经成为了理想的短距离高速无线接入方案之一。将可见光通信系统与光纤到户系统融合，例如，可以通过“光电-电光”的转换将信息调制到 LED 光源发射到用户终端，实现高速率、高保密性的无线光接入。此外，可见光通信可与电力线通信（PLC）技术相融合，利用现有的电力线设备传输信号并驱动 LED 光源，将会大幅度降低成本，因此，这种技术融合在未来也将会成为可见光通信的研究趋势。

可见光通信能够同时实现照明与通信的功能，具有传输数据率高，保密性强，无电磁干扰，无需频谱认证等优点，是理想的室内高速无线接入方案之一。技术革新的速度之快，当我们满足于“免费 Wi-Fi”时，Li-Fi 的脚步已经悄然靠近。LED 灯具与网络的结合，无疑是 21 世纪数字时代的发展潮流。

练习题

一、填空题

1. 接入网所覆盖的范围可由三个接口来定界，网络侧经由________与________相连，用户侧经由________与________相连，管理侧经________与________相连。
2. HDSL 的设备结构，按功能可分为________________________。
3. ADSL 网络采用的技术包括________________________________。
4. VDSL 系统采用的调制方式有________________________________。
5. 混合接入网是指____。
6. 无线接入技术是指____。
7. VLC 通信技术是一种以________为载体的新兴光无线通信技术。

二、简答题

1. 说明 IEEE802.11 标准的主要内容。
2. HFC 技术在应用中要从哪几个方面考虑？
3. ADSL 技术的特点及相对优势是什么？
4. 试比较 PON 与 AON 的异同点。
5. 叙述蓝牙技术的特点。其关键技术是什么？
6. 简述 VLC 的主要应用及展望。

第 11 章 软交换及下一代网络

目前的网络，不论是 PSTN 还是 Internet，都难以满足人们对话音、数据与多媒体融合业务的渴望，难以实现人们在任何时间、任何地点、以任何方式通信的美好愿望。人们期待一种新的网络来解决目前网络面临的诸多问题，于是下一代网络（NGN）概念应运而生了。

11.1 软交换技术

11.1.1 软交换技术的基本概念

随着传统公用电话交换网（Public Switched Telephone Network，PSTN）用户数的饱和，IP 数据业务的快速增长，数据业务日渐成为一种新的趋势迅猛发展。而传统 PSTN 仅能够提供话音业务，不能满足用户对宽带多媒体业务的需求。综合交换机的出现虽然在一定程度上兼顾了语音和数据业务，但由于其设计思想仍基于原电路交换机，其数据业务实现能力不强，业务升级周期长且受设备提供商限制等因素仍旧不能满足快速增长的业务需求。在这样的环境下，一些企业采用基于以太网的电话，通过一套基于 PC 服务器的呼叫控制软件实现专用交换分机（Private Branch Exchange，PBX）功能。对于这样一套设备，系统不需单独敷设网络，而只通过与局域网共享就可实现管理与维护的统一，综合成本远低于传统的 PBX。由于企业网环境对设备的可靠性、计费和管理要求不高，主要用于满足通信需求，设备门槛低，许多设备商都可提供此类解决方案，因此 IP PBX 应用获得了巨大成功。受到 IP PBX 成功的启发，为了提高网络综合运营效益，网络的发展更加趋于合理、开放，更好的服务于用户。业界提出了这样一种思想：将传统的交换设备部件化，分为呼叫控制与媒体处理，二者之间采用标准协议且主要使用纯软件进行处理，于是，软交换技术应运而生。

软交换技术的提出有着深厚的历史背景和技术背景。它是一种应用于电话交换控制的新技术的通用名称，是 PSTN 逐步向 IP 网络演进过程中出现的概念，具有解决传统电路交换机缺陷的潜力，顺应了基于电路交换的语音网和基于分组交换的数据网融合的趋势。软交换技术能有效降低语音交换的成本，提供了开发差异化电话服务的手段，而且随着多媒体业务的快速发展，软交换将进一步承担起分组交换网中语音、数据、视频等各种媒体交换的实时控制任务。

软交换的概念是由美国贝尔实验室首先提出来的。软交换是一个软件的实体，用于提供呼叫控制功能。软交换的基本定义为：软交换是一种支持开放标准的软件，能够基于开放的计算平台完成分布式的通信控制功能，并且具有传统的 TDM 电路交换机的业务功能。

因此，软交换的基本含义就是将呼叫控制功能从媒体网关（传输层）中分离出来，通过服务器上的软件实现基本呼叫控制功能，包括呼叫选路、管理控制、连接控制（建立会话、拆除会话）和信令互通（如从 No.7 信令网络到 IP 网络）。其结果就是把呼叫传输与呼叫控制分离开，为控制、交换和软件可编程功能建立分离的平面，使业务提供者可以自由地将传输业务与控制协议结合起来，实现业务转移。软交换主要提供连接控制、协议转换、选路、网关管理、呼叫控制、带宽管理、信令、安全性和呼叫详细记录等功能。与此同时，软交换还将网络资源、网络能力封装起来，通过标准开放的业务接口和业务应用层相连，可方便地在网络上快速提供新的业务。

软交换技术用于解决现代通信中不同网络（电路交换网和分组交换网）、不同设备、不同技术间的互通问题，是传统网络向下一代网络（NGN）演变的核心技术，为 NGN 提供具有实时性要求的业务的呼叫控制和联机控制功能。软交换设备不仅是下一代分组网中语音业务、数据业务和视频业务的呼叫、控制和业务提供的核心设备，也是电路交换电信网向分组交换网演进的重要设备。

11.1.2 软交换技术的网络结构及功能

1. 软交换网络的结构

广义上说，软交换网络是一个可以同时向用户提供语音、数据、视频等业务的开放网络，它采用一种分层体系结构，利用该体系结构可以建立下一代网络框架，如图 11-1 所示。从图 11-1 中可以看到软交换网络一共分为 4 层，其功能涵盖 NGN（下一代网络）的接入层、传输层、控制层和业务层，主要有软交换设备、信令网关（SG）、媒体网关（MG）、应用服务器等组成。从狭义上说，软交换单指软交换设备，它是下一代网络（NGN）的核心设备之一，处在 NGN 分层结构的控制层，负责提供业务呼叫控制和连接功能控制。人们经常提到的呼叫服务器、呼叫代理、媒体网关控制器等都指的是软交换设备。

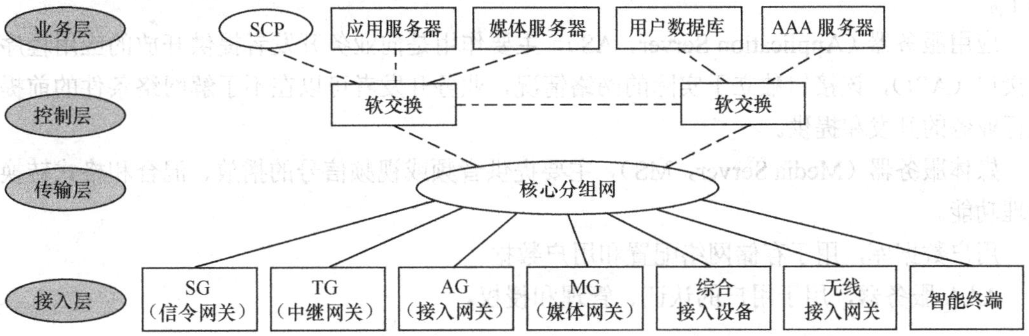

图 11–1 基于软交换技术的网络结构图

（1）接入层。接入层的主要作用是利用各种接入设备实现不同用户的接入，并实现不同信息格式之间的转换，其功能有些类似传统程控交换机中的用户模块或中继模块。接入层的设备都没有呼叫控制的功能，它必须要和控制层设备相配合，才能完成所需要的操作。接入层中包括各种各样的接入设备，其中主要设备如下。

信令网关（Signaling Gateway，SG），它的作用是通过电路与No.7信令网相连，将窄带的No.7信令转换为可以在分组网上传送的信令，并传递给控制层设备进行处理。

中继网关（Trunking Gateway，TG），它一侧通过电路与传统电话网连接，一侧与分组网连接，通过与控制层设备的配合，在分组网上实现语音业务的长途/汇接功能。

接入网关（Access Gateway，AG），与中继网关一样，接入网关也主要是为了在分组网上传送语音而设计。所不同的是，接入网关的电路侧提供了比中继网关更为丰富的接口。

媒体网关（Media Gateway，MG）是将一种网络中的媒体转换成另一种网络所要求的媒体格式。如媒体网关能够在电路交换网的承载通道和分组网的媒体流之间进行转换，可以处理音频、视频或T.120（多点数据会议和实时通信协议），也具备处理这三者任意组合的能力，并且能够进行全双工的媒体翻译，可以演示视频/音频消息，实现其他互动式语音应答（Interactive Voice Response，IVR）功能，同时还可以进行媒体会议等。

综合接入设备（Integrated Access Device，IAD）是一个小型的接入层设备。它向用户同时提供模拟端口和数据端口，实现用户的综合接入。

无线接入网关，它的作用主要是实现无线用户的接入。

智能终端，它的形式多种多样，如会话初始协议（Session Initiation Protocol，SIP）终端和H.323终端。

（2）传输层。传输层的主要任务是传递业务信息。传输层要求是一个高带宽的，有一定QoS保证的分组交换网络。目前主要指IP和ATM两种网络。

（3）控制层。控制层是软交换网络的呼叫控制核心，主要功能是呼叫控制，即控制接入层设备，并向业务层设备提供业务能力或特殊资源。控制层的核心设备是软交换，软交换与业务层之间采用开放的API或标准协议进行通信。

（4）业务层。在传统网络中，因受设备限制，业务开发一直是一个比较复杂的事情，软交换网络产生的原因之一就是要降低业务开发的复杂度，让运营商能更灵活地向用户提供更多更好的业务。因此软交换网络采用了业务与控制相分离的思想，将与业务相关的部分独立出来，形成了业务层。业务层的功能是创建、执行和管理软交换网络增值业务，其主要设备如下。

应用服务器（Application Server，AS），主要作用是向业务开发者提供开放的应用程序开发接口（API），该接口独立于实际的网络情况，业务开发者可以在不了解网络条件的前提下进行业务的开发和提供。

媒体服务器（Media Server，MS），主要提供音频或视频信号的播放、混合和格式转换等处理功能。

用户数据库，用于存储网络配置和用户数据。

AAA服务器，用于用户的认证、管理和授权。

2．软交换网络的特点

与传统网络相比，软交换网络具备以下特点。

（1）基于分组。软交换网络基于IP或ATM的分组交换网络进行传送。与原电话网相比最主要的特点就是核心网从单业务转成多业务的快速通道。

（2）开放的网络结构。软交换网络具有简洁、清晰的层次结构，各个网元之间使用标准的协议和接口，使得各部件在地理上得以自由分离，网络结构逐步走向开放，各部件可以独立发展，运营商可以根据需要自由组合各部分的功能产品来组建网络，实现各种异构网络的互通。

（3）业务与呼叫控制分离，与网络分离。在软交换网络中，控制层的软交换设备只负责处理基本呼叫的接续及控制，业务逻辑基本由应用服务器提供，实现了业务与呼叫控制分离。分离的目标是使业务真正独立于网络，业务的提供更加有效。

（4）业务与接入方式分离。在软交换网络中，业务提供和用户接入属于两个独立层面，业务可以和接入的介质完全分离。

（5）快速提供新业务。软交换网络中，采用标准接口与软交换设备相连的应用服务器，可提供开放的业务生成接口，满足用户不断变化的业务需求。

3．软交换设备的主要功能

（1）媒体网关接入功能。媒体网关功能是接入到 IP 网络的一个端点/网络中继或几个端点的集合，它是分组网络和外部网络之间的接口设备，提供媒体流映射或代码转换的功能。例如，PSTN/ISDN IP 中继媒体网关、ATM 媒体网关、用户媒体网关、无线媒体网关和数据媒体网关等，支持 MGCP 协议和 H.248/MEGACO 协议来实现资源控制、媒体处理控制、信号与事件处理、连接管理、维护管理、传输和安全等多种复杂的功能。

（2）呼叫控制和处理功能。呼叫控制和处理功能是软交换的重要功能之一，可以说是整个网络的灵魂。它可以为基本业务/多媒体业务呼叫的建立、维持和释放提供控制功能，包括呼叫处理、连接控制、智能呼叫触发检测和资源控制等。支持基本的双方呼叫控制功能和多方呼叫控制功能，多方呼叫控制功能包括多方呼叫的特殊逻辑关系、呼叫成员的加入/退出/隔离/旁听等。

（3）业务提供功能。在网络从电路交换向分组交换的演进过程中，软交换必须能够实现 PSTN/ISDN 交换机所提供的全部业务，包括基本业务和补充业务，还应该与现有的智能网配合提供智能网业务，也可以与第三方合作，提供多种增值业务和智能业务。

（4）互连互通功能。下一代网络并不是一个孤立的网络，尤其是在现有网络向下一代网络的发展演进中，不可避免地要实现与现有网络的协同工作、互连互通、平滑演进。例如，可以通过信令网关实现分组网与现有 7 号信令网的互通；可以通过信令网关与现有智能网互通，为用户提供多种智能业务；可以采用 H.323 协议实现与现有 H.323 体系的 IP 电话网的互通；可以采用 SIP 实现与未来 SIP 网络体系的互通；可以采用 SIP 或 BICC 协议与其他软交换设备互连；还可以提供 IP 网内 H.248 终端、SIP 终端和 MGCP 终端之间的互通。

（5）协议功能。软交换是一个开放的、多协议的实体，因此必须采用各种标准协议与各种媒体网关、应用服务器、终端和网络进行通信，最大限度地保护用户投资并充分发挥现有通信网络的作用。这些协议包括 H.248、H.323、SIP、MGCP、SIGTRAN、RTP 及 INAP 等。

（6）资源管理功能。软交换应提供资源管理功能，对系统中的各种资源进行集中管理，如资源的分配、释放、配置和控制，资源状态的检测，资源使用情况统计，设置资源的使用门限等。

（7）计费功能。软交换应具有采集详细话单及复式计次功能，并能够按照运营商的需求将话单传送到相应的计费中心。

（8）认证与授权功能。软交换应支持本地认证功能，可以对所管辖区域内的用户、媒体网关进行认证与授权，以防止非法用户/设备的接入。同时，它应能够与认证中心连接，并可以将所管辖区域内的用户、媒体网关信息送往认证中心进行接入认证与授权，以防止非法用户/设备的接入。

（9）地址解析功能。软交换设备应能完成 E.164 地址至 IP 地址、别名地址至 IP 地址的转换功能，同时也可以完成重定向的功能。

（10）语音处理功能。软交换设备应可以控制媒体网关是否采用语音信号压缩，并提供可以选择的话音压缩算法，算法应至少包括 G.729、G.723 算法，可选 G.726 算法。同时，可以控制媒体网关是否采用回声抵消技术，并可对话音包缓存区的大小进行设置，以减少抖动对话音质量带来的影响。

4．软交换设备的接口协议

软交换网络的特点之一是采用开放的网络架构体系，功能模块分离成为独立的网络部件，各个部件可以按相应的功能划分并独立开发。部件间协议接口的标准化可以实现各种异构网的互通。下面列举了软交换设备与外部的接口。

（1）软交换设备与媒体网关间的接口，用于软交换对媒体网关进行承载控制、资源控制和管理，具体可采用 H.248 协议和 MGCP，其中 H.248 协议作为首选协议，MGCP 作为可选协议。

（2）软交换设备与信令网关间的接口，完成软交换和信令网关间的信令信息传递，使用信令传送协议（SIGTRAN）。

（3）软交换与应用服务器间的接口，提供对三方应用和各种增值业务的支持，可使用 SIP 或 API 协议。

（4）软交换与 AAA 服务器间的接口，将用户名和账号等信息发送到 AAA 服务器进行认证、鉴权和计费，采用 Radius 协议。

（5）软交换设备之间的接口，主要实现不同软交换设备间的交互，可使用 BICC、SIP、SIP-T 和 SIP-I。BICC 协议属于应用层控制协议，可用于建立、修改和终结呼叫。SIP 主要用于支持多媒体和其他新型业务，在基于 IP 网络的多业务应用方面具有更加灵活、方便的特性。BICC 在语音业务支持方面比较成熟，能够支持以前窄带所有的语音业务、补充业务和数据业务等，但协议复杂，可扩展性差。SIP-T 是 SIP 的扩展协议，主要支持基于 IP 的语音中继。SIP-I 协议内容较 SIP-T 丰富得多，该协议系列不仅包括了基本呼叫的互通还考虑了资源预留、媒体信息转换等互通问题。

（6）软交换与中继网关间接口，主要完成媒体网关控制、资源控制和管理功能，使用 H.248（必选）或 MGCP（可选）。

（7）应用服务器与媒体服务器间接口，利用 SIP、H.248（可选）和 MGCP（可选）控制媒体服务器进行媒体资源的处理。

（8）软交换与现有 H.323 网络间接口，互通协议建议采用 H.323 协议。

（9）软交换与智能终端间接口，实现对终端的管理和控制，采用协议为 H.248、SIP、H.323 等协议。

（10）软交换与 SIP 终端间接口，采用 SIP。

相关的协议主要包括 H.248、MGCP、H.323、SIP 和 BICC 等简要介绍如下。

（1）H.248：H.248 称为媒体网关控制协议，主要实现软交换设备与各种媒体网关之间的通信，是为下一代网络实现语音、数据和视频业务还用于呼叫控制的控制设备和受控设备之间的接口协议。引入了 Termination（终端）和 Context（关联）两个抽象概念。在 Termination（终端）中，封装了媒体流的参数、MODEM 和承载能力参数，而 Context（关联）则表明了在一些 Termination（终端）之间的相互连接关系。H.248 是在早期的 MGCP 基础上改进而成。

（2）MGCP：MGCP 是媒体网关控制协议，应用于多媒体网关单元之间。多媒体网关由包含“智能”呼叫控制的呼叫代理和包含媒体功能的媒体网关组成，其中的媒体功能诸如由 TDM 语音到 VoIP 的转化。MGCP 定义的连接模型包括端点（endpoint）和连接（connection）两个主要概念。端点是数据源或数据宿，可以是物理端点，也可以是虚拟端点。端点类型包括数字通道、模拟线、录音服务器接入点及交互式话音响应接入点。端点标识由端点所在网关域名和网关中的本地名两部分组成。连接可以是点到点连接或多点连接。点到点连接是两个互相发送数据的端点之间的一种关联，该关联在两个端点都建立起来后，就可开始传送数据。多点连接是多个端点之间的连接。连接可建在不同类型的承载网络上。呼叫代理可要求端点在检测到某些事件（如摘机、挂机、拍叉或拨号）发生时，向其发出通知，也可请求将某些信号（如拨号音、回铃音、忙音等）加到端点上。事件和信号组合成包，每个包由某一特定端点支持。每个事件（含信号）可用“包名/事件名”表示，每类端点有特定的包，每个包包含有规律的事件和信号，包名和事件名均用数字字母串表示。

（3）H.323：H.323 是一套在分组网上提供实时音频、视频和数据通信的标准，是 ITU-T 制订的在各种网络上提供多媒体通信的系列协议 H.32x 的一部分。H.323 被普遍认为是目前在分组网上支持语音、图像和数据业务最成熟的协议。采用 H.323，各个不同厂商的多媒体产品和应用可以进行互相操作，用户不必考虑兼容性问题。该协议为商业和个人用户基于 LAN、MAN 的多媒体产品协同开发奠定了基础。

从整体上来说，H.323 是一个框架性建设，它涉及到终端设备、视频、音频和数据传输、通信控制、网络接口方面的内容，还包括了组成多点会议的多点控制单元（MCU）、多点控制器（MC）、多点处理器（MP）、网关以及关守等设备。它的基本组成单元是“域”，在 H.323 系统中，所谓域是指一个由关守管理的网关、多点控制单元（MCU）、多点控制器（MC）、多点处理器（MP）和所有终端组成的集合。一个域最少包含一个终端，而且必须有且只有一个关守。H.323 系统中各个逻辑组成部份称为 H.323 的实体，其种类有：终端、网关、多点控制单元（MCU）、多点控制器（MC）、多点处理器（MP）。其中终端、网关、多点控制单元（MCU）是 H.323 中的终端设备，是网络中的逻辑单元。终端设备是可呼叫的和被呼叫的，而有些实体是不通被呼叫的，如关守。H.323 包括了 H.323 终端与其他终端之间的、通过不同网络的、端到端的连接。

（4）SIP：SIP（Session Initiation Protocol）是由 IETF 定义，基于 IP 的一个应用层控制协议。由于 SIP 是基于纯文本的信令协议，可以管理不同接入网络上的会晤等。会晤可以是终端设备之间任何类型的通信，如视频会晤、即时信息处理或协作会晤。该协议不会定义或限制可使用的业务，传输、服务质量、计费、安全性等问题都由基本核心网络和其他协议处理。SIP 得到了微软、AOL、等厂商及 IETF 和 3GPP 等标准制定机构的大力支持。支持 SIP 的网络将提供一个网桥，以扩展向 Internet 和无线网络的各种设备提供融合业务能力。这将允许运营商为其移动用户提供大量的信息处理业务，通过 SMS 互通能力与固定用户和 2G 无线用户交互。SIP 也是在 UMTS3GPP R5/R6 版本中使用的信令协议，因此可以保护运营商目前的投资而极具技术优势和商业价值。

（5）BICC：BICC 由 ITU-T SG11 研究组完成标准化，由 ISUP 协议演进而来，是一种在骨干网中实现使用与业务承载无关的呼叫的控制协议。BICC 定义了信令传送转换器（STC）、应用传送机制（APM）、承载控制隧道协议（BCTP）和 IP 承载控制协议（IPBCP）。通过点编码建立信令联系，信令链路通过静态 SCTP 连接，BICC 节点中采用正常呼叫的选路原则选定路由，为呼叫的信令建立通路。信令信息利用信令传送转换器转换之后，采用 APM 传送 BICC 特定的控制信息。

BICC 从真正意义上解决了呼叫控制和承载控制相分离的问题，可以应用于任何承载网络，如 ATM、IP、STM。ATM 具有很好的 QoS 保证和呼叫处理能力，BICC 能够更好地支持 ATM 网络承载，这可能是业界看好 BICC 的原因之一。

11.1.3 软交换技术的应用及发展

1. 软交换技术的应用

软交换既可以作为独立的下一代网络部件分布在网络的各处，为所有媒体提供基本业务和补充业务，也可以与其他的增强业务节点结合，形成新的产品形态。正是软交换的灵活性，使得它可以应用在各个领域。伴随着软交换多年的发展，现在网上已经出现了很多的软交换应用。

（1）电路领域的应用。

在电路领域，软交换与媒体网关及信令网关相结合，完成控制转换和媒体接入转换。可作为汇接局和长途局的接入，提供现有的 PSTN 中的基本业务和补充业务。软交换在语音长途网中的应用，最能够体现出软交换的技术优势。

首先，软交换应用于语音长途网相比于传统电路交换具有如下优势：第一更大的系统容量使得网络结构更简单。其次资源调配效率更高。软交换设备的呼叫处理能力大于传统交换机，因此在部署语音长途网时，可以设置更少的交换节点。交换节点的减少所带来的优势是非常明显的，最直接的好处是网络结构变得简单，路由的配置和维护也更为容易。间接的好处还有减少了机房的占用面积，降低了传输资源配置的难度等。由于软交换网络是基于分组交换的，并且实现了控制与承载分离，因此相对于电路交换来说对资源进行重新调配更为简单，效率也更高。在调整承载资源时，网络结构以及信令路由等都不需要做相应的变化。

其次，软交换应用于语音长途网，回避了这种技术在其他场景应用所遇到的问题。第一，长途网软交换不携带终端用户，避免了安全攻击、用户资源控制等问题；第二，长途网不涉及城域网或接入网，而骨干 IP 传输网的带宽又比较容易保障，因此也不存在 QoS 保障问题。

正是基于上述原因，软交换在 PSTN 语音长途网的改造和扩容中获得了广泛的应用。

（2）电路—分组领域的应用。

在电路—分组领域，软交换可与分组终端互通，实现分组网与电路网的互通。如在 H.323 呼叫中，软交换可视为 H.323 终端；在 SIP 呼叫中，可视为用户代理（UA）。例如 3GPP 系统网络结构中的电路域（CS）应用。因为 3GPPR4 和 R5 等版本系统网络结构中的 CS 控制实体——移动交换中心服务器（MSCServer），采用的就是移动软交换技术。

（3）智能网领域的应用。

在 PSTN 网络智能化改造过程中使用软交换机也是软交换应用的一个方向。在这种应用中，软交换机主要用于替代 PSTN 汇接局交换机。

用软交换机替代传统汇接局交换机，可以为网络带来更低的维护成本。另外得益于软交换网络容量大、扩容方便的优势，在今后本地网规模不断扩大的情况下，在承载资源充足的前提下，只需在端局层面放置更多接入网关（AG）或中继网关（TG），在软交换设备中相应地增加处理板，对网络的架构没有任何影响。

另一方面，软交换对智能网的支持也使得其足以胜任这一角色。对智能网应用协议（INAP）的支持已经成为软交换设备的一种必备能力，无论采用 IP 承载 INAP（INAPoverIP）的方式，还是通过信令网关（SG）进行信令转接的方式，软交换都可以很容易地实现与传统智能网设备的对接，同时软交换本身还可以具备业务交换点（SSP）的功能。

当然，正如前面讨论软交换网络架构部分中提及的，软交换在应用于网络智能化改造时，可能需要支持外置的用户签约属性集中数据库，因为使用外置的签约属性数据库是实现网络智能化业务触发的主流方式。

在未来的发展中，软交换应该主要定位于继承传统的话音业务，同时可以适当地发展一些基本的 IP 多媒体业务。在此定位的基础上，软交换仍然可以在 PSTN 长途网、网络智能化改造等方面获得大量的应用。同时，基于业务发展及服务质量提高的需求，软交换网络架构也将不断向前发展。总之，只要人们理性地看待软交换，并以实用为原则，即使在 IMS 已经大行其道的今天，软交换仍然能够获得足够的发展空间。

2．软交换技术的发展

（1）软交换网络架构的发展。

尽管软交换的网络架构并没有形成一整套的国际标准，但是在软交换技术的发展过程中逐步形成了相对统一的网络架构，这个网络架构中主要包括软交换机、媒体网关、信令网关、媒体服务器、应用服务器等设备。软交换的架构应该说是非常成熟和稳定的，但是随着业务的发展以及对服务质量增长的需求，人们对这个构架提出了新的要求。其中，引入业务接入控制设备就是变化之一。

在原有的软交换架构下，用户之间的媒体流建立是不受控的，通信双方以及用户与核心交换设备之间相互暴露 IP 地址，这就可能导致非法攻击、盗用带宽以及非法建立连接等一系列问题。业务接入控制设备（SAC）主要部署于软交换核心网络与接入网络之间，主要包括信令流代理、媒体流代理、地址翻译、资源控制、媒体流监控和管理等功能。增加 SAC 设备后，软交换核心设备的 IP 地址对于终端用户来说不可见，通信双方也无法看到对方的 IP 地址，这样能够有效地防止非法攻击和非法建立连接；另外，所有媒体流都必须通过 SAC 转发，可以有效地控制用户对带宽资源的占用，并实现对媒体流的监控。

增加 SAC 设备可能引起软交换架构的另一种变化，就是将用户的鉴权认证功能从软交换设备中分离出来，形成独立的鉴权、认证、计费（AAA）服务器。这是由于 SAC 设备也需要访问 AAA 服务器，检查用户的鉴权信息，内置于软交换设备中难以满足这种需求。AAA

服务器保存用户接入层面的计费、认证和鉴权信息，并负责密钥的分发和管理，同时AAA服务器还要保存和软交换用户相关的信息，如位置信息或IP地址信息等。

事实上，还有一个争论点，就是软交换是否需要支持外置的用户签约属性集中数据库。这种需求来源于固网智能化改造。外置用户签约属性集中数据库主要用于触发智能网业务。如果用户签约属性数据库外置，并且与AAA服务器合设，这个集中数据库在网络中的功能定位就非常相似于IMS中的HSS了，所不同的是两种网络采用不同的鉴权、认证算法，另外HSS保存的是适用于SIP的初始过滤规则，而用户签约属性数据库保存的是以码号前缀形式保存的智能网触发规则。

SAC、AAA服务器、外置用户签约属性数据库等功能实体的引入，无疑会提高软交换网络的安全性和业务灵活性，可能是软交换网络架构的发展方向。但是由于现在电信网设备制造商的开发重心已经向IMS网络迁移，对软交换网络架构的继续发展产生了不利影响。

（2）软交换业务的发展。

在软交换刚刚流行的时候，人们曾经希望软交换支持所有可以预见到的业务，包括语音业务、视频多媒体业务、数据业务等。随着时间的推移以及IMS的出现，人们应该更理性地对待软交换所支持的业务。

软交换的业务应该首先定位于对传统电话业务的继承。这些业务包括：传统的长途话音业务、传统的C5端局本地话音业务、各种公共交换电话网（PSTN）的补充业务，以及传真、综合业务数字网（ISDN）接入、调制解调器（Modem）接入等基本的窄带数据业务。

软交换的业务还可以在传统电话业务基础上进行增强和扩充。比如同样是呼叫前转类业务，在软交换上可以实现更为复杂的功能，只需要借助媒体服务器或者软交换上的媒体资源处理板，就可以很容易地实现语音的混音，因此会议电话业务一般都成为了软交换业务中的标准配置。

最后，在软交换网络中还可以适当引入一些IP多媒体类业务，例如基于SIP的点对点可视电话。虽然基于SIP的业务更多地会在IMS中实现，但是对于同样支持SIP的软交换而言，提供某些基本的SIP业务非常容易，所增加的成本也不高。

3. 软交换技术需要关注的主要问题

虽然基于软交换的下一代网络是一个比较完整的网络解决方案，可以应用在各种通信领域，但由于其技术新，目前的解决方案大多处于实验阶段，尚未形成大规模应用，许多问题仍需要继续关注，如QoS、网关、安全性、业务提供方式、与现有网络的有机结合等问题。

（1）QoS问题。对任何网络来说，QoS的保证都是一个非常重要的问题。从根本上说，软交换本身并不能解决QoS问题，而是靠其承载网络来保证服务质量的。承载网络目前有两种方式：ATM和IP。对于ATM的承载网络来说，其本身就有很强的QoS机制。但是，对于IP的承载网络来说，如何解决好QoS问题，在基于软交换的下一代网络中是一个非常关键的问题，因为从目前厂家的设备开发情况和网络发展的总的趋势来看，以IP为承载网络应该是大势所趋。

（2）软交换网络的管理。从软交换目前的实现情况来看，大部分都采用SNMP作为软交换系统的网管协议，但SNMP网管系统具有一定的局限性，SNMP网管以静态管理方式为主，无法针对各种不同业务的需求变化进行综合管理。由于SNMP采用的是基于UDP的承载方式，因此不能很好的保证网管信息的可靠传输。同时，基于软交换的下一代网络提供的是实时业务，而要求网管系统必须具有一定的 QoS 管理能力。但目前基于软交换的网管系统处理这方面的能力比较差，还需进一步的改进、完善，才能满足用户对服务质量的要求

（3）软交换涉及的协议尚需继续完善。软交换网络的各个网络接口之间采用开放的协议进行通信。但是，目前不论是从协议的制定情况，还是各个厂家的开发情况来看，接口的标准化还不完善，大多数协议还处于扩充完善阶段。因此，离最终的开放网络还需要有一段时间。

综上所述，软交换虽然具有很大的发展潜力，但目前仍处于发展的起步阶段。以软交换为核心的通信系统将会提供业务开放能力，符合三网合一的发展趋势，提供话音、数据、视频业务和多媒体融合业务，满足通信个性化、移动化和随时随地获取信息的发展目标。

11.2 NGN

11.2.1 NGN 的基本概念

下一代网络（Next Generation Network，NGN）是一种新兴的技术。NGN 就好比一个新生儿，虽然我们知道它一定会成长起来，但我们并不清楚最终它会长成什么样，而且在它的成长过程中必然会遇到这样或那样的问题，有些意料得到，有些则不然。那么，究竟什么是 NGN 呢。

NGN 并不是一个新的专用词汇，一般泛指采用了比目前的网络更为先进技术或能够提供更先进业务的网络。NGN 包含的内容非常广泛，并且随着技术与业务的发展，内涵不断扩大与改变。从网络角度来看，NGN 设计到从干线网、城域网、接入网、用户驻地网到各种业务网的所有网络层面。从业务网层面来看，NGN 是指下一代业务网。例如，对于交换网，NGN 指软交换系统；对于数据网，NGN 指下一代 Internet（NGI）；对于移动网，NGN 指 3G 和 4G 网。从接入网层面来看，则 NGN 是指下一代智能光网络。总之，广义的 NGN 实际上包容了几乎所有的新一代网络技术。广义上的 NGN 是一个从上到下完整的概念，它包含了正在发生的网络构建方式的多种变革。

2004 年 2 月的 ITU-T SG13 会议通过的 Y.NGN-Overview 草案提出了 NGN 的准确定义，即 NGN 是基于分组技术的网络：能够提供包括电信业务在内的多种业务；能够利用多种宽带和具有 QoS 支持能力的传输技术；业务相关功能与底层传输相关技术相互独立；能够使用户自由接入不同的业务提供商；能够支持通用移动性，从而向用户提供一致的和无处不在的业务。

下一代网络将具有更广阔的业务范围，其主要目标是支持语音、实时的多媒体业务，缩减服务投向市场的时间，支持多种接入方式和多种接入终端，支持移动性，确保现有网络的平滑演进以及具有经济、开放和可扩展的网络结构，从而实现任何时间、任何地点、使用任何媒体与任何人的通信。下一代网络允许业务和网络能力的平滑演进，并且可运营、可管理。

NGN 泛指一个不同于目前一代的，大量采用创新技术的，以 IP 为中心的可以同时支持语音、数据和多媒体业务的融合网络。一方面，NGN 不是现有电信网和 IP 网的简单延伸和叠加，也不是单项节点技术和网络技术，而是整个网络框架的变革，是一种整体解决方案。另一方面，NGN 的出现于发展不是革命，而是演进，即在继承现有网络优势的基础上实现的

平滑过渡。

11.2.2 NGN的关键技术

NGN需要得到许多新技术的支持，目前为大多数人所接受的NGN相关技术是：采用软交换技术实现端到端业务的交换；采用IP技术承载各种业务，实现三网融合；采用IPv6技术解决地址问题，提高网络整体吞吐量；采用MPLS（多协议标签交换）实现IP层和多种链路层协议（ATM/FR、PPP、以太网，或SDH、光波）的结合；采用OTN（光传输网）和光交换网络解决传输和高带宽交换问题；采用宽带接入手段解决“最后一公里”的用户接入问题。因此，可以预见实现NGN的关键技术是软交换技术、高速路由/交换技术、大容量光传送技术和宽带接入技术。其中软交换技术是NGN的核心技术。

1．软交换技术

作为NGN的核心技术，软交换（Softswitch）是一种基于软件的分布式交换和控制平台。软交换的概念基于新的网络功能模型分层（分为接入层、传送层、控制层与业务层四层）概念，从而对各种功能作不同程度的集成，把它们分离开来，通过各种接口协议，使业务提供者可以非常灵活地将业务传送和控制协议结合起来，实现业务融合和业务转移，非常适用于不同网络并存互通的需要，也适用于从话音网向多业务/多媒体网的演进。

2．高速路由/交换技术

高速路由器处于NGN的传送层，实现高速多媒体数据流的路由和交换，是NGN的交通枢纽。

NGN的发展方向处理大容量、高带宽的传输/路由/交换以外，还必须提供大大高于目前IP网络的QoS。IPv6和MPLS提供了这个可能性。

作为网络协议，NGN将基于IPv6。IPv6相对于IPv4的主要优势是：扩大了地址空间，提高了网络的整体吞吐量，服务质量得到很大改善，安全性有了更好的保证，支持即插即用和移动性，更好地实现了多播功能。

MPLS是一种将网络第三层的IP选路/寻址与网络第二层的高速数据交换相结合的新技术。它集电路交换和现有选路方式的优势，能够解决当前网络中存在的很多问题，尤其是QoS和安全性问题。

3．大容量光传送技术

NGN需要更高的速率，更大的容量。但到目前为止，能够看到的，并能实现的最理想的传送媒介仍然是光。因为只有利用光谱才能带来充裕的带宽。光纤高速传输技术现正沿着扩大单一波长传输容量、超长距离传输和密集波分复用（DWDM）系统3个方向在发展。

光交换与智能光网：只有高速传输是不够的，NGN需要更加灵活、更加有效的光传送网。组网技术现正从具有分插复用和交叉连接功能的光联网向利用光交换机构成的智能光网发展，即从环形网向网状网发展，从光-电-光交换向全光交换发展。智能光网能在容量灵活性、成本有效性、网络可扩展性、业务提供灵活性、用户自助性、覆盖性和可靠性等方面，比点到点传输系统和光联网具有更多的优越性。

4. 宽带接入技术

NGN 必须有宽带接入技术的支持，因为只有接入网的带宽瓶颈被打开，各种宽带服务与应用才能开展起来，网络容量的潜力才能真正发挥。这方面的技术五花八门，其中主要技术有高速数字用户线（VDSL），基于以太网无源光网（EPON）的光纤到家（FTTH），自由空间光系统（FSO）、无线局域网（WLAN）等。

11.2.3 NGN 的演进

1. NGN 的演进路线和发展阶段

下一代网络不是现有电信网和 IP 网的简单延伸和叠加，而是两者的融合；所涉及的技术也不仅仅是单向节点技术和网络技术，而是整个网络的框架，是一种整体网络解决方案。另外，下一代网络的出现与发展不是电信业的革命，而是演进，即在集成现有网络优势的基础上实现的平滑过渡。从传统的电路交换网过渡到分组化网络将是一个长期的渐进过程。

（1）演进路线。目前有两种设计思想：一种是集电信网和 Internet 优点于一身构造一个全业务综合网，实现 B-ISDN 希望而尚未达到的目标，这是一种理想的路线，世界上众多的电信公司正为此而努力；另一种是用多个业务网综合为全业务网，在多个网上业务汇聚，实现一个号码的综合接入，从用户使用的感觉上仍是一个多业务的综合网。ITU 也在一些文件中提出 NGN 作为全球信息基础设施（Global Information Infrastructure，GII）的实现方式，特别是应基于 GII 的多样性技术的网络联邦的概念。更直接地说，NGN 被看作是 GII 网络联邦的一部分。反应用户要求的业务差异化越来越明显，不同的业务各具所长，当用一个网来综合时，一些特点可能难以实现。至少在 NGN 的初期总要面对与多个现有网互通的现实，而且在 NGN 的初期，其主要盈利的业务仍然是语音，原有的 PSTN 是非常适合承担这一任务的。具有 PSTN 的运营商将首先选择在 NGN 中通过 VoIP 的 MG 或软交换设备，利用 PSTN 支持语音业务的方式。

① 向以软交换/IMS 为核心的下一代交换网演进。传统电路交换机将所有功能结合进单个昂贵的交换机内，是一种垂直集成的、封闭的和单厂家专用的体系结构。新业务的开发以专用设备和专用软件为载体，导致开发成本高、时间长、无法适应今天快速变化的市场环境和多样化的用户需求。而软交换打破了传统的封闭交换结构，采用完全不同的横向组合的模式，将交换机各功能间接口打开，采用开放的接口和通用的协议，构成一个开放的、分布的、多厂家应用的系统结构。软交换机硬件分散，业务控制和业务逻辑则相对集中。这样可以使业务提供者灵活选择最佳和最经济的设备组合来构建网络，不仅建网成本低，网络升级容易，而且便于加快新业务和新应用的开发、生成和部署，能快速实现低成本广域业务覆盖，推进语音和数据的融合。据估计，基于软交换的新业务成本仅为 PSTN 的 1/5，开发周期为 PSTN 的 1/10。

但是，源于移动领域的 IMS 在处理固网和移动网融合方面还有很多工作要做，不是一蹴而就的事，因而软交换和 IMS 是 PSTN 向 NGN 演进的两个不同阶段，两者将以互通方式长期共存。从长远看，IMS 将可能最终替代软交换，成为统一的融合平台。

② 向以 4G 和 5G 为代表的下一代移动通信网演进。总地来看，移动通信技术的发展思路是比较清晰的。为了开拓新的频谱资源，最大限度实现全球统一频段、统一制式和无缝漫游，满足中高速数据和多媒体业务的市场需求以及进一步提高频谱效率，增加容量，降低成

本，扭转ARPU下降的趋势，移动通信向第四代移动通信（4G）、第五代移动通信（5G）的发展已成必然趋势。

③ 向以IPv6为基础的下一代Internet演进。目前在全球广泛应用的Internet是以IPv4协议为基础的，这种协议理论上有40亿个地址，但实际上考虑各种因素后只有一半地址可用，如果考虑未来由于3G终端、IP电话、家庭网络等的发展所产生的对地址的加速消耗，则全球Internet公用地址有可能全部耗尽。此外，IPv4在应用限制、服务质量、管理灵活性、安全性方面的内在缺陷也越来越不能满足未来发展的需要，Internet逐渐转向以IPv6为基础的下一代Internet（NGI）几乎是不可避免的大趋势。

目前关于NGI尚无严格的统一定义，其主要特征是具有更大的地址空间，更快的端到端通信速度，更安全可信的网络，更方面丰富的移动通信应用，更便于管理和维护运行的网络，更有效可行的商务模型等。

采用IPv6最基本的原因是从根本上解决了IPv4存在的地址限制和庞大路由表问题，并支持更加有效的移动IP。第一，IPv6使地址空间从IPv4的32bit扩展到128bit，提供了几乎无限制的公用地址，完全消除了Internet发展的地址壁垒；第二，IPv6协议已经内置移动IPv6协议，可以使移动终端在不改变自身IP地址的前提下实现不同接入媒质间的自由移动；第三，IPv6通过实现一系列的自动发现和自动配置功能，简化了网络节点的管理和维护；第四，采用IPv6后可以开发很多新应用，诸如P2P业务等；第五，IPv6采用流类别和流标记实现优先级，使网络具备了良好的QoS；第六，IPv6内置IPSec以及发送设备有了永久性IP地址后，不仅可以实现端到端的加密，而且可以真正实现端到端的安全性；第七，IPv6的编制采用了层级结构，提高了选路效率，降低了路由器数量；第八，IPv6协议内置组播功能，简化了流媒体业务的提供。简言之，IPv6将成为向NGN演进的业务层融合协议。

我国的第二代中国教育和科研计算机网CERNET2是中国下一代Internet示范工程CNGI最大的核心网和唯一的全国性学术网，是目前所知世界上规模最大的采用纯IPv6技术的下一代Internet主干网。CERNET2主干网将充分使用CERNET的全国高速传输网，以2.5～10Gbit/s传输速率连接全国20个主要城市的CERNET2核心节点，实现全国200余所高校下一代InternetIPv6的高速接入，同时为全国其他科研院所和研发机构提供下一代InternetIPv6高速接入服务，并通过中国下一代Internet交换中心CNGI-6IX，高速连接国内外下一代Internet。CERNET2主干网采用纯IPV6协议，为基于IPv6的下一代Internet技术提供了广阔的试验环境。CERNET2还将部分采用我国自主研制具有自主知识产权的世界上先进的IPv6核心路由器，将成为我国研究下一代Internet技术、开发基于下一代Internet的重大应用、推动下一代Internet产业发展的关键性基础设施。

④ 向多元化的宽带接入网演进。面对核心网和用户侧带宽的快速增长，中间的接入网却仍停留在窄带和模拟水平，而且仍主要是以支持电路交换为基本特征，与核心网侧和用户侧的发展趋势很不协调。显然，接入网已经成为全网宽带化的“瓶颈”。当前，接入网已经成为全网宽带化的最后瓶颈，接入网的宽带化已成为接入网发展的主要趋势。

近年来，国内外接入网的宽带化工作进展很快。然而，接入网对成本、法规、业务、技术均很敏感，迄今并没有一项公认的绝对主导的宽带接入技术。尽管从世界范围看，近期内ADSL、混合光纤同轴电缆网（Hybrid Fiber Coaxial，HFC）和以太网将形成三足鼎立之势，但是ADSL数已经超过HFC，成为主导的宽带接入技术。此外，各种新技术仍然在不断涌现，在相当长的时间内接入网领域都将呈现多种技术共存互补、竞争发展的基本态势。

从长远的观点看，光纤接入网，特别是无源光网络（PON）可能是比较理想的解决方案。其主要特点是在接入网中去掉了有源设备，避免了电磁干扰和雷电影响，减少了线路和外部设备的故障率，降低了相应的运维成本。其次，PON 的业务透明性好，带宽宽，可适用于任何制式和速率的信号，能比较经济地支持模拟广播电视业务，具备三重业务功能。最后，由于其局端设备和光纤由用户共享，线路成本较其他点到点方式要低，初建成本也明显降低。PON 最适合于分散的小企业和居民用户，特别是那些用户区域较分散而每一区域用户又相对集中的小面积密集用户地区，尤其是新建区域。

近来，ITU 通过的新一代的无源体系结构——GPON 标准将上下行速率提高到 2.5Gbit/s 并采用了通用成帧规程（Generic Framing Procedure，GFP）来更有效的支持各种数据业务，使无源光网络技术更具吸引力。与其他 PON 技术相比，GPON 无论在扰码效率、传输汇聚层效率、承载协议效率和业务适配效率方面都是最高的，即便对于 TDM 业务也能高效低开销地传输。可以帮助运营商完成从传统 TDM 语音电路向全 IP 网络的平滑过渡，因此似乎应该具有广阔长远的应用前景。我国的发展趋势将可能跨越 APON、宽带无源光网络（Broadband Passive Optical Network，BPON）和 EPON 阶段，从宽带点到点以太网光纤系统和 GEPON 开始，乃至较快过渡到 GPON 阶段。

从网络运营的角度看，长期支撑和维持不同类型设备在同一个网中运行是十分复杂和昂贵的。因此，面对多元化的接入技术，建立一个模块化结构的公共接入平台应该是发展趋势，可以简化网络结构，减少重复的元部件，降低接入网成本，保护投资，加快业务提供时间，节约网络长期演进和技术更迭的成本。具体实施时可以采用公共的用户线路卡、公共的开放网络接口和网管接口以及其他一些公共子系统，综合各种宽窄接入技术和提供各种宽窄带业务。

⑤ 向以光联网为基础的下一代传输网演进。由于技术上的重大突破和市场的驱动，波分复用系统发展十分迅猛，目前 1.6Tbit/s 的波分复用（WDM）系统已经大量商用。日本 NEC 公司和法国阿尔卡特公司分别在 100km 距离上实现了总容量为 10.9Tbit/s 和总容量为 10.2Tbit/s 的传输容量世界纪录。然而尽管靠 WDM 技术已基本实现了传输链路容量的突破，但是普通点到点 WDM 系统只提供了原始的传输带宽，需要有灵活的节点才能实现高效的灵活组网能力。现有的数字交叉连接（Digital Cross Connection，DXC）系统十分复杂，其节点容量大约为每两到三年翻番，无法赶上网络传输链路容量的增长速度。现在人们将进一步扩容的希望转向光节点，即光分插复用（Optial Add Drop Multiplexer，OADM）设备和光交叉连接（Optical Cross Connect，OXC）设备。

随着网络业务量向动态的 IP 业务量汇聚，一个灵活动态的光网络基础设施不可或缺。最新发展趋势是引入自动波长配置功能，即所谓自动交换光网络（ASON），使光联网从静态光联网走向自动交换光网络，带来的主要好处有：允许将网络资源动态地分配给路由以缩短业务层升级扩容时间；可快速提供和拓展业务；可降低维护管理运营费用；具有光层的快速业务恢复能力；减少了用于新技术配置管理的运营支持系统软件的需要，减少了人工出错机会；可以引入新的波长业务，诸如按需带宽业务、波长出租、分级的带宽业务、动态波长分配租用业务、光虚拟专用网（Optical Virtual Private Network，OVPN）等。

当然，实现光联网还需要解决一系列硬件和软件以及标准化问题，但其发展前景是光明的，智能光网络将成为未来几年光通信发展的重要方向和市场机遇。

（2）发展阶段。NGN可以分为以下4个发展阶段。

① 尝试阶段（1996～1998年）：ITU首先将H.323协议组应用到电信网上，H.323本身的设计初衷并不是为电信级运营商而设计的，但这一时期的一个机遇是全球性的电信管制的放开，部分CLEC（竞争性的本地交换运营商）抓住分组长途这一巨大的市场，应用H.323体系构建分组长途电话网络，获得了客观的收益，并为今后NGN相关协议和应用的发展打下了一定的技术基础。

② 软交换试验阶段（1999～2003年）：由于软交换是下一代网络的核心技术，国内外众多电信运营商积极的对软交换进行了试验并取得了一定经验。在制造商和运营商的共同推动下，软交换产品趋于成熟，功能日益丰富，标准化过程正稳步推进，从而使得软交换技术开始走向市场。在这期间，国内外软交换的试验，由于软交换本身的成熟性，试验的内容绝大部分限于软交换的汇接功能、部分C5功能和一些补充业务，并能提供一些简单的多媒体业务，并且大部分是单域的小规模的网络。

③ 规模部署阶段（2004～2009年）：随着软交换和IMS体系架构的完善、相关标准和协议的成熟以及产品的商用化，越来越多的运营商为了应对外界和自身的种种挑战，开始有规模的部署NGN商用网络。这一阶段主要集中于NGN基础结构的建设和现有PSTN向NGN的持续演进，以及采用NGN技术进行交换机的网改和替换。在这一阶段，分组网络的建设具有低成本、高带宽、多业务综合承载特性，人们对低成本的长途通信和高带宽的多业务承载有很高的需求，加上多运营商激烈的市场竞争，都大大的促进了NGN的发展。在NGN建设和发展的初期，能够给运营商带来丰富利润的仍然是语音业务。和PSTN语音业务所不同的是NGN的分组语音以其“低成本”更具有竞争力，在这个阶段语音会和Internet相结合，开展除基本语音业务、补充业务、智能网业务之外的商业网业务，尤其是IP Centrex业务等，满足企业用户的需求。在多媒体业务提供方面，会提供廉价但无理想QoS保证的可视电话、会议电视等。随着3G网络的发展，NGN的商用化将向更广义的范围扩展。

④ 稳定期阶段（2010至今）：NGN发展进入平台期，NGN已经为运营商带来稳定的收益和回报。这一阶段的建设重点将转移到开发更先进的业务，寻找更多的业务收入增长点，逐步实现固定网与移动网络的融合。在这一阶段，随着分组网络自身的完善，NGN业务以具有QoS保证丰富的多媒体业务为特征，人们对通信的要求也从“成本为主”转变为“成本质量并重”的阶段。在这个阶段，由于QoS取得革命性的突破，使电子商务、远程医疗、远程教学、远程控制、高质量会议电视等应用得到飞速发展，通信给许多行业带来革命性的变化，运营商的通信收入由语音为主转变为多媒体收入为主，对电子商务的支撑给运营商带来丰厚的利润。

2．网络体系结构的演进

从体系机构上看，下一代网络体系结构经历了3个重要的发展阶段。

（1）第1阶段：下一代网络发展初期采用的体系结构，基本是对传统电路交换业务在分组交换网络上的仿真。这方面的典型代表是H.323协议。H.323的媒体处理和信令控制都来源于ISDN的业务模式，即由终端或代理发起呼叫，对媒体流、承载和呼叫处理的分层控制协议，以点到点连接为基础的步进制分布式呼叫处理和控制。尽管H.323支持多媒体综合业务，但是绝大多数的应用是面向小规模网上语音业务的。

（2）第 2 阶段：下一代网络体系结构发展的第 2 个阶段主要对 B-ISDN 业务体系结构中呼叫处理和承载物理分离模型的仿真。这种结构实现了呼叫处理的相对集中化，对不同媒体流和不同承载的统一控制成为技术开发的关键。在这个期间，媒体网关控制协议（MGCP/H.248）得到了长足的发展。目前，这种媒体网关控制能力已经可以在 TDM 承载网络、ATM 承载网络、POTS 电话线上实现从物理层、业务层到应用层的资源管理、分配以及媒体流转换和信令转换，因而可以支持各种接入网关、中继网关和 Internet 关的功能。同时，用于和传统信令网互连的信令网关（SG）和对传统网络信令的互连性和穿透性支持（BICC/SIP-T）业发展迅速，以支持软交换网络作为传统电路交换网和智能网子集的应用。值得注意的是，该阶段的体系结构是以实现 IP 网和传统电路交换网结合的电话应用为目标的，或者说是以支持端到端电话业务为目标的。

（3）第 3 阶段：下一代网络体系结构发展的第 3 个阶段，引入了 Internet 的体系结构，支持多端的、开放的多媒体业务。这种结构的核心协议是业务无关的会话控制协议 SIP。这个协议从根本上打破了面向连接的传统电路交换网业务提供的功能分层模式和物理分层模式，在用户、业务（媒体控制、承载控制、呼叫处理和业务控制）和应用之间加入了与业务无关的会话层，不仅使得用户/网络信令、网络/网络信令和网络/业务信令得到了统一和简化，而且为多媒体新业务的开发、应用和管理开创了全新的空间。SIP 的会话建立过程是基于客户机/服务器模式的访问过程，不仅用户可以发起并参与会话，服务器也可以是会话的一部分。SIP 完全改变了传统电路网络的层次组网结构，通过 3 种不同的代理，支持驻地网络和访问网络的移动体系结构和分域的管理结构。这种体系结构已经被 3GPP 组织确认为下一代网络中多媒体子系统（IMS）的基本结构，是 3GPP R5 和 R6 的重要组成部分。

目前，研究基于 IMS 网络融合的标准组织主要包括 3GPP、TISPAN 和 ITU-T FG NGN。2004 年 6 月，ITU-T FG NGN 第 1 次会议已经确定将 IMS 作为 NGN 核心网基于 SIP 会话的子系统的基本架构，这标志 ITU-T 正式开始了对 IMS 的研究。于此同时，3GPP 和 TISPAN 一直在进行 IMS 的研究，这两个组织也是 ITU-T FG NGN 的供稿方，通过提案和互致联络函的方式达到沟通，避免重复研究。在 NGN 的框架中，终端和接入网络是各种各样的，而基于 SIP 会话的核心网络只有一个——IP 多媒体子系统（IMS），它同时为固定和移动终端提供服务。

11.3 下一代网络发展趋势

11.3.1 融合与开放是下一代网络发展趋势

1. 三网融合

三网融合是一种广义的、社会化的说法，在现阶段它并不意味着电信网、Internet 和广播电视网三大网络的物理合一，而主要是指高层业务应用的融合。其表现为技术上趋向一致，网络层上可以实现互连互通，形成无缝覆盖，业务层上互相渗透和交叉，应用层上趋向使用统一的 IP，在经营上互相竞争、互相合作，朝着向人类提供多样化、多媒体化、个性化服务的同一目标逐渐交汇在一起，行业管制和政策方面也逐渐趋向统一。三大网络通过技术改造，能够提供包括语音、数据、图像等综合多媒体的通信业务。这就是所谓的三网融合。

三网是指 Internet、电信网与广播电视网。由于现在并不存在单独经营的公众 Internet，Internet 实际上已经与电信网融合了。另外，过去的电信网干线也传电视，目前卫星还用于电视传输，广电的干线传输网有一部分也租给了电信公司传输电信业务，从这个意义上看，干线系统也已经实现了三网融合的业务。所以三网融合的网络主要是指电信网的城域网和有线电视网及城域的无线广播电视网。

三网融合后消费者就有更大的空间选择最适合自己的网络。根据消费者的不同需求与不同选择，三张网通过不断地完善服务和提高质量来争取用户，这是很好的竞争。待三网真正融合后，每张网都可以提供全功能业务。功能更多，价格更低，最终是老百姓获益。为了保障各网健康有序的发展，国家政策可能也会做些相应的调整。对于各参与方来说，"三网融合"能够让它们取长补短。广电在节目内容的制作、播出以及信号传输方面地位强势，它的优势在于传统视频内容领域的监管和分销；电信则强于覆盖面广，用户基数大，有长期积累的大型网络建设、运营和管理经验；拥有海量的内容则是 Internet 的最大优势，有调查显示，Internet 已经超越报纸成为人们获取信息资料的主要来源，约 40%的受访者表示，拥有更丰富的内容是他们访问 Internet 的主要原因，同时，互动性强、可点对点沟通，也是 Internet 的主要特征。可以想见，如果三网融合能够真正实现，每一个网络的运营商都将会成为多业务运营商，这意味着能够最大限度地盘活资源，实现融合各方和整个产业链的效益最大化。

2．下一代网络的融合

下一代网络是一个高度融合的网络，它是基于同一协议的、基于分组的网络。电信网、Internet 及电视网将最终汇集到同一的 IP 网络，即三网融合大趋势。

下一代网络融合的驱动力来自三个方面。一是提供差异化业务。差异化竞争是运营商吸引用户、提高平均用户贡献度（Average Revenue Per User，ARPU）值的有效途径。通过移动网、固定网融合催生的综合业务，可以提升用户业务体验，树立业务品牌。二是节省运营成本。通过融合可以实现网络资源共享，达到投资利益最大化的目标。同时融合带来多网综合运营，降低运维人力需求，节省运维成本。融合网络在业务平台、运维平台、承载网、网络设备等层面上普遍存在资源共享的可能性和可行性。三是技术发展趋同。通信网络技术的发展使得融合具备了技术上的支撑，CDMA 网、GSM 网和固定网在网络架构上的趋同，以及网络技术发展方向的一致使得融合具备了可行性。

融合是多方面的、分层的，有业务提供的融合、运维体系的融合、承载传输的融合和呼叫控制的融合。

（1）呼叫融合。呼叫控制的融合其实就是软交换服务器的融合，根据软交换在网络中位置的不同，可以分为三种融合形式：融合汇接局、融合关口局和融合局端。

随着网络技术的发展，当前的固定网、移动网和 Internet 必将走向统一，未来网络将是以分组协议为基础、以数据业务为中心的综合网络。

（2）承载网融合。下一代网络的优势体现在业务层，而承载网络的融合是真正实现这些优势的重要基础，因此，承载网络的融合需要考虑的不仅是单纯的承载层的问题，而是兼顾到网络的管理、安全与服务质量、业务类型、业务级别、资源管理和运营模式等一系列的问题，具体包括融合后的下一代业务承载技术、在一个网络平台上同时提供多种业务的机制、各种业务所需要的服务质量保证技术、构建可扩展的电信级的运营网络、业务层面对于网络层面的互操作性等。

（3）运行维护融合。网络融合和业务融合必然导致传统的电信业、移动通信业、有线电视业、数据通信业和信息服务业的融合。运行维护融合主要包括计费融合和网管融合。

① 计费融合：每个专网独立完成采集、预处理的功能，并且按照统一的标准格式输出预处理后的话单。再建设融合计费平台，每个专网的预处理话单就可统一输送到融合计费平台进行批价和融合套餐计费、优惠。建立统一的客户资料平台，可将不同网络用户资料集中。

② 网管融合：NGN 网络运维支撑解决方案分为以下多个层次。

● 网元管理层，包含所有综合网管系统，实现了对所有网元的管理，并对网络管理层提供数据和业务上的支撑。

● 网络管理层，包含故障管理子系统、性能管理子系统、资源管理子系统、配置管理子系统等功能模块，是实现集中管理、集中维护、集中操作的软件工具平台。

● 业务管理层，包括 SLA 管理系统、指挥调度系统、信息管理平台等功能模块，是业务人员按任务合理调度和工作流程实现的核心，是实现对前端服务承诺管理和后端服务监控的保证。

● 业务分析层，从网络管理层数据中心抽取数据，然后转换并装载到数据仓库系统中，进行数据挖掘和分析，并将分析结果自动以多样的形式加以呈现。此层主要提供以下分析功能：互联互通评估、网络安全评估、网络效率评估、设备质量评估、服务质量评估等。

（4）业务融合。下一代网络是业务和应用驱动的网络。NGN 将为用户提供语音、数据、多媒体等丰富多彩的业务和应用。NGN 网络所提供的业务包括传输层、承载成、业务层 3 个方面。

① 传输层业务：传输层是网络的物理基础，主要提供网络物理安全保证以及业务承载层节点之间的连接功能，可以直接提供 L1 VPN 业务、带宽和电路批发业务、管道出租、设备出租、光线基础设施和波长出租业务等。

② 承载层业务：承载层是基于分组的网络，提供分组寻址、统计复用及路由功能，为不同业务或用户提供网络 QoS 保证和网络安全保证，可以提供宽带专线、ATM/FR 接入、L2 VPN、L3 VPN 等 Internet 接入和承载业务。

③ 业务层业务：业务层控制和管理网络业务，为最终用户提供各种丰富多彩的语音、数据视频等多媒体业务和应用。可以说业务层是 NGN 提供业务最丰富、最重要的层面。

基于上述业务平台，可开展的融合业务有语音融合业务、多媒体融合业务。

（5）融合步骤。融合是渐进的、分阶段的。LMSD/R4 阶段，建立分离架构、融合分组传输的骨干网；准 IMS 阶段，业务层面、运维体系相融合；IMS 阶段，呼叫控制、承载传输、业务提供方面全面融合。

3．下一代网络的开放

传统的固定和移动电话有各自独立的交换网络和传输网络，而移动电话的接入网络更复杂，这些接入网络有着不同的空中传输标准，这不仅增加了成本，也给使用者、管理者带来不便。NGN 是以软交换技术为核心的开放性网络，采用软交换技术，将传统交换机的功能模块分离为独立网络部件，各部件按相应功能进行划分，独立发展。NGN 通过开放式协议和接口，为快速、灵活、有效地提供新业务创造了有利条件，即业务不再受制于网络承载类型及控制方式，便于第三方业务及新型业务的快速接入。在 NGN 中，业务提供商和用户可以配置和定义相应的业务特征，而不必关心具体承载业务的网络形式和终端类型。这种开放式业务架构，使得业务和应用的提供有较大的灵活性，能够不断地满足用户的业务需求，增强运营网络的综合竞争力，实现可持续发展。

NGN 具有开放的体系结构、标准接口和开放式应用编程接口，用户可通过编程接口灵活编写各种业务程序。同时软交换借鉴了智能网“业务与控制分离、呼叫与承载分离”的思路，使网络能以更快捷有效的方式提供原有网络难以提供的新型业务。

（1）开放的网络体系结构。下一代网络将传统交换机的功能模块分离成独立的网络部件，各个部件可以按相应的功能划分各自独立发展，部件间的接口基于开放的标准协议。网络的部件化便于电信网逐步走向开放，运营商可以根据自身业务需求选择市场上的优势产品来组建自己的网络，同时部件间接口的标准化又保证了不同厂家部件的互通及各种异构网的互通。

同时，下一代网络遵从 ISO 开放系统互连的体系结构，其功能结构、控制结构、网络终端和网络管理都是开放的，可以支持各种传统的电信业务和将来可能出现的各种业务。NGN 按照功能划分可分为物理层、边缘层、核心层、控制层和应用层等，各层各司其职，相互之间是完全独立的，只能通过标准接口进行通信。

（2）开放的数据接口。为了支持 NGN 中控制功能的分布特性，需要定义作为标准化控制协议基础的参考点和对应接口以及他们之间的功能群。这些接口包括用户与网络接口、网间接口、网络与业务/应用提供者的接口。功能群则包括媒体接入网关、资源控制、接入会晤控制、业务控制。

业务的多样性以及业务控制与承载网络分离必然要求业务平台提供开放的接口，以便借助 API 和代理服务器引入第三方业务提供者。NGN 采用开放的网络构架体系，运营商可以根据业务的需要，自由组合组建网络。部件间协议接口的标准化可以实现各种异构网的互通。

（3）统一的标准协议。现有的信息网络，无论是电信网、计算机网还是有线电视网，均不可能以单一网络为基础平台来构造信息基础设施，但随着 IP 技术的发展，人们认识到电信网、Internet 及电视网将最终汇集到统一的 IP 网络，基于 IP 的分组交换网络将成为下一代网络的交换和传输平台。下一代网络支持众多的协议，从而能够最大限度地发挥网络的性能。

NGN 采用开放的体系结构、统一的标准协议，任何接入网络只要是采用 IP，都可以和它互连互通。同时，NGN 也支持现有终端和 IP 智能终端，包括模拟电话、传真机、ISDN 终端、移动电话、GPRS 终端、SIP 终端、H.248 终端、MGCP 终端、线缆调制解调器等。接入网可以是固定电话网、移动电话网、有线电视网、ADSL、HDSL、VDSL、WLAN 接入等。统一的 IP 核心网用一套统一的设备代替了原来各系统的独立设备，可以大大降低开发和运营成本。

随着网络技术的发展，当前的固定网、移动网和 Internet 必将走向统一，未来网络将是以分组协议为基础，以数据业务为中心的综合网络。在下一代网络发展和三网融合的过程中，虽然还有很多待解决的技术和商业运营问题，但下一代网络发展的总体趋势是不变的。

11.3.2 基于 IMS 的固定 NGN 已经成为未来发展方向

IP 多媒体子系统（IMS）可看作为丰富的移动多媒体业务提供的一个平台。IMS 的主要技术特点包括：会话控制基于 SIP，采用 IPv6 地址（目前 IPv4 地址也在研究中），用户业务接入全部由归属网络控制，独立于接入（IMS 与下层 IP 接入网络相独立，WLAN 也可以接入），绑定机制（通过 G0 接口建立 SIP 会话和 GPRS 会话之间的关联，实现 QoS 和计费管理）。

基于 IMS 的固定/移动网络融合业务得到认同，主要是因为 IMS 兼有两个基本点，一个是技术融合的汇聚点——IP，一个是业务融合的汇聚点——多媒体。21 世纪将是以信息为核心的时代，基于IP的信息网络化是发展趋势。以IP为代表的数据业务不仅会超过语音业务，而且仍将继续高速增长。所以，在可预见的未来，IP将是最适合网络环境的技术，技术融合的汇聚点必然是IP。多媒体是下一代业务的主要特征之一，把声音、图像和文本结合在一起的多媒体，是最符合21世纪特征的信息形态，也是人们最乐意接受的信息形态。多媒体通信已经成为各国实施信息化建设的主要部分，业务融合的汇聚点必然是多媒体。它必定会在生产、管理、教育、科研、医疗和娱乐等领域得到越来越多的应用，成为一个可持续发展的增长点。

11.3.3 下一代网络发展存在的问题

1. IP网络的QoS问题

下一代NGN以IP网为承载网，IP网络本身是“尽力而为”将数据包从某个源端点高效传送到某个目的端点，而不提供端到端的可靠和QoS保证。随着NGN业务发展，多媒体数据在网络应用数据中所占比重增加，业务对网络对实时性的要求也很高，因此对网络的QoS提出了很高的要求。端到端的QoS保证需要承载网全网支持QoS机制。典型的IP QoS体系包括综合业务模型（IntServ）和区分业务模型（DiffServ）。这两种IP业务型均不能完全满足QoS要求。未来承载网络为IP网成为不争的事实，对QoS保证是NGN成为未来统一平台的关键。为了支持端到端的QoS，将Intserv和DiffServ技术互相补充，互相协同，共同实现端到端的QoS提供机制，在保证现有网络下，实现类似电路交换的服务质量，保证下一代NGN的QoS发展的方向。

2. 软交换的媒体传输

软交换技术以“分离交换和控制”为核心思想，利用现有电信网络基础设施，打破传统电信网络结构，为数据和话音的融合及催生大量新业务做好了充分准备。然而以话音业务为主的传统电信网络带宽有限，不能满足大量媒体信息传输的要求，注定不能作为下一代网络的基础网络。与此同时，由于软交换是建立在多固网智能化改造的基础之上，因此其体系结构只是针对固网而言，不能很好支持移动接入性和漫游性，这和未来FMC（固网移动融合）的趋势背道而驰，所以软交换终究不是下一代网络的终极技术，它只是一种过渡技术，最终要被IMS而取代。

3. IMS和电信网络融合问题

IMS是目前核心网络的发展方向，也是公认的多媒体、业务控制和网络融合平台，也是业界公认的FMC的最佳途径。但是基于IMS的融合是全新的解决方案，不能基于现网来实现，在IMS和现有网络的融合中还存在一些问题。基于IMS的融合网络在快速灵活提供丰富业务的同时，给电信运营商提出了挑战。电信运营商的优势在于语音服务和其庞大的网络设施和用户群，而对于内容信息服务没有太多经验。目前用户习惯于Internet的免费服务，大部分IMS都有Internet的影子，如何挑战运营模式和收费是电信运营商遇到的困难。传统的Internet是一个完全开发，不可运营管理的网络，未来的IMS提供端到端的IP连接，对于网络维护提出了更高的要求。尽管3GPP的IMS标准中对于安全、QoS、计费进行了定义，但是还需要进一步的研究和完善。

4. 有线电视IP化问题

网络覆盖面广，带宽高，潜在用户数量大，是有线电视网络一项独有的优势，将在下一代网络中扮演重要的角色。IPTV 有效地将电视、通信和 PC 三个领域结合在一起，能够很好地适应当今网络飞速发展的趋势，充分有效地利用网络资源。但是，真正将有线电视 IP 化，作为下一代网络的承载网络之一，还有很多需要解决的问题。政策不明朗、内容匮乏、价格不合理、技术不够成熟等，给 IPTV 开展和扩展带来了困难。IPTV 的发展要得益于通信和广播电视行业的互相准入互相合作。在我国政策的限制下，电信运营商拥有网络资源，而广电部门则拥有牌照等政策资源，两个行业彼此封闭且各有优势，双方都希望成为产业链上直接面对用户的关键角色，彼此局部利益冲突给 IPTV 的整体发展带来了巨大障碍。除此以外，业务运营模式，与此相关的新的技术问题都将影响 IPTV 的发展。

下一代网络以承载业务分离为核心概念，实现 Internet、电信网、有线电视网三网融合，固网和移动网络融合，为终端用户提供统一的接口和服务，将给未来人们生活带来新的变革。

练习题

一、填空题

1. 软交换的网络结构共分为________层，它们是________、________、________和________，其中属于控制层的设备为________。
2. 软交换设备的接口协议主要有 H.248、H.232、________、________和________等。

二、单项选择题

1. 属于软交换网络接入层的设备是（　　）。
   A. 软交换　B. 媒体网关　C. 媒体服务器　D. 应用服务器
2. 下面不属于下一代移动通信网 3G 技术的是（　　）。
   A. TD-SCDMA　B. cdma2000　C. CDMA　D. WCDMA

三、多项选择题

1. 软交换设备的主要功能有（　　）。
   A. 协议功能　B. 计费功能　C. 认证与授权功能　D. 地址解析功能
2. 软交换设备接口协议有（　　）。
   A. BICC　B. H.232　C. SIP　D. TCP/IP
3. 下面属于下一代网络关键技术的是（　　）。
   A. 宽带接入技术　B. 3G 移动技术　C. 软交换技术　D. 大容量光传送技术

四、简答题

1. 简述软交换网络的特点。
2. 试述 NGN 的概念及 NGN 的关键技术。